과학기술학 편람
1

THE HANDBOOK OF SCIENCE AND TECHNOLOGY STUDIES
(3rd Edition)

by Edward J. Hackett, Olga Amsterdamska, Michael Lynch, Judy Wajcman

This Korean edition was published by National Research Foundation of Korea
in 2019 by arrangement with The MIT Press
through KCC(Korea Copyright Center Inc.), Seoul.

이 책은 (주)한국저작권센터(KCC)를 통한 저작권자와의 독점계약으로 한국연구재단에서
출간되었습니다. 저작권법에 의해 한국 내에서 보호를 받는 저작물이므로 무단전재와 복제
를 금합니다.

한국연구재단총서
Academic Library of NRF
학술명저번역 619

과학기술학 편람
1

The Handbook of Science and Technology Studies, 3rd ed.

에드워드 J. 해킷 · 올가 암스테르담스카 · 마이클 린치 · 주디 와츠먼 엮음 |
김명진 옮김

아카넷

이 번역서는 2009년도 정부재원(교육과학기술부 인문사회연구역량강화사업비)으로
한국연구재단의 지원을 받아 연구되었음 (NRF-2009421H00003)

This work was supported by National Research Foundation of Korea Grant
funded by the Korean Government (NRF-2009421H00003)

데이비드 에지를 추모하며 …

차례 | 3권

필자 소개

서문

『과학기술학 편람』 3판은 과학기술과 과학기술-사회 상호작용에 대한 사회적 연구가 번창하는 연구 분야임을 보여주는 증거이다. 세 번째 편람의 편집인들은 다면적이면서도 오늘날 분명히 성숙한 분야의 지형도를 그려내는 엄청난 일을 해냈다. 이 책은 오늘날 경험연구와 이론연구의 풍부함을 보여준다. 아울러 이 책은—각주, 참고문헌, 서지사항을 통해 간접적으로—학술지, 도서 시리즈, 연구소, 대학원 및 학부 프로그램의 측면에서 이 분야가 갖고 있는 제도적 힘도 보여준다. 그리고 이 책은 과학기술학 연구가 점차 바깥 세계와 관계를 맺고 있다는 점을 중요하게 부각시키고 있다. 이러한 관계 맺기는 다른 학문 분야나 실천을 향한 것도 있고, 공공 정치제도에서 정책과 거버넌스의 문제해결을 향한 것도 있다.

이 편람은 과학의 사회적 연구학회(Society for Social Studies of Science, 4S) 후원하에 제작되었다. 학회는 편집인 팀의 연구계획서를 채택했고, 과정을 지켜보며 도움을 주기 위해 편람자문위원회를 구성했다. 가장 중요한 것으로, 편집인들은 4S 회원들이 만들어낸 풍부한 학술적 성과에 의지했다. 4S의 연례모임에서는 편람 개발을 위한 후속 단계들이 편집인들에 의해 제시되어 4S 회원들과 토론이 이뤄졌다. 따라서 편람은 STS 학술공동체 내부의 풍부함—서로 다른 세대의 연구자, 서로 다른 연구의제, 서로 다른 관여의 방식 등을 포괄하는—을 증언한다. 4S는 확신과 자부심을 가지고 이 편람을 공식 승인한다.

4S는 논문을 기고한 저자들, 자문위원회의 위원들, MIT 출판부 직원들까지 이 원대한 프로젝트의 실현에 기여했던 모든 이들에게 감사를 드린다. 그러나 우리 학회는 다른 누구보다도 네 명의 편집인 에드 해킷, 올가 암스테르담스카, 마이크 린치, 주디 와츠먼에게 큰 빚을 졌다. 그들은 이 분야의 현재 상태의 지형도를 그리면서 앞으로의 연구를 위한 새로운 도전과 혁신적 시각들도 아울러 제시하는, 진정으로 흥분되는 편람을 만들어내는 데 성공을 거뒀다.

위비 E. 바이커
미셸 칼롱

감사의 글

이러한 규모와 지속기간을 가진 노력을 위해서는 많은 빚을 지게 마련이다. 우리는 편람 제작을 도와준 많은 사람들에게 기쁜 마음으로 감사를 전하고자 한다. 조금은 당황스럽게도, 우리는 감사의 말을 전하는 과정에서 우리를 도와준 다른 사람들을 분명 빠뜨리게 될 것임을 알고 있다. 여기서 그들에게 먼저 감사를 드리며, 그들을 일일이 거명해 감사를 표하지 못한 데 대한 사과의 말을 덧붙이고자 한다.

우리는 위비 바이커와 미셸 칼롱이 이끈 편람자문위원회와 제시 사울에게 심심한 감사를 드린다. 바이커와 칼롱은 각각 4S의 회장과 자문위원회 의장 자격으로 위원회를 이끌었고, 사울은 위원회의 활동을 조율했다. 위비, 미셸, 제시—때로는 웨스 슈럼이 여기 가세했다—는 우리와 공개적으로 함께 일했고, 편람의 전략, 내용, 실행 계획을 놓고 조용히 막후에서 작업했다.

각 장들은 다음의 사람들이 맡아 검토해주었다. 앨리슨 애덤, 앤 발사모, 이사벨 배스쟁거, 안느 볼리우, 스튜어트 블룸, 밥 볼린, 제프 보커, 수잰 브레이너드, 스티브 브린트, 필 브라운, 래리 부시, 알베르토 캠브로시오, 모니카 캐스퍼, 클라우디아 카스테네다, 대릴 추빈, 에이델 클라크, 사이먼 콜, 데이브 콘츠, 엘리자베스 콜리, 제니퍼 크루아상, 노먼 덴진, 호세 반 다이크, 질리 드로리, 조지프 더밋, 론 에글래시, 웬디 포크너, 제니퍼 피시먼, 존 포리스터, 마이클 포툰, 스콧 프리켈, 조앤 후지무라, 잰 골린스키, 데이비드 구딩, 마이클 고먼, 앨런 그로스, 휴 거스터슨, 데이비드 거스턴, 롭 하겐다이크, 마틴 하이어, 패트릭 햄릿, 데이비드 힐리, 조지프 허마노비츠, 캐스린 헨더슨, 스티븐 힐가트너, 에릭 폰 히펠, 크리스틴 하인, 레이첼 홀랜더, 앨런 어윈, 폴 존스, 새러 켐버, 닉 킹, 대니얼 클라인먼, 잭 클로펜버그, 마틴 쿠시, 데이비드 리빙스턴, 스콧 롱, 일라나 뢰비, 윌리엄 린치, 해리 마크스, 브라이언 마틴, 조앤 맥그리거, 마르티나 머츠, 캐롤린 밀러, 필립 미로스키, 토머스 미사, 찬드라 무케르지, 그레그 마이어스, 토머스 니클스, 폴 나이팅게일, 제이슨 오언-스미스, 앤드류 피커링, 테드 포터, 로렌스 프렐리, 파스칼 프레스턴, 레이나 랩, 니콜라스 라스무센, 주디스 레피, 앨런 리처드슨, 토니 로버트슨, 수전 로서, 조지프 라우스, 댄 새러위츠, 사이먼 섀클리, 새러 쇼스택, 수전 실비, 세르지오 시스몬도, 실라 슬로터, 라드하마니 수리아무르티, 크누트 쇠렌센, 수전 리 스타, 니코 슈테어, 제인 서머턴, 주디 서츠, 캐런-수 타우식, 폴 사가드, 스테펀 티머먼스, 셰리 터클, 프레더릭 터너, 스티븐 터너, 제라드 드 브리스, 클레어 워터턴, 로빈 윌리엄스, 네드 우드하우스, 샐리 와이어트, 스티븐 이얼리, 페트리 이코스키, 스티브 자베스토스키, 스티브 제어.

편집 작업에서는 우리가 속한 캠퍼스에 있는 줄리언 로버트, 세리드웬 론첼리, 키어스텐 캐틀릿, 스테파니 메러디스, 니콜 헤프너의 유능한 도움을 받았다. 아울러 애리조나주립대학의 과학정책 및 성과 컨소시엄이 비밀 편람 웹사이트의 호스팅을 친절하게 맡아준 데 감사를 표한다.

MIT 출판부의 직원들, 특히 마거리트 에이버리와 새러 메이로비츠, 제작 편집자 페기 고든은 이 책을 인쇄하는 과정을 전문가의 손길로 처리해 주었다.

에드워드 J. 해킷

올가 암스테르담스카

마이클 린치

주디 와츠먼

서론

에드워드 J. 해킷, 올가 암스테르담스카, 마이클 린치, 주디 와츠먼

1970년대 중반에 이나 슈피겔-뢰싱과 데렉 J. 드 솔라 프라이스는 『과학기술과 사회 편람(*The Handbook of Science, Technology, and Society*)』을 준비하고 편집했다. 그들이 "이 학술연구의 전체 스펙트럼에 모종의 간학문적 접근 방식이 강하게 필요하다."고 느꼈고, 아울러 신생 분야의 "지적 통합에 기여"하고 싶었기 때문이었다. 슈피겔-뢰싱과 프라이스는 스스로 이런 과업을 설정하고 이를 끝까지 해내는 데 놀라운 성공을 거뒀다는 점에서 선구적이었다. 하나의 학술연구 분야가 태어나 비상했다. 그로부터 18년이 지난 후 『과학기술학 편람(*The Handbook of Science and Technology Studies*)』(제목의 변화를 눈여겨 보라.)이 출간되어 "흥분과 예측불가능성"으로 특징지어지는 "절반쯤 보이는 세계의 지도"를 제공했다.(Jasanoff et al., 1995: xi) 이처럼 간혹 한 번씩 나오는 시리즈의 3판을 소개하려면 오늘날 우리 분야의 활동에 대한 적당한 은유를 찾아야 한다. 1970년대가 분야 간

병치와 통합의 시대였고, 1990년대가 이동하는 대륙과 새로 생겨난 국가들이 절반쯤 보이는 세계의 지도를 만드는 시기였다면, 우리 시대의 과학기술학(STS) 분야는 다양한 대중과 정책결정자들과의 관계 맺기, 관련 분야들의 지적 방향성에 미치는 영향, 개념적 범주와 이분법들에 대한 양가적 태도, 그리고 장소, 실천, 사물에 대한 주목으로 특징지을 수 있다.

STS는 과학기술의 기원, 동역학, 결과에 대한 통합적 이해를 만들어내고 있는 학제적 분야가 되었다. 이 분야는 협소한 학문적 노력이 아니다. STS 학자들은 활동가, 과학자, 의사, 정책결정자, 엔지니어, 그 외 이해당사자들과 형평성, 정책, 정치, 사회변화, 국가발전, 경제변화의 사안들을 놓고 관계를 맺고 있다. 우리의 이러한 활동에는 다소의 주저함과 상당한 자기반성이 수반되어 있다. 우리는 학문적 존중과 제도화, 그리고 여기에 수반되는 자원(교수직, 학과, 학위, 연구보조금)을 추구하지만, 아울러 정의, 형평성, 자유에 기여하는 변화를 위해 노력하기 때문이다. 적절한 균형을 확립하고 유지하는 것은 벅찬 과제가 될 것이며, 한편으로는 무관함과 관계 단절의 위험, 다른 한편으로는 포섭과 위신 및 자원의 상실이라는 위험이 도사리고 있다. 30년간의 학제적 상호작용과 통합, 이동하는 지적 대륙과 격변을 야기한 개념적 충격, 인내와 상상력을 통해 STS는 제도화되고 지적 영향력을 얻었으며, STS 학자들은 다양한 영역의 운동과 정책에 관여하게 되었다. 10년 전에 STS는 "과학전쟁(science wars)"의 수렁에 빠져 있었지만, 오늘날 STS 학자들은 과학기술정책 및 실천에 함의를 갖는 다양한 연구들에 관여하도록 초빙되(고 지원을 받)고 있다.

예전 편람들의 서론에서는 장소, 시간, 편집과정이 두드러지게 부각된 것을 볼 수 있는데, 이는 아마도 지식을 위치 짓고 제도적 환경과 영향을 공개하는 것에 대한 직업적 신념이 반영된 결과일 터이다. 1977년 편람은 1971년 모스크바에서 열린 국제과학사대회(International Congress of the History of Science)에서 설립된 국제과학정책연구위원회(International Council for Science Policy Studies) 내에서 구상되었다. 편집인들은 "우리가 포함돼야 한다고 느낀 모든 다른 분야와 영역들에서 일군의 저자들"을 선별했고, "[이어] 각 부문의 내용과 경계를 잠정적 저자들과 함께 구체화하고 협상해야 했다."(Spiegel-Rösing & Price, 1977: 2) 4년의 기간 동안 저자와 편집인들은 모스크바, 라이젠스부르크성(독일), 암스테르담, 델리, 파리에서 만나서 작업했다. 그처럼 긴 여정에도 불구하고, 편집과정은 직선적이고, 중앙집중적이고, 냉정했다.

두 번째 편람이자 과학의 사회적 연구학회(첫 번째 편람이 출간되기 한 해 전에 창립되었다.)의 공식 승인을 받은 첫 번째 편람은 앞선 책보다 더 커진 열정과 더 작아진 확실성이라는 환경 속에서 만들어졌다. 서론의 첫 문단은 솔직하고 유혹적이고 분명하게 공간적인 언어로 불확실성을 전달한다. 이 분야는 "아직도 새로 생겨나고 있"고, 따라서 "STS 분야를 임상적으로 묘사할 전통적이고 논문 같은 편람"을 기대해서는 안 되었다. "왜냐하면 이 분야는 그처럼 냉정하고 상상력이 결여된 취급을 받을 만큼 오랜 존경을 얻지 못했기 때문이다."(Jasanoff et al., 1995: xi) 대신 이 편람은 "이 분야의 폭넓은 학제적 · 국제적 전망을 투사[하고] … STS에 신참인 독자들을 위해 학자들이 … STS를 자신의 주된 지적 고향으로 선언하도록 한 다소의 흥분과 예측불가능성을 포착하는 … 이 분야의 학문적 평가 … 이 영역의 확정적인 도로 지도 … 그것의 역사에서 특별한 순간에 이 분야에 대한 독특하면서도 매력적인 지도책"을 제공한다.(Jasanoff et al., 1995: xi-xii) 이처럼 다양한 자료 덩어리를 끌어내고 조직하기 위해 편집인들은 먼저 STS의 "위도선과 경도선"을 표시했고, 이어 우편함을 열자 지도상에 표시된 주제들과 미처 예상치 못한 주제들에 대한 "제안들이 쏟아져 들어왔다." "이 분야는 스스로를 처음에 고려되지 않은 방식으로 정의하려고 작정한 듯했다. 우리는 자기정의를 향한 이러한 움직임을 수용하기로 결정했다. 연구계획서에 있는 모든 빈자리를 채울 저자들을 찾는 대신, 우리는 경계를 다시 그려서 저자들이 정말 다루고 싶어 하는 주제들을 더 많이 포함시키기로 결정했고 … [이는] 이 분야에 대해 항상 좀 더 일관성 있는 것은 아닐지라도 좀 더 흥미롭고 포괄적인 안내를 [제공했다]."(Jasanoff et al., 1995: xiii) 앞선 책과는 대조적으로, 두 번째 책은 저자들의 공동체에 의해 긴밀하게 공동생산(내지 공동편집)되었다. 이는 아이러니와 열정, 우연성과 기민함을 보여주었다.

우리의 탄생 사연은 좀 더 평범하다. 우리는 최초의 편람을 만든 이국적 여행을 즐기지 못했다. 기술은 우리가 원거리에서 작업하는 것을 가능하게 해주었지만, 제작의 속도를 높이지는 못했다. 1977년 책은 완성되는 데 6년이 걸렸고, 1995년 책은 7년이 걸렸는데, (셋 중 분량이 가장 방대한) 이 책은 구상부터 출간까지 8년이 소요되었다.

4S의 후원 아래 작업하면서 우리는 STS의 지적 영역을 이론과 방법, 다른 분야들과의 상호관계, 공공영역에 대한 관여, 오래된 주제와 새로운 방향의 네 개 부분으로 나누었다. 2003년 가을에 우리는 4S 회원 전체에 대해 장별 연구계획서를 제출해줄 것을 요청했고, 이를 다른 학회들의 관련 게시판에 띄웠으며, 적절한 소식지에 게재했다. 우리는 이 분야의 성취를 공고히 하고, 새로운 학자들이 STS에 들어오는 것을 환영하고, 미래에 유망한 연구경로를 보여줄 편람을 목표로 했다. 이 책의 20개 장은 그러한 요구에 대응해 집필되었다. 균형을 맞추기 위해 우리는 자문위원회의 방향 제시에 따라 핵심적이지만 간과되었던 주제들을 찾아내 이를 다뤄줄 원고

들을 요청했다.

상향식과 하향식 편집과정을 조화시키는 과정에서 우리의 위도선과 경도선이 이동해 예기치 못한 배열을 만들어냈다. 이론 장들은 서로 경쟁하는 학파나 사상체계가 아니라 기술결정론이나 사회세계 같은 문제들에 초점을 맞추었다. 명시적으로 방법에 대해서만 다루는 장은 하나도 남지 않았다. 다른 분야들과의 관계를 고려한 원고 요청은 몇몇 새로운 연관성(가령 커뮤니케이션 연구나 인지과학과의)을 드러냈지만, STS가 인류학, 의료사회학, 역사학과 맺어온 전통적인 학제적 관계는 넘어가 버렸다. 아마도 그러한 연관성은 너무나 깊고 필요불가결한 것이어서 눈에 띄지 않았는지도 모른다. 대신 등장한 것은 지식생산의 변화하는 실천에 대한 다면적 관심, 과학기술과 다양한 사회제도들(국가, 의료, 법률, 산업, 경제 일반) 간의 연관성에 대한 관심, 대중참여, 권력, 민주주의, 거버넌스의 문제, 그리고 과학지식, 기술, 전문성의 평가에 대한 시급한 주목이다.

이러한 주제들에 대해서는 이론적 절충주의에 따른 접근이 이뤄졌다. 저자들은 순수한 입장을 옹호하는 대신 전략적 교차의 위험을 무릅썼고 서로 다른 지적 영역들에서 온 아이디어들을 뒤섞었다. 규범성, 상대주의, 전문성과 과학지식의 평가는 예전 책들에 이어 계속 다뤄지고 있지만 새로운 방식으로 조명되었다. 그러한 관심들은 더 이상 그저 철학적 반성을 위한 문제가 아니라, 이제 집단적인 정치적 내지 사회적 해결의 추구라는 측면에서 제기되고 있다.

과학기술 정책결정에서 정치, 민주주의, 참여가 모든 곳에 스며들어 있다. 정치는 더 이상 그저 과학정책이 아니고 다양한 내용적 영역들(환경, 보건, 정보기술 등)에서의 방향 제시로 국한되지 않으며, 대신 **어떤** 정치 시스템, 제도, 이해인가, **어떤** 자격, 역할, 책임을 가진 **어떤** 참여자인가, **어떤**

종류의 시민사회가 과학기술 전문성이 주는 이득을 보존하면서도 가장 민주적일 것인가에 관한 전반적 관심의 형태를 취한다. 그리고 이는 추상적인 지적 퍼즐로서가 아니라 특정한 도전과 한계를 지닌 특정 장소와 환경 속에서 구체적인 기술, 실천, 제도의 문제로서 제기되고 있다.

첫 번째 편람(1977)이 STS를 여러 분야에서 과학기술을 설명하는 아이디어와 이론들을 빌려온 신생 분야로, 두 번째 편람(1995)이 그 정체성을 합치고 확립하는 청소년기의 분야로 특징지었다면, 이번 편람은 STS를 다른 분야들의 근본적 문제를 다루는 데 쓰일 아이디어와 발견들을 만들어내는 성숙한 분야로 제시한다.

이 분야가 처한 지적 상태의 차이는 세 시기에 나온 STS 편람의 구성에 어떻게 영향을 주었는가? 1977년 STS 편람은 15개 장을 규범적·전문직업적 맥락, 과학학을 보는 여러 분야의 시각, 과학정책에 대한 학제적 시각이라는 3개 부에 집어넣었다. 당시에는—지금도 그렇지만—과학학과 과학정책이 서로 간의 대화가 극히 적은 분리된 영역을 점유하고 있었고, 1977년 책의 구조는 이러한 분리를 반영하고 있다. 심지어 과학학에 관한 부에서도 과학의 사회학, 역사학, 경제학, 철학, 심리학에 관한 장이 독립돼 있었다.

1995년 편람에서는 본문이 28개 장으로 늘어났고, 7개 부(한 개의 장만 포함된 도입부를 포함해서)로 묶였으며, 제목도 의미심장했다. "기술"이 [과학의] 완전한 파트너 이상의 것이 되어, 각 부의 제목을 보면 이 용어(혹은 파생어)는 "과학"이라는 용어가 등장한 곳이면 어디든 같이 언급됐고, 한 번("기술의 구성")은 기술만 따로 언급됐다. "과학[분야 이름]" 같은 제목[가령 과학'철학', 과학'사회학', 과학'정책' 같은 제목을 말한다—옮긴이]의 장들은 좀 더 세밀한 사회적 과정(가령 실험실연구, 경계), 새로 출현한 현상(가령 "기계지능", 세계화), 커뮤니케이션(과 대중에 대한 다른 표상들), 논쟁과 정치(거의 모든 곳에서 볼 수 있는)에 관한 장들로 대체됐다.

여러분이 손에 들고 있는 편람은 38개 장에 크게 5개 부로 이뤄져 있다. 1부는 STS를 틀짓는 아이디어와 시각들을 제시하며 이 분야의 개념적·역사적 기반을 개략적으로 그려낸다. 2부는 연구와 관련된 사람들, 장소, 실천에 관한 내용이며, 이 분야가 지식생산의 환경에 갖고 있는 지속적 관심을 이어간다. 3부는 과학기술의 다양한 대중들과 정치를 다루며, STS 학술연구가 정책과 사회변화와 갖는 관련성을 예시하고 확대하는 아이디어와 경험연구들을 한데 모으고 있다. 4부는 과학기술의 제도와 경제학을 검토하면서 1995년 책에서 언급했던 공백을 메우고 있다. 마지막으로 5부는 새로 출현한 기술과 과학을 다루면서 새로운 연구의 길을 가리킨다.

몇 가지 강력한 주제들이 부와 장들을 관통하고 있다. 이 중 첫째는 사회적 행동과 활동에 대한 강조이다. 과학기술은 사람들이 하는 일이며, 이에 따라 지식, 의미, 영향을 만들어내는 배치와 실천에 주목이 집중된다. 둘째, 선명한 정체성과 구분들이 잡종과 모호성, 긴장과 양가성으로 대체된다. 집합은 모호하고, 범주는 흐릿하며, 단수형은 복수형이 되고(과학이 아니라 과학들, 대중이 아니라 대중들 하는 식으로), 선형적 인과성은 심지어 상호 인과성의 경우에도 깊숙이 통합된 행동을 암시하는 공동생산 과정으로 대체된다. 셋째, 맥락, 역사, 장소가 그 어느 때보다 중요하며, 개인적 행동의 수준―조직적·역사적 맥락 속에 있는 개별 과학자―에서뿐 아니라 제도적 구조와 변화라는 더 큰 규모에서도 그러하다. 이처럼 점점 더 정교해진 개념화들이 제기하는 도전에도 불구하고, 설명의 목표는 여전히 생산, 영향, 변화의 과정에 대한 정확하고, 경험적이고, 다층적인 설명이다. 그러나 그러한 분석적 목표만으로는 더 이상 충분하지 않다. 이는 사회변화의 의제와 결합되어야 하며, 윤리적 원칙과 명시적 가치들(평등, 민주주의, 형평성, 자유 등)의 반석에 근거를 두어야 한다. 분석적 양식으로 쓸지 규범적 양식으로 쓸지 선택하거나 규범적 함의를 분석적 논증에 덧붙이는 것이 합당해 보이는 경우, 새로 제기되는 도전은 그러한 사고 스타일들을 통합 내지 종합하는 것이 된다.

아쉽게도 이번 편람에는 연구방법에 대한 수많은 체계적 논의가 빠져 있다. 정량적 방법—설문조사 도구, 연결망 기법, 계량서지학, 실험, 분석 모델—뿐 아니라 사회과학 전반에서 빠르게 발전하고 있는 정성적, 관찰적, 텍스트 기반 기법들도 다루지 못했다. 수십 년 전에 우리 분야에 속한 몇몇 사람들은 "방법에 반대(against method)"했는지 모르지만, 그 이후로 과학기술의 실천과 그러한 실천 속에 체현된 의식적·암묵적 지식에 대한 경험적 주목은 우리 자신의 방법과 인식 가정들을 드러낼 것을 분명하게 주장하고 있다. 그렇게 다른 사람들이 우리의 성공을 기반으로 하고 우리의 실패에서 배울 수 있다면 말이다.

과학학과 과학정책학 사이의 분할은 30년을 끌면서 서로를 빈곤하게 만들었다. 이 분할은 지금도 남아 있지만, 이번 편람은 대화를 위한 새로운 기회를 제공한다. 첫 번째 편람은 그러한 세계들을 대화에 끌어들이려 시도했고 어느 정도 성공을 거두었다. 그러나 두 번째 편람에서 데이비드 에지는 이처럼 끈질긴 분할에 불만을 표시했고, 다음과 같은 도전을 제기했다. "비판적 STS 학술연구가 과학에 대한 독특하고 참신한 상을 그려낸다—새로운 '**사실**(is)'—고 할 때, 그에 뒤따르는 정책적 함의(가 있다면)—새로운 '**당위**(ought)'—는 무엇인가?"(Edge, 1995: 16) 이번 편람에서 STS가 내미는 답의 시작은 거버넌스와 민주주의에 대한 논의에서, 행동주의, 정치, 사회운동, 사용자 참여에 대한 지속적 주목에서, 그리고 권한강화와 평등주의에 대한 관심에서 포착할 수 있다. 오늘날의 STS 학자는 서로 다른 집단들과 그들의 이해관계가 서로 다른 행동경로에 의해 도움을 얻는다는 사실을 깨닫고 단수형 "당위"를 복수형 "당위들"로 대체할 것이며, 과학기술의 환경을 이루는 사회와 역사에 의해 형성되는 역동적이고 상호적인 과정을 탐구할 것이다. 그러나 핵심적인 도전은 여전히 남아 있다. STS의 독특한 통찰과 감수성을 어떻게 정책분석과 사회변화 과정 속에 집어넣을 것인가 하는 문제 말이다.

STS 학자들은 변화 의제를 추구하고, 정책과 정치의 문제를 다루며, 다양한 당사자들을 그러한 논의에 관여시킴으로써 스스로를 다양한 진영으로부터의 비판에 노출시켜왔다. 과학자, 정치인, 상업계, 종교단체, 활동가, 그 외 사람들은 기후변화, 인간의 진화, 생명의 시작과 끝, 줄기세포 연구의 윤리, 에이즈 바이러스(HIV) 감염의 원인과 치료 등등을 놓고—항상 생산적이지는 않았지만—논쟁을 벌여왔다. STS는 이러한 갈등들을 해결하는 데 어떤 기여를 할 수 있을까? 다양한 기여가 가능하다. 증거를 배치하고 평가하는 전략, 올바른 행동 내지 민주주의적 과정의 원칙들에서 도출된 추론 방식, 법률, 정치, 정책, 종교, 상식의 논리들을 이어주는 방법, 그리고 인과적 과정을 설명하거나 교착상태를 깨뜨릴 수 있는 경험적 통찰 등이 그것이다. STS는 역사적 시각을 제공하고, 다양한 사회적 관점을 취하고, 기술과 과학의 사회적·정치적·윤리적 함의를 드러냄으로써 테크노사이언스의 기적에 관한 과장된 수사의 거품을 걷어내고 발전의 경로를 형성한다.

데이비드 에지는 STS의 제도화를 보여주는 희망적 신호를 발견했다. "미국에서 국립과학재단(National Science Foundation, NSF)은 오랫동안 [과학기술의] '윤리와 가치' 분야의 활동을 지원하는 프로그램을 운영해왔다.

이는 수많은 변화에도 불구하고 살아남았고, 최근에는 정책연구의 측면들을 포괄하게 되면서 과학사 및 과학철학과 힘을 합쳤다."(Edge, 1995: 16) 우리는 데이비드에게 그러한 희망적 신호가 더욱 커졌다고 장담할 수 있다. NSF의 프로그램들이 번창하고 있을 뿐 아니라 과학기술의 윤리, 역사, 철학, 사회적 연구에 집중하는 역동적이고 충분한 지원을 받는 프로그램들을 여러 나라 정부의 연구회와 과학재단들에서 찾아볼 수 있다.

뒤를 돌아보는 것은 지금까지 여행해온 거리를 가늠하고 앞으로 나아갈 길을 안내해줄 현재의 상황을 확인하는 방법이다. 이나 슈피겔-뢰싱은 1977년 편람의 서장에서 STS의 다섯 가지 "기본 경향"들을 파악했다.(Spiegel-Rösing & Price, 1977: 20-26) 그녀에 따르면 이 분야는 현실에서 행동하는 인간들에 초점을 맞추는 **인본주의적** 경향, 장소, 시간, 역사에 체계적으로 주목하는 **상대주의적** 경향, 연구가 그 대상에 미치는 잠재적 영향을 비판적으로 자기인식하는 **성찰적** 경향, 현상의 "암흑상자를 해체"하고, 메커니즘을 이해하고, 상호 영향을 그려내는 데 치중하는 **탈단순화의** 경향, 그리고 과학기술에 내재한 윤리와 가치를 이해하고, 그러한 이해를 활용해 과학기술이 지닌 변화의 힘을 일반적으로 좀 더 유익하고 잠재적으로 덜 유해한 방식으로 이끄는 데 치중하는 **규범적** 경향이 있다. 우리는 이러한 기본 경향들이 STS 연구에서 아마도 가장 존경할 만하고 현명한 성질들일 거라고 믿으며, 독자들이 30년간의 여행 이후 현재의 상황을 확인하고 그동안 이뤄낸 진전을 그려내는 데 이를 활용하기를 바란다.

균형감각을 위해 슈피겔-뢰싱이 STS 연구에 있는 네 가지 "중대하고 상당히 분명한 결함"—다양한 정도로 계속 남아 있는—도 아울러 열거했다는 점을 기억해둘 필요가 있다. **수사의 비애**(문제를 제기하지만 그 해법을 향해 별다른 진전은 보지 못하는 불운한 특성), **파편화**(과학기술에 대한 연구에서 분야들 사이에, 또 STS와 정책관련 연구 사이에 존재하는 분열), 분야 및 국가 간 **비교연구의 결여**, 그리고 **규모가 더 큰 경성 과학**연구로 치우친 편향이 그 것이다.(1977: 27-30) 30년이 지난 후 STS는—비록 그 표면 아래서는 원심 력이 소용돌이치고 있지만—지적·제도적 완전성을 획득했다. 점차 세계 화되어가고 있는 학자 공동체에 의해 수행되는 비교적, 전 지구적 시각의 과학기술 관련 연구가 늘어나고 있고, 분석적 주목은 "규모가 더 큰 경성 과학"에서 다양한 분야들—그것들의 독특한 성질에 대한 특별한 관심이 수반된—로 이동했다. 수사의 비애에 관해서는 독자에게 판단을 맡겨두고 자 한다.

많은 것이 변화했고, 많은 것이 완고하게 유지되고 있지만, 중요한 것은 이러한 일단의 작업에서 요약된 기반과 동역학이 어떻게 다음 10년간의 학 술연구를 형성할 것인가이다.

마지막으로 이번에 나온 편람을 2003년 1월에 영면한 데이비드 에지의 기억에 바친다는 점을 언급해두고 싶다. 데이비드는 에든버러대학 과학학 과의 초대 주임교수였고, 《과학의 사회적 연구(Social Studies of Science)》의 공동 창간 편집인이었으며, 과학의 사회적 연구학회의 회장을 지냈다. 이 처럼 지도력을 발휘한 역할을 넘어서, 그는 이 분야를 안내하는 등불과 같 은 인물이었고 이는 지금도 그러하다. 이번 편람의 중심 주제들에 관해 생 각할 때면 우리는 STS 학술연구의 내용과 통찰이 "인류에게 중대한 관심 사"라는 데이비드의 믿음을 떠올린다. "STS 분석은 인간사의 모든 '고등한' 측면들(진리, 권력, 정의, 형평성, 민주주의)을 가리키며, 이것이 현대사회에서 어떻게 보존, 강화될 수 있는가 하는 질문을 던진다. 그럼으로써 과학지식 과 기술혁신의 막대한 가능성들이 (베이컨의 말을 빌리면) '인류의 유산을 구 하기 위해' 쓰일 수 있도록 말이다."(Edge, 1995: 19)

참고문헌

Edge, David (1995) "Reinventing the Wheel," in Sheila Jasanoff, Gerald E. Markle, James C. Petersen, & Trevor Pinch (eds), *Handbook of Science and Technology Studies* (Thousand Oaks, London, New Delhi: Sage): 3–23.

Jasanoff, Sheila, Gerald E. Markle, James C. Peterson, & Trevor Pinch (eds) (1995) *Handbook of Science and Technology Studies* (Thousand Oaks, London, New Delhi: Sage).

Spiegel-Rösing, Ina & Derek J. de Solla Price (eds) (1977) *Handbook of Science, Technology, and Society* (London, Thousand Oaks: Sage).

I.
아이디어와 시각

마이클 린치

    편람의 1부에는 과학기술학(STS)에 폭넓게 적용되는 아이디어와 시각들을 제시하는 장들이 포함돼 있다. 그러나 우리는 '폭넓게'가 '보편적으로'를 의미하는 것이 아님을 염두에 두어야 한다. 오늘날 수많은 STS 연구의 귀중한 특징 중 하나는 과학, 지식 혹은 STS 그 자체에 대한 보편주의적 주장에 보이는 거부감이다. 이러한 거부감은 방어적 내지 소극적 태도에서 나온 것이 아니라, 분야별 역사와 지식의 상태에 대한 정의가 모두 STS의 주제이자 자원이라는 날카로운 인식에서 유래한 것이다. 아이디어와 시각에 대한 설명은 그 자체로 특정한 시각에 입각한 것일 뿐 아니라, 종종 투명하거나 그다지 투명하지 않은 정치적 작업을 수행한다. 그러한 정치적 작업은 때로 협소한 자기홍보 의제를 표현하거나 종종 한두 곳의 학문기관들에 위치한 소수의 사람들로 이뤄진 "학파"나 "프로그램"의 야심을 표현한다. 요즘은 최근 STS 학술대회의 주제나 문헌 동향에서 볼 수 있듯이,

우리 분야의 학자들이 학문적 인정을 위한 투쟁을 넘어선 목표를 가지고 좀 더 넓은 세상에 변화를 일으키려는 야심을 드러내는 일이 자주 있다.(이러한 야심의 표현은 그 자체로 학문적 인정의 수단이 될 수 있다.) 오늘날의 STS 논의에서 "규범성", "운동", "개입", "관여" 같은 용어들은 현존하는 버전의 과학기술을 비판적으로 다루고, 그럼으로써 과학, 기술, 임상지식들이 특정한 문화적·제도적 환경 속에서 제시되고 활용되는 방식에 변화를 일으키고 불평등을 고치려는 욕구(때로는 희망)를 나타내고 있다.("지식"이라는 단어 그 자체가 복수형으로 제시되는 새로운 경향은 지식이 단수형이며 보편적인 것이라는 개념에 동의하지 않음을 의미한다.)

STS의 역사를 그저 제시하는 것과 그것을 해낼 가능성 자체를 부정하는 것 사이의 긴장은 1장에서 세르지오 시스몬도가 "STS를 교훈 하나로 요약한다고? 농담이겠지."라고 말한 것에 의해 멋지게 표현되었다. 그러나 이어 그는 이 분야의 최근 경향에서 끌어낼 수 있는 "손쉬운 교훈 하나"(하지만 **유일한** 교훈은 아닌)를 제시한다. 편람 1부와 그 뒤에 실린 논문의 많은 다른 기고자들과 마찬가지로, 시스몬도는 STS 연구 프로그램에서 정치와 관계를 맺으려는 노력을 언급하지만, 아울러 상대주의로 악명 높은 분야에서 연구를 정치적으로 동원하려 애쓸 때 우리가 직면하는 문제와 딜레마도 지적하고 있다. 과학기술 개혁을 위한 5개년 계획 대신 상황적 지식의 5개년 프로그램을 고려해야 할까? 아마 그럴지도 모른다. 하지만 그러한 프로그램이 어떠한 것이 되어야 할지 생각해보면 당황스러울 수 있다.

과학기술의 정치에 대한 관심은 결코 새로운 것이 아니며, 이는 스티븐 터너가 2장에서 머턴 이전 과학기술학의 지적 기원에 관해 우리에게 알려주는 바와 같다. 그러나 이 편람에 수록된 수많은 장들이 보여주는 것처럼, 정치에 대한 STS의 관심이 지금처럼 만연한 적은 없었다. 지금은 섬세한 취급을 요청하는 모순적 발전으로 특징지어지는 시기이다. 루시 서치먼은 6장에서 STS의 정치에 대한 고조된 의식이 우리의 지식을 규범적 원칙들로 통합시키고 이를 다시 정치영역에 응용하는 간단한 문제가 결코 아니라고 지적한다. "개입은 그들 자신의 종종 모순되는 입장을 포함해 광범위하면서도 집중적인 관여의 형태들을 전제한다." 과학기술 논쟁에 대한 관여를 통해 우리는 과학기술에 대한 견고한 신념과 직면하게 된다. 이는 논쟁에 관여하지 않았다면 우리가 학생들에게 제시하는 철학적 논증과 사례연구들에 의해 과거에 묻혀 있는 것처럼 보였을 터이다. 예를 들어 샐리 와이어트가 7장에서 보여주는 것처럼, 기술결정론은 기술연구에서 일종의 허수아비 입장의 지위로 축소되었지만, 기업과 정책영역에서는 건재하며 여전히 너무나 만연해 있어서 심지어 우리 자신의 재구성되지 않은 사고 패턴 내에도 남아 있는 경향이 있다.

　1부에 실린 몇몇 장들은 익숙한 주제와 관점들을 다시 다루지만, 기존의 분야별 의제와 구획선들을 받아들이기보다는 STS 연구가 어떻게 과학, 지식, 정치에 관한 고정된 사고방식에 도전했는지를 보여주려 시도한다. 예를 들어 에이델 클라크와 수전 리 스타는 "사회세계" 관점(상징적 상호작용론 사회학에서 유래한 것으로 보이는 연구 방향)에 대한 논의를 사회학 이론 그 자체로 다시 돌려서 사회학에 계속 스며들어 있는 이론과 방법에 대한 전반적 이해에 도전한다. 이와 유사하게 찰스 소프가 STS 연구에서 정치이론의 위치를 다룰 때, 그는 그러한 연구가 이런저런 정치철학에서 어떻게 유래했는지를 보여주는 대신, STS를 정치 이론**으로 보는** 이해를 주장한다. 그는 STS의 연구 방향이 갖는 이론적·정치적 함의가 그것이 일견 기반해 있는 이데올로기적 입장들로부터 예측가능한 방식으로 도출되지 않는다고 지적한다. 이런 식으로 생각하면 STS는 이론적 "응용"을 그 내용으로 하는 분야가 아니라, 현대의 사회, 정치 이론의 개념적 토대에 대한 비판적 통찰의 원천이 된다.

1부의 몇몇 장들은 내용적 개입에서 비판적인 이론적 통찰로의 이러한 전환을 예시하고 있다. 단지 비판이론에 의해 **인도된** 통찰이 아니라 "이론"이나 "사회적인 것"이라는 관념 그 자체, 그리고 "비판적"이 의미하는 바에 대한 통찰 말이다. 워윅 앤더슨과 빈칸 애덤스는 탈식민주의 연구를 복수화된 근대성 이해로 기술진보의 일의적 관념에 도전하는 받침점으로 파악한다. "인공의 과학"에 관한 서치먼의 장은 페미니스트 및 여타 성향의 STS 연구가 인간과 기계, 설계자와 사용자 사이의 구분에 의해 암시된 지적·문화적·경제적 질서를 재분배하기 위해 어떤 제안을 하는지를 보여준다. 터너의 STS (전)사는 역사의 우연성과 함께 특정한 정치철학과 과학의 버전들 사이에 존재하는 미약한 연결의 우연성을 지적한다.(아울러 쿤 이후 STS와 보수적 사상의 관계를 섬세하게 다룬 소프의 논의도 보라.) 마지막으로 브뤼노 라투르는 그 특유의 논의를 통해 너무나 자주 STS의 속성처럼 여겨졌던 "[널리 받아들여진 믿음이] 틀렸음을 밝히려는 욕구"를 피하면서, 과학자들의 역사를 과학자들(과 나머지 우리들)이 관심을 가진 세상의 사물들의 역사와 합칠 것을 제안한다. 정치는 더 이상 막후 협상이 이뤄지는 밀실에 국한되지 않으며, 정치적 행동은 연기 그 자체의 실체와 그것이 가령 폐 조직 및 지구 기후에 미치는 영향 속에 배태된다. 이에 따라 과학기술의 **정치**—이 편람에서 너무나 많은 장들의 주제와 의제를 이루는—는 평범한 것이면서 동시에 수수께끼 같은 것이 된다. 이는 세상의 사물들과 그 세부사항의 설명에 관한 것이어서 평범하며, 숨겨진 우연성에 의해 더 심각해진 숨겨진 의제를 포함하고 있어 수수께끼와 같다. 결국 1부의 장들

에서 주장하고 예증하는 것처럼, "관여"는 독창적인 STS 연구를 수행하는
조건임과 동시에 그것의 교훈을 실제 세계의 환경 속에서 완수하는 문제
이기도 하다.

1.

과학기술학과 실천 프로그램*

세르지오 시스몬도

과학기술학(science and technology studies, STS)에는 과학기술의 철학, 사회학, 역사학에 있는 전통적 시각들을 다루면서 종종 그것에 도전하는 부분이 있다. 이는 과학과 기술지식에 대해, 또 그러한 지식에 기여하는 과정과 자원에 대해 점차로 정교한 이해를 발전시켜왔다. STS에는 개혁이나 운동에 초점을 맞추면서 정책, 거버넌스, 자금지원 문제뿐 아니라 대중과 관련된 과학기술의 개별 사안들을 비판적으로 다루는 부분도 있다. 이는 평등, 복지, 환경의 이름으로 과학기술을 개혁하려 애쓴다. 스티브 풀러(Fuller, 1993)가 각각 STS의 "고교회파(High Church)"와 "저교회파(Low

* 나는 에드 우드하우스와 익명의 심사위원들 세 명이 이 장의 초고에 보낸 탁월한 논평들에 감사를 표하고자 한다. 아울러 마이클 린치의 사려 깊은 제안과 날카로운 편집자로서의 안목에 대해서도 감사를 표한다.

Church)"라고 불렸던 이 두 부분은 목표, 주목하는 대상, 양식에서 모두 차이를 보이며, 그 결과 이들 간의 분할은 종종 이 분야에 존재하는 가장 거대한 분할로 간주되곤 한다.

그러나 이러한 분할의 이미지는 두 개의 교회 사이를 이어주는 수많은 다리들을 무시하는 것이다. 그런 다리들은 그 자체로 과학기술의 정치를 탐구할 수 있는 또 다른 영역을 이룰 정도로 많다. 그곳에서 우리는 이론가들이 점차로 과학의 실천적 정치에 관심을 갖고 민주주의에서 전문성의 위치에 관한 질문에 입장을 밝히기도 하며 개혁이나 운동의 문제와 직접 연관된 연구에 참여하는 것을 볼 수 있다. 특히 구성주의 STS는 명시적으로 정치적인 맥락에 위치한 과학기술에 대해 이론적으로 정교한 분석을 할 수 있는 공간을 창출해왔다. 이 장은 놀랍도록 짧은 STS의 역사를 경유해 바로 그 공간을 묘사한다.

손쉬운 교훈 하나로 요약된 과학기술학

STS를 교훈 하나로 요약한다고? 농담이겠지. 그러나 이 분야의 한 가지 중요한 특징은 하나의 교훈에서 얻을 수 있다. STS는 그것이 연구하는 사물들이 어떻게 구성되는지를 본다는 것이다. STS의 역사는 부분적으로 범위 확대의 역사이다. 과학지식에서 시작해서 인공물, 방법, 재료, 관찰, 현상, 분류, 제도, 이해관계, 역사, 문화에 이르기까지. 이러한 범위의 확대와 함께 정교화의 증가가 이어졌다. STS의 분석은 테크노사이언스의 구성을 이해하는 데 있어 점점 더 적은 고정된 지점을 상정하고 점점 더 많은 자원에 의존한다. STS의 표준 역사(Bucchi, 2004; Sismondo, 2004; 혹은 Yearly, 2005 등에 나온)는 이 분야가 어떻게 전개되어왔는지를 보여준다.

"구성(construction)" 내지 "사회적 구성(social construction)"이라는 은유는 1980년대와 1990년대에 너무나 널리 쓰이게 되어 오늘날 STS 저자들은 그 용어의 사용을 피하기 위해 필사적인 노력을 기울인다. 다른 용어들, 가령 "프레이밍(framing)", "구성(constitution)", "조직(organization)", "생산(production)", "제조(manufacture)" 등도 사실과 인공물의 구성의 일부분에 붙여져 비슷한 역할을 한다. 구성의 은유는 STS 내에서 대단히 다양한 방식으로 응용되어왔다. 그와 같은 다양성에 주목하면 이러한 응용의 대다수는 이치에 닿거나 흠잡을 데가 없음을 알 수 있다.(Sismondo, 1993) 그러나 우리는 또한 구성의 은유가 갖는 중심 함의들—그것이 너무나 많은 다른 방식으로, 너무나 많은 다른 주제들에 대해 사용될 수 있게 해주는—에 주목할 수도 있다. 사회구성주의는 과학기술에 대해 세 가지 중요한 가정을 제공하는데, 이는 다른 영역에까지 확장될 수 있다. 첫째, 과학기술은 중요한 의미에서 **사회적**이다. 둘째, 과학기술은 **활동적**이다—구성의 은유는 활동성을 암시한다. 셋째, 과학기술은 자연에서 자연에 관한 아이디어로 곧장 이어지는 경로를 제공하지 않는다. 과학기술의 산물은 **그 자체로 자연적인 것이 아니다.**(다른 분석으로는 Hacking, 1999를 보라.)

STS의 표준 역사는 토머스 쿤의 『과학혁명의 구조』(Kuhn, 1962)에서 시작할 것이다. 이 책은 과학지식의 견고성을 떠받치는 공동체적 기반, 과학지식의 관점적 본질, 과학지식을 만들어내는 데 필요한 실제 작업(hands-on work)을 강조했다. 좀 더 중요한 것은 쿤의 책이 누린 인기와 그 책에 대한 우상파괴적 독해가 과학을 사회적 활동으로 보는 새로운 가능성을 열어주었다는 점이다.

이런 식으로 쿤의 저작은 이 분야의 또 다른 출발점을 위한 공간을 만드는 데 일조했다. 데이비드 블루어(Bloor, 1976)와 배리 반스(Barnes, 1974)가

발표한 지식사회학의 "강한 프로그램(strong program)"이 그것이었다. 강한 프로그램은 과학과 수학지식의 자연주의적 설명에 대한 신념에서 출발해 지식의 원인을 탐구하는 활동으로 나아갔다. 많은 전통적 과학사와 과학철학은 참(혹은 합리적)으로 간주되는 믿음과 거짓(혹은 비합리적)으로 간주되는 믿음을 비대칭적으로 설명함으로써 설명의 비자연주의적 패턴을 고수했고, 그러면서 진리와 합리성은 불편부당한 과학을 자기편으로 끌어당기는 인력을 갖는다는 가정을 도입했다. 그러한 과학의 비대칭적 취급은 다른 조건이 같다면 연구자들은 진리와 합리성으로 인도될 것이며, 따라서 과학지식의 사회학이란 존재할 수 없고 오직 오류의 사회학만이 가능하다고 가정한다. 여기서 강한 프로그램은 단지 오류만이 아니라 과학지식의 구성을 연구할 수 있는 이론적 배경을 제공했다.

강한 프로그램이 가장 즉각적으로 활용된 것은 이해관계의 측면에서였다. 이해관계는 사람들이 취하는 입장에 영향을 주며 과학지식으로 간주되는 주장을 형성한다.(가령 MacKenzie, 1981; Shapin, 1975) 현재 STS에서 이해관계 기반 설명과 대체로 부합하는 일단의 연구는 특정한 과학적 주장―대체로 그 자체가 젠더의 구성에 기여하는―의 성차별주의와 성차별적 기원을 폭로하는 페미니스트 연구를 들 수 있다.(가령 Fausto-Sterling, 1985; Martin, 1991; Schiebinger, 1993) 이러한 페미니스트 STS의 갈래는 어떻게 이데올로기가 시작점이자 끝점으로서 과학지식의 구성에 기여하는지를 보여주었다.

1970년대 해리 콜린스의 연구에 대부분 힘입은 경험적 상대주의 프로그램(empirical program of relativism, EPOR)은 강한 프로그램과 유사한 점이 많다.(가령 Collins, 1985) 강한 프로그램의 많은 연구들이 그렇듯, 대칭성은 논쟁―이 기간 동안 지식은 미결정 상태에 있다―에 초점을 맞춤으로써 성취되었다. 논쟁은 해석적 유연성을 보여준다. 재료, 데이터, 방법, 아이디어에는 서로 경쟁하는 입장들과 부합하는 일련의 해석들이 주어질 수 있다. 이런 이유 때문에 콜린스의 방법론적 상대주의는 재료의 본질이 논쟁의 해소에서 아무런 역할을 하지 않는다고 단언했다. 이어 EPOR은 과학기술 논쟁에서 항상 회귀현상이 발생한다는 것을 보여주었다. 해석과 그것이 뒷받침하는 주장에 대한 판단은 서로가 서로에게 의존한다. 논쟁의 참여자들은 전형적으로 어떤 주장 그 자체가 옳다고 보는 정도만큼 그 주장을 뒷받침하는 연구와 논증도 옳다고 보기 때문이다. 사례연구들은 하나의 입장을 전문가 공동체의 구성원들이 받아들여야 하는 옳고 합당한 입장이라고 정의하는 행동을 통해 논쟁이 해소된다는 주장을 뒷받침했다. 따라서 과학지식의 구성은 특정한 사회적 배치와의 지울 수 없는 관련성을 담고 있다.

논쟁이 과학기술 지식의 구성에서 (말 그대로) 결정적인 요소이긴 하지만, 이는 그러한 구성에서 단지 하나의 에피소드, 즉 전문가 그룹이 논쟁적인 쟁점에 관해 결정을 내리는 에피소드에 불과하다. 논쟁을 완전하게 이해하려면 그것이 문화와 사건들에 의해 어떻게 형성되었는지를 연구해야 한다. 1970년대에 많은 연구자들—가장 대표적인 인물로는 해리 콜린스, 카린 크노르 세티나, 브뤼노 라투르, 마이클 린치, 섀런 트래윅—은 과학의 문화를 연구하는 새로운 접근법을 동시에 받아들였다. 실험실 안으로 들어가 실험작업, 데이터의 수집과 분석, 주장의 세련화 과정을 관찰하고 참여하는 방식이었다. 초기의 실험실 민족지연구는 심지어 가장 간단한 실험실 조직과 관찰에도 관여하는 숙련(skill)에 주목했다.(Latour & Woolgar, 1979; Collins, 1985; Zenzen & Restivo, 1982) 그처럼 숙련에 속박된 행동을 배경으로 해서 과학자들은 데이터와 그 외 결과들의 본질을 서로 간의 대화 속에서 협상하면서(Knorr Cetina, 1981; Lynch, 1985) 논문으로 발표할 수 있는 결과와 논증을 목표로 작업한다. 그러한 세부사항에 대한 주목은 린치가 옹호한 민족지방법론적 과학연구—인식론을 상세한 경험연구의 주제로 만든—와 부합한다.(Lynch, 1985, 1993) 민족지방법론의 입장에 따르면 과학의 질서는 실험실과 여타 장소에서의 일상적 활동의 수준에서 만들어진다. 이 모든 과정에서 문화는 엄청나게 중요한 역할을 수행하며, 가치 있는 연구와 수용가능한 양식이 될 수 있는 것을 정연하게 제시한다.(Traweek, 1988) 따라서 데이터의 구성은 숙련과 문화, 그리고 실험실의 일상적인 협상에 의해 심대하게 특징지어진다.

데이터뿐 아니라 현상들 그 자체도 실험실에서 구성된다. 실험실(*laboratories*)은 노동의 장소이며, 그 속에서 발견되는 것은 자연이 아니라 수많은 인간 노력의 산물이다. 정보는 추출되고 정련되거나 특정한 목적을 위해 발명되고, 외부의 영향으로부터 보호되며, 혁신적인 맥락 속에 위치된다.(Latour & Woolgar, 1979; Knorr Cetina, 1981; Hacking, 1983) 실험 시스템은 안정되고 일관되게 작동할 때까지 계속해서 고쳐진다.(Rheinberger, 1997) 따라서 실험실 현상은 그 자체로 자연적인 것이 아니라 자연을 대신하도록 만들어지는 것이다. 실험실 현상은 그 순수성과 인공성으로 인해 자연세계 그 자체가 할 수 있는 것보다 더 근본적이고 자연을 잘 드러내는 것으로 흔히 간주된다.

17세기에 이러한 실험적 현상의 구성성은 실험철학의 정당성을 둘러싼 논쟁의 초점을 이뤘다. 우리가 익히 알다시피 이 논쟁은 실험을 선호하는 쪽으로 해소되었으나, 그 이유는 실험이 자연에 대한 투명한 창임이 자명해서가 아니었다. 논쟁은 젠틀맨 자연철학자들의 공동체 내에서 담화의 적절한 경계와 양식을 분명하게 하고(Shapin & Schaffer, 1985) 수학적 구성물과의 유추를 거침으로써 해소되었다.(Dear, 1995) 이를 포함한 중요한 발전들을 분석하면서 STS는 역사적 인식론의 새로운 접근법을 열어젖혔고, 특정한 과학연구의 양식이 부상한 경위와 이유(Hacking, 1992), 객관성과 같은 과학의 핵심 개념과 이상들의 역사와 동역학(Daston, 1992; Porter, 1995), 방법의 수사와 정치(Schuster & Yeo, 1986) 등을 연구했다. 과학지식의 구성으로부터 과학적 방법과 인식론의 구성에 대한 관심이 자라나왔던 것이다.

트레버 핀치와 위비 바이커(Pinch & Bijker, 1987)는 "기술의 사회적 구성(social construction of technology, SCOT)"이라는 제목하에 과학연구에서 기술연구로 개념들을 이전시켰다. 그들은 기술의 성공이 그것을 받아들이고 촉진하는 집단의 힘과 규모에 달려 있다고 주장했다. 심지어 어떤 기술의 정의조차도 "관련된 사회집단"들의 해석의 결과이다. 인공물에 대해서는 유연한 해석이 가능한데, 인공물이 어떤 일을 하고 그 일을 얼마나 잘하는 가는 그것이 어떤 일을 해야 하는가를 놓고 경쟁하는 목표 내지 경쟁하는 인식들이 빚어낸 결과이기 때문이다. 그래서 SCOT는 기술의 역사와 의미에 내재한 우연성, 서로 다른 사회집단에 의한 행동과 해석의 우연성을 지적한다.

상징적 상호작용 접근법(symbolic interactionist approach)은 과학기술을 특정한 장소에서 특정한 재료를 사용해 일어나고 있는 일(work)로 다룬다.(가령 Fujimura, 1988) 더 나아가 사물(object)은 일을 가능케 하고 이를 통해 과학지식과 기술적 결과의 창출을 가능하게 해주는 상징으로서의 역할을 한다.(Star & Griesemer, 1989) 과학, 기술, 의료에서의 일에 주목하는 것은 상징적 상호작용론자들이 통상적으로 연구자 내지 혁신가로 인식되지 않는 사람들의 기여에 주의를 기울이도록 한다.(가령 Moore, 1997)

행위자 연결망 이론(actor-network theory, ANT)은 테크노사이언스의 작업을 더 크고 더 강력한 연결망을 만들어내려는 시도로 그려냄으로써 이러한 상을 더욱 확장한다.(Callon, 1986; Latour, 1987; Law, 1987) 행위자, 좀 더 정확하게는 "행위소(actant)"들은 우리가 **기계**라고 부르는 연결망의 건설(그것의 구성요소가 일관된 효과를 얻기 위해 함께 작동하도록 만들어진 경우)이나 **사실**이라고 부르는 연결망의 건설(그것의 구성요소가 마치 서로 일치하는 것처럼 행동하도록 만들어진 경우)을 시도한다. ANT에서 특이한 점은 연결망이 혼종적(heterogeneous)이라는 것이다. 그 속에는 재료, 장치, 부품, 사람들, 제도 등에 걸친 다양한 구성요소들이 포함된다. ANT의 연결망에서는 박테리아가 현미경이나 공중보건 기구들과 어깨를 나란히 할 수도 있고, 실험적인 전지가 자동차 운전자와 석유회사에 의해 배제될 수도 있다. 이 모든 구성요소는 행위소들이며, 동시에 기호적이기도 하고 물질적이기도 한 것으로 간주된다. ANT는 EPOR과 SCOT의 해석적 개념틀을 실험실연구의 유물론과 합쳐놓은 것처럼 보인다. 과학적 사실과 기술적 인공물은 과학자와 엔지니어들이 폭넓은 행위자 집단의 이해관계를 번역해 함께 작동하거나 서로 일치하도록 만든 작업의 결과물이다. ANT가 구성주의 STS의 역사에서 내딛은 일보는 지식과 사물의 구성에 대한 분석에서 인간과 비인간 행위자들을 통합했다는 것이다. 여기에는 논란의 여지가 있다. 비대칭성을 재연할 가능성이 있기 때문이다.(Collins & Yearley, 1999)

과학적 지식과 기술적 인공물이 성공을 거두려면 환경에 맞게 만들어지거나 환경이 그것에 맞게 만들어져야 한다. 테크노사이언스의 조각들과 그것의 환경을 서로 들어맞게 만드는 과정, 혹은 지식과 제도를 동시에 창출하는 과정은 자연적 · 기술적 · 사회적 질서의 공동생산(co-production)(Jasanoff, 2004) 내지 공동구성(co-construction)(Taylor, 1995)의 과정이다.

의약품은 그것이 이용가능해졌기 때문에 존재하게 된 질병을 치료하기 위해 만들어지고(가령 Fishman, 2004), 질병의 분류는 그러한 분류를 강화시키는 진단법들을 제공하며(Bowker & Star, 1999), 기후과학은 그러한 지식을 확인하고 또 그에 대처하는 데 도움을 주는 지식과 제도 양자 모두를 만들어낸다.(Miller, 2004) 결국 성공한 테크노사이언스 작업은 부분적으로 사실과 인공물뿐 아니라 그것을 받아들이고 사용하고 확인해주는 사회를 구성하는 과정이기도 하다.

구성주의 접근법에는 수많은 다른 확장태들이 존재해왔다. 이해관계가 대체로 과학기술 행위의 고정된 원인으로 받아들여져 왔다고 본—사실 이해관계는 유연하고 우연적인 것일 수 있는데도(Woolgar, 1981; Callon & Law, 1982)—일부 연구자들은 성찰성의 도전을 받아들여 지식사회학을 그 자신의 도구를 이용해 설명하려 시도했다.(Mulkay, 1985; Woolgar, 1988; Ashmore, 1989) 과학기술 수사에 대한 연구는 사실과 인공물의 담론적 원인을 설득의 유형과 양식의 문제까지 추적해 들어갔다.(가령 Gilbert & Mulkay, 1984; Myers, 1990) 경계작업(boundary work)에 대한 연구는 분야, 방법, 다른 사회적 분할들의 경계가 구성되고 재구성되는 것을 보여주었다.(Gieryn, 1999) 한편 연구자들은 과학기술의 법, 규제, 윤리에 관한 작업을 부분적으로 탐구해왔다. 안전 절차는 어떻게 실험실의 다른 실천들과 통합되는가?(Sims, 2005) 충분한 정보에 근거한 동의(informed consent)는 어떻게 정의되는가?(Reardon, 2001) 특허는 어떻게 과학적 결과로부터 만들어지는가?(가령 Parker & Webster, 1996; Owen-Smith, 2005) 이것들을 포함한 수많은 다른 방식으로 구성주의 기획은 새로운 분석도구와 새로운 분석대상을 계속 찾아내고 있다.

결국 포괄적인 형태로 표현된 구성의 은유는 STS의 많은 부분을 한데 묶어준다. 쿤의 과학사 서술방법론, 강한 프로그램의 비자연주의적 설명 거부, 재료와 지식의 안정화에 대한 민족지학적 관심, 연구대상은 발언권이 없다는 EPOR의 주장, 일견 가장 기본적인 개념, 방법, 이상들에 대한 역사적 인식론의 탐구, 심지어 가장 간단한 기술들에도 나타나는 해석적 유연성에 대한 SCOT의 관찰, 테크노사이언스의 행위능력을 더 넓게 분포시켜야 한다는 ANT의 요청, 기술적 질서와 사회적 질서를 동시에 만들어내는 공동생산에 대한 주목 등이 그것이다. 물론 이러한 프로그램들은 통일된 것이 아니다. 구성주의 은유를 서로 다르게 사용하고 해석함에 따라 상당한 정도의 이론적·방법론적 불일치가 나타날 수 있고 실제로도 그런 불일치를 낳고 있기 때문이다. 그러나 이 은유는 STS를 좀 더 일반적인 과학기술의 역사, 과학철학의 합리주의적 기획, 기술철학의 현상학적 전통, 제도주의 과학사회학의 제약과 구분하는 데 도움을 주기에 충분한 내용을 갖추고 있다.

지금까지의 서사가 안고 있는 문제점

불행히도 지금까지의 서사는 풀러의 유용한 유추를 받아들이자면, 전적으로 고교회파에 속하는 것이다.[1] 고교회파 STS는 과학기술에 대한 해석에 초점을 맞춰왔고, 지식과 인공물의 발전과 안정화를 탐구하는 정교한 개념적 도구들을 발달시키는 데 성공을 거두었다. 과학기술에 대한 고교

---

1) 풀러의 유추는 세속화의 두 차례 물결을 가리키고 있다. STS의 저교회파는 16~17세기의 프로테스탄트 종교개혁과 닮은 반면, 고교회파는 19세기에 나타난 급진적인 성서해석학의 비평과 닮았다.(Fuller, 2000: 409)

회파의 해석학이 종종 전통적인 과학철학과 과학사의 좀 더 합리주의적인 기획에 반대되는 프레임을 명시적으로 취함에도 불구하고, 그것이 실제로 점유하는 영역은 상당히 유사하다.

그러나 STS에는 저교회파도 있다. 저교회파는 과학기술을 그 자체로 이해하는 것보다는 과학기술이 대중의 관심사에 책임을 갖도록 하는 데 더 관심이 많다. 저교회파는 과학, 기술, 군대, 산업체 간의 연계에 관심을 가졌던 과학자들의 작업에 가장 중요한 기원을 두고 있다. 그들에게 있어 목표는 핵물리학이 원자무기의 개발에 기여하게 만든 구조, 화학이 환경적 재난을 야기한 다양한 프로젝트에 이용될 수 있게 만든 구조, 혹은 생물학이 농업의 산업화에서 핵심적인 위치를 차지하게 한 구조에 도전하는 것이다. 1940년대와 1950년대의 활동가 운동들은 《원자과학자회보(*Bulletin of Atomic Scientists*)》와 퍼그워시(Pugwash) 같은 조직들을 만들어냈고, 이곳에서 진보적 의식을 가진 과학자들과 그 외 분야의 학자들은 핵무기를 비롯한 전 지구적 위협들에 관한 논의를 했다. 다시 말해 과학기술은 종종 그 편익, 비용, 위험이 대단히 불균등하게 분포되는 프로젝트에 종종 기여한다는 것이다. 이러한 사실에 대한 인식과 진보의 관념에 대한 비판을 배경으로 해서(Cutcliffe, 2000) 1960년대의 활동가들은 우려하는 과학자 동맹(Union of Concerned Scientists)이나 민중을 위한 과학(Science for the People) 같은 조직들을 만들어냈다.

특히 학계에서는 저교회파가 "과학기술과 사회(Science, Technology, and Society)"가 되었다. 이는 진보적 목표와 사회제도로서의 과학기술에 대한 지향이 결합해 뭉친 다양한 그룹들을 지칭했다. 사실 이 둘은 연결되어 있었다. 과학기술과 사회 연구자들에게 과학의 사회적 본성을 이해하는 기획은 사회적으로 책임 있는 과학을 촉진하는 기획과 대체로 연속선상에 존재했다.(가령 Ravetz, 1971; Spiegel-Rösing & Price, 1977; Cutcliffe, 2000) 이는 저교회파와 고교회파 간의 연결고리를 만들었고, 이 둘을 서로 완전히 분리된 교파가 아니라 하나의 분야를 구성하는 일부분으로 간주할 수 있는 정당화를 제공했다. 그래서 STS와 과학기술을 연구하는 다른 분야들을 구분하는 요소들 중 두 번째는 활동가적 관심이 되었다.

저교회파에서 핵심 질문은 개혁, 즉 최대한의 사람들에게 혜택을 주는 과학기술을 촉진하는 것과 연결되어 있다. 어떻게 하면 건전한 기술적 결정을 진정으로 민주적인 과정을 통해 만들어낼 수 있을까?(Laird, 1993) 혁신을 민주적으로 통제할 수 있을까?(Sclove, 1995) 기술에 대한 최선의 규제는 어떻게 이뤄져야 할까?(가령 Morone & Woodhouse, 1989) 기술은 어느 정도까지, 어떻게 정치적 실체로 간주될 수 있을까?(Winner, 1986) 대중 기술논쟁의 동역학은 어떤 것이며, 논쟁 양측은 어떻게 쟁점과 관련 참여자들의 정의를 통제하려 시도하는가?(Nelkin, 1979) 과학기술의 문제들이 변화하면서 그것에 대한 비판적인 연구들 역시 변화를 겪었다. 한때 비판의 초점이 되었던 군대의 자금지원은 대학연구의 사유화를 중심으로 한 일련의 쟁점들에 자리를 내주었다. 연구자, 지식, 도구들이 대학과 산업체 사이를 왔다갔다 하는 세상에서 우리는 어떻게 순수과학을 지킬 수 있을까?(Dickson, 1988; Slaughter & Leslie, 1997)

과학기술과 사회 연구의 밑에 깔린 가정이자 그것이 빚어낸 결과 중 하나는 기술적 의사결정에 대한 더 많은―혹은 적어도 전통적으로 해왔던 것보다는 더 많은―대중참여가 공공적 가치와 과학기술의 질을 향상시킨다는 것이다. 예를 들어 화학무기 폐기 프로그램을 짜기 위해 동시에 진행된 두 가지 과정을 비교해보면, 참여적인 모델이 "결정하고, 선포하고, 방어하는" 모델보다 훨씬 더 우위에 있었다. 후자는 엄청난 시간을 잡아먹었고, 대중을 소외시켰으며, 획일적인 권고안을 내놓았다.(Futrell, 2003) 대중참여 활동에 대한 평가에서는 참여자가 인구집단을 대표하고, 독립적이고, 의사결정 과정의 초기에 참여하고, 진정한 영향력을 가지고, 투명한 과정에 관여하고, 자원에 대한 접근권을 갖고, 명확하게 정의된 임무를 부여받고, 구조화된 의사결정에 참여할수록 더 성공으로 평가할 수 있다는 주장이 제기되었다.(Rowe et al., 2004)

　과학기술의 민주화는 수많은 형태를 취해왔다. 1980년대에 덴마크 기술위원회(Danish Board of Technology)는 합의회의(consensus conference)를 창안했다. 이는 시민들로 구성된 패널이 특정한 기술적 관심 주제에 관해 덴마크 의회에 보고하고 (강제성이 없는) 권고안을 제출할 책임을 맡는 것이다.(Sclove, 2000) 전문가들과 이해당사자들은 패널에게 정보를 제공할 기회를 갖지만, 보고서에 대한 완전한 통제권은 시민 패널에게 있다. 합의회의 과정은 명쾌함과 합리성을 눈에 띄게 희생하지 않으면서 기술적 의사결정을 민주화하는 능력에서 성공이라는 평가를 받았고, 유럽의 다른 지역들, 일본, 미국으로까지 확산되어왔다.(Sclove, 2000)

　연구과정의 초기단계에 대한 관심에서 1970년대 네덜란드는 시민들, 단체, 비영리기구 등에 기술적 조언을 제공하는 "과학상점(science shop)"의 아이디어를 개척했다.(Farkas, 1999) 과학상점은 보통 스스로 연구를 수행할 수 있는 자원을 결여한 개인이나 조직의 요구에 부응해 과학연구를 수행하는 소규모 조직이다. 수많은 다른 방식으로 예시된 이러한 아이디어는 다소의 성공을 거두었고 유럽 여러 국가들과 캐나다, 이스라엘, 남아프리카, 미국 등으로 수출되었으나 그것이 지닌 인기는 부침을 겪었다.(Fischer et al., 2004) 결국 과학기술과 사회의 기획들은 구성주의 기획—적어도 이 장의 앞부분에서 STS의 역사를 정리한 서사에 다뤄졌던 것과 같은—의 일부를 이루지 않는 몇몇 인상적인 성취들을 거둬왔다고 할수 있다. 그러나 이러한 두 가지 기획들은 고교회파-저교회파 유추가 암시하는 것보다 서로 더 잘 연결되어 있었다.

구분의 재구성

이 장에서는 종교적 화해를 시도하지 않는다. 더 쉬운 길은 종교적 은유가 어울리지 않는다는 주장을 펴는 것이다. STS의 좀 더 "이론적"인 분파와 좀 더 "활동가적"인 분파 간에 상당한 거리가 있음은 의심의 여지가 없지만, 이론과 운동 사이에는 풍부한 중첩 부분들이 존재한다.(Woodhouse et al., 2002) 구성주의적 방법과 통찰에 근거한 참여적 분석, 정책 내지 정치와 연관된 구성주의적 분석, 이론과 과학기술 민주화 간의 연결에 대한 추상적 논의 등은 얼마든지 찾아볼 수 있다. 특히 우리는 테크노사이언스의 정치를 연구하는 구성주의 STS의 소중한 확장, 즉 규범적 관심사와 이론적 관심사를 이어주는 확장을 볼 수 있다.

고교회파는 순수한 학문적 연구, 저교회파는 정치 내지 권익옹호 활동하는 식으로 구분하는 것보다는 이를 이중의 구분으로 보는 편이 낫다. (기존의 구분을 다른 식으로 수정한 버전도 있다. 과학기술에 대한 긍정적 태도와 부정적 태도를 중심으로, 혹은 이론, 운동, 공공정책 사이의 3자간 대비를 중심으로 하는 구분은 Cutcliffe, 2000; Woodhouse et al., 2002; Bijker, 2003을 보라.) STS 학술연구의 서로 다른 부분들에 대해 두 가지 질문을 던져보자. 첫째, 과학기술의 구성을 이해하는 데 이론적(내지 근본적 내지 광범한) 중요성을 갖는 결과를 목표로 하는가? 둘째, 과학기술에 대한 민주적 통제와 참여를 촉진하는 정치적 내지 실천적 가치를 갖는 결과를 목표로 하는가? 우리가 이러한 두 가지 질문을 동시에 던진다면, 그 결과는 "근본성"의 높고 낮은 정도와 "정치적 가치"의 높고 낮은 정도라는 두 개의 축으로 정의되는 공간이 된다. 이러한 축들이 STS의 완전한 모습을 보여주는 것은 아니지만, STS와 과학기술을 연구하는 다른 방식들을 구분해줌과 동시에 이 분야의 중요한 차원들을 포착해낸다.(〈그림 1.1〉을 보라.) 도표 좌측 하단에는 현상을 묘사하고 기록하는 연구들이 있다. 그러한 연구들 그 자체는 STS의 이론적 기획이나 활동가적 기획 어느 쪽과도 관련성을 맺고 있지 않다.(아마 적절한 번역에 의해 그렇게 만들 수 있겠지만) 이런 연구들은 이 분야에 대한 표준적 설명에서 흔히 배제될 것이다.(Cutcliffe, 2000; Bucchi, 2004; Sismondo, 2004; Yearley, 2005) 우측 하단에는 이런저런 활동가적 기획에 주로 기여하려는 목표를 지닌 연구들이 있다. 좌측 상단에는 과학기술의 구성에 대한 이론적 이해에 기여하려는 목표를 지닌 연구들이 있다. 이런 연구들은 전형적으로 높은 지위의 과학기술에 초점을 맞추며 종종 그것의 내부 동역학에 집중한다. 우측 상단에는 모종의 활동가적 기획

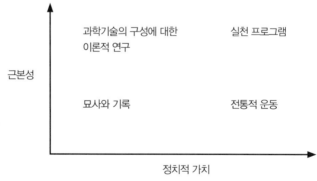

〈그림 1.1〉

과 전반적인 이론적 시각에 모두 기여하려는 목표를 지닌 연구들이 있다. 지칭의 편의를 위해 지적 공간의 이 영역에 STS의 "실천 프로그램(engaged program)"이라는 명칭을 붙이기로 하자.

실천 프로그램에서 가장 정도가 약한 활동은 분명한 정치적 중요성을 지닌 주제들을 다루는 것이다. 응집물질 물리학보다는 핵에너지, 진화분류학보다는 농업 생명공학 하는 식으로 말이다. 그러나 이렇게 하는 과정에서 실천 프로그램은 과학, 기술, 공익의 관계를 연구 프로그램의 중심에 둠으로써 좀 더 복잡한 활동에 나서게 된다. 실천 프로그램은 과학기술이 참여의 대상이거나 그렇게 되어야 할 때 과학기술을 연구하며, 그 결과 과학, 기술, 정치, 공익 간의 상호작용은 단지 연구의 맥락에 그치는 것이 아니라 STS의 연구주제가 된다. 정치는 분석의 양식이 아닌 연구의 장소가 된다.

2차원 개념틀은 이론적 관심과 운동의 목표 사이의 갈등 대신 잠재적 중첩을 볼 수 있게 해준다. 이러한 중첩은 STS 문헌에 잘 나타나 있고 그런 모습은 점점 증가하고 있다. STS의 역사에서 최근의 몇몇 장들은 구성주의 프로그램을 공공영역으로 확장하면서 과학, 기술, 법, 정부의 경계면에서 나타나는 상호작용에 초점을 맞추는 내용을 담고 있다. 어떤 프로그램의 선언이나 요란한 팡파르 없이도 STS의 무게중심은 눈에 띄게 실천 프로그램의 영역을 향해 움직여왔다. 저교회파의 많은 부분은 항상 그곳에 있었다. 이 교파의 많은 대표자들은 자신들의 연구주제를 중요한 사례연구로 삼아 과학기술의 정치에 대한 일반적 분석에 기여하려는 의도를 갖고 있었기 때문이다. 페미니스트 STS의 일부 갈래도 페미니스트 연구가 구성주의적 관심사와 만나는 곳이면 항상 그곳에 있었다. 종종 권력의 문제를 염두에 두고 표현되어온 상징적 상호작용론 연구의 많은 부분에 대해서도 마찬가지 얘기를 할 수 있다.(가령 Cussins, 1996; Casper & Clarke, 1998) 그러나 최근에는 구성주의 STS가 공공의 관심사와 관련된 사례들을 연구하는 것이 거의 규범이 되다시피 했으며, 과학, 기술, 공익의 상호작용을 연구하는 것도 좀 더 흔해졌다. 그 결과 과학기술 정치의 본질은 이 분야의 중심으로 자리를 잡은 것 같다. STS에서 고교회파의 중심 학술지 중 가장 권위 있는 《과학의 사회적 연구(Social Studies of Science)》의 최근호들을 보면 분명 실천 프로그램 내에 위치하고 있는 대단히 다양한 주제들에 관한 논문들을 얼마든지 찾아볼 수 있다.[2] 명시적으로 정치적인 맥락에서 과학기술을 다룬 책들도 주목을 끌면서 상을 받고 있다.[3] 실로 테크노사이언스 세계에서 민주주의와 정치의 본질, 그리고 테크노사이언스의 정치 질서는 STS의 중심 주제 가운데 하나가 되었다. 그러한 움직임은 두 교파 간의 구분을 점차 무의미한 것으로 만들고 있다.

---

2) 예를 들어 담배 규제에 관한 논평의 수사(Roth et al., 2003), 작은 섬들의 환경관리 (Hercock, 2003), 인종과 과학적 공로인정(Timmermanns, 2003), 약리유전학의 사회적·윤리적 결과(Hedgecoe & Martin, 2003), STS에서 현실참여의 본질에 대한 논쟁(Jasanoff, 2003; Wynne, 2003; Rip, 2003; Collins & Evans, 2003), 전문성의 정치에 대한 논의 (Turner, 2003b) 등을 다룬 논문들이 있다.

3) 과학의 사회적 연구학회(4S)는 매년 단행본에 대해 두 개의 상을 시상한다. 루트비히 플렉 상과 레이첼 카슨 상이 그것이다. 1996년에야 처음 제정된 후자는 정치적 내지 사회적 관련성을 가진 책에 명시적으로 수여하는 상이지만, 전자는 STS의 관심사 전반에 걸쳐 주는 상이다. 그럼에도 불구하고 플렉 상 수상자 중에는 상대주의를 다문화적 맥락에서 조명한 헬렌 베런의 책『과학과 아프리카의 논리(Science and an African Logic)』(2001), 20세기의 인간 재생산의 과학을 다룬 에이델 클라크의 『재생산의 규율(Disciplining Reproduction)』 (1998), 페미니즘과 테크노사이언스에 관한 도너 해러웨이의 『겸손한_목격자@두 번째-천년기(Modest_Witness@Second-Millenium)』(1997), 객관성의 이상이 어떻게 전문성의 민주화로부터 등장했는지를 논의한 시어도어 포터의 『숫자에 대한 신뢰(Trust in Numbers)』 (1995), 계몽사조기 생물학과 인류학에서의 젠더 문제를 다룬 론다 쉬빈저의 『자연의 몸 (Nature's Body)』(1993) 같은 책들이 포함돼 있다.

구성주의와 전문성의 정치

우리는 실천 프로그램이 테크노사이언스의 민주화로 수렴하는 것을 볼수 있다. 이 문제를 자유민주주의 이론의 방향에서 접근한 스티븐 터너 (Turner, 2001, 2003a)는 전문성과 민주주의 사이에는 진정한 갈등이 존재한다고 주장한다. 전문성은 시민의 지배를 침식하는 불평등을 만들어내기 때문이다. 지식사회가 발전하면서 의사결정은 점점 더 전문가들과 전문가위원회에 의해 내려지거나 그들에게 직접적으로 호응하고 있다. 터너는 이처럼 새로운 버전의 민주주의—"자유민주주의 3.0"으로 이름 붙인—에 대해 조심스럽게 낙관인 태도를 취한다. 그는 어떤 형태의 전문성은 사실상 민주적으로 수용되고 있고, 전문성에 대한 판단은 우연하게 부여되고 언제나 도전에 열려 있으며, 따라서 오늘날의 자유주의 사회에서 전문성의 중요성은 원칙적으로 민주주의와 양립가능하다고 주장한다.(Turner, 2001) 그러나 갈등을 어떻게 하면 가장 잘 관리할 수 있는지는 이론적 · 정치적으로 열려 있는 기획이다.

과학지식의 (사회적) 구성성이 갖는 일단의 함의는 지식을 항상 사회적 관계로 환산할 수 있는 방법이 있다는 것이다. 지식의 의미는 항상 사회적 요소를 포함하고 있고, 지식을 생산해낸 사회세계에 관한 가정들은 지식 속에 배태돼 있다. 과학지식이 공공의 장으로 들어갈 때, 이처럼 배태된 가정들은 상세한 검토에 노출될 수 있다. 관심 있는 대중은 전문성의 소재 (所在), 서로 다른 이해관계의 상대적 가치, 위험의 중요성 같은 것들에 관한 가정들을 꿰뚫어보고 도전할 아주 좋은 위치에 있을 수 있다. 스티븐 이얼리(Yearley, 1999)는 이것을 과학과 대중의 만남에 관한 연구에서 핵심적인 발견 중 하나로 꼽았다. 결국 구성주의는 과학기술에서 대중참여를 증진시켜야 하는 근거도 제공하는 셈이다.

일반인들은 수많은 방식으로 기술적 전문성을 발달시키고 보유할 수 있다. 에이즈 운동과 그것이 연구에 미친 영향을 다룬 스티븐 엡스틴의 연구(Epstein, 1996)는 놀랄 만한 사례를 제공한다. 활동가들은 임상시험의 표준 프로토콜에서 예컨대 연구 피험자들이 대안적 치료법으로 실험적 치료법을 보충하거나 다른 연구 피험자들과 약을 나눠 먹거나 하지 않을 것으로 가정한다는 사실을 인식할 수 있었다. 결과적으로 프로토콜은 에이즈에 걸린 사람들의 삶과 희망보다는 말끔한 결과에 더 높은 가치를 둔 셈이 되었고, 활동가들은 임상시험에 내재한 인위성과 윤리 모두에 도전장을 내밀 수 있었다. 뿐만 아니라 전문성에는 여러 형태들이 있으며, 과학자와 엔지니어들은 그들의 작업이 공공영역으로 들어갈 때 적절한 형태의 전문성을 갖고 있지 못할 수 있다. 이와는 조금 다른 상황에서 프랑스의 근이영양증(muscular dystrophy) 환자들은 연구 노력을 조직하고, 그들 나름의 연구에 관여하고, 신임을 받는 연구자들의 연구에 참여하고, 결과를 평가하는 등의 방식으로 자신들의 질병에 관한 연구에 기여했다.(Rabeharisoa & Callon, 1999) 프랑스근질환협회는 그것이 보유한 상당한 자원 덕분에 일반인과 과학자들 간 협력연구의 한 가지 유형을 보여주는 모범사례가 되었다.(Callon, 1999) 1986년 체르노빌 사고로 잠재적 영향을 받은 컴브리아 목양농에 관한 브라이언 윈의 연구(Wynne, 1996)는 STS에서 가장 많이 논의된 사례 중 하나인데, 그 이유는 바로 대중영역으로 진입한 전문성의 운명을 보여주고 있기 때문이다. 영국의 셀라필드 핵발전소가 이미 의심의 시선을 받고 있었기 때문에 농부들은 체르노빌이 방사능의 유일한 잠재적 원천이 아님을 손쉽게 알 수 있었고, 정부 과학자들의 지식에 내재한 결함—특히 양치기와 관련해서—도 알 수 있었다. 결국 그들은 정부의 조언에 대해 깊은 회의적 태도를 발전시키게 되었다.

외부인들이 과학기술 전문성의 무결성에 도전하는 경우도 있다. 과학과 법에는 서로 경쟁하는 인식체계(episteme)가 존재하며, 과학이 법정에 들어갈 때는 그것의 지식 형태가 지닌 가치가 곧바로 받아들여지지 않는다.(Jasanoff, 1995) 변호사와 판사들은 종종 과학적 전문성이 그 나름의 국지적이고 독특한 특징들을 갖고 있음을 이해한다. 그 결과 과학은 흔히 쓰이는 법률적 책략에 의해 도전을 받을 수 있으며, 그러한 도전을 견뎌낼 수 있는 형태로 번역될 수도 있고 그렇지 못할 수도 있다. 마찬가지로 과학은 흔히 과학자와 정책결정자 모두가 희망하는 특정한 정책을 위한 결정적 근거를 제공하지 못한다. 왜냐하면 과학이 통상적으로 종결을 이뤄내는 내부적 메커니즘이 종종 논쟁적인 정책결정의 맥락에서는 실패를 맛보기 때문이다.(Collingridge & Reeve, 1986)

세 가지 프로그램 선언

위에서 언급한 것과 같은 연구들을 통해 STS, 그중에서도 특히 폭넓은 구성주의 은유 내에서 작동하며 고교회파 역사를 갖고 있는 이 분야의 일부는 과학기술의 정치를 하나의 연구주제로—아니, **가장 유력한** 연구주제로—탈바꿈시켰다. 이는 단순히 테크노사이언스를 정치적으로 분석하는 것이 아니라 테크노사이언스의 정치를 분석하는 것이다. 이어질 내용은 핵심이 되는 내용적 쟁점과 규범적 대응을 결합시킨 세 가지 방식을 보여준다. 우리는 이러한 방식 각각이 과학기술의 정치질서 구성에 주목하면서 구성주의의 역사에서 시작된 경로를 따르는 것을 볼 수 있다.

전문성에 대한 규범적 이론

H. M. 콜린스와 로버트 에번스는 널리 논의된 논문(Collins & Evans, 2002)에서 자신들이 "확장의 정치(politics of extension)"라고 부른 문제를 파악해냈다. 누가 기술적 의사결정에 정당하게 참여할 수 있는가? 다시 말해 과학은 진리에 이르는 특권적인 길이라는 주장에 구성주의 STS가 성공적인 도전장을 내민 상황에서, 그렇다면 기술적 의사결정은 얼마만큼 개방되어야 하는가? 콜린스와 에번스는 확장의 문제야말로 "우리 시대가 긴급히 해결해야 할 지적 문제"(2002: 236)라는 거창한 주장을 편다.

그들은 이 문제에 대한 해법의 개념틀로 **전문성**에 대한 규범적 이론을 제시한다. 그들에 따르면 전문가들은 제대로 된 의사결정자인데, 이는 (그 정의상) 그들이 비전문가는 결여하고 있는 관련된 지식을 보유하고 있기 때문이다. STS는 그동안 과학기술 논쟁에 대한 해법은 어떤 공식적인 과학적 방법이 아니라 전문가들의 판단과 전문성의 위치에 대한 판단에 의존한다는 것을 보여왔고, 여기서 콜린스의 연구(가령 Collins, 1985)가 가장 두드러진 역할을 했다. 과학기술은 기계가 아니라 사람이 수행하는 활동인 것이다. 여기에 더해 콜린스와 에번스는 전문성이 실재하는 것이고 그것의 영역 안에 있는 진정한 지식을 나타낸다고 가정한다. STS는 또한 정당한 전문성은 공인된 과학자와 엔지니어들을 훨씬 넘어서 확장된다는 것을 보여주었다. 적어도 과학기술이 공공영역의 문제를 건드리는 경우에는 말이다.(가령 Epstein, 1996; Wynne, 1996; Yearley, 1999) 뿐만 아니라 전문성에는 서로 다른 형태들이 있다. 기여 전문성(contributory expertise)은 테크노사이언스 논쟁의 내용에 의미 있는 참여를 가능케 하고, 교류 전문성(interactional expertise)은 기여하는 전문가들과의—그리고 종종 그러한 전문가들 간의—의미 있는 상호작용을 가능케 하며, 지시 전문성(referred expertise)은 기여 전문성에 대한 평가를 가능케 한다.(Collins & Evans, 2002) 결국 전문성에 대한 규범적 이론은 참여의 기회를 늘리고 의미 있는 참여 능력에 기반을 둔 평등주의를 촉진할 것이다. 확장의 문제는 이처럼 서로 다른 전문성의 형태들이 얼마나 멀리까지 정당하게 확장되는가를 파악해내는 것이다.

기술적 의사결정은 콜린스와 에번스의 입장이 초점을 맞추는 곳이자 과학, 기술, 정치가 핵심적으로 교차하는 곳이다. 이 때문에 그들의 견해는 쟁점의 프레이밍, 전문성의 구성, 지식의 확산 같은 문제들을 무시한(Jasanoff, 2003) "결정주의(decisionism)"라는 비판을 받게 되었다.(Wynne, 2003; Habermas, 1975) 우리는 선호취합적 민주주의와 투표를 통한 참여보다 숙의민주주의와 능동적 시민권에 높은 가치를 두는 오늘날 정치철학의 움직임에서도 유사한 쟁점을 볼 수 있다. 결국 우리는 콜린스와 에번스가 실천 프로그램의 주제를 협소하게 해석해 과학, 기술, 정치가 교차하는 영역은 제쳐두었다고 생각할 수 있다.

시민 인식론

결정주의에 내포된 문제는 공공영역에서의 과학기술에 대해 사뭇 다른 탐구를 위한 출발점으로의 구실을 한다. 실라 재서노프는 미국, 영국, 독일의 생명공학에 대한 비교연구를 통해 어떻게 테크노사이언스의 정치에서 서로 구분되는 국가별 문화가 존재하게 되었는지를 보여준다.(Jasanoff, 2005) 논쟁이 과학기술 지식의 구성에서 핵심적인 계기—결국은 계기에 불과하지만—인 것과 마찬가지로, 의사결정은 테크노사이언스의 정치에서 핵심적인 계기이다. 이들 국가의 정부들은 제각기 생명공학 연구 및 산업을 육성하는—심지어 국민국가 형성(nation-building)의 일면을 이룰 정도로—전략을 발전시켰다. 이들은 각각 그러한 연구와 산업을 민주적 검토와 통제에 종속시켰다. 그러나 여기서 얻어진 결과는 놀라울 정도로 달랐다. 산업체도 다르고, 대학과의 관계도 다르며, 그들과 그들이 만들어낸 제품을 다루는 규제도 다르다. 이는 과학기술의 민주적 실천을 형성하는 국가별 "시민 인식론(civic epistemology)"들이 빚어낸 결과이다.(Jasanoff, 2005: 255)

시민 인식론에 대한 재서노프의 설명에 따르면, 여기에는 다음과 같은 차원들이 포함된다. 공공영역에서 지식생산의 양식, 책임성과 신뢰성에 대한 접근과 그 수준, 지식을 증명하는 실천, 가치 있게 여겨지는 객관성의 유형, 전문성의 기반, 전문가 단체의 가시성과 접근가능성에 대한 가정 등이다.(2005: 259) 미국에서는 전문가들에 대한 신뢰 수준이 낮고, 그들의 책임성이 법적 내지 율법적 과정에 근거를 두고 있으며, 이와 잘 부합하는 점으로 가장 가치 있는 객관성의 기반은 형식적인 것이다. 반면 독일에서는 전문가들이 인정받는 역할을 담당하는 경우 그들에 대한 신뢰의 수준이 높고, 객관적 결과의 기반이 이해집단 대표들 간의 합리적 협상이다. 그렇다면 미국과 독일에서 생명공학 정치가 서로 다르다는 것은 놀라운 일이 못될 것이다.

위에서 언급한 차원들의 목록—더 확장될 수도 있는—은 단지 국가별 시민 인식론뿐 아니라 온갖 종류의 시민 인식론을 연구하는 프로그램을 제시한다. 한편, 그처럼 역사에 기반을 두고 지역에 위치한 테크노사이언스의 정치에 대한 이해를 위해서는 역사에 기반을 두고 지역에 위치한 규범적 접근들이 필요하다. 어떤 단일한 모델도 다양한 환경과 맥락 모두에서 민주적 책임성을 향상시킬 수 없다. 또한 능동적인 테크노사이언스 시민권에 대한 어떤 단일한 모델도 이처럼 다양한 환경 모두에 적합한 것일 수 없다. 만약 실천 프로그램이 시민 인식론을 전면에 내세운다면 그것이 수행해야 할 규범적 작업은 여러 곱으로 늘어날 것이다.

과학을 민주주의에 집어넣기

브뤼노 라투르에 따르면, 근대세계는 자연과 정치를 두 개의 별개 영역으로 보며, 이 둘 간의 유일한 연결은 자연이 정치에 제약을 가하는 것으로 간주된다는 점뿐이다.(Latour, 2004) 이러한 근대적 상이 잘못되었음을 보인 것이 STS의 중심적인 성취 중 하나였다. 여기서 구성주의 STS라고 불리는 것은 자연의 사실을 확립하는 작업을 드러냄으로써 자연을 사회세계로부터 떼어놓은 근대주의적 분리는 선험적 형이상학의 일부임을 보여주었다. 라투르는 "자연과 사회 간의 구분을 영구히 흐려놓음"으로써 과학을 민주주의에 집어넣는 것을 목표로 한다.(2004: 36) 그 자리에 그는 그것의 구성원 자격에 관해 숙의하고 판단을 내리는 하나의 집합체(혹은 많은 집합체들)를 복원시킬 것을 주장했다. 이러한 집합체(collective)는 인간과 비인간을 포함하는 사물들의 공화국이 될 것이다. ANT가 인간과 비인간을 테크노사이언스의 분석에 통합시킨 것과 꼭 마찬가지로, 실천 프로그램에 대한 그것의 기여는 인간과 비인간을 테크노사이언스 민주주의에 통합시킨 것이 되어야 한다.

라투르는 비인간을 대표(표상)하는 것은 인간을 대표하는 것과 마찬가지로 어렵지 않으며, 대표(표상)의 문제는 오직 하나뿐이라고 주장한다. 이것이 때로는 정치적 대표의 문제로 나타나고 때로는 과학적 표상의 문제로 나타난다는 것이다.(2004: 55) 양자 모두에서 우리는 대변인에 의지하는데, 그들에 대해 우리는 회의적인 태도와 존중하는 태도를 동시에 보인다. 그럼에도 불구하고 정치철학은 **인간의** 다문화주의―보편적 권리와 국가적 기획을 둘러싼 표면적 갈등을 내포한—를 다루는 데 상당한 어려움을 겪어왔으며, 그런 갈등은 비인간도 고려의 대상이 될 경우 다루기가 더욱 어려워질 것으로 생각할 수 있다.

아마도 이러한 이유 때문에 라투르의 집합체는 명제(proposition, 보통의 의미는 참과 거짓을 판별할 수 있는 진술이라는 뜻이지만, 여기서는 집합체의 완전한 구성원이 되기 이전의 인간-비인간 결합을 가리키는 형이상학적 의미로 쓰였다. 라투르에 따르면 이러한 의미의 '명제'는 참이거나 거짓인 것이 아니라 잘 절합되거나 부실하게 절합될 수 있을 뿐이다—옮긴이)들에 초점을 맞추어 어떤 명제들이 질서정연한 공동세계(common world) 내지 우주에 속하는지를 결정한다. 그는 이를 각기 별도의 권한과 책임을 가진 두 개의 의회(house)로 나누는데, 이러한 의회들은 과학과 정치를 가로질러 지식의 과정들을 재개념화해 모든 당파가 모든 단계에 참여할 수 있게 한다. 상원(upper house)은 "고려에 넣을" 권한을 갖고 있고, 하원(lower house)은 "질서를 부여할" 권한을 갖고 있으며, 둘 모두는 "조사해 조치를 취할" 권한을 갖고 있다. 그러한 권한을 발휘하기 위해서는 과학자와 정치인들이 다음과 같은 임무들을 수행해야 한다. 공동세계에 더해질 수 있는 명제들—설사 그것이 구성원들에게 도전하더라도—에 주의를 기울이고, 포함될 수 있는 명제들을 어떻게 평가할지 결정하고, 동질적인 질서 속에 명제들을 배열하고, 논쟁의 종결을 위한 판단을 내리는 등의 일이다.

이렇게 상세한 묘사를 제시했는데도 집합체의 조직이 불분명하다고 말하는 것은 라투르에게 불공평한 일일지 모른다. 그러나 라투르의 분할과 개체들은 우리가 새로운 의회 건물의 위치를 정하고 그곳에 대표자를 거주시키는 일을 도와주도록 설명이 되어 있지 않다. 그보다 그가 목표로 하는 것은 어떤 사회가 지식학(epistemics)을 중심에 놓을 때 어떤 일을 해야 하는가를 보이는 것이다. 그 결과 라투르가 선호하는 자연의 정치는 카를 포퍼가 내세운 지식의 자유주의를 상기시키면서도 STS 연구(특히 ANT 연구)에 호응한다. 그러한 사회는 명제들이 올바른 종류의 검토를 거치지 않고서는 확립되지 못하도록 할 것이다. 그러한 사회는 명제들을 합리적으로 제도화하려는 시도를 하겠지만 이미 확립된 우주의 수정가능성에도 항상 열려 있을 것이며, 자연과 사회를 깔끔하게 분할하는 것과 같은 어떠한 선험적 형이상학도 채택하지 않을 것이다. 아울러 그러한 사회는 이러한 견제와 균형이 계속 자리 잡을 수 있도록 구성될 것이다. 결국 라투르의 자연의 정치는 대단히 규범적이지만, 눈에 띄는 구체적 권고를 하고 있지는 않다.

STS와 테크노사이언스 정치 연구

위에서 제시한 세 가지 프로그램 선언에서 우리는 구성주의 STS의 역사에서 나타난 프로그램들과의 유사성을 볼 수 있다. 이 분야가 테크노사이언스 정치의 영역으로 더욱 확장하는 것을 탐구할 수 있는 풍부한 기회가 남아 있다. 관심이 가는 현상의 구성, 이해관계 그 자체의 본질, 시민 인식론의 형태뿐 아니라 그것의 역사와 활용, 과학기술 정치에 대한 특정한 이해에 내포된 우연성, 정치적 영역에서의 경계작업, 수사적 행동 등이 그런 확장이 가능한 영역들이다. 이미 말했듯이 이런 프로그램들이 통일될 필요가 있는 것은 아니다. 구성주의 은유의 서로 다른 사용과 해석에 따라 상당한 정도의 불일치가 나타날 수 있기 때문이다. 그러나 구성주의 은유는 흥미롭고 가치 있는 방향으로 연구를 이끌고 나가는 데 도움을 줄 수 있는 충분한 내용을 갖고 있다.

뿐만 아니라 앞서의 프로그램 선언이 보여주는 것처럼, 근대세계에서 과학기술의 중심성을 인식하는 정치철학에 기여할 수 있는 기회도 있다. STS는 지식의 과정과 정치의 과정을 분리시키지 않기 때문에 지식과 기술을 정치과정의 외부요인으로 다루지 않으면서 지식사회와 기술사회를 진정으로 연구할 수 있다. 이러한 이론적 기획은 이미 STS의 규범적 기획에 일조하면서 이를 한데 묶어주는 폭넓은 일단의 방식들을 제공할 수 있도록 구조화될 것이다.

참고문헌

Ashmore, Malcolm (1989) *The Reflexive Thesis: Wrighting Sociology of Scientific Knowledge* (Chicago: University of Chicago Press).

Barnes, Barry (1974) *Scientific Knowledge and Sociological Theory* (London: Routledge & Kegan Paul).

Bijker, Wiebe E. (2003) "The Need for Public Intellectuals: A Space for STS," *Science, Technology & Human Values* 28: 443–450.

Bloor, David (1976) *Knowledge and Social Imagery* (London: Routledge & Kegan Paul).

Bloor, David (1999) "Anti-Latour," *Studies in History and Philosophy of Science* 30: 81–112.

Bowker, Geof & Susan Leigh Star (1999) *Sorting Things Out: Classification and Its Consequences* (Cambridge, MA: MIT Press).

Bucchi, Massimiano (2004) *Science in Society: An Introduction to Social Studies of Science* (London: Routledge).

Callon, Michel (1986) "Some Elements of a Sociology of Translation: Domestication of the Scallops and the Fishermen of St. Brieuc Bay," in John Law (ed), *Power, Action and Belief* (London: Routledge & Kegan Paul): 196–233.

Callon, Michel (1999) "The Role of Lay People in the Production and Dissemination of Scientific Knowledge," *Science, Technology & Society* 4: 81–94.

Callon, Michel & John Law (1982) "On Interests and Their Transformation: Enrollment and Counter-Enrollment," *Social Studies of Science* 12: 615–625.

Casper, Monica & Adele Clark (1998) "Making the Pap Smear into the 'Right Tool' for the Job: Cervical Cancer Screening in the USA, circa 1940–95," *Social Studies of Science* 28: 255–290.

Clarke, Adele (1998) *Disciplining Reproduction: Modernity, American Life Sciences, and "the Problems of Sex"* (Berkeley: University of California Press).

Collingridge, David & Colin Reeve (1986) *Science Speaks to Power: The Role of Experts in Policy Making* (London: Frances Pinter).

Collins, H. M. (1985) *Changing Order: Replication and Induction in Scientific Practice* (London: Sage).

Collins, H. M. & Robert Evans (2002) "The Third Wave of Science Studies: Studies of Expertise and Experience," *Social Studies of Science* 32: 235–296.

Collins, H. M. & Robert Evans (2003) "King Canute Meets the Beach Boys: Responses to the Third Wave," *Social Studies of Science* 33: 435–452.

Collins, H. M. & Steven Yearley (1992) "Epistemological Chicken," in Andrew Pickering (ed), *Science as Practice and Culture* (Chicago: University of Chicago Press): 301–326.

Cussins, Charis (1996) "Ontological Choreography: Agency Through Objectification in Infertility Clinics," *Social Studies of Science* 26: 575–610.

Cutcliffe, Stephen H. (2000) *Ideas, Machines, and Values: An Introduction to Science, Technology, and Society Studies* (Lanham, MD: Rowman & Littlefield).

Daston, Lorraine (1992) "Objectivity and the Escape from Perspective," *Social Studies of Science* 22: 597–618.

Dear, Peter (1995) *Discipline and Experience: The Mathematical Way in the Scientific Revolution* (Chicago: University of Chicago Press).

Dickson, David (1988) *The New Politics of Science* (Chicago: University of Chicago Press).

Epstein, Steven (1996) *Impure Science: AIDS, Activism, and the Politics of Knowledge* (Berkeley: University of California Press).

Farkas, Nicole (1999) "Dutch Science Shops: Matching Community Needs with University R&D," *Science Studies* 12: 33–47.

Fausto-Sterling, Anne (1985) *Myths of Gender: Biological Theories About Women and Men* (New York: Basic Books).

Fischer, Corinna, Loet Leydesdorff, & Malte Schophaus (2004) "Science Shops in Europe: The Public as Stakeholder," *Science & Public Policy* 31: 199–211.

Fishman, Jennifer (2004) "Manufacturing Desire: The Commodification of Female Sexual Dysfunction," *Social Studies of Science* 34: 187–218.

Fujimura, Joan (1988) "The Molecular Biological Bandwagon in Cancer Research: Where Social Worlds Meet," *Social Problems* 35: 261–283.

Fuller, Steve (1993) *Philosophy, Rhetoric, and the End of Knowledge: The Coming of Science and Technology Studies* (Madison: University of Wisconsin Press).

Fuller, Steve (2000) *Thomas Kuhn: A Philosophical History for Our Times* (Chicago: University of Chicago Press).

Futrell, Robert (2003) "Technical Adversarialism and Participatory Collaboration in the U.S. Chemical Weapons Disposal Program," *Science, Technology & Human Values* 28: 451–482.

Gieryn, Thomas F. (1999) *Cultural Boundaries of Science: Credibility on the Line* (Chicago: University of Chicago Press).

Gilbert, Nigel & Michael Mulkay (1984) *Opening Pandora's Box: A Sociological Analysis of Scientists' Discourse* (Cambridge: Cambridge University Press).

Habermas, Jürgen (1975) *Legitimation Crisis,* trans. T. McCarthy (Boston: Beacon Press).

Hacking, Ian (1983) *Representing and Intervening: Introductory Topics in the Philosophy of Natural Science* (Cambridge: Cambridge University Press).

Hacking, Ian (1992) "'Style' for Historians and Philosophers," *Studies in History and Philosophy of Science* 23: 1–20.

Hacking, Ian (1999) *The Social Construction of What?* (Cambridge, MA: Harvard University Press).

Haraway, Donna (1997) *Modest_Witness@Second_Millennium. FemaleMan_Meets_OncoMouse: Feminism and Technoscience* (London: Routledge).

Hedgecoe, Adam & Paul Martin (2003) "The Drugs Don't Work: Expectations and the Shaping of Pharmacogenetics," *Social Studies of Science* 33: 327–364.

Hercock, Marion (2003) "Masters and Servants: The Contrasting Roles of Scientists in Island Management," *Social Studies of Science* 33: 117–136.

Jasanoff, Sheila (1995) *Science at the Bar: Law, Science, and Technology in America* (Cambridge, MA: Harvard University Press).

Jasanoff, Sheila (2003) "Breaking the Waves in Science Studies: Comment on H. M. Collins and Robert Evans, 'The Third Wave of Science Studies'," *Social Studies of Science* 33: 389–400.

Jasanoff, Sheila (ed) (2004) *States of Knowledge: The Co-Production of Science and Social Order* (London: Routledge).

Jasanoff, Sheila (2005) *Designs on Nature: Science and Democracy in Europe and the United States* (Princeton, NJ: Princeton University Press).

Knorr Cetina, Karin D. (1981) *The Manufacture of Knowledge: An Essay on the Constructivist and Contextual Nature of Science* (Oxford: Pergamon Press).

Kuhn, Thomas S. (1962) *The Structure of Scientific Revolutions* (Chicago: University of Chicago Press).

Laird, Frank (1993) "Participatory Analysis, Democracy, and Technological Decision Making," *Science, Technology & Human Values* 18: 341–361.

Latour, Bruno (1987) *Science in Action: How to Follow Scientists and Engineers Through Society* (Cambridge, MA: Harvard University Press).

Latour, Bruno (2004) *Politics of Nature: How to Bring the Sciences into Democracy* (Cambridge, MA: Harvard University Press).

Latour, Bruno & Steve Woolgar (1979) *Laboratory Life: The Social Construction of Scientific Facts* (London: Sage).

Law, John (1987) "Technology and Heterogeneous Engineering: The Case of Portuguese Expansion," in Wiebe E. Bijker, Thomas P. Hughes, & Trevor Pinch (eds), *The Social Construction of Technological Systems: New Directions in the Sociology and History of Technology* (Cambridge, MA: MIT Press): 111–134.

Lynch, Michael (1985) *Art and Artifact in Laboratory Science: A Study of Shop Work and Shop Talk in a Research Laboratory* (London: Routledge & Kegan Paul).

Lynch, Michael (1993) *Scientific Practice and Ordinary Action: Ethnomethodology and Social Studies of Science* (Cambridge: Cambridge University Press).

MacKenzie, Donald A. (1981) *Statistics in Britain, 1865–1930: The Social Construction of Scientific Knowledge* (Edinburgh: Edinburgh University Press).

Martin, Emily (1991) "The Egg and the Sperm: How Science Has Constructed a Romance Based on Stereotypical Male-Female Roles," *Signs* 16: 485–501.

Miller, Clark (2004) "Climate Science and the Making of a Global Political Order," in Sheila Jasanoff (ed), *States of Knowledge: The Co-production of Science and Social Order* (London: Routledge): 46–66.

Moore, Lisa Jean (1997) "'It's Like You Use Pots and Pans to Cook. It's the Tool.' The Technologies of Safer Sex," *Science, Technology & Human Values* 22: 434–471.

Morone, Joseph & Edward J. Woodhouse (1989) *The Demise of Nuclear Energy?: Lessons for Democratic Control of Technology* (New Haven, CT: Yale University Press).

Mulkay, Michael (1985) *Word and the World: Explorations in the Form of Sociological Analysis* (London: Allen & Unwin).

Myers, Greg (1990) *Writing Biology: Texts in the Social Construction of Scientific Knowledge* (Madison: University of Wisconsin Press).

Nelkin, Dorothy (1979) *Controversy: Politics of Technical Decisions* (Beverly Hills, CA: Sage).

Owen-Smith, Jason (2005) "Dockets, Deals, and Sagas: Commensuration and the Rationalization of Experience in University Licensing," *Social Studies of Science* 35: 69–98.

Packer, Kathryn & Andrew Webster (1996) "Patenting Culture in Science: Reinventing the Scientific Wheel of Credibility," *Science, Technology & Human Values* 21: 427–453.

Pinch, Trevor J. & Wiebe E. Bijker (1987) "The Social Construction of Facts and Artifacts: Or How the Sociology of Science and the Sociology of Technology Might Benefit Each Other," in Wiebe E. Bijker, Thomas P. Hughes & Trevor Pinch (eds), *The Social Construction of Technological Systems: New Directions in the Sociology and History of Technology* (Cambridge, MA: MIT Press): 17–50.

Porter, Theodore (1995) *Trust in Numbers: The Pursuit of Objectivity in Science and Public Life* (Princeton, NJ: Princeton University Press).

Rabeharisoa, Vololona & Michel Callon (1999) *Le Pouvoir des malades: L'association française contre les myopathies et la Recherche* (Paris: Les Presses de l'École des Mines).

Ravetz, Jerome R. (1971) *Scientific Knowledge and Its Social Problems* (Oxford: Clarendon).

Reardon, Jenny (2001) "The Human Genome Diversity Project: A Case Study in Coproduction," *Social Studies of Science* 31: 357–388.

Rheinberger, Hans-Jörg (1997) *Toward a History of Epistemic Things: Synthesizing Proteins in the Test Tube* (Stanford, CA: Stanford University Press).

Rip, Arie (2003) "Constructing Expertise: In a Third Wave of Science Studies," *Social Studies of Science* 33: 419–434.

Roth, Andrew L., Joshua Dunsby & Lisa A. Bero (2003) "Framing Processes in Public Commentary on U.S. Federal Tobacco Control Regulation," *Social Studies of Science* 33: 7–44.

Rowe, Gene, Roy Marsh, & Lynn J. Frewer (2004) "Evaluation of a Deliberative Conference," *Science, Technology & Human Values* 29: 88–121.

Schiebinger, Londa (1993) *Nature's Body: Gender in the Making of Modern Science* (Boston: Beacon Press).

Schuster, J. A., & R. R. Yeo (eds) (1986) *The Politics and Rhetoric of Scientific Method* (Dordrecht, the Netherlands: D. Reidel).

Sclove, Richard (1995) *Democracy and Technology* (New York: Guilford Press).

Sclove, Richard (2000) "Town Meetings on Technology: Consensus Conferences as Democratic Participation," in Daniel Lee Kleinman (ed), *Science, Technology and Democracy* (Albany: State University of New York Press): 33–48.

Shapin, Steven (1975) "Phrenological Knowledge and the Social Structure of Early Nineteenth-Century Edinburgh," *Annals of Science* 32: 219–243.

Shapin, Steven & Simon Schaffer (1985) *Leviathan and the Air-Pump: Hobbes, Boyle, and the Experimental Life* (Princeton, NJ: Princeton University Press).

Sims, Benjamin (2005) "Safe Science: Material and Social Order in Laboratory Work," *Social Studies of Science* 35: 333–366.

Sismondo, Sergio (1993) "Some Social Constructions," *Social Studies of Science* 23: 515–553.

Sismondo, Sergio (2004) *An Introduction to Science and Technology Studies* (Oxford: Blackwell)

Slaughter, Sheila & Larry L. Leslie (1997) *Academic Capitalism: Politics, Policies, and the Entrepreneurial University* (Baltimore, MD: Johns Hopkins University Press).

Spiegel-Rösing, Ina & Derek de Solla Price (Eds.) (1977) *Science, Technology and Society: A Cross-Disciplinary Perspective* (London: Sage).

Star, Susan Leigh & James R. Griesemer (1989) "Institutional Ecology, 'Translations' and Boundary Objects: Amateurs and Professionals in Berkeley's Museum of Vertebrate Zoology, 1907–39," *Social Studies of Science* 19: 387–420.

Taylor, Peter (1995) "Building on Construction: An Exploration of Heterogeneous Constructionism, Using an Analogy from Psychology and a Sketch from Socioeconomic Modeling," *Perspectives on Science* 3: 66–98.

Timmermans, Stefan (2003) "A Black Technician and Blue Babies," *Social Studies of Science* 33: 197–230.

Traweek, Sharon (1988) *Beamtimes and Lifetimes: The World of High Energy Physicists* (Cambridge, MA: Harvard University Press).

Turner, Stephen (2001) "What Is the Problem with Experts?" *Social Studies of Science* 31: 123–149.

Turner, Stephen (2003a) *Liberal Democracy 3.0: Civil Society in an Age of Experts*

(London: Sage).

Turner, Stephen (2003b) "The Third Science War," *Social Studies of Science* 33: 581–612.

Verran, Helen (2001) *Science and an African Logic* (Chicago: University of Chicago Press).

Winner, Langdon (1986) *The Whale and the Reactor: A Search for Limits in an Age of High Technology* (Chicago: University of Chicago Press).

Woodhouse, Edward, David Hess, Steve Breyman, & Brian Martin (2002) "Science Studies and Activism: Possibilities and Problems for Reconstructivist Agendas," *Social Studies of Science* 32: 297–319.

Woolgar, Steve (1981) "Interests and Explanation in the Social Study of Science," *Social Studies of Science* 11: 365–394.

Woolgar, Steve (ed) (1988) *Knowledge and Reflexivity: New Frontiers in the Sociology of Knowledge* (London: Sage).

Wynne, Brian (1996) "May the Sheep Safely Graze? A Reflexive View of the Expert-Lay Knowledge Divide," in S. Lash, B. Szerszynski, & B. Wynne (eds), *Risk, Environment and Modernity: Towards a New Ecology* (London: Sage): 44–83.

Wynne, Brian (2003) "Seasick on the Third Wave? Subverting the Hegemony of Propositionalism: Response to Collins and Evans (2002)," *Social Studies of Science* 33: 401–418.

Yearley, Steven (1999) "Computer Models and the Public's Understanding of Science: A Case-Study Analysis," *Social Studies of Science* 29: 845–866.

Yearley, Steven (2005) *Making Sense of Science: Understanding the Social Study of Science* (London: Sage).

Zenzen, Michael & Sal Restivo (1982) "The Mysterious Morphology of Immiscible Liquids: A Study of Scientific Practice," *Social Science Information* 21: 447–473.

2.

쿤 이전의 과학에 대한 사회적 연구

스티븐 터너

토머스 쿤의 『과학혁명의 구조』(Kuhn, [1962]1996)는 개념적 혁명에 대한 합리적 설명의 가능성을 부인하고 이를 집단심리학의 언어로 특징지어 놀라울 정도의 성공을 거두었고, 이 책을 둘러싼 논쟁은 이후 "과학학"으로 자리 잡은 분야를 만들어내는 조건을 창출했다. 이 책은 기존에 존재하던 과학에 대한 저술의 전통—제임스 브라이언트 코넌트와 마이클 폴라니의 저술에서 실례를 찾아볼 수 있는—이 낳은 직접적 산물이었고, 수 세기를 거슬러 올라갈 수 있는 과학의 사회적 성격에 관한 문헌의 먼 후손이었다. 이 문헌은 과학의 조직이라는 실천적 문제와 긴밀하게 연결돼 있었고, 아울러 과학의 정치적 의미에 관한 사회 이론의 논쟁에도 밀접한 연관을 지니고 있었다. 기본적인 이야기 줄거리는 간단하다. 과학을 바라보는 두 개의 관점 사이의 갈등이다. 그중 하나는 과학을 [그것이 구사하는] 어떤 방법에 의해 구별할 수 있으며 이러한 방법은 사회 및 정치생활로 확장될

070

수 있다고 보는 관점이며, 이에 대응해 나온 다른 하나는 과학이 제 나름의 특수한 문제를 가진 독특한 형태의 활동으로 사회 및 정치생활에 모델을 제공하는 것은 아니라고 보는 관점이다. 이 이야기는 특히 1920년대와 1930년대를 풍미했던 과학과 문화의 관계에 관한 문제와 뒤얽힌다. 이 장에서 나는 이러한 역사를 간략히 재구성해보려 한다.

베이컨, 콩도르세, 과학에 대한 설명적 관심의 시작

이 논의의 기원은 프랜시스 베이컨이 상상한 정치질서의 모습에서 찾을 수 있다. 여기서 과학자 계층은 "새로운 아틀란티스"에 있는 솔로몬의 집에서 계몽된 군주로부터 힘을 부여받는다.(Bacon, [1627]1860-62, vol. 5: 347-413) 이러한 상상은 런던 왕립학회가 방법론적 실천과 내부 통치를 통해 스스로를 국왕과의 관계에서 일종의 정체(政體)로 구분하려 한 시도에 실질적인 영향을 미쳤고(Sprat, [1667]1958: 321-438; Lynch, 2001: 177-196; Shapin, 1994), 유럽 다른 지역에 있는 자매기관들에 대해서도 동일한 영향을 주었다.(Hahn, 1971: 1-34; Gillispie, 2004) 빅토리아 시대 사람들은 베이컨이 귀납의 방법에 관한 관념으로 가장 잘 알려져 있다고 확언했고(cf. Peltonen, 1996: 321-324), 그를 독일에 소개한 주요 해설가의 표현을 빌리면 "그의 본성 전체가 어떻게 모든 면에서 본능적으로 말로 하는 논의와 상극을 이루었는가."로 유명하다고 생각했다.(Fischer, 1857: 307) 그러나 베이컨의 방대한 저술에는 방법에 관한 저술뿐 아니라 국왕에 대한 "자문역" 내지 전문가, 공화국의 장점, 정치적 권위의 본성, 과학의 적절한 내부 조직, 과학에 대한 지원과 권위, 집단연구에 관한 저술도 있다.

과학학의 근간을 이루는 쟁점들을 이러한 저술들로부터 끄집어내는 것은 가능하긴 하지만 어려움을 수반한다. 르네상스 양식의 의도화된 부조리 때문이다. 예를 들어 주된 "정치적" 논증은 픽션으로 제시되어 있고, 야심에 찬 관직 추구자들이 쓴 다른 정치적 저술들이 그렇듯 베이컨의 메시지 역시 모호함 속에 감추어져 있다. 기본적이면서 가장 영향력이 컸던 주장(그가 한 말은 이보다 훨씬 더 미묘했지만)(cf. Whewell, 1984: 218-247; Fischer, 1857)을 정리해보면 다음과 같다. ① 과학적 진리는 사실을 수집하고, 그것에 관해 일반화를 하고, 그로부터 높은 수준의 일반화로 상승하는 일련의 기법을 따름으로써 얻을 수 있다. ② 이러한 방법을 따르면 "학파들"의 최대 병폐였던 쟁론과 논쟁이 배제된다. ③ 이러한 기법은 모든 이들에게 열려 있으며 공개적이고 민주적인데, 그 이유는 그것이 "모든 지혜를 … 거의 하나의 수준 위에 올려놓기" 때문이다.(Peltonen, 1996: 323에서 재인용) ④ 과학적 진리는 집단적 내지 협동적으로 추구될 수 있고 또 추구되어야 한다. ⑤ 인간의 정신은 편견이나 가정(그리고 아마도 이론)들부터 자유로워져야 한다. ⑥ 사회과학이나 "시민지식" 같은 것도 가능하며 필요하다. ⑦ 국왕은 충실한 총신들에 대한 신뢰에 근거해서가 아니라 유능함에 근거해서 나온 자문을 더 잘 받아들일 수 있을 것이다. 과학과 그것의 사회세계로의 확장에 관한 이러한 상은 오늘날 우리에게 익숙하지만 당시에는 새롭고 급진적인 것이었다. 베이컨의 정치는 쟁론에 대해 그가 품고 있던 적대감과 잘 부합하며, 최근 그를 숭배하는 사람들(가령 Peltonen, 1996)이 그는 한때 믿어졌던 것처럼 절대왕정과 무제한적 국가권력에 대한 전형적 지지자가 아니었다는 주장을 펼쳤음에도, 정치사상사에서 베이컨의 으뜸가는 역할은 관습법과 법치의 수호자이자 근대 자유주의의 중요한 선조였던 법관 에드워드 코크의 호적수로서였다.(cf. Coke, 2003) 이는 더욱 예리해져 새로운 형태를 갖게 된다.

베이컨의 상은 콩도르세가 쓴 「베이컨의 『새로운 아틀란티스』에 관한 소고」(Condorcet, [1793]1976)와 역시 콩도르세의 『인간 정신의 진보에 관한 역사적 개요』(Condorcet, [1795]1955)—과학이 인간 진보의 원동력이라는 관념을 설파한—의 10장에서 우리가 알아볼 수 있는 근대적 형태로 재등장한다. 콩도르세는 다음과 같은 쟁점들을 다루고 있다. ① 과학자들 간의 경쟁, 그는 이를 과학자들이 자신의 연구에 대해 갖는 열정의 정상적인 산물로 여겼지만 그것이 병리적인 제도적 형태를 가질 수도 있었다. ② 재능 활용의 실패, 그는 이를 구체제의 커다란 결함으로 간주했다. ③ 재정 지원, 그리고 과학의 결사와 내부 통치의 형태, 그는 과학의 자율성에 대한 요구 내지 정치적 통제로부터의 자유를 주장하며 이 문제를 해결했다. ④ 사회 및 정치세계의 과학지식 요구. 자율성 논증은 오직 과학자들만이 과학활동을 관장할 능력을 갖고 있다는 고려에 기반한 것이었다. 콩도르세는 과학의 이득과 과학지식의 확산을 믿었지만, 과학의 진보가 가져올 이득은 자동적으로 실현되는 것이 아니라는 상반된 관념을 독특하게 갖고 있었고, 이러한 이득의 실현은 국가의 활동을 필요로 한다고 결론 내렸다.

과학의 이득을 확장함에 있어 콩도르세가 선호했던 방법은 교육이었다. 그가 뜻한 것은 "시민들"에게 쓸모가 있고 그들이 자기 자신의 힘으로 생각할 수 있게 해주는 종류의 교육이었다.(Condorcet, [1795]1955: 182)[1] 그러나 그는 어떤 교육 프로그램도 과학자들과 시민들을 지식에서 동등한 존

---

[1] "강의 요목과 교육방법의 적절한 선택을 통해 우리는 시민에게 그가 가정을 꾸리고, 일을 처리하고, 자신의 노동과 능력을 자유롭게 활용하기 위해 알 필요가 있는 모든 것을 가르칠 수 있다 … 그가 자신의 일이나 권리 행사를 위임해야 하는 사람에 대한 맹목적 의존 상태에 있지 않고, 그것을 선택하고 관리하는 적절한 조건에 있으면서, … 이성의 힘만으로 편견에서 자신을 보호하고, 마지막으로 돌팔이들의 속임수를 피할 수 있도록 말이다 …."([1795]1955: 182)

재로 만들 수는 없다는 사실도 알고 있었다.[2] 뿐만 아니라 교육이 지닌 정치적 의미는 모호했다. 교육은 국가권력의 행사를 필요로 했으며, 진보는 이성과 과학—각각 그 자체로 권위적인 것으로 이해되었던—에 대한 집단적 복종에서 나온다는, 그가 다른 철학자들과 공유했던 인식도 존재했다. 콩도르세는 과학과 과학자들에 대한 이러한 복종에 비권위적 외양을 갖추어주려 했다. 그는 그렇게 교육받은 시민들이 지도자를 선택함에 있어 지적으로 더 우수한 이들의 "계몽의 우월성"을 인식할 거라는 "희망"을 표시했다.(Condorcet, [1793]1976: 283) 그러나 이는 결국 민주적 동의가 붙은 전문가 통치체제로 귀결되었다.

생시몽과 콩트: 과학이 정치를 대체하다

사회적 지식이 정치의 대체를 가능하게 한다는 함의는 이러한 상에서 언제나 가장 문제가 되는 요소였다. 이는 과학과 정치를 직접적인 경쟁관계로 상정하기 때문이다. 1803년에 프랑스 정치가 복원되고 나서 혁명 이후 정상으로 되돌아가는 과정에서 프랑스 아카데미의 사회과학 및 정치학 분과는 억압을 받았다.(Columbia Electronic Encyclopedia, 2001-2004)[3] 이러

2) "대중 교육기관과 그것이 과학을 연마하는 사람들에게 의당 제공해야 하는 유인에 있어 참고할 만한 지침은 단 하나뿐이다. 이러한 문제들에 계몽된 사람들의 견해가 그것이다. 이는 필연적으로 다수 대중에게는 생소한 것일 수밖에 없다. 이제 이러한 견해를 청취하거나 잘 이해할 수 있으려면 우월한 이성을 타고나거나 스스로 많은 지식을 얻는 것이 필요하게 되었다."([1793]1976: 286)

3) 원래 아카데미에는 세 개 부문(물리 및 수리과학, 도덕 및 정치과학, 문학과 예술)이 있었는데, 1803년에 나폴레옹 1세의 칙령으로 분과가 4개(물리 및 수리과학, 프랑스어와 문학, 역사 및 고대문학, 예술)로 바뀌었고, 두 번째 부문(도덕 및 정치과학)은 국가전복적이라 하여 억압되었다.

한 조치는 수용가능한 과학과 위험한 과학 사이의 경계선을 긋고 과학을 정치로 연장하는 것을 거부하는 데 기여했다. 그로부터 빚어진 한 가지 결과는 사회적·정치적 고찰, 특히 과학과 정치에 대한 고찰이 이제 아카데미 외부와 과학의 변경에 있던 사상가들의 몫이 되었다는 것이었다. 앙리 드 생시몽이 대표적인 인물이다. 생시몽이 사회의 구원자로서 과학자들에 대해 품고 있던 신뢰(그의 생애 후반으로 갈수록 점차 줄어들었던)는 콩도르세의 그것과 유사했다. 그는 특히 재능의 완전한 활용 문제에서 유사한 관심사를 진전시키고 일반화시켰고, 이 주제를 자신의 사회 이론의 중심으로 삼았다. 이는 생시몽주의 신문인 《르 글로브(Le Globe)》의 발행인 난에 나온 표어인 "능력에 따른 지위, 노동에 따른 보상"에 표현돼 있다.(Manuel, 1995: 163)[4]

그러나 생시몽은 콩도르세가 주장한 과학의 정치 침입을 급진화시켰다. 그가 명시적으로 내세운 반정치적이고 암묵적으로 반자유주의적인 관념—미래에는 인간에 대한 인간의 통치가 "사물의 관리"로 대체될 거라는—은 마르크스-레닌주의의 수중에 들어가 오랫동안 살아남게 되었다.[5] 능력이 과업에 맞추어진 사회에서는 사회적 적대가 소멸할 것이기 때문에 정치는 사라질 거라고 그는 주장했다. "능력" 이론은 능력이 투명하다고 가정했다. 그가 모델로 삼았던 것은 과학이었다. 생시몽의 관점에 따르면 과학 내에서는 과학적 장점이 충분히 투명해서 과학자들은 자연스럽게 다른 이들의 위대함을 인식하고 그것에 경의를 표할 수 있을 것이었고, 따라

---

4) 이는 나중에 좀 더 유명한 마르크스주의적 판본인 "필요에 따른 보상"으로 변형되었다.(Manuel, 1966: 84; Manuel, 1976: 65)
5) 이러한 관념은 레닌의 『국가와 혁명』(Lenin, [1918]1961)에 나오는 국가의 사멸에 대한 레닌의 설명에서 크게 확장되었다.

서 재능의 실현과 활용이 가능해지며 과학 내에서 자연스러운 위계를 만들어낼 것이었다. 이는 다시 그가 구상했던 새로운 과학적·산업적 질서의 자연스러운 위계의 모델이 되었다.[6] 생시몽의 젊은 비서였던 오귀스트 콩트는 생시몽이 그려낸 개략적이지만 명석한 관념을 완전한 지적 체계인 실증주의로 수정하고 확장했다. 실증주의는 과학철학과 과학과 사회의 관계에 대한 모델을 모두 제공했고, 자유주의에 대한 명시적 부정이기도 했다. 당시 대다수의 선진적인 대륙 사상가들과 마찬가지로 콩트는 자유주의를 그 자체의 압도적인 결함에 의해 곧 사멸할 일시적인 역사적 현상으로 간주했다.(Comte, [1830-42]1864, [1877]1957)

생시몽과 달리 콩트는 방법론을 중시하는 사상가였다. 그가 새롭게 이름 붙인 "사회학"이라는 과학은 과학을 사회와 정치로 확장하는 꿈의 실현을 나타냈다. 이를 위해 그는 과학이 무엇인지에 관해 폭넓게 성찰하고, 과학을 분류하며, 방법에 대한 설명을 제시해야만 했다. 그가 이뤄낸 주요 "발견"인 3단계 법칙—그는 이를 사회학의 핵심적인 성과로 간주했다—은 과학에 속한 분야들의 내적 발전에 관한 법칙이었다. 여기서 첫 번째는 신학적 내지 허구적 단계이고, 두 번째는 형이상학적 내지 추상적 단계이며, 세 번째는 과학적 내지 실증적 단계로, 세 번째 단계에 이르면 인과율과 같은 형이상학적 관념은 자취를 감추고 오직 예측적 법칙만이 남게 된다.(Comte, [1830-42]1858: 25-26) 이러한 원리는 성찰적인 것이며, 실

---

6) 매뉴얼은 과학자의 역할에 대한 생시몽의 입장 변화에 대해 유용한 설명을 제시했다. 생시몽에게 있어 과학자의 역할은 점차적으로 축소되어 산업가에게 종속되었는데(Manuel, 1960), 이는 부분적으로 과학자들이 그가 내세운 대의에 참가하는 데 주저하는 것을 보고 실망한 결과다. 그는 자신이 제안한 일반 이론의 권위에 과학자들이 따르지 않는 것이 그들의 "무정부주의"(1960: 348) 탓이라며 강하게 비난했다.

로 자기예시적인 것이기도 했다. 사회학은 실증주의 단계에 도달하는 마지막 과학이 될 것이었고, 그렇게 될 거라고 법칙이 예언하고 있었다. 콩트는 하나의 모델로서 과학이 주는 교훈에서 한 번도 벗어난 적이 없었다. 실제로 과학사, 좀 더 구체적으로는 조제프-루이 드 라그랑주가 쓴 합리역학의 역사(관념들의 계통과 유래를 탐구한)는 그가 사회학에 적합하다고 주장한 특정한 "역사적" 방법의 모델이 되었다.([1830-42]1858: 496)[7]

법칙 그 자체는 "객관적"인 것이었다. 그러나 콩트의 후기 저술에 따르면 종국에 가서 사회학이 실증주의 단계에 도달하면 모든 과학이 그것에 종속될 것이었고, 모든 지식과 주체(인간)의 관계가 해명될 것이었다.[8] 이 지점에 도달하면 과학은 의료와 비슷하게 인간에게 봉사하는 하인이 될 것이었다. 뿐만 아니라 모든 지식과 주체의 관계를 밝혀낸 완전히 발전한 사회학은 모든 개인이 다른 사람들에게 의존한다는 중요한 반개인주의적 교훈을 가르쳐줄 것이었다. 사회학은 정책과학이자 국가 이데올로기가 될 것이었다.

정치에 대한 콩트의 설명은 생시몽의 그것과 비슷하지만, 자유주의적 논의에 대해서는 더욱더 노골적인 적대감을 드러냈다.[9] 콩트(Comte, [1830-

---

7) 수학의 역사가 지적 진보를 이해하는 열쇠일 수 있다는 생각은 이미 생시몽에게서 나타난 바 있다.(Manuel, 1960: 345)
8) 이것이 콩트가 제창한 주관적 종합 이론이었다.(Acton, 1951: 309)
9) 매뉴얼은 그의 추론을 이렇게 설명했다.

주어진 계급의 사람들은 타고난 소질을 가지고 우수성을 보이려 하기 때문에, 권력을 위한 투쟁이 아닌 훌륭한 작업에서의 경쟁만이 존재할 수 있다. 계급의 우두머리들이 지닌 명망이 사람들을 부리는 능력 덕분일 때 그들은 서로서로의 '피통치자'들을 놓고 경합할 수 있다. 그러나 통치자도 없고 신민도 없게 된다면 계급 간의 적대의 원천은 어디서 나오겠는가? 주어진 계급 내에서 동일한 능력을 가진 사람들은 그들이 만들어낸 물건—그 계급에

42]1864, IV: 50ff)는 모든 사람이 자신의 견해를 말할 기회를 가져야 하고, 무지한 자와 전문가에게 동등한 권한을 주어야 한다는 생각과 "양심"에 대한 혐오감을 표현했다.

천문학, 물리학, 심지어 생리학에서도 양심의 자유 따위는 없다. 다시 말해 이러한 과학 분야의 사람들이 확립한 원리들에 대해 확신을 품지 못한다면 누구나 이상하다고 여길 것이다.(Comte, [1830-42]1864, IV: 44n, trans. in Ranulf, 1939: 22)

이에 따라 과학, 그중에서도 특히 사회학은 합의를 제공함으로써 "견해의 무정부상태"를 극복할 수 있는 모델이자 수단이 되었다. 반면 자유주의 정치와 자유토론은 그러한 지식 전망의 관점에서 보면 무지와 무의미한 의견대립의 정치 그 이상도 이하도 아니었다.

간단히 말해 콩트는 강력한 논증의 모든 요소를 한데 모아 권위와 동의에 대한 자유주의적 결벽성을 제거함으로써 콩도르세가 남긴 모호함을 해결했다. 콩트에게 있어 문제는 이런 것이었다. 만약 과학이 옳고, 과학에 사회세계와 정치에 관한 지식이 포괄된다면, 과학자들이 무지한 자들을 통치해서는—혹은 교육에 대한 통제를 통해 통치해서는—안 되는 이유가 무엇이 있겠는가? 그리고 과학자들의 통치—합법적인 통치는 아니더라도 사실상의 통치—는 진보의 조건이 아닌가? 그러한 통치에 대중이 동의하

속한 모든 사람이 그것의 장점을 평가할 수 있는—을 가지고 서로를 능가하려 노력할 것이다. 계급들 사이에는 오직 상호부조만이 존재할 수 있다. 적대감을 가질 근거도 없고 서로의 영역을 침범할 이유도 없다.(Manuel, [1962]1965: 134-135)

지 못하는 것은 과학교육의 실패에 불과한 것이 아닌가? 만약 과학의 권위에 대한 이해와 인식이 진보의 중심 조건이라면 과학은 무지한 자들에게 강제되어야 하지 않겠는가? 마치 과거 가톨릭의 교리가 효과적으로 강제되었던 것처럼 말이다.(Comte, [1830-42]1864, IV: 22, 480; V: 231) 그가 내건 전제에 비춰보면 이러한 결론은 피하기 어려웠고, 그를 숭배하면서도 그의 후기 저작은 거부했던 존 스튜어트 밀조차 논리의 측면에서는 콩트가 옳았다고 인정했을 정도였다.(Mill, [1865]1969: 302)

자유주의의 도전

이러한 각각의 전제들, 그리고 이와 관련해 그것이 의존하고 있는 과학의 상은 콩트의 비판자들에 의해 거부되었지만, 완전하게 정합성을 갖춘 응답과 대안적인 과학의 상은 느리게 발전했다. 대안을 구성하는 데 주요한 걸림돌은 다름 아닌 과학적 방법의 관념이었다. 밀은 자유주의의 전범이긴 했지만, 그는 아버지가 지녔던 자유토론에 대한 신념(유명한 『자유론』에서 상세히 설명했던)(Mill, [1859]1978)과 그 자신의 방법론적 관점(귀납의 규준을 따르면 증명된 지식을 얻을 수 있다는 관념에 중심을 둔) 사이에서 오가지도 못하는 처지에 있었다. 규준은 규칙을 따름으로써 토론과 별개로 합의를 만들어냈고, 이는 인과적 복잡성 때문에 그것의 가치가 제한되는 사회과학에서도 마찬가지였다. 뿐만 아니라 밀은 도덕적·정치적 문제들이 최대 다수의 최대 행복이라는 문제로 귀결된다고 믿었던 공리주의자였다. 그래서 그는 『논리학 체계』의 6권 결론에서 정치의 문제는 실용적 과학이 다룰 사안이며 효용의 원칙에 종속된다고 말할 수밖에 없었다.(Mill, 1974) 이것이 사실이라면, 이는 민주적 토론의 문제라기보다는 교화의 문제에 가

까웠고, 비판자들은 이 점을 놓치지 않았다.(cf. Cowling, 1963)[10]

밀은 과학과 자유토론 사이의 갈등을 해소하지 못했다. 『자유론』에서 과학은 그냥 생략되었다. 세인트앤드류스대학 강연에서 과학에 대한 논의를 할 때는 언론의 자유를 상찬하는 내용이 있었지만, 신학대학에서의 연설에서는 과학교육이 연설문에서 길게 다뤄졌음에도 불구하고 자유토론과의 연관 속에서 언급되지는 않았다. 후기 콩트에 대한 밀의 비판은 과학의 권위가 실제로 행사되는 것에 대한 우려를 표명했다. 그는 콩트의 입장이 과학자들 간의 합의에 의존하지만, 이러한 권위는 "어떠한 조직된 기구에 위임되더라도 정신적 압제를 낳을 것"이라고 지적했다.(Mill, [1865]1969: 314) 그러나 그는 합의의 관념 그 자체에는 의문을 제기하지 않았다. 그럼에도 밀이 느끼는 갈등은 뿌리 깊은 것이었다. 과학이 합의를 만들어내는 방법을 보유하고 있기 때문에 구분이 되는 활동이라면, 그것이 인간의 제도에 의존한다는 사실은 우연적이거나 대수롭지 않은 것이 되고 과학의 권위는 자유토론을 무효로 만들 것이다.

이에 대해 또 다른 중요하면서도 덜 양가적이며 동시에 덜 직접적인 응

---

10) 밀을 연구하는 학자들 사이에는 밀이 자유토론 그 자체의 의의를 믿었는가, 아니면 자유토론을 단지 그가 선호하는 견해를 개진하는 수단으로서만 믿었는가(교육에 대한 밀의 관점에 주목한 해석) 하는 문제를 놓고 치열한 논쟁이 전개되었다. 모리스 카울링은 오늘날 고전이 된 논쟁적 논문에서, "많이 아는 사람들이 더 많이 아는 사람들에 대해 보이는 지적 존경"(Cowling, 1963: 34-35에서 재인용)이라는 밀의 관념은 지적·문화적 엘리트에 대한 존경을 호소하는 것과 진배없다는 관점을 뒷받침하는 가장 결정적인 인용구들을 한 데 모았다. 텐친류는 밀의 윤리적 관점에 대한 해석을 근거로 이를 강하게 반박했다.(Ten, 1980) 그러나 이러한 윤리적 관점은 밀이 정치를 응용 사회과학으로 간주했다는 흔히 간과되곤 하는 점을 고려하면 매우 다르게 보인다. 밀이 『자유론』에서 전개한 논증을 과학에 적용할 의도가 있었는가를 둘러싼 논쟁은 제이콥스가 잘 요약하고 있는데, 제이콥스는 밀이 그런 의도를 가졌음을 부인했다.(Jacobs, 2003)

답도 있었다. 윌리엄 휴얼은 과학에서의 핵심적인 지적 진보의 역사를 쓰면서 중요한 관념들이 받아들여질 때 겪은 어려움에 대한 내용도 담았는데, 이는 과학 내에서 진리가 즉각적으로 인식되고 승인된다는 관념을 침식했다.(Whewell, 1857; cf. 117-120, 130-133, 150-153, 177-179, 184-188) 19세기에 가장 영향력이 컸던 저작 중 하나인 버클의 『영국 문명의 역사』의 한 절에서는 프랑스에서 지식에 대한 국가의 후원으로 인해 프랑스의 지적 생활이 축소되었다고 주장했다.(Buckle, [1857]1924: 490-516) 과학은 규격화된 방법 그 자체의 산물이라는 관념은 열띤 논쟁의 주제가 되었고, 논쟁 참가자 중 많은 수는 밀에 대해 비판적이었다. 이 논쟁은 기본이 되는 베이컨적 과학의 상을 새롭게 형성하는 데 무대를 마련해주었다.

피어슨과 마흐

콩트가 논의의 다음 단계에 어떤 영향을 미쳤는가 하는 질문은 여전히 남아 있지만, 에른스트 마흐와 칼 피어슨은 자신들의 저술을 통해 서로 크게 다른 두 가지 사상, 즉 콩트의 실증주의와 1930년대 공산주의 과학 이론가들 사이에서 과도기적인 인물로 주목을 받고 있다. 후자에 속하는 인물인 랜슬롯 T. 호그벤은 자신이 속한 세대가 피어슨이 과학에 관해 쓴 주요 저작인 "『과학의 문법(Grammar of Science)』을 젖줄로 해서 성장했다."고 회고했다.(Hogben, 1957: 326을 Porter, 2004: 7에서 재인용) 마흐는 이후의 특정한 발전들—대표적인 것으로 논리실증주의—과 부합하는 과학철학을 발전시키고 대중화시켰고, 콩트의 몇몇 핵심 관념들의 전달자로서 역할을 했다.(Blackmore, 1972: 164-169)[11] 두 사람은 모두 "경제적"인, 혹은 "효율"지향적인 과학관을 갖고 있었다. 피어슨은 이를 동시대의 국가적 효율성의 관념과 연결시켰고, 마흐는 빌헬름 오스트발트가 이끌었던 "에너지일원론(energeticism)"이라는 과학자들의 운동에 연결시켰다. 이는 원자론에 반대하며 총에너지 보존법칙을 사회생활에서의 에너지 경제라는 규범적 관념으로 확장한 것이었다. 이러한 관념은 또한 이론과 데이터의 관계에 관한 그들의 관념에도 영향을 주었다. 그들은 이론을 데이터의 경제적 표현으로 생각했기 때문에, 데이터를 넘어선 이론적 실체에 대한 실재론적 해석에 적대적이었다. 표준적 견해가 그들을 한데 묶어주었다. "마흐가 원자론에 반대한 것처럼, 피어슨은 멘델주의에 맞서 싸웠다." (Blackmore, 1972: 125; cf. 좀 더 미묘한 관점은 Porter, 2004: 269-270 참조)

『과학의 문법』(Pearson, [1892]1937)은 이러한 기조에 따라 과학의 목표에 대한 논의로 시작했다. 피어슨은 과학의 목표가 다른 모든 인간활동의 목표와 동일하다고 주장했다. 바로 인간사회의 복지를 증진하고, 사회적 행복을 증가시키며, 사회의 안정을 강화하는 것이었다. 안정은 합의와 강하게 연관돼 있었고, 콩트에서 그랬듯 과학은 합의를 성취해내기 위한 모델이었다. 그러나 피어슨은 그가 쓴 "비강제적 합의"라는 문구가 말해주듯, 합의의 문제에 관해 생각이 나뉘었던 것으로 보인다. 이 문구는 강압의 시대는 끝났다는 그의 생각—마흐와 공유했던—과 합의는 사회적 안정을 위한 조건이며 사회적 안정은 과학의 궁극적 목표라는 그의 주장을 모두 반영하고 있다. 갈등은 비강제적 합의의 이상을 이루는 두 가지 이상적 요

---

11) 마흐의 전기작가는 그가 콩트와 논리실증주의 사이의 과도적 인물이었다는 흔히 통용되는 인식에 대해 논의하고 있다. 마흐는 실증주의자라는 용어를 사용하지 않았고, 콩트를 그 원천으로 승인하지도 않았다. 그러나 이들 간의 유사성은 상당히 인상적이며, 그들이 형이상학과 종교에 반대하는 운동을 전개한 점, 자신들은 철학이 아닌 과학을 제시하고 있다고 주장한 점, 과학의 통일성을 믿은 점 등을 감안하면 특히 그렇다.

소의 관계에 내재해 있다. 하나는 과학적 이단을 단죄하는 과학적 위계의 형태를 띠는 "강압"은 진보에 치명적이라는 인식이고, 다른 하나는 합의가 과학이 제공해줄 수 있는 으뜸가는 선이라는 생각이다. 그리고 피어슨이 보기에 과학적 방법은 강압 없는 합의를 보증해주었다.

물론 시민들은 과학이 만들어낸 합의를 받아들여야 하며, 바로 이곳이 교육과 대중화가 개입하는 지점이다. 피어슨은 과학적이고 치우치지 않은 사고틀을 주입하는 올바른 방식에 관심을 갖고 있었다. 단순히 과학에 대해 읽는 것만으로는 이러한 결과에 이를 수 없었다. 그런 결과를 빚어내는 것은 어떤 작은 분야에 대한 면밀한 과학적 연구였다.(Pearson, [1892]1937: 15-16) 그리고 그러한 경험이 시민의 역할로 이전할 것으로 기대할 수 있었다. 이는 강압이 없는 합의정치를 만들어낼 것이었다.([1892]1937: 11-14)

피어슨은 사회주의자였지만, 과학적 재능의 위계에 관해서는 전혀 평등주의적인 입장이 아니었다. 얼마간의 교육을 받은 시민의 역할은 여전히 일차적으로 과학의 "사제"들을 존중하는 것이었다.[12] 그러나 아울러 그는 19세기 가톨릭의 문구를 빌려 "틀린 자에게는 아무런 권리도 없다."고 믿었다. 정당한 추론의 규준에 순응하지 않는 것은 만약 그것이 "우리가 추

---

12) 피어슨의 권위주의는 콩트의 그것과 달랐다. 피어슨은 "시인, 철학자, 과학자"를 "고위 사제"로 임명하고(Pearson, 1888: 20), "이성, 의심, 연구의 열정"을 "시장의 거품과 열정" 위에 둘 것을 희망했다.(Pearson, 1888: 130-131, 133-134) 그러나 그는 이것에 "자유로운 사고"라는 꼬리표를 붙였고, 과학 그 자체를 자유라는 측면에서 설명하려 애썼다. 그는 언젠가 과학에는 교황이 없다는 논평을 남겼고([1901]1905: 60), 의심은 과학에 필수적인 것이자 과학에 대한 숙달의 일부라고 주장했다.([1892]1937: 50-51) 특정한 종류의 회의주의(추측건대 종교에 대한)는 윤리적 의무였다. "인간의 이성을 적용하는 것, 다시 말해 비판하고 조사하는 것 자체가 불가능한 영역에서, 그것을 믿는 것은 수지가 맞지 않을 뿐 아니라 반사회적인 것이다."([1892]1937: 55) 나중에 그는 과거의 성취에 근거한 "과학의 위계"를 우려해 "과학은 고위 사제를 갖고 있지 않으며 가질 수도 없다."고 말했다.(1919: 75)

론할 수 없는 영역에 대한" 믿음을 포함하고 있다면 "반사회적"인 것이며, "다른 사람들에게 절대적 중요성을 갖는" 사안에 부정적 영향을 미치는 그 릇된 믿음을 보유할 "권리"는 없다고 피어슨은 말했다.([1892]1937: 54-55) 이어 그는 주장하기를, "비정상적 인지능력[즉, 정상적으로 진화한 인지능력 을 갖춘 사람들이 어느 정도 자동적으로 만들어낼 수 있다고 가정되는 합의 결론 에 도달하지 못하는 유형]은 그것이 광인의 것이건 신비주의자의 것이건 간 에 인간사회에 분명 위험으로 작용할 것이다. 그것은 행위지침으로서 이성 이 갖는 효율성을 침식하기 때문이다."([1892]1937: 120)

합의의 원천으로서 과학적 방법이 갖는 효능에 대한 피어슨의 낙관주의 는 그가 가진 과학철학에 근거하고 있었다. 그에게 과학의 사실들은 인지 적 연속(perceptual succession)이었고, 따라서 그것에 관한 비강제적 합의 에 도달한다는 생각은 충분히 그럴 법한 것이었다. 논쟁이 되었던 것은 **정 치적** 문제들을 인지적 연속의 쟁점들로 변형시킬 수 있다는 생각이었다. 이것이 어떻게 작동해야 하는가에 대해 피어슨이 든 사례에는 구빈법 개혁 이 있었다. 이 사안에서는 "맹목적인 사회적 본능과 현재의 개인적 편향이 우리의 판단에서 극단적으로 강한 요인을 형성해"(Pearson, [1892]1937: 29) 국가적 효율성에 대한 고려를 관통하는 객관적 해법을 가로막았다.[13]

---

13) 그가 가장 관심을 보였던 과학의 주요 발견은 "콩 심은 데 콩 난다."와 같은 유전의 기본 법칙이었다. 그는 이를 정부와 국력의 문제에 적용시켜, 부적격자 및 열등한 인종의 제거 와 우수한 정신의 재생산 필요성을 강조하는 인구의 질에 대한 우생학적 통제를 제안했 다. 그가 보기에 이는 사회주의와 부합하는 것이었다. 그는 사회주의가 우수한 사람들을 필요로 한다고 믿었기 때문이다.([1901]1905: 57-84)

문화의 문제

　베이컨에서 피어슨까지 우리가 여기서 다루었던 사상가들은 "확장된" 과학 개념을 갖고 있었다. 가령 일종의 방법으로 이해된 과학이 그것의 정상적인 주제를 넘어선 무언가에 적용될 수 있다는 생각이다. 과학이 "확장된" 것으로 이해될 수 있는 방식은 다양했다. 기술과 공학을 포괄함으로써, "사회"과학과 "정신"과학을 포함함으로써, 정책과학을 포괄함으로써, 심지어는 다윈 이후 시대의 대중적 주제인 윤리학의 토대로서 말이다. 과학의 본질은 정수(精髓)의 이전이라는 측면에서 논의되었다. 과학에 대한 "자유주의적" 관점이 마침내 출현한 것은 이에 대한 응답으로서였다. 피어슨, 그리고 나중에 이단적인 경제학자 소스타인 베블런은 과학과 공학을 하나의 활동이나 주제에서 다른 활동이나 주제로 이전되는 정신적 성향으로 보았고, 이 주제는 당대의 문화 속에 깊숙이 배태돼 있었다.(Jordan, 1994) 아울러 이 명제의 변형태를 발전시켰던 강력한 사회학적 사고의 흐름도 있었다. "문화 지체"라는 용어를 도입해 양차 세계대전 사이에 사회학에서 가장 영향력을 발휘한 저술 가운데 하나였던 윌리엄 F. 오그번의 『사회변동론』(Ogburn, [1922]1966)은 기술결정론과 흡사했다.[14]

　과학이 지닌 "문화적" 중요성은 이내 뜨거운 논쟁을 불러일으키는 쟁점이 되었다. 독일어권 세계에서 이 쟁점은 과학적 세계관(Weltanschauung)

---

14)　이 책에서 오그번의 사고는 기딩스가 피어슨의 유전학에서 끌어냈던 논증—지적 대상의 안정화를 종의 안정화와의 유추를 통해 이해하는—에 뿌리를 두고 있었다. 이러한 논증은 미국의 주들에서 노동관련 입법의 변천을 다룬 오그번의 논문에서 사용되었는데, 오그번의 논문은 애초에 다양하던 법령들이 어떻게 긴밀한 유사성으로 대체되었는지를 보여주었다.(Ogburn, 1912)

이라는 관념에 대한 토론의 형태를 띠었다. 마흐와 그 후계자들—논리실증주의자들, 특히 오토 노이라트를 포함해서—은 퇴행적 세계관에 대한 과학적 대안을 제공한 것으로 해석되었고 때때로 스스로를 그렇게 해석하기도 했다.(cf. Richardson, 2003) 노이라트는 과학적 세계이해 (Wissenschaftliche Weltauffassung)—내지 과학적 세계상—라는 용어를 사용해 단순한 "세계관(world view)"들로부터 과학적 대안을 구분하려 했다.(Richardson, 2003: 68-69) 이와 같은 과학적 세계상의 추구가 독일의 사상에서 했던 역할은 전통적 종교의 대체 문제가 영국과 프랑스의 사상에서 했던 역할과 흡사했다.

과학이 세계관의 대체물을 제공할 수 있는가의 문제는 다시 과학의 문화적 지위와 특성에 관한 쟁점을 만들어냈다. 이는 처음에 독일어권 세계에서(Lassman and Velody, 1989), 그리고 궁극적으로는 논리실증주의가 수입되면서 영미권 세계에서도 이후의 논의에 크게 영향을 주었다. 그러나 이러한 논의는 세계관의 본질이나 과학과 문명 사이의 인과관계에 관한 일단의 명시적으로 "사회학적인" 사상으로 간접적으로 이어졌으며, 궁극적으로는 만하임의 "고전적" 지식사회학과 과학에 대한 마르크스주의적 설명의 발전을 낳았다.

이전(carry-over) 명제는 과학을 제1의 동인으로 둠으로써 과학-사회관계에서 인과적 방향의 문제에 해답을 제시했다. 그러나 질문을 다음과 같이 던지는 것도 가능했다. 과학에서의 진보 혹은 실로 근대과학이라는 현상 그 자체는 문화적 조건에 의존하는가? 알프레드 노스 화이트헤드 (Whitehead, [1925]1967) 같은 철학자들, 그리고 소로킨(Sorokin, [1937]1962) 이나 막스 베버(Weber, [1904-05]1949: 110; [1920]1958: 13-31) 같은 문명사회학자들은 인과성의 화살표를 문화에서 과학으로 향하는 반대 방향으로

돌려, 근대 서구문화의 특징이 과학과 과학적 사고방식의 성장을 위한 조건이 되었다고 보았다.[15]

　밀이 이미 정식화했던 정책 문제에 대한 과학적 해결이라는 관념 또한 이 시기에 다양한 형태로 중요한 역할을 했다. 영국의 페이비언 사회주의(Fabian socialism, 1884년 창립된 페이비언협회를 중심으로 제창된 영국의 사회주의 운동으로, 혁명적 방법이 아닌 점진적 개혁을 통한 사회변혁을 추구했다―옮긴이)와 미국의 엄청나게 다양한 개혁운동들, 그리고 독일의 사회정책학회(Verein für Sozialpolitik) 같은 기구들은 사회적·정책적 문제들에 대한 과학적 내지 공학적 해법들과 "효율" 운동을 장려했다. 러시아혁명은 마르크스와 엥겔스의 과학적 유물론에 기초하고 있다는 점에서 스스로가 "과학적"이라고 선언했다. 이는 과학이 정치를 흡수하고 지워버리는 확장이 실천 속에서 구현된 것이었다. 제1차 세계대전 동안 독일의 "전시사회주의" 경험을 통해 많은 사상가들―대표적인 인물로 오토 노이라트―은 계획경제가 실제적이고 바람직하다는 믿음을 갖게 되었다.(cf. O'Neill, 1995; Steele, 1981) 이후의 문헌에서는 계획의 유효성이라는 쟁점이 중심적인 위치를 차지하게 된다.

　실험의 관념 또한 정치의 모델로서 역할을 담당했다. 존 듀이는 『인간성과 행위』와 같은 저술에서 실험적 방법이 인간의 성취 중 가장 위대한 것이라고 선언했다. 그는 이를 인간사에 응용해 정치적 행동의 기반으로서 "관

---

15) 오그번은 복수발견과 발명에 관한 논문에서 앨프리드 크로버(Kroeber, 1917)의 논증으로부터 끌어낸 유사한 논점을 주장했다.(Ogburn & Thomas, 1922) 재능에 있어서의 차이는 그리 크지 않을 가능성이 높으므로 발견에서의 차이를 설명할 수 없다. 이러한 차이를 설명함과 동시에 놀라운 복수성 현상을 설명할 수 있는 것은 문화적 조건의 차이이다. 오그번이 든 "문화적 조건"의 사례들은 모두 물질문화에서 끌어낸 것이었고, 이는 머턴이 그를 공격하는 쟁점이 되었다.(Merton, 1936)

습"과 전통에 대한 집착—헌법적 전통 같은—을 대체할 수 있다는 관념을 촉진했다.(Dewey, 1922) 그러나 듀이는 과학의 기법들을 정신과 구분했다. 그가 원한 것은 정치에서 과학의 정신이며 창조성이었지, 기법이나 그것을 사용하는 전문가, 혹은 전문가들 그 자체는 아니었다. 그는 전문가들에 대해 그들이 하는 작업이 "인간화될" 필요가 있는 전문인이자 기술자들이라며 폄하했다.(Dewey, [1937]1946: 33) 이러한 추론과 그것이 대변하는 운동은 과학자들 자신에게 매력적인 것이 못되었다.(Kuznick, 1987: 215)

과학과 연관해 L. J. 헨더슨의 영향을 받은 "개념도식(conceptual scheme)"의 모델은 하버드에서 흔히 볼 수 있는 것이 되었다.(Henderson, [1941-42]1970) 과학에 대한 이런 사고방식의 수용에 일조한 것은 과학과 수학의 발전이었다. 가령 비유클리드 기하학의 발견이나 물리적 진리로 보였던 것이 수학적 구조에 대한 비경험적 선택에 의존한다는 폭넓은 인식이 그것이다. 이는 푸앵카레가 발전시킨 명제였으나 이내 다른 사상가들—대표적으로 비엔나학파—에 의해 흡수되고 강조되었고, 뒤이어 나타난 상대성이론에 대한 확장된 토론에서도 역할을 했다.(Howard, 1990: 374-375) 이러한 관념에 내포된 좀 더 폭넓은 상대주의적 함의도 당시 인식되고 있었다. 노이라트가 이론의 수학적 구조의 선택은 경험적 문제가 아니라고 쓰자, 막스 호르크하이머는 이 구절을 자신이 초상대주의(hyperrelativism)를 받아들인 증거로 인용했다.(Horkheimer, [1947]1972: 165) 이와 같은 과학적 전제와 "문화"의 동화는 많은 다른 형태를 띠었다. 예컨대 화이트헤드의 『과학과 근대세계』(Whitehead, [1925]1967)와 『과정과 실재』(Whitehead, [1929]1978), 그리고 좀 더 명시적으로는 E. A. 버트의 『근대 물리과학의 형이상학적 토대: 역사적·비판적 에세이』(Burtt, 1927) 같은 영향력 있는 저작들에 잘 나타났다. 이는 규모가 더 크고 널리 퍼진 견해의 풍토(climate of

opinion)의 일부였고,[16] 만하임의 지식사회학(만하임은 자신의 "지식사회학"
의 주제에서 과학을 명시적으로 배제했음에도)뿐 아니라 루트비히 플렉도 이를
공유했다. 플렉은 과학적 아이디어가 수용되는 문제를 설명하기 위해 인
지공동체(Denkgemeinschaft)라는 관념을 사용했는데, 이는 얼마 안 가 중
심을 이루는 쟁점이 되었다.

이러한 전반적 접근에 필적할 만한 것으로, 프랑스에서는 신칸트주의
전통과 현상학에서 폭넓게 영향을 받아 개념적 변화와 차이, 그중에서도
특히 개념적 단절과 파열에 초점을 맞춘 일련의 역사적 연구들이 등장했
다. 피에르 뒤엠은 이러한 접근의 개척자 중 한 사람이었고, 특히 중세 물
리학에 대한 연구와 전일론(holism)으로 잘 알려져 있었다. 그는 중세 물
리학이 방법론적으로 정교하고 일관되었음을 보여주었고, 전일론적 입장
을 취하며 결정적 실험의 관념을 거부했다. 나중에 알렉상드르 쿠아레 같
은 프랑스 과학사가들은 과학혁명에 초점을 맞추면서 그것에 내포된 개
념 체계의 변화가 갖는 급진적 성격을 강조했다.(Koyré, 1957) 이처럼 엄격
한 전제적(presuppositional) 접근은 후설이 제시한 논거에서 영향을 받은
것으로, 실험과 데이터가 과학적 변화와 관련되는 측면을 대체로 무시했
다. 그와 같은 시대에 살았던 가스통 바슐라르는 아인슈타인의 특수상대
성이론이 의미하는 변화에 대해 비슷한 분석을 수행했다.(Bachelard, 1984)
그가 내세운 "인식론적 단절"의 개념은 그러한 변화의 상호연결된 내지 전
일론적인 측면—전반적인 철학적 전망과의 관계를 포함해서—을 표현

---

16) 아이러니하게도 견해의 풍토라는 용어는 역사가 카를 베커가 『18세기 철학자들의 천상의
도시』에서 계몽사조를 설명하기 위해 사용하면서 대중화되었고, 지금까지도 지적 구성물
은 특정한 시대의 암묵적 가정의 산물이라는 관념을 가장 잘 정식화한 표현으로 남아 있
다.(Becker, 1932: 1-32)

하는 수단이었다. 조르주 캉길렘은 특히 생명과학에서 지식 분야들의 창출과 관련해, 정상성 개념을 통해 이러한 인식론적 단절의 관념을 확장했다.(Canguilhem, 1978) 캉길렘은 정신의학에 관한 미셸 푸코의 학위논문 심사위원이었다. 푸코는 이러한 추론을 새로운 주제와 새로운 분야들로, 또 분야 형성이라는 현상 그 자체로 확장했고, 그럼으로써 문화사적 설명과의 단절이라는 측면에서 과학사적 설명의 확장을 완성했다. 실험, 기술, 기기화보다 이론에 시종일관 초점을 맞추고 파열에 관심을 집중함으로써, 프랑스의 논의(물론 이는 영미권의 과학사에도 영향을 미쳤고, 특히 과학혁명과 관련해 그런 영향이 두드러졌다.)는 영미권과 독일어권에서의 과학 논의에서 부각된 쟁점들을 간단히 우회해버렸고, 그럼으로써 쿤 이전의 쿤주의자가 되었을 뿐 아니라 과학에 대한 이처럼 새로운 논의를 지적으로 조직된 사회생활 전반을 이해하기 위한 모델로도 사용하게 되었다.

영미권과 독일어권의 논의는 훨씬 더 험난한 과정을 거쳐 유사한 지점에 도달했고, 그렇게 된 이유는 이후의 역사와도 관련된다. 20세기 초에 신칸트주의는 "소멸"되었지만, 소멸은 다양한 형태를 띠었다. 하이데거와 실증주의는 모두 선험적 진리의 문제에 대해 서로 다른 접근을 제공했고, 이들 각자는 후기 비트겐슈타인이 그랬던 것처럼(Wittgenstein, [1953]1958, para. 179-180) "전제(presuppositions)" 모델을 침식했다.(cf. Friedman, 1999, 2000, 2001) 이러한 비판들은 실천 내지 암묵적 지식 관념의 방향을 가리켰다. 카를 포퍼는 이론이 바뀔 때마다 전제들은 변화를 겪는다고 주장하며 전제 모델을 공격했고, 전제를 파악해내면 "비판"할 수 있는 지위에 오르게 된다는 만하임의 생각도 공격했다. 개념도식, 개념틀(framework) 등에 대한 논의는 이 시기 내내 과학사에 남아 있었지만, 그것이 철학의 본류에 모습을 드러낸 것은 비트겐슈타인의 영향을 받은 N. R. 핸슨의『과학적 발견의 패턴』(Hanson, 1958)이 가공하지 않은 관찰 데이터라는 관념을 침식해 들어간 1950년대에 들어서였다.

베버의 "직업으로서의 학문"

전후 독일에서 세계관으로서의 과학이라는 관념에 대한 논의는 특히 중요한 대응을 만들어냈다. 이는 역사 및 철학 문헌에는 직접 등장하지 않지만 나중에 머턴이 발전시켜 이후에 영향력을 발휘한 과학에 대한 "사회학적" 접근으로 나타나게 된다. 학문은 세계관을 제공하는 문화적·정치적 임무를 띠고 있다는 관념은 군사적 패배로 빚어진 문화적 위기의 결과로 중요성을 얻었다. 이러한 관념은 막스 베버가 행한 두 차례의 연설에서 고전적인 비판을 받게 되었다. 그중 하나는 「직업으로서의 정치」(Weber, [1919]1946a), 다른 하나는 「직업으로서의 학문」(Weber, [1919]1946b)에 관한 것이었다.[17] 「직업으로서의 학문」에서 베버는 플라톤에서 이의 해부를 통해 신의 섭리를 증명한 슈밤메르담까지 이어지는 과학에서의 동기부여의 역사를 제시했다. 그는 이 모두를 기각한 후 "과학—다시 말해 과학에 의존해 생명을 지배하는 기법—을 행복으로 가는 길로 찬미했던 순진한 낙관주의"에 대한 냉혹한 논평으로 목록을 끝맺었다. "대학 강단에 있는 몇몇 애어른들을 제외하면 도대체 누가 그걸 믿는단 말인가?"(Weber, [1919]1946b: 143) 이러한 애어른에는 피어슨, 마흐, 오스트발트 등이 포

---

17) 연설문에는 지적으로 진지한 대안으로서의 종교에 작별을 고하는 유명한 문구가 포함돼 있다. 역사의 이 시점에 이르면 종교는 "지적인 희생"을 요구한다는 이유에서였다.(Weber, 1946: 155)

함될 터였다. 베버는 그들을 비난하는 별도의 논문까지 썼는데, 특히 오스트발트가 마흐와 공유했던 지식에 대한 공리주의 이론이 비판의 표적이 되었다.(마흐는 이론이 곧 절약이라고 말한 바 있었다.)(Weber, [1909]1973: 414) 연설에서 그가 강조한 핵심은—과학에 대한 반공리주의적 관점을 빼면[18]—진정한 성취를 위한 조건으로서의 전문화에 관한 것이었다. 이는 "확장된" 과학 개념을 침식하는 것이기도 했다. 전문인이 이뤄낸 성취는 삶의 원숙함에 관한 교훈으로 일반화되지 않기 때문이다.

연설에는 정치에 관한 노골적인 메시지도 담겨 있었다. "어떤 사람을 뛰어난 학자이자 대학교수로 만들어주는 자질은 그를 … 특히 정치에서 지도자로 만들어주는 그런 자질이 아니다."(Weber, [1919]1946b: 150) 야심만만한 정치 지도자는 근대적 정당정치의 현실과 지지층을 만들어내야 하는 요구뿐 아니라 권력 추구를 향한 내적 요구에 의해서도 제약을 받는다. 이는 너무나 성가신 요구들이기 때문에 그러한 경력을 밟아 나갈 수 있는 개인적 자질을 갖춘 사람들은 극히 적다. 정치영역에 대한 이러한 설명—어떤 의미 있는 목표를 달성하는 데 권력은 필수적이라는 강조, 그리고 국가에 고유한 수단은 폭력이며 정치에 관여하는 것은 악마 같은 권력과의 계약을 의미한다는 끊임없는 지적과 함께—은 정치적인 것의 영역을 지식인들의 변화 전망을 넘어선 곳에 위치시키는 데 기여했다. 아울러 베버는 정치의 요구에 직면했을 때 관료적 사고방식이 갖는 한계를 특별히 지적함으로써 정치가 사물의 관리로 대체될 수 있다는 어떠한 생각도 문제가 있음을 보였다.[19]

---

18) 과학이 "사회적 목표"를 갖는다는 피어슨의 해석에 대해 미국에서 나온 중요한 비판은 공공적 과학지식인으로서 저술활동을 했던 C. S. 퍼스가 제시했다.(Peirce, 1901)

헤센과 논쟁의 변화

1931년에 과학에 대한 논의는 완전히 발달된 마르크스주의적 과학 이론이 등장하면서 변화를 겪었다. 이는 소련 이데올로기 장치의 최상층에서 니콜라이 부하린의 후원을 받은 것이었다. 부하린 자신의 주된 이론적 연구인 『역사적 유물론』은 다음과 같은 문장으로 시작했다. "부르주아 학자들은 어떤 학문 분과에 대해 얘기할 때도 수수께끼 같은 경외감을 갖고 있다. 마치 그것이 지구상이 아닌 천상에서 만들어진 것인 양 말이다. 그러나 실상 모든 과학은 분과를 막론하고 사회의 요구나 그것에 속한 계급의 요구로부터 자라나온 것이다."(Bukharin, [1925]1965) 이러한 생각을 과학사에 적용한 일단의 논문들이 런던에서 열린 국제과학사대회에서 발표

---

19) 독일어의 Wissenschaft라는 용어는 영어의 "science"보다 더 폭이 넓으며 모든 조직된 탐구 분야를 의미한다. 베버의 연설은 엄청난 논쟁을 불러일으켰고, 이는 다시 과학의 위기로 알려지게 된 현상에 기여했다. 이는 영미권에서 대단히 다른 방식으로 전개될 일단의 쟁점들의 독일어권 형태가 되었다. 「직업으로서의 학문」에 곧장 이어진 독일에서의 논쟁에 대한 소개는 Peter Lassman & Irving Velody(1989)를 보라. 이 연설이나 다른 저작에서 과학자의 경력에 대한 베버의 설명은 제도적 역할의 관념과 함께 이러한 역할 내부로부터 가치를 장려하는 것이 부적절함을 강조하고 있다. 지적해둘 것은 그가 이전에 그보다 앞선 군주제 세대의 사회주의 경제학자들에 대해, 정책 문제에 대한 과학적 해법이 존재한다는 잘못된 생각을 했다며 공격했다는 사실이다. 그들은 전쟁[제1차 세계대전] 이전 시기에 치열한 논쟁을 벌였고, 자신들이 지닌 가치를 자문에 은밀하게 끼워넣으면서도 자신들은 오직 사실 하나만 가지고 정책적 결과를 얻어냈다고 생각하며 스스로를 기만했다고 그는 주장했다. 결국 한 쌍을 이루는 설명들이 가져온 결과는 과학의 영역을 정치의 영역으로부터 분리시키고, 과학자는 정치인에게 오직 수단에 관해서만 얘기할 수 있게 함으로써 과학자에게서 문화적 지도자로서의 역할을 박탈한 것이었다. 전문직에 대한 이러한 사고방식은 결국에 가면 탤콧 파슨스와 머턴의 전문직업화에 대한 강조를 거쳐 바버와 머턴의 탈정치화된 미국 "과학사회학"으로 이어졌다. 그러나 이는 아울러 영향력 있는 국제관계 이론가인 한스 J. 모겐소의 저작에서 과학에 대한 명시적인 정치적 비판을 낳기도 했다.(Morgenthau, 1946; 1972)

되었고, 이는 특히 영국에서 심오하면서도 활기를 자아내는 영향을 미쳤다.(Delegates of the U.S.S.R., 1931)[20] 그들이 제시한 명제는 실상 극적인 것이었고, "전제"에 관한 논의를 마르크스주의의 토대와 상부구조 이론에 통합시키는 결과를 가져왔다. 이 저술의 주된 논점은 구체적인 사례연구를 통해 과학은 기술적 결과에 대한 동시대 요구의 산물이고, 요구는 특정한 사회구성체와 역사적 상황에 고유한 것이며, "이론"은 궁극적으로 기술적 실천에 의해 방향이 정해지므로, 자율적인 순수과학 영역의 관념은 허구이고 이데올로기적 구성물임을 보이는 것이었다.(Hessen, 1931)

과학에 대한 영국에서의 논의는 독일과는 다른 방식으로 진화해왔다. 1927년에 열린 영국과학진흥협회(BAAS) 모임에서 리폰 교구의 주교였던 E. A. 버로스(Burroughs, 1927: 32)는 과학이 미치는 사회적 영향을 재고해볼 수 있도록 10년간 과학에 대한 일시중단을 제안했다. 조사이어 스탬프는 1936년 협회 모임에서 있었던 회장 취임 연설에서 과학자들이 과학자의 사회적 책임을 생각해볼 것을 요청하면서 이 주제를 다시 꺼내들었다.(Stamp, [1936]1937) 이와 같은 사회적 우려와 경제적·정치적 위기가 깊어가는 맥락에서, 웹 부부(Beatrice Webb과 Sidney Webb을 말한다. 영국의 사회주의 경제학자이자 활동가 부부로서 페이비언협회와 영국 노동당을 이끌었으며, 런던정경대학의 설립에도 기여했다─옮긴이)와 같은 영국 페이비언 사회주의자들이 이미 이상화하고 있던 소련에서 날아든 과학에 관한 메시지는 영향을 미칠 수밖에 없었다.

마르크스의 핵심 관념 중 하나는 생산력과 자본주의 계급구조 및 경제

---

20) 이러한 사건들과 그것이 미친 영향에 관해서는 워스키의 책(Werskey, 1978)에 잘 서술돼 있다. 헤센에 관해서는 그레이엄(Graham, 1985)을 보라.

관계 시스템 간의 모순이 극에 달할 때 혁명의 순간이 도래한다는 것이었다. 파시즘 신봉자와 소련 정부가 모두 가졌던 핵심 개념 중 하나는 경제와 삶의 다른 영역들에 대한 합리적 계획의 관념이었다. 이러한 관념들은 대공황기 때 대중과 정책결정자들에게 강한 호소력을 지녔다. 과학의 경우에는 "과학의 좌절"을 다룬 문헌들이 쏟아져 나왔다. 자본가, 무능한 관료, 정치인들이 자본주의의 실패를 극복할 수 있는 종류의 과학발전을 가로막고 있다는 생각이었다.[21]

이러한 관념들은 과학 외부의 조건들에 초점을 맞추는 좌파의 과학관에서 핵심을 이루었다. 가령 특정한 유형의 기술에 대한 경제의 요구는 관련된 과학발전을 추동할 수도, 저해할 수도 있다는 것이었다.[22] 마르크스주의 역사 이론에 발맞추어 과학발전에 대한 설명은 암암리에 목적론적인 경향을 띠었다. 그러나 세부적인 설명 그 자체는 새로운 것이었고, 특히 특정한 관념의 발전이 당대의 기술과 밀접하게 뒤얽혀 있음을 보여주었다는 점에서 다른 과학사 서술과는 크게 달랐다. 특히 인기를 끌었던 주장은, 고대세계에 노예가 존재했고 그에 따라 "노예가 할 수 있는 일"에 대한 경멸이 나타나면서 아리스토텔레스가 관련된 사실들을 인식하지 못했다는 것이었다. 가령 펌프로 물을 10미터 이상 끌어올릴 수 없다는 사실은 고대의 기술자들에게 알려져 있었지만 그것이 지닌 중요성은 갈릴레오 이전까지 이해되지 못했다.(Hogben, 1938: 367-368)

---

21) 이러한 명제에 입각한 저술로는 홀(Hall, 1935)이 있고, 미국에서는 오그번과 "빨갱이" 베른하르트 스턴의 저작이 있다.(National Resources Committee, 1937: 39-66) 스턴은 의료사회학을 개척한 인물이며 과학사회학의 선구자이기도 했다.(Merton, 1957)

22) 이 그룹의 핵심 성원인 J. D. 버널, J. B. S. 홀데인, 하이먼 레비, 줄리언 헉슬리, 조지프 니덤, 랜슬롯 호그벤, 그 외 그들과 연관된 F. 소디나 P. M. S. 블래킷 등에 관해서는 많은 저술이 나와 있다. 짧은 소개글로는 필너(Filner, 1976)를 보라.

과학에 대한 선도적인 마르크스주의 논평가들은 소련이야말로—그 중 가장 중요한 인물이었던 J. D. 버널의 표현을 빌리면—과학이 "제대로 된 기능"을 획득한 유일한 국가라고 주장했다.[23] 그들은 소련 시스템을 긍정적으로 보았고, 아울러 과학자에게 중립성은 불가능하다고 주장했다. 특히 파시즘의 반과학적 선동에 직면한 당시 상황에서는 더욱 그러했다. 여기에 더해 그들은 과학을 위한 자금은 시장경제보다는 합리적으로 조직된 계획체제에서 자유롭게 흐를 수 있으며, 경제 시스템과 사회를 포함해 "그 어떤 주제도 과학적 방법에 의해 탐구될 수 있다."고 주장했다.(Huxley, 1935: 31) 그들은 역사가 현재 과도적 단계에 와 있다고 주장했다. 과학—"사회생활 전체에 대한 통일되고, 조정되고, 무엇보다도 의식적인 통제"(Bernal, 1939a: 409)를 암시하는 것으로 폭넓게 이해된—이 물질세계에 대한 인간의 의존을 없애버리는 상태로 가는 중간단계라는 것이었다. 과학의 올바른 역할은 물질문명을 인도하는 의식적인 힘이 되어 다른 모든 문화영역에 스며드는 것이었다.[24] 이러한 주장에 힘입어 버널은 비강제적 합의에 관한 피어슨의 견해를 반향해 과학은 이미 공산주의라고 말할 수 있었다. 왜냐하면 과학은 인간사회의 과업을, 그것도 공산주의적 방식으로 수행하고 있기 때문이었다. 공산주의 사회에서 "인간이 협력하는

---

23) 줄리언 헉슬리에 따르면 "프롤레타리아 독재"라는 문구가 의미하는 바는 모두에게 이득을 주도록 일이 처리된다는 것이 전부였다.(Huxley, 1932: 3) 헉슬리가 이 글을 쓰던 무렵에는 기근과 폭력으로 수백만의 사람들을 죽음으로 몰아넣은 농업 집산화 프로젝트가 진행되고 있었다.

24) 버널은 "변증법"을 존중하긴 했으나(cf. Bernal, 1939b), 이러한 존중은 피상적인 것이었다. 좀 더 정확한 설명은 그가 과학자-전문가의 권위에 대한 상은 피어슨과 페이비언주의에, 과학의 이상적 조직에 대한 상은 페이비언의 변절자인 G. D. H. 콜의 "길드 사회주의"에, 그리고 위에서 지적한 것처럼 이상적 과학자의 상은 이타적인 "새로운 사회주의 인간형"의 이미지에 각각 빚지고 있었다는 것일 터이다.

이유는 상위의 권위에 의해 강제를 받거나 선택된 지도자를 맹목적으로 따르거나 해서가 아니라, 오직 이러한 자발적 협력을 통해서만 각각의 사람들이 자신의 목표를 찾을 수 있음을 깨닫기 때문이다. 명령이 아닌 조언이 행동을 결정한다."(Bernal, 1939a: 415-416)[25] 버널의 구상에 따르면, 실천에 있어 과학자들은 노동조합으로 조직될 것이고 이는 5개년 계획의 수립과 집행에서 다른 노동조합들과 협력할 것이었다.[26]

확장성에 대한 비판

버널과 그 동료들은 그들의 입장이 다른 과학자들에게 설득력이 떨어지는 이유가 과학 그 자체에 계획을 적용한다는 관념에 있음을 이해하고 있었다. 이는 계획하에서 어떤 종류의 탐구의 자유가 존재할 것인가 하는 질문을 제기했다. 이는 소련에만 국한될 수 있는 문제가 아니었다. 나치 과학은 계획에 따른 것일 뿐 아니라, 미심쩍은 의미에서 "확장된" 것이기도

---

25) 일찍이 베블런이 엔지니어 평의회(Soviet of Engineers)의 창설가능성을 논의할 때 썼던 것처럼(cf. Veblen, [1921]1963: 131-151), 버널은 현재 과학자들은 너무 개인주의적이고 경쟁적이어서 과학에 내재한 공산주의를 완전하게 인식할 수 없음을 인정하고 미래의 변화된 과학자의 모습을 그렸다. 이는 소련이 추구하던 새로운 사회주의 인간형의 모습과 흡사했다.(Bernal, 1939a: 415)

26) 콩도르세, 콩트, 피어슨이 직면했던 문제를 되새겨보라. 진보에 기여하는 과학이라는 그들의 설명이 성립하기 위해서는 시민들이 과학적인 교육을—비록 제한적인 방식으로라도—받는 조건이 충족돼야 했고, 결과적으로 이는 과학자들이 사회의 나머지 부분에 권위적인 역할을 하는 이데올로기를 휘두르는 이데올로그가 될 것을 요구했다. 이는 과학자에 의한 통치와 동등한 것이었지만, 버널과 같은 열성적 인물조차 이는—설사 바람직하다 하더라도—현실적이지 못하다고 생각했다. 이는 버널주의가 공산주의의 옷을 입은 피어슨주의인가 하는 질문을 제기한다. 공산주의는 그 자신을 과학적인 것으로 간주하는 권위주의적 이데올로기를 포함하고 있긴 하지만, 과학자에 의한 통치는 아니었다.

했다. 이는 소비에트 체제 내의 어떤 문화적 조직도 당으로부터 자율적일 수 없다는 레닌의 관념에도 적용되는 것이었다. 나치하에서 과학은—이것이 실제로 의미하는 바는 종종 별것 아니었지만—나치 이데올로기에 순응할 것으로 기대되었다. 유대인 과학자들은 축출되었고, 과학에서 "유대인의 영향"을 공격하는 요란한 운동이 전개되었다. 독일 과학자인 요하네스 슈타르크가 작성한 논문은 원래 나치 학술지에 발표되었다가 나중에 번역되어 《네이처》에 실렸다.(Stark, 1938) 슈타르크의 논문은 과학자들과 좌파가 나치즘에 대해 가진 불안감에 초점을 맞추었고 엄청난 반응을 불러왔다.(Lowenstein, 2006) 그러나 미국에서의 반응은 "자유"의 용어를 빌려 과학적 자유와 민주주의 사이의 연계를 단언하는 것으로 나타났고, 이는 과학과 민주주의를 수호하려는 선언과 결의를 낳았다.(Boas, 1938; Merton, 1942: 115; Turner, 2007)

이러한 논의는 과학의 자율성에 관한 논쟁이 부활하는 데 최초의 자극을 제공했다. 독일의 계획된 과학이 거둔 성공을 염두에 둔 버널은 자유와 효율성 사이의 갈등이라는 측면에서 쟁점을 정의했다. 그는 이러한 갈등이 계획의 틀 내에서 해소될 수 있다고 생각했다. 그러나 계획하에서의 자유라는 쟁점은 훨씬 더 크고 넓은 범위에 걸친 정치적 토론의 주제가 될 터였다.[27] 애초에는 서로 구분되었던 계획이라는 쟁점과 과학의 자율성 문제가 이제 한데 수렴하고 있었다. 종교와 왕립학회에 대한 연구로 존경받는 인물로 부상한 로버트 머턴은 두 편의 논문을 썼다. 「과학과 사회질서」

---

27) 프리드리히 하이에크는 『노예의 길』(Hayek, 1944)에서 계획과 자유 사이의 내재적 갈등을
    강조했다. 흥미로운 점은 그가 『과학의 반혁명』에서 이 쟁점을 생시몽과 콩트의 사상으로
    소급하고 있다는 사실이다.(Hayek, [1941; 1942-44]1955)

(Merton, [1938]1973)와 「과학과 민주주의에 관한 소고」(Merton, 1942)는 모두 자율성을 다루면서 나치 과학을 염두에 두고 쓴 논문으로, 베버가 「직업으로서의 학문」에서 제시한 비전적(祕傳的) 과학에 대한 설명을 확장하고 있었다. 머턴은 과학의 네 가지 규범인 보편주의, 조직된 회의주의, "공산주의"(과학적 결과의 공유), 불편부당성을 설명했다. 1938년에 머턴은 이것이 "자유주의적"인 논증이라고 지적했는데, 그가 말했듯이 자유주의 사회에서 통합은 일차적으로 일군의 문화적 규범들로부터 유래하기 때문이다.(Merton, [1938]1973: 265) 머턴의 규범은 대중의 태도에 뿌리를 둔 것이 아니었고, 심지어 그것에 부합하지도 않았다. 대중은 그것에 대해 분개할 거라는 예측이 가능했다. 바로 이러한 이유 때문에 과학은 파시즘에 취약했다. 파시즘은 대중의 반합리주의를 악용해 과학에 중앙집중화된 통제를 부과한다. 그러나 갈등은 민주주의 사회에서도 나타났다. 특히 과학의 발견이 기존의 독단을 무효로 만들 때 그러했다.(cf, 1942: 118-119) 따라서 과학과 민주주의는 과학의 자율성에 대한 인정이 이뤄지지 않는 한 양립불가능하고, 그러한 인정은 과학이 새로운 주제로 정상적인 확장을 하면서—가령 신성한 것으로 여겨졌던 영역들에 대한 사회과학의 탐구처럼—항상 위협받았다.(1942: 126)

이는 "사회학"의 저술이었고, 당시 전문직이 사회학을 지배하는 연구 관심사 중 하나로 부상한 것을 반영한 결과였다. 머턴은 과학적 내용 문제와 거리를 두면서 좌파적 과학관과 자유주의적 과학관 중 어느 한쪽 편을 드는 것을 피하려 애썼다. 대체로 볼 때 그의 논증은 1940년대에 버널의 과학의 사회적 관계(Social Relations of Science) 운동과 반(反)계획 입장인 과학에서의 자유협회(Society for Freedom in Science) 사이에 전개된 계획을 둘러싼 신랄한 논쟁보다 시기적으로 앞서 있었다.(McGucken, 1984: 265-300)

반(反)버널 그룹을 이끌었던 지식인은 마이클 폴라니였다. 폴라니는 과학에 계획 형태의 정치적 거버넌스가 불필요하다는 주장에 기반해 과학의 자율성을 옹호하는 논증을 제공했다.(머턴은 그런 논증을 제공하지 않았다.) 그것이 불필요한 이유는 과학이 이미 자체적인 전통에 의해 충분히 "통치" 되고 있으며, 과학적 발견의 본질 그 자체가 계획가들이 가정하는 방식대로 합리화될 수 없기 때문이었다.(이 논증은 과학적 방법의 관념 그 자체에 대한 공격으로 전환되었다.) 폴라니는 수용의 문제를 자신의 과학관에서 중심에 두었던 코넌트와 마찬가지로, 과학이 새로운 관찰에 근거해 이론들을 뒤엎는 식으로 나아간다는 것을 부인하면서, 과학이 종종 말로 표현되지 않은 배경 지식에서 일어나는 중대한 변화를 흡수하는 것을 필요로 한다고 지적했다.(가령 Polanyi, 1946: 29-31) 과학은 계획에 종속되는 "기업의" 관료적 질서 같은 부류와는 구분되는 공동체라고 폴라니는 주장했다.[28] 계획은 지식의 성장을 가능케 하는 공동체 생활의 특징―폴라니에게 이는 과학자들이 어떤 아이디어를 추구할 것인지 자유롭게 선택하는 능력이었다[29]―을 파괴할 것이었다. 그는 결국 말로 표현할 수 없는 과학적 발견의 인지과정에 대해 정교하게 발전시킨 설명, 그리고 발견이 국지적 전통과 특수한 층위의 공동체 생활―"과학적 양심"과 과학적 판단의 활용을 존중하는―에 의존하는 방식에 근거해 과학에 관한 주장을 전개했다.(1946: 52-66) 이는 과학에 대한 그 어떤 기계적 내지 "논리적" 설명도 공격하는

---

28) "과학자 공동체"라는 용어는 1940년대에 주로 마이클 폴라니의 저술을 통해 표준적인 용법으로 쓰이기 시작했다.(Jacobs, 2002) 1968년까지도 머턴은 과학을 설명하면서 이 용어를 쓰지 않았다. 아이러니한 것은 유일한 예외가 "대체로 볼 때 이는 생산적 개념이라기보다는 재치 있는 은유로 남아 있다."는 지적이었다는 점이다.(Merton, 1963a: 375)
29) 그리고 다른 과학자들의 자유로운 선택의 결과에서 이득을 얻는 능력도 포함된다.

것이었다.[30)]

  폴라니의 논증은 머턴과 상반되는 새로운 방식으로 과학과 민주주의의 문제를 다루었다. 만약 말로 표현할 수 없는 지식에 의존하는 비기계적 발견 활동으로 이해된 과학이 민주적 통제를 받게 된다면 과학은 꽃을 피우지 못할 것이다. 그러나 과학은 민주주의에 대한 예외가 아니라고 폴라니는 말한다. 과학은 그 성격에 있어 교회나 법률 전문직 같은 다른 공동체들과 유사하다. 이러한 공동체들은 강력한 전통적·자기통치적 특성을 기반으로 하는 자율성을 부여받고 있다. 민주주의 그 자체는 과학과 마찬가지로 강력하게 전통적일 뿐 아니라 "자유토론의" 전통과 "양심"에 기반을 둔 결정에 의존한다.(1946: 67) 따라서 과학과 민주주의의 관계는 하나의 전통적 공동체로부터 다른 전통적 공동체로 향하는 상호인정과 존중의 관계가 되어야 하며, 과학의 성과는 과학자 공동체에 자율성을 부여함으로써 가장 잘 얻어질 수 있다는 인식과 부합해야 한다.(cf. Polanyi 1939, 1941-43, 1943-45, 1946, [1951]1980)[31)]

  이는 추상적인 사고들이었다. 그러나 좌파적 과학관에는 실천적인 전장

---

30) 논리실증주의자들은 발견에 대한 "신비화된 해석"을 기각하고 자신들의 견해는 오직 (논리적인) 정당화의 맥락에만 관계하며 (심리적이고 사회적인) 발견의 맥락과는 거리를 둔다고 간주하는 것으로 대응했다.(cf. Reichenbach, 1951: 230-231) 이러한 면제 전술은 1960년대에 논리실증주의를 파괴한 지적 파탄—쿤이 가속화시킨—으로 그들을 몰아넣었다. 과학 이론에 대한 협소한 "논리적" 관점은 개념적 변화도, 불가피하게 이론 의존적인 "데이터"의 역할도 설명할 수 없었다.(cf. Shapere, 1974; Hanson, 1970)

31) 널리 인용된 논문에서 홀링거는 그가 "자유방임 공동체주의"라고 불렀던 자율성 주장이 그 본질에 있어 정부의 통제는 받지 않으면서 정부의 돈을 끌어내기 위한 이데올로기적 수단이라고 보았다.(Hollinger, 1996) 주목할 것은 버널의 좌파적 과학 접근이 자유와 효율성 사이에 균형을 잡으려는 의식적 노력을 기울이면서도 자기통치에 대해서는 더욱 넓은 전망을 포함하고 있다는 점이다.

도 있었다. 교육과 대중의 이해가 그것이다. 콩도르세 이래로 과학교육에 대한 좌파적 관점은 노동자들에게 과학 그 자체에 대한 모종의 기초훈련을 제공해 과학적으로 사고할 수 있도록 해야 한다는 것이었다. 이는 실현 가능성이 낮은 단순한 희망이 아니었다. 수많은 영국 과학자들은 이러한 목표를 실현시키는 노동자들의 교육 프로젝트에 참여했고, 이러한 생각은 1930년대에 핵심적인 좌파 사상가들이 과학에 대해 쓴 저술의 제목—『백만인을 위한 수학』 같은—에 반영되어 있다.(Hogben, [1937]1940; 아울러 Hogben, 1938; Levy, 1933, 1938, 1939; Crowther, 1931, 1932; Haldane, [1933]1971, [1940]1975를 보라.) 이러한 관점의 비판자들 중에는 제임스 브라이언트 코넌트가 있었다.(Conant, 1947: 111-112n) 그는 기초적인 과학 강습이 더 나은 시민을 만들 것이라는 피어슨의 아이디어를 50년간 적용해 보았지만 실패로 돌아갔다고 폄하했다. 이에 따라 그는 하버드에서 과학교육을 개혁하면서 기초적인 연습을 시키는 대신 학생들이 과학의 본질에 대한 일정한 지식을 얻도록 하는 편이 낫다는 생각을 따랐다. 이는 코페르니쿠스 혁명이나 화학혁명 같은 "개념도식"—하버드에서 선호하는 용어—에서의 중대한 변화에 대한 사례연구를 학습함으로써 얻을 수 있는 것이었다.[32] 이 강좌는 처음에 코넌트가 가르쳤고 거의 10년 동안 지속되었는데(Fuller, 2000: 183), 여기서 얻어진 일단의 사례연구들(Conant, 1957)은 쿤의『과학혁명의 구조』의 배경이 되었다. 이 강좌의 강사로 코넌트가 채용한 인물이었던(Kuhn, 2000: 275-276) 쿤 자신도 코페르니쿠스 혁명을 사례연구로 한 책을 썼고, 이는 그가 쓴 첫 번째 책이기도 했다.(Kuhn, 1957) 코넌트는 과학계에 새로운 인물을 끌어들이는 과정을 개혁하는 노

---

32) 이러한 개혁은 풀러(Fuller, 2000)에서 광범위하게 다뤄지고 있다.

력에도 마찬가지로 적극적이었는데, 그는 이 과정이 더욱 개방적이고 능력 중심이 되기를 바랐다. 이러한 목표는 그가 지닌 "기회" 자유주의와도 부합하는 것이었다.(Conant, 1940)

코넌트, 머턴, 폴라니 사이에 강조점에 있어 다소 차이가 있긴 하지만, 그들이 주장하는 바는 놀라울 정도로 서로 겹쳤고 코넌트와 폴라니는 특히 가까웠다. 코넌트와 폴라니는 모두 다음과 같은 의미에서 과학에 대해 자유주의적 접근을 취했다. 즉, 그들은 과학자들 간의 경쟁을 부추김으로써 과학을 간접적으로 통치하는 것이 최선이라고 생각했다.[33] 그러나 "거대과학"의 현실을 인지하고 있었던 코넌트는 이러한 경쟁을 의미 있는 것으로 만들기 위해 마치 대규모 기업과 유사한 일단의 대규모 엘리트 대학들에게 대대적으로 자원을 몰아주는 것이 필요하다고 생각했다. 확장성을 위한 논증은 과학에 대한 환원주의적 설명에 의존하며, "방법"과 같은 운반가능한 특징들을 독특한 지적 권위와 동일시한다. 코넌트는 과학의 보

33) 이러한 성격 묘사는 그들과 카를 포퍼의 관계에 관한 질문을 제기한다. 포퍼는 하이에크와의 관계와 자유주의 옹호 때문에 이 그룹에서 국외자가 되었다. 포퍼는 폴라니에게 잠시 관심을 갖기도 했지만, 이 둘은 서로 마음이 잘 맞지 않는다고 느꼈다. 그들은 서로 다른 종류의 자유주의자였던 것이다. 폴라니는 유능한 경제학자였다. 두 사람은 모두 자유주의 토론 모델에 많은 관심을 보였고, 과학적 토론에서 이와 흡사한 "자유로운 비판"에도 더 많은 관심을 보였다.(Popper, [1945]1962: 218; Polanyi, 1946) 두 사람 다 자유주의 담론과 과학적 담론 사이의 유추를 발전시키지는 않았는데, 만약 그렇게 했다면 관계는 좀 더 분명해질 수 있었을 것이다.(cf. Jarvie, 2001) 두 가지 담론은 모두 공유된 경계 감각의 지배를 받는 제한된 형태의 담론이다. 과학을 경계 짓는 포퍼의 방법—구획의 기준으로 반증을 사용하는 것—은 그로 하여금 이를 뒷받침하는 기풍이나 전통을 파악할 필요가 없다는 생각을 하게 했을 수 있다. 의미에 대한 입증주의 이론과 반증 사이의 차이는 그를 논리실증주의자들과 구분해주었다. 말하자면, 입증은 과학이 대체하거나 신용을 떨어뜨리고자 하는 그런 형태의 이른바 지식들에 용감하게 맞선다. 이는 더 큰 공동체에 방향이 맞춰져 있다. 반증은 그것이 통제하는 과학적 토론과정 내부를 들여다보며 그런 통제과정에서 과학적 토론을 자유주의적 토론의 변형태로 만든다.

편적 방법이 있다는 관념에 반대했고, "과학이라는 단어의 폭넓은 사용" (즉, 내가 확장성이라고 불러온 것)에 대해서도 반대했다.[34] 과학활동을 비과학적 형태의 추론, 심리학, 지각, 조직 형태와 연속선상에 있는 것으로 특징짓고, 과학을 이러한 특징들의 복잡하지만 독특한 혼합물로 보는 과학에 대한 그 어떤 설명도, 과학을 덜 운반가능한 것으로 만들었다. 뿐만 아니라 이러한 방식의 설명은 필연적으로 과학이 좀 더 확장된 범위에서 지적 권위를 주장하는 것과 갈등을 일으켰다.[35]

전후의 과학학: 분야들의 시대와 그 결과들

원자폭탄에 대한 물리학자들의 반응, 냉전의 도래, 과학자들의 원자 비밀 누설, 오펜하이머 청문회, 리셍코 사건[36](소련 과학 모델의 파탄을 최종적

---

34) 그가 확장성에 비판적이었음을 보여주는 한 가지 사례는 과학자의 특별한 미덕이라는 관념—머턴의 「과학과 민주주의에 대한 소고」(Merton, 1942)에서도 주장된—을 그가 기각한 데서 찾을 수 있다. 코넌트는 다음과 같은 질문을 던짐으로써 이 점을 간명하게 표현했다. "오늘날 자연과학에서 주어진 사회적 환경은 감정적으로 불안정한 사람조차도 실험실에서는 정확하고 편견이 없는 사람이 되는 것을 매우 손쉽게 만들었다고 말한다면 지나친 것인가?" 그의 답변은 이러했다. 객관성과 같은 어떤 독특한 개인적 미덕이 아니라 "말하자면 그가 물려받은 전통, 그가 사용하는 기기, 높은 전문화 정도, 그를 둘러싼 한 무리의 증인들(만약 그가 연구결과를 발표한다면)—이 모든 것이 압력을 행사해 과학의 사안에 대해 거의 자동적으로 편견 없는 태도를 취하게 만드는 것이다."(Conant, 1947: 7) 그러나 이러한 메커니즘들은 오직 과학 그 자체에만 존재하며, 과학자가 아무런 특별한 주장을 할 수 없는 정치에 대한 확장 속에는 존재하지 않는다.
35) 두 사람은 모두 과학자들이 종교나 도덕과 같은 주제들과 관련해 권위를 갖는다는 생각을 부인했다.(Conant, 1967: 320-328; Polanyi, 1958: 279-286)
36) 리셍코 사건은 버널 진영이 남의 말을 얼마나 잘 믿는지, 또 그들이 정치를 위해 과학을 기꺼이 손상시킬 수 있는지에 대한 시험대였다. 사건들의 실제 배경은 당시에 알려질 수 있었던 것보다 더욱 기괴했고, 스탈린의 행동은 종종 가정되는 것처럼 과학의 계급

으로 알렸던), 그리고 적극적인 반스탈린주의 좌파의 부상[37]은 이 논쟁을 변화시켰다. 좌파 과학자들은 핵군비 축소 운동으로 전환했다. 전후 시기에 대학의 빠른 성장은 분야 내부의 담론에 좀 더 초점을 맞추게 하는 결과를 가져왔고, 이에 따라 다른 분야들에 "속하는" 주제에 대한 관심은 축소되었다.[38] 이전까지 주변적인 지위를 점했던 과학철학 분야는 과거 좌익 정치에 가졌던 관심을 떨쳐버리고 철학에서 가장 명성이 높고 강력한 하위 분야가 되었다.[39] 그것이 가진 동력은 많은 부분 과학 이론의 논리적 구조

적 기반에 관한 관념에 근거를 둔 것이 아니었다. 앞서 논의했던 부하린은 유명한 본보기 재판과 자백을 통해 유죄판결을 받았고, 이는 쾨슬러의 『한낮의 어둠』의 밑바탕이 되었다.(Koestler, 1941) 그는 당시 표현을 빌리면 당에 최후의 봉사를 하고 있었다기보다는 자신의 가족을 보호하고 있었던 것으로 보인다. 헤센은 1940년을 전후해 강제수용소에서 사망한 듯하다. 소련의 농학을 책임지는 위치에 오른 리셴코는 유전자 이론에 부르주아 과학이라는 낙인을 찍음으로써 이에 반대하는 자신의 입장을 정당화하려 했고, 이는 소련 과학을 옹호하던 영국 공산주의자들의 신용을 떨어뜨렸다. 사실 스탈린은 전혀 이런 입장을 갖고 있지 않았고, 리셴코가 이 문제에 관해 전달한 공식 보고서에서 그러한 구절들을 직접 줄을 그어 지워버렸다. 그리고 "리셴코가 '모든 과학은 계급에 기반하고 있다.'고 주장한 대목에서 스탈린은 이렇게 썼다. '하하하, … 그럼 수학은 어떤가? 다윈은?'" (Medvedev and Medvedev, 2004: 195)

37) 이는 CIA에 의해 상당한 정도로 후원을 받았다.(cf. Saunders, 1999: 1, 167-168)
38) 폴라니의 경력은 이를 잘 보여준다. 그는 과학에 관한 논의에서 계속해서 중요한 참여자였고, 학제적 의미에서 과학에 관한 진지한 저술을 계속해 1958년에 철학과 심리학, 그리고 과학의 사회적 성격에 대한 생생한 서술을 결합시킨 걸작 『개인적 지식: 후기비판적 철학을 향해』를 발표했다. 그러나 이 책은 철학자들에게 대체로 무시당했다. 그들은 물론 과학자로 훈련을 받은 폴라니가 진정한 철학자가 아니라는 관점을 취했다.
39) Howard(2000). 조너선 리는 영국에서의 상황을 이렇게 들려주고 있다. "《타임스 리터러리 서플먼트》[1957]는 [A. J.] 에이어가 형이상학에 보인 적대감은 오늘날 쇠퇴한 30년대의 '좌파 성향'의 일부였음을 독자들에게 납득시키려 애썼다. 당시에는 『언어, 진리, 논리』 [Ayer, (1936)1952] 덕분에 '논리실증주의가 붉은 깃발을 옥스퍼드 철학의 전당에 가지고 들어가는 데 성공했다. … 그러나 이제 마침내 철학에서 좌파주의의 흔적은 축소되었다.'"(Rée, 1993: 7) 미국의 상황에 대해서는 매컴버의 책 『수렁에 빠진 시간』(McCumber, 2001)을 보라. 논리실증주의의 협소화에 대한 정치적 설명이 필요한지 여부는 아직 열려

에 대한 표준적 관점을 강화함으로써 얻어졌다.[40] 그러나 과학사회학은 급격하게 쇠퇴했다.

1952년에 바버와 머턴이 만든 참고문헌 목록을 보면 당시 과학사회학 문헌이 어떤 것이었는지를 알 수 있다. 좌파적인 과학 논평과 기술 연구—오그번의 『비행의 사회적 영향』(Ogburn, 1946)을 포함해서—의 혼합물, "사회적 맥락"의 요소가 담긴 과학자와 역사가들의 저작, 정부 문서, 폴라니와 코넌트의 저작, 소련 과학에 대한 연구 등이 그것이었다. 지식사회학과 만하임은 의도적으로 배제되었고(Barber & Merton, 1952: 143n), 플렉은 아직 발견되기 전이었다. 오그번은 기나긴 경력의 끝 무렵에 와 있었고, 스턴은 1950년대에 사망하게 될 것이었다. 미국 사회학에서는 오직 세 명의 주요 학자들—머턴, 바버, 에드워드 실즈—만이 과학에 관한 글을 계속 쓰고 있었고, 이런 작업을 체계적으로 하면서 이 주제에 대한 강의도 맡았던 것은 탤콧 파슨스의 제자였던 바버 혼자뿐이었다. 머턴은 이 분야를 떠났다. 바버와 함께 준비한 참고문헌 목록(Barber & Merton, 1952)과 바버의 책(Barber, 1952)에 대한 서문을 빼면, 머턴은 1942년에서 1961년 사이에 과학에 대한 논문을, 우선순위 주장의 중요성을 다룬 한 편밖에 발표하지 않았다. 실즈는 원자과학자들의 운동에 관여하게 되었고, 레오

있는 문제이다.
40) 카르납에 관한 단행본에 논문을 기고해달라는 요청을 거절하는 과정에서 아인슈타인이 카르납에 관해 남긴 논평은 이렇다.

우리끼리 얘기지만, 실증주의는 늙어버린 것 같습니다. 처음에는 너무나 신선하고 기운이 넘치는 것처럼 보였는데, 억지로 세련화의 과정을 거치고 무미건조하게 사소한 일을 따지는 데 진력하면서 가련한 해골처럼 변해버렸네요. 초창기에는 실증주의가 그 적수의 약점을 자양분으로 삼아 성장했지요. 지금은 존경받는 지위에 올라 스스로 지닌 힘 아래서 그 존재를 연장해야 하는 어려운 처지가 되었네요. 불쌍하게도.(1953, Howard, 1990: 373-374에서 재인용)

실라드와 가까워졌으며, 폴라니가 시카고대학에 채용되는 것을 후원했고, 폴라니와 함께 문화자유회의(Congress of Cultural Freedom)와 여기서 주관한 함부르크 과학회의에 참여했다. 과학에 관한 저술은 대체로 과학자 운동에 국한되어 있었다.(Shils, 1972: 196-203)[41] 이러한 관심은 자유민주주의 사회에서 과학과 안보 사이의 내적 갈등을 다룬 작은 고전『비밀주의의 고통』(Shils, 1956)으로 이어졌다. 과학의 자율성에 관한 그의 기본적 정식화는 머턴과 폴라니 사이에서 절충적인 입장을 취했다. 그는 폴라니처럼 "과학과 다원주의 사회 사이에는 내적 친화력이 있"으며(1956: 176), "과학의 자유로운 공동체의 전통"은 근대의 개인주의적 자유주의와는 독립적으로 성장했다고 주장했다. 그런가 하면 머턴처럼 과학에 대한 정치적 감독에 내재한 문제를 악화시키는 "과학에 대한 대중주의적 적대감"(1956: 181)에 관심을 갖고 있기도 했다.

이 시기 사회학에서 피해갈 수 없는 "이론가"였던 파슨스는 제도로서의

---

41) 실즈는 카를 만하임이 쓴 『이데올로기와 유토피아』(Mannheim, [1929]1936)의 번역자였다. 1947년에 사망한 만하임은 비마르크스주의적이면서 반자유주의적인 사회적 재구성 계획에 헌신했는데, 여기에는 실즈가 중요하게 생각지 않았던 "가치의 계획"도 포함되었다. 그가 만하임에 대해 개인적으로 가졌던 태도는 만하임에 대한 회고에서 엿볼 수 있다.(Shils, 1995) 과학에 관해 실즈는 자신과 가까웠던 폴라니에게 의존했고, 독창적인 "과학사회학"을 만들어내려는 시도는 하지 않았다. 그러나 실즈는 지식인들에 관해, 또 왜 지식인들—1930년대의 좌파 과학자들이 한 예이다—은 자신들을 후원하는 사회에 그토록 자주 반대할까 하는 수수께끼에 관해 폭넓은 저술을 남겼고, 인도 지식인들에 매혹되었다. 그는 제도로서의 대학에도 관심을 가졌다. 그의 학생이었던 조지프 벤-데이비드는 1960년대에 사회학 전공 학생들을 위해 일련의 저술을 소개한 과학 입문서(Ben-David, 1971)를 썼던 인물인데, 그의 연구는 제도적 구조와 제도적 형태로서의 학문 분야에 대한 이러한 관심을 반영했다. 또 그는 지배적인 과학의 제도적 형태들에 대해 영향력 있는 시기구분을 제공했는데, 이는 동시에 과학의 자율성과 그것이 각각의 시기에 어떻게 성취되고 위협받았는가를 보여주는 역사이기도 했다.

대학에 대해 많은 저술을 남겼지만 과학에 대해서는 거의 쓰지 않았다.[42] 파슨스는 전문직을 근대성에 없어서는 안 될 기본 구성요소—특히 전문직이 근대성의 규범적 약속을 체현하고 있다는 점에서—이자 사회의 핵심 가치를 공유하는 존재로 보는 자신의 관점을 통해 과학을 바라보았다.(cf. Parsons, 1986) 동일한 사고방식은 과학사회학에 대한 이론적·경험적 개관으로 간주할 수 있는 최초의 저작인 바버의 『과학과 사회질서』(Barber, 1952)에도 영향을 주었다. 1990년에 과학에 관한 논문들을 묶어 출간한 책에서 바버는 "과학이 지닌 독립적 합리성"과 함께 "과학과 근대 '자유주의' 사회들의 여러 특징적 하부 시스템들 간의 특별한 조화"(1990: 40)를 주장했다. 사회 시스템 내에서 과학의 위치에 대한 강조는 바버가 논평한 대로 "시종일관 파슨스의 영향을 받은" 것이었다.(1990: 39)

바버의 『과학과 사회질서』는 사회의 서로 다른 "하부 시스템"들에 대한 연구를 개척하고 이론적 질서를 부여하기 위해 파슨스의 제자들이 내놓은 기나긴 일련의 저작 가운데 가장 먼저 나온 책들 중 하나였다. 그러나 이 책의 등장에도 불구하고 과학에 대한 연구는 꽃을 피우지 못했다. 머턴은 사회학의 거물이 되었지만 과학에 관한 저술로 그리된 것은 아니었다. 파슨스주의자들처럼 그는 전문직, 공학, 간호, 기술자, 의대생에 관한 논문을 썼다. 그가 1960년대에 과학에 관한 저술로 돌아왔을 때는 "양가성"이 과학과 사회 간의 갈등—그가 1938년에 쓴 논문에서 제시한—을 대신했고, 양가성의 모델은 환자가 의사의 조언이 가진 권위를 받아들이기를 꺼

---

[42] 두 가지 예외가 있는데, 하나는 사회과학을 위한 자금을 얻기 위해 썼던 글로 파슨스의 학생들에게는 알려져 있었지만 출간은 훨씬 나중에 되었고(Parsons, 1986), 다른 하나는 머턴의 「과학과 민주주의에 관한 소고」(Merton, 1942)에 비견할 만한 「사회과학과 윤리학 관계의 몇몇 측면들」이라는 글이다.(Parsons, 1947)

리는 현상이었다.(Merton, [1963b]1976: 26)

1960년대와 1970년대에 머턴과 그 제자들은 과학이 능력본위로 기능한다는 주장과 연관되었다. 이는 과학의 자율성이 존중되어야 한다는 주장의 일종이었다. 그러나 이는 전형적으로 탈정치화된 주장이었고, 서로 상관성을 가질 수 있는 노벨상이나 논문 인용과 같은 외부 지표들을 선호하며 과학의 지적 내용을 포함한 쟁점들을 회피했다.(가령 Cole and Cole, 1973)[43] 머턴은 폴라니와 같은 사상가들을 거의 인정하지 않았다.[44] 머턴 자신은 반쯤 과학사에 걸쳐 있었고 과학에 관해 좁은 의미의 "사회학적" 저술을 하지 않았음에도 불구하고, 머턴주의 "프로그램"의 추상화된 정량적 접근 탓에 이 프로그램은 쿤의 『과학혁명의 구조』가 열어젖히고 있었던 과학에 대한 논의와는 대체로 무관한 것이 되었다. 쿤이 열어젖힌 새로운 논의는 논리실증주의 과학 이론의 표준 모델에서 중심이 되어온 이론-관찰 구분의 붕괴와 관련된 쟁점들에 의해 지배되고 있었다.

쿤은 (비록 폴라니와 콰인의 카르납 비판에서도 영향을 받긴 했지만) 코넌트의 지적 후계자였다. 그러나 그는 정치를 배제한 코넌트였다. 그럼에도 불구하고 그는 진정으로 학제적인 사상가였고, 특히 1950년대를 풍미했던 분과 구분의 볼모 신세였다. 그러나 이러한 상황은 빠른 속도로 바뀌고 있었다. 과학사·과학철학 학과들이 런던(1949)과 멜버른(1946), 인디애나(1960), 피츠버그(1971) 등에 설립되었고, 다른 학교들도 뒤를 따랐다.

---

43) 머턴주의학파의 성찰적 역사는 Cole & Zuckerman(1975)에서 볼 수 있다.
44) 과학자 공동체라는 관념이 "보이지 않는 대학"이라는 제목하에 데렉 프라이스에 의해 부활하자 머턴은 이를 열성적으로 받아들였고, 이전에 폴라니가 이 관념을 주장했던 것을 데이터가 입증해준다는 사실을 시인하는 일은 그의 학생이었던 다이애나 크레인에게 맡겼다.(cf. Crane, 1972)

쿤은 프린스턴대학에서 그와 흡사한 학과에 자리를 잡았다.[45] 《미네르바》가 1962년에 창간되었고, 에든버러대학의 학제적 단위인 과학학과가 1964년에 생겨났다. 펜실베이니아대학에는 과학사·과학사회학과가 설립되었다.(1971) 이전 시기의 논의들과의 연속성은 확연하게 눈에 띄었다. 폴라니가 제기했던 관심사와 원자과학자 운동이 제기했던 우려들이 《미네르바》를 이끌었다. 버널 진영의 역사가였던 게리 워스키는 에든버러대학에 자리를 잡았는데, 에든버러의 프로그램은 부분적으로 과학이 실제로 어떻게 작동하는가를 설명하려는 관심에서 동기유발이 이뤄진 것이었다. 이는 코넌트의 관심과 유사한 프로젝트였지만, 이번에는 과학의 사회적 관계 운동의 후계자인 과학의 사회적 책임 운동에서 경험을 쌓은 학자들이 이를 주도했다.(MacKenzie, 2003)

그래서 "과학학"을 만들어냈던 발전을 위한 제도적 무대는 마련되었다. 아이러니한 것은 1950년대에 일어난 학문 분야 간의 분리가 과학학의 부상을 위한 중요한 지적 조건 중 하나였다는 사실이다. 이제 이는 논쟁을 위한 기회가 되었다. 과학철학자들이 제공한 합리적 재구성과 포퍼주의적인 반증 모델은 과학사회학자들에게 비판의 표적이 되었고, 뒤이어 나타난 대립적 관계(Zammito, 2004)는 학제적 분야로서 과학학의 부활을 위한 원동력을 제공했다. 권위 있는 기법으로서의 과학과 삶의 형태로서의 과학 사이의 갈등은 새로운 형태를 띠게 되었다. 처음에는 과학철학과 과학사회학 사이의 갈등이라는 학문 분야 측면에서 정의되었지만, 결국에는 베이컨 자신도 인정했을 과학과 전문가의 권위를 둘러싼 논란이라는 정치적 측면에서 재정의되었던 것이다.

---

45) 1964년에 M. 테일러 파인 과학철학 및 과학사 교수가 되었다.

참고문헌

Acton, H. B. (1951) "Comte's Positivism and the Science of Society," *Philosophy: Journal of the Royal Institute of Philosophy* 26(99): 291–310.

Ayer, A. J. ([1936]1952) *Language, Truth, and Logic* (New York: Dover Publications).

Bachelard, Gaston (1984) *The New Scientific Spirit*, trans. Arthur Goldhammer (Boston: Beacon Press).

Bacon, Francis ([1627]1860–62) "The New Atlantis," in J. Spedding, R. Ellis, & D. Heath (eds), *The Works of Francis Bacon*, vol. 5 (Boston: Houghton, Mifflin): 347–413.

Barber, Bernard (1952) *Science and the Social Order* (Glencoe, IL: The Free Press).

Barber, Bernard (1990) *Social Studies of Science* (New Brunswick, NJ: Transaction Publishers).

Barber, Bernard & Robert Merton (1952) "Brief Bibliography for the Sociology of Science," *Proceedings of the American Academy of Arts and Sciences* 80(2): 140–154.

Becker, Carl (1932) *The Heavenly City of Eighteenth-Century Philosophers* (New Haven, CT: Yale University Press).

Ben-David, Joseph (1971) *The Scientist's Role in Society: A Comparative Study* (Englewood Cliffs, NJ: Prentice Hall).

Bernal, J. D. (1939a) *The Social Function of Science* (New York: Macmillan).

Bernal, J. D. (1939b) "Science in a Changing World," Review of Hyman Levy (1939) *Modern Science: A Study of Physical Science in the World To-Day* (London: Hamish Hamilton, Ltd.), *Nature* 144: 3–4.

Blackmore, John T. (1972) *Ernst Mach: His Work, Life, and Influence* (Berkeley: University of California Press).

Boas, Franz (1938) *Manifesto on Freedom of Science* (The Committee of the American Academy for the Advancement of Science).

Buckle, Henry T. ([1857]1924) *History of Civilization in England*, 2nd ed., vol. I (New York: D. Appleton & Company).

Bukharin, Nikolai I. ([1925]1965) *Historical Materialism: A System of Sociology*, authorized translation from the 3rd Russian ed. (New York: Russell & Russell).

Burroughs, E. A., Bishop of Ripon (1927) "Is Scientific Advance Impeding Human Welfare?" *Literary Digest* 95: 32.

Burtt, Edwin A. (1927) *The Metaphysical Foundations of Modern Physical Science: A Historical and Critical Essay* (London: K. Paul, Trench, Trubner & Co., Ltd.).

Canguilhem, Georges (1978) *The Normal and the Pathological*, trans. Carolyn R. Fawcett (New York: Zone Books).

Coke, Edward (2003) *The Selected Writings and Speeches of Sir Edward Coke* (Indianapolis, IN: Liberty Fund).

Cole, Jonathan R. & Stephen Cole (1973) *Social Stratification in Science* (Chicago: University of Chicago Press).

Cole, Jonathan R. & Harriet Zuckerman (1975) "The Emergence of a Scientific Speciality: The Self-Exemplifying Case of the Sociology of Science," in Lewis A. Coser (ed), *The Idea of Social Structure: Papers in Honor of Robert K. Merton* (New York: Harcourt, Brace, Jovanovich): 139–174.

Columbia Encyclopedia (2001–2004) "Institut de France," The Columbia Encyclopedia, 6th ed. (New York: Columbia University Press).

Comte, Auguste ([1830–42]1864) *Cours de philosophie positive,* 2nd ed. (Paris: J. B. Baillière).

Comte, Auguste ([1830–42]1858) *The Positive Philosophy of Auguste Comte*, trans. Harriet Martineau (New York: Calvin Blanchard).

Comte, Auguste ([1851–54]1957) *Système de politique positive* (Paris: L. Mathias).

Conant, James B. (1940) "Education in a Classless Society," Charter Day Address, University of California, Berkeley, in *Atlantic Monthly* 165 (May): 593–602.

Conant, James B. (1947) *On Understanding Science: An Historical Approach* (New Haven, CT: Yale University Press).

Conant, James B. (ed) (1957) *Harvard Case Histories in Experimental Science* (Cambridge, MA: Harvard University Press).

Conant, James B. (1967) "Scientific Principles and Moral Conduct: The Arthur Stanley Eddington Memorial Lecture for 1966," *American Scientist* 55(3): 311–328.

Condorcet, Marie Jean Antoine Nicolas Cariat, marquis de ([1793]1976) "Fragment on the New Atlantis, or Combined Efforts of the Human Species for the Advancement of Science," in Keith M. Baker (ed), *Condorcet: Selected Writings* (Indianapolis, IN: Bobbs-Merrill): 283–300.

Condorcet, Marie Jean Antoine Nicolas Cariat, marquis de ([1795]1955) *Sketch for a Historical Picture of the Progress of the Human Mind: Being a Posthumous Work of the late M. de Condorcet*, trans. June Barraclough (London: Weidenfeld and Nicolson).

Cowling, Maurice (1963) *Mill and Liberalism* (Cambridge: Cambridge University Press).

Crane, Diana (1972) *Invisible Colleges: Diffusion of Knowledge in Scientific Communities* (Chicago: University of Chicago Press).

Crowther, J. G. (1931) *An Outline of the Universe* (London: K. Paul, Trench, Trubner & Co.).

Crowther, J. G. (1932) *The ABC of Chemistry* (London: K. Paul, Trench, Trubner & Co.).

Delegates of the U.S.S.R. (1931) *Science at the Crossroads: Papers Presented at the International Congress on Science and Technology* (London: Bush House, Kniga Ltd.).

Dewey, John (1922) *Human Nature and Conduct: An Introduction to Social Psychology* (New York: Holt).

Dewey, John ([1937]1946) *The Problems of Men* (New York: Philosophical Library).

Filner, Robert (1976) "The Roots of Political Activism in British Science," *Bulletin of the Atomic Scientists* (January): 25–29.

Fischer, Kuno (1857) *Francis Bacon of Verulam: Realistic Philosophy and Its Age*, trans. John Oxenford (London: Longman, Brown, Green, Longmans, & Roberts).

Fleck, Ludwik ([1935]1979) *Genesis and Development of a Scientific Fact* (Chicago: University of Chicago Press).Friedman, Michael (1999) *Reconsidering Logical Positivism* (Cambridge: Cambridge University Press).

Friedman, Michael (2000) *A Parting of the Ways: Carnap, Cassirer, and Heidegger* (Chicago: Open Court).

Friedman, Michael (2001) *Dynamics of Reason* (Stanford, CA: CSLI Publications).

Fuller, Steve (2000) *Thomas Kuhn: A Philosophical History for Our Times* (Chicago: University of Chicago Press).

Gillispie, Charles Coulston (2004) *Science and Polity in France: The Revolutionary and Napoleonic Years* (Princeton, NJ: Princeton University Press).

Graham, Loren (1985) "The Socio-Political Roots of Boris Hessen: Soviet Marxism and the History of Science," *Social Studies of Science* 15: 705–722.

Hahn, Roger (1971) *The Anatomy of a Scientific Institution: The Paris Academy of Sciences, 1666–1803* (Berkeley: University of California Press).

Haldane, J. B. S. ([1933]1971) *Science and Human Life* (Freeport, NY: Books for Libraries Press).

Haldane, J. B. S. ([1940]1975) *Science and Everyday Life* (New York: Arno Press).

Hall, Daniel (Ed) (1935) *The Frustration of Science* (Freeport, NY: Books for Libraries Press).

Hanson, N. R. (1958) *Patterns of Discovery: An Inquiry into the Conceptual Foundations of Science* (Cambridge: Cambridge University Press).

Hanson, N. R. (1970) "A Picture Theory of Theory Meaning," in Michael Radner & Stephen Winokur (eds) *Analyses of Theories and Methods of Physics and Psychology*, Minnesota Studies in the Philosophy of Science, vol. IV (Minneapolis: University of Minnesota Press): 131–141.

Hayek, F. A. (1944) *The Road to Serfdom* (Chicago: University of Chicago Press).

Henderson, Lawrence J. ([1941–42]1970) "Sociology 23 Lectures, 1941–42," in Bernard Barber (ed) *L. J. Henderson on the Social System* (Chicago: University of Chicago Press): 57–148.

Hessen, Boris (1931) "Social and Economic Roots of Newton's 'Principia'," in *Science at the Crossroads* (London: Bush House, Kniga Ltd.): 151–212.

Hogben, Lancelot (1957) *Statistical Theory: The Relationship of Probability, Credibility, and Error; an Examination of the Contemporary Crisis in Statistical Theory from a Behaviourist Viewpoint* (London: Allen & Unwin).

Hogben, Lancelot ([1937]1940) *Mathematics for the Million*, rev. and enl. ed. (New York: W. W. Norton).

Hogben, Lancelot (1938) *Science for the Citizen: A Self-Educator Based on The Social Background of Scientific Discovery* (London: George Allen & Unwin).

Hollinger, David (1996) *Science, Jews, and Secular Culture: Studies in Mid-Twentieth-Century American Intellectual History* (Princeton, NJ: Princeton University Press).

Horkheimer, Max ([1947]1974) *Eclipse of Reason* (New York: The Seabury Press).

Howard, Don (1990) "Einstein and Duhem," *Synthese* 83: 363–384.

Howard, Don (2000) "Two Left Turns Make a Right: On the Curious Political Career of North American Philosophy of Science at Midcentury," in Gary Hardcastle

& Alan Richardson (eds), *Logical Empiricism in North America* (Mineapolis: University of Minnesota Press): 25 – 93.

Huxley, Julian (1932) *A Scientist among the Soviets* (New York: Harper & Brothers).

Huxley, Julian (1935) *Science and Social Needs* (New York: Harper & Brothers).

Jacobs, Struan (2002) "Polanyi's Presagement of the Incommensurability Concept," *Studies in History and Philosophy of Science,* part A (33): 105 – 120.

Jacobs, Struan (2003) "Misunderstanding John Stuart Mill on Science: Paul Feyerabend's Bad Influence," *Social Science Journal* 40: 201 – 212.

Jarvie, I. C. (2001) "Science in a Democratic Republic," *Philosophy of Science* 68(4): 545 – 564.

Jordan, John M. (1994) *Machine-Age Ideology: Social Engineering and American Liberalism* (Chapel Hill: University of North Carolina Press).

Klausner, Samuel Z. & Victor M. Lidz (eds) (1986) *The Nationalization of the Social Sciences* (Philadelphia: University of Pennsylvania Press).

Koestler, Arthur (1941) *Darkness at Noon* (New York: Macmillan).

Koyré, Alexandre (1957) *From the Closed World to the Infinite Universe* (Baltimore, MD: Johns Hopkins Press).

Kroeber, A. L. (1917) "The Superorganic," *American Anthropologist* 19(2): 163 – 214.

Kuhn, Thomas (1957) *The Copernican Revolution: Planetary Astronomy in the Development of Western Thought* (Cambridge, MA: Harvard University Press).

Kuhn, Thomas ([1962]1996) *The Structure of Scientific Revolutions,* 3rd ed. (Chicago: University of Chicago Press).

Kuhn, Thomas (2000) *The Road Since Structure: Philosophical Essays, 1970 – 1993, with an autobiographical interview* (Chicago: University of Chicago Press).

Kuznick, Peter (1987) *Beyond the Laboratory: Scientists as Political Activists in 1930s America* (Chicago: University of Chicago Press).

Lassman, Peter & Irving Velody (eds) (1989) *Max Weber's "Science as a Vocation"* (London: Unwin Hyman).

Lenin, V. I. ([1918]1961) "The State and Revolution," in Arthur P. Mendel (ed), *Essential Works of Marxism* (New York: Bantam Books): 103 – 198.

Levy, Hyman (1933) *The Universe of Science* (New York: The Century Co).

Levy, Hyman (1938) *A Philosophy for a Modern Man* (New York: Knopf).

Levy, Hyman (1939) *Modern Science: A Study of Physical Science in the World Today*

(New York: Knopf).

Lowenstein, Aharon. "German Speaking Jews in Sciences in Modern Times." Unpublished manuscript.

Lynch, William T. (2001) *Solomon's Child: Method in the Early Royal Society of London* (Stanford, CA: Stanford University Press).

MacKenzie, Donald (2003) "Tribute to David Edge," in Donald MacKenzie, Barry Barnes, Sheila Jasanoff, & Michael Lynch, *Life's Work, Love's Work. Four Tributes to David Edge (1932 – 2003), EASST Review* 22(1/2) (The European Association for the Study of Science and Technology) Available at:http://www.easst.net/review/march2003/edge.

Mannheim, Karl ([1929]1936) *Ideology and Utopia: An Introduction to the Sociology of Knowledge*, trans. L. Wirth & E. Shils (New York: Harcourt, Brace & World).

Manuel, Frank E. (1960) "The Role of the Scientist in Saint-Simon," *Revue internationale de Philosophie* 53 – 54(3 – 4): 344 – 356.

Manuel, Frank E. ([1962]1965) *The Prophets of Paris* (New York: Harper & Row).

Manuel, Frank E. (Ed) (1966) "Toward a Psychological History of Utopias," in *Utopias and Utopian Thought* (Boston: Houghton Mifflin): 69 – 100.

Manuel, Frank E. (1976) "In Memoriam: Critique of the Gotha Program, 1875 – 1975," *Daedalus*, Winter: 59 – 77.

Manuel, Frank E. (1995) *A Requiem for Karl Marx* (Cambridge, MA: Harvard University Press).

McCumber, John (2001) *Time in the Ditch: American Philosophy and the McCarthy Era* (Evanston, IL: Northwestern University Press).

McGucken, William (1984) *Scientists, Society, and the State: The Social Relations of Science Movement in Great Britain, 1931 – 1947* (Columbus: Ohio State University Press).

Medvedev, Roy & Zhores Medvedev (2004) *The Unknown Stalin: His Life, Death, and Legacy*, trans. Ellen Dahrendorf (Woodstock, NY: The Overlook Press).

Merton, Robert K. (1936) "Civilization and Culture," *Sociology and Social Research*, Nov/Dec: 103 – 113.

Merton, Robert (1938[1973]) "Science and the Social Order," in *The Sociology of Science: Theoretical and Empirical Investigations* (Chicago: University of Chicago Press): 254 – 266.

Merton, Robert (1942) "A Note on Science and Democracy," *Journal of Legal and Political Sociology* 1: 115-126.

Merton, Robert (1957) "In Memory of Bernard Stern," *Science and Society* 21(1): 7-9.

Merton, Robert ([1963a]1973) "Multiple Discoveries as Strategic Research Site," in *The Sociology of Science: Theoretical and Empirical Investigations* (Chicago: University of Chicago Press): 371-382.

Merton, Robert ([1963b]1976) "Sociological Ambivalence" [with Elinor Barber], in *Sociological Ambivalence and Other Essays* (New York: The Free Press): 3-31.

Mill, John Stuart ([1859]1978) *On Liberty*, Elizabeth Rapaport (ed) (Indianapolis, IN: Hackett Publishing Co.).

Mill, John S. ([1865]1969) *August Comte and Positivism*, Vol. X: *Collected Works* (Toronto: University of Toronto Press).

Mill, John Stuart (1974) *A System of Logic Ratiocinative and Inductive: being a connected view of the principles of evidence and the methods of scientific investigation*, book VI, J. M. Robson (ed) (Toronto: University of Toronto Press).

Morgenthau, Hans (1946) *Scientific Man vs. Power Politics* (Chicago: University of Chicago Press).

Morgenthau, Hans (1972) *Science: Servant or Master?* (New York: New American Library).

National Resources Committee (1937) *Technological Trends and National Policy: Including the Social Implications of New Inventions*, Report of the Subcommittee on Technology (Washington, DC: United States House of Representatives).

Ogburn, William F. (1912) *Progress and Uniformity in Child-Labor Legislation: A Study in Statistical Measurement* (Columbia University, Ph.D. diss.).

Ogburn, William F. ([1922]1966) *Social Change with Respect to Culture and Original Nature* (New York: Dell).

Ogburn, William F. (1946) *The Social Effects of Aviation* (Boston: Houghton Mifflin).

Ogburn, William F. & Dorothy Thomas (1922) "Are Inventions Inevitable? A Note on Social Evolution," *Political Science Quarterly* 37(1): 83-98.

O'Neill, John (1995) "In Partial Praise of a Positivist: The Work of Otto Neurath," *Radical Philosophy* 74: 29-38.

Parsons, Talcott (1947) "Some Aspects of the Relation between Social Science and Ethics," *Social Science* 22(3): 213-217.

Parsons, Talcott (1986) "Social Science: A Basic National Resource," in Samuel Klausner and Victor Lidz (eds), *The Nationalization of the Social Sciences* (Philadelphia: University of Pennsylvania Press): 41–120.

Pearson, Karl ([1892]1937) *The Grammar of Science* (London: J. M. Dent & Sons Ltd.).

Pearson, Karl (1888) *The Ethic of Freethought* (London: T. Fisher Unwin).

Pearson, Karl ([1901]1905) *National Life from a Standpoint of Science: An Address Delivered at Newcastle, November 19, 1900*, 2nd ed. (London: Adam and Charles Black).

Pearson, Karl (1919) *The Function of Science in the Modern State*, 2nd ed. (Cambridge: Cambridge University Press).

Peirce, C. S. (1901) "Pearson's *Grammar of Science*: Annotations on the First Three Chapters," *Popular Science Monthly* 58 (January): 296–306.

Peltonen, Markku (1996) "Bacon's Political Philosophy," in Markku Peltonen (ed), *The Cambridge Companion to Bacon* (Cambridge: Cambridge University Press): 283–310.

Polanyi, Michael (1939) "Rights and Duties of Science," *Manchester School of Economic and Social Studies* 10(2): 175–193.

Polanyi, Michael (1941–43) "The Autonomy of Science," *Memoirs and Proceedings of the Manchester Literary & Philosophical Society* 85(2): 19–38.

Polanyi, Michael (1943–45) "Science, the Universities, and the Modern Crisis," *Memoirs and Proceedings of the Manchester Literary & Philosophical Society* 86(6): 109–163.

Polanyi, Michael (1946) *Science, Faith, and Society* (Chicago: University of Chicago Press).

Polanyi, Michael ([1951]1980) *Logic of Liberty: Reflections and Rejoinders* (Chicago: University of Chicago Press).

Polanyi, Michael (1958) *Personal Knowledge: Towards a Post-Critical Philosophy* (Chicago: University of Chicago Press).

Popper, Karl ([1945]1962) *The Open Society and Its Enemies*, vol. 2 (New York: Harper & Row).

Porter, Theodore M. (2004) *Karl Pearson: The Scientific Life in a Statistical Age* (Princeton, NJ: Princeton University Press).

Price, Derek (1963) *Little Science, Big Science* (New York: Columbia University Press).

Ranulf, Svend (1939) "Scholarly Forerunners of Fascism," *Ethics* 50(1): 16 – 34.

Rée, Jonathan (1993) "English Philosophy in the Fifties," *Radical Philosophy* 65 (Autumn): 3 – 21.

Reichenbach, Hans (1951) *The Rise of Scientific Philosophy* (Berkeley: University of California Press).

Richardson, Alan (2003) "Tolerance, Internationalism, and Scientific Community in Philosophy: Political Themes in Philosophy of Science, Past and Present," in Michael Heidelberger & Friedrich Stadler (eds) *Wissenschaftsphilosophie und politik; Philosophy of Science and Politics* (Vienna: Springer-Verlag): 65 – 90.

Saunders, Frances S. (1999) *Who Paid the Piper? The CIA and the Cultural Cold War* (London: Granta Books).

Shapere, Dudley (1974) "Scientific Theories and Their Domains," in Frederick Suppe (ed), *The Structure of Scientific Theories* (Urbana, IL: University of Illinois Press): 518 – 565.

Shapin, Steven (1994) *A Social History of Truth: Civility and Science in Seventeenth-Century England* (Chicago: University of Chicago Press).

Shils, Edward (1956) *The Torment of Secrecy: The Background and Consequences of American Security Policies* (Glencoe, IL: The Free Press).

Shils, Edward (1972) *The Intellectuals and the Powers and Other Essays* (Chicago: University of Chicago Press).

Shils, Edward (1995) "Karl Mannheim," *American Scholar* (Spring): 221 – 235.

Sorokin, Pitirim A. ([1937]1962) *Social and Cultural Dynamics* (New York: Bedminster Press).

Sprat, Thomas (1667]1958) *History of the Royal Society* (St. Louis, MO: Washington University Press).

Stamp, Josiah ([1936]1937) "The Impact of Science on Society," in *The Science of Social Adjustment* (London: Macmillan & Company Ltd): 1 – 104.

Stark, Johannis (1938) "The Pragmatic and the Dogmatic Spirit in Physics," *Nature* 141(April 30): 770 – 771.

Steele, David R. (1981) "Posing the Problem: The Impossibility of Economic Calculation under Socialism," *Journal of Libertarian Studies* V(1): 7 – 22.

Ten, Chin-Liew (1980) *Mill on Liberty* (Oxford: Claredon Press).

Turner, Stephen (2007) "Merton's 'Norms' in Political and Intellectual Context," *Journal of Classical Sociology*. 7(2): 161–178.

Veblen, Thorstein ([1921]1963) *The Engineers and the Price System* (New York: Harcourt, Brace, & World).

Weber, Max ([1904]1949) "'Objectivity' in Social Science and Social Policy," in Edward Shils & Henry Finch (trans. & eds) *The Methodology of the Social Sciences* (New York: The Free Press): 49–112.

Weber, Max ([1904–5]1958) *The Protestant Ethic and the Spirit of Capitalism*, trans. Talcott Parsons (New York: Scribner's).

Weber, Max ([1909]1973) "'Energetische' Kulturtheorie," in *Gesammelte Aufsätze zur Wissenschaftslehre von Max Weber* (Tübingen: J.C.B. Mohr [Paul Siebeck]): 400–426.

Weber, Max ([1919]1946a) "Politics as a Vocation," in H. H. Gerth & C. W. Mills (trans. & eds) *From Max Weber: Essays in Sociology* (New York: Oxford University Press): 77–128.

Weber, Max ([1919]1946b) "Science as a Vocation," in H. H. Gerth & C. W. Mills (trans. & eds) *From Max Weber: Essays in Sociology* (New York: Oxford University Press): 129–156.

Weber, Max ([1920]1958) "Author's Introduction," in *The Protestant Ethic and the Spirit of Capitalism*, trans. Talcott Parsons (New York: Scribner's): 13–31.

Weber, Max (1946) *From Max Weber: Essays in Sociology*, H. H. Gerth & C. W. Mills (trans. & eds) (New York: Oxford University Press).

Werskey, Gary (1978) *The Visible College: The Collective Biography of British Scientific Socialists of the 1930s* (New York: Holt, Rinehart and Winston).

Whewell, William (1857) *History of the Inductive Sciences From the Earliest to the Present Time* (London: John W. Parker and Son).

Whewell, William (1984) *Selected Writings on the History of Science*, Yehuda Elkana (ed) (Chicago: The University of Chicago Press).

Whitehead, Alfred North ([1925]1967) *Science and the Modern World* (New York: The Free Press).

Whitehead, Alfred North ([1929]1978) *Process and Reality: An Essay in Cosmology*, corrected edition, David Ray Griffin & Donald W. Sherburne (eds) (New York: The Free Press).

Wittgenstein, Ludwig ([1953]1958) *The Philosophical Investigations*, trans. G. E. M. Anscombe (New York: Prentice Hall).

Zammito, John H. (2004) *A Nice Derangement of Epistemes: Post-Positivism in the Study of Science from Quine to Latour* (Chicago: University of Chicago Press).

3.
과학기술학에서의 정치 이론

찰스 소프

　도덕철학자 앨리스테어 매킨타이어는 1970년대 후반에 쓴 논문에서, 현대의 과학철학을 사로잡고 있는 문제들은 윤리학과 정치사상의 고전적 논쟁들을 단순히 반복하고 있을 뿐이라고 주장했다. 그래서 우리는 "쿤은 키르케고르의 환생이고, 파이어아벤트는 에머슨의 부활이며—두말할 것도 없이 … [마이클] 폴라니는 버크의 변형태"임을 발견한다.(MacIntyre, 1978: 23) 정치 이론의 문제들은 과학철학, 과학사, 과학사회학 분야가 20세기 내내 발전하는 동안 중요한 역할을 해왔지만, 이는 종종 암호화되고 암시적인 형태를 띠었다. 오늘날 학제적인 과학기술학(STS) 분야는 점차 명시적으로 정치적인 문제들에 관여하고 있다. 근대국가에서 통치성과 책무의 본질, 민주적 의사결정 권리와 참여 대 대표의 문제, 공공영역과 시민사회의 구조 등이 그런 문제들이다. 이처럼 STS 내에서 나타나고 있는 정치의 이론화는 과학의 정체(政體)와 좀 더 폭넓은 정체의 구조 모두가 세계화의 맥락 속에서 재형성되고 있는 오늘날 특별한 관련성과 긴급성을 갖는다.

STS의 정치적 관심사는 자유주의의 정식화와 비판을 중심으로 표출돼왔다. 개인주의, 도구주의, 세계개선론(meliorism), 보편주의, 책무 및 정당성의 개념들 같은 자유주의적 가치들은 과학적 합리성, 경험주의, 과학기술 진보에 대한 이해와 밀접한 연관을 맺어왔다. 과학철학, 과학사, 과학사회학의 "위대한 전통"—예를 들어 과학철학의 비엔나학파와 카를 포퍼, 과학사의 조지 사턴, 과학사회학의 로버트 머턴이 대표하는—은 모두 서로 다른 방식으로 자유주의 정치의 이상과 가치들을 예시하고 지탱하는 과학에 대한 설명을 정식화하는 데 관여했다. "위대한 전통"의 보편주의적 야심에 도전한 것으로 간주되어온 폴라니와 쿤의 작업은 강한 공동체주의와 보수주의의 색채를 띠었다. 나는 우리가 STS의 발전을 자유주의적 가정들에 대한 비판이라는 측면에서 읽을 수 있다고 주장하고자 한다. 이러한 비판들은 공동체주의와 보수주의 철학, 마르크스주의와 비판이론, 페미니즘과 다문화주의 등 대단히 다양한 시각에서 제기되었다. 여기에 더해 우리는 최근 STS를 사로잡고 있는 과학에서의 대중참여와 관여의 문제를, 능동적 시민권에 대한 참여민주주의와 공화주의의 이상으로의 전환을 시사하는 것으로 볼 수 있다.

신자유주의 경제체제와 세계화가 정치담론의 조건과 범위를 제약하고 있고 제약된 정치적 가능성의 감각을 제공하고 있는 시점에, 이 분야에서 참여에 대한 관심의 고조가 생동하게 된 것은 우연이 아니다. 이와 동시에, 반대 방향에서 작업하고 있는 새로운 사회운동은 신선한 정치적 투쟁의 장에 대한 계획을 세우고 기술화된 영역들(위험, 유전자변형생물체[GMOs] 같은 첨단기술)을 재정치화하고 있으며, 새로운 형태의 민주적 동원을 위한 모델을 제시하는 것으로 보일 수도 있다. 과학의 정치를 재고하는 것은 세계화가 민주주의에 던져주는 함의를 이해하는 데 있어 중심을 이룬다.

STS 논쟁과 정치사상 사이의 연계를 추적함에 있어, 나는 STS가 어떤 종류의 과학의 정체(Fuller, 2000a; Kitcher, 2001; Turner, 2003a), "기술적 헌법"(Winner, 1986), 혹은 "사물의 의회"(Feenberg, 1991)가 민주주의적 이상에 의해 정당화되는가 하는 물음을 던지고 논쟁하는 장이라는 주장을 제기하려 한다. STS는 우리가 어떤 가치와 목표를 우리의 과학기술 헌법에 기입하기를 원하는지에 관한 질문을 분명하게 하는 데 핵심적인 역할을 할 수 있다. 정치 이론**으로서의** STS는 일단의 지적 자원과 모델을 제공하며, 그것을 기반으로 삼아 과학기술을 바라보는 서로 경쟁하는 규범적·정치적 전망이 명확해지고 분석되고 비판될 수 있다.

과학기술과 자유민주주의 질서

과학지식사회학(SSK)에서 정치 이론의 문제를 전면에 부각시킨 것은 스티븐 섀핀과 사이먼 섀퍼의 책『리바이어던과 진공펌프』(1985)였다. 섀핀과 섀퍼는 보일의 실험적 방법에 대한 홉스의 비판을 되살려냄으로써 홉스와 보일 모두를 정치 이론가로 보는 대칭적 독해를 제공했다. 그들은 홉스의 인식론과 자연철학을 재발견했고 보일의 실험 프로그램에 내재한 정치철학을 부각시켰다. 이는 "과학의 정체"의 구성을 둘러싼 논쟁이었고, 그 정체의 산물이 "국가 내에서 정치 활동의 한 요소"로 작동하는 방식에 관한 논쟁이기도 했다.(Shapin & Schaffer, 1985: 332)

섀핀과 섀퍼가 지적한 역설은 보일이 확립한 과학의 정체가 그것의 정치적 성격을 부인하는 정체였고 그러한 역설이 과학의 성공을 밑받침했다는 것이었다. 보일은 실험장치가 지식의 구성과 권력의 구성을 분리시켰다고 주장했다. 실험은 인간의 권위보다 자연의 투명한 증언에 기반을 둔 인지적 동의를 가능케 했다.(Shapin & Schaffer, 1985: 특히 339쪽) 보일이 확립한 과학의 정체와 이 시기에 등장한 자유주의의 정치적 이상—"지배가 헌법적으로 제약된" 질서정연한 "자유행동"에 기반한 공동체의 이상—사이에는 강한 동형성(isomorphism)이 존재한다.(Shapin & Schaffer, 1985: 특히 339; 아울러 343쪽도 보라.) 특히 자유주의는 그것의 정치적 이상과 이상화된 과학의 정체 사이의 관계를 주장함으로써 정당성을 끌어오는 경향을 보여왔다. 자유로운 사회가 "과학의 자연스러운 환경"이라는 관념은 20세기에 들어와서도 자유민주주의 정치를 뒷받침하는 핵심적인 정당화였다.(Shapin & Schaffer, 1985: 343)

과학의 정체는 자신의 정치적 성격을 감추는 데 능했다. 마찬가지로 근대 자유주의 국가의 핵심적인 성취 중 하나는 그 자신을 서로 경쟁하는 이해집단들에 대해 중립적인 모습으로 제시한 것이었다. 보일의 실험적 실천에 체현된 사회기술적 규범들은 이러한 정치적 중립성의 이미지를 달성할 수 있는 기반을 제공했다고 할 수 있다. 야론 에즈라히(Ezrahi, 1990)는 섀핀과 섀퍼의 연구에 근거해 서구에서 과학과 자유민주주의 정치문화 사이의 오랜 관계에 대한 정치 이론을 제시했다. 과학은 자유민주주의 정치질서에 내재한 핵심 문제들에 대한 해법을 제공했다. 정해진 공무 내지 행정활동을 어떻게 탈정치화할 것인지, 공무상 활동을 어떻게 공익에 부합하는 것으로 제시할 것인지, 공공활동을 어떻게 책임 있는 것으로 만들 것인지, 개인의 자유와 사회질서를 어떻게 화해시킬 것인지 등이 그런 문제들이다. 에즈라히는 이러한 문제들을 해결하는 데 있어 자유주의적 정체는 도구주의, 비인격성 내지 몰개인화, 질서정연하고 자유로운 행위능력, 투명성과 같은 과학의 정체의 규범에 의지한다고 주장했다. 국가의 활동을 문제에 대한 단순한 기술적 해법으로 제시함으로써 그런 활동을 객관적이고, 경험적 사실에 근거하며, 따라서 정부관리의 주관적 욕망 내지 편견으로부터 분리된 것으로 제시하는 것이 가능해졌다. 다시 말해 과학은 자유민주주의의 법률적-합리적 권위에 모델을 제공했다고 할 수 있다. 에즈라히는 자유주의가 실험과학의 "시각적 문화"를 본떠 정치적 책무성의 모델을 만들었다고 주장했다. 실험과학은 "공적 사실의 세계에서 사례들을 보여주고 관찰함으로써 증언하고, 기록하고, 해명하고, 분석하고, 확인하고, 반증하고, 설명하고, 예시하는 것"을 목표로 했다.(Ezrahi, 1990: 74) 증인이 되는 대중의 시선은 정치인과 관리들이 공적 권위의 가면을 쓰고 사적 이해관계나 숨겨진 의제를 추구하는 것을 방지한다. 이런 식으로 과학은 "근대 자유민주주의 국가에서 잠재된 정치적 기능"을 담당한다.(Ezrahi, 1990: 96)

자유주의는 정치질서를 기술화하는 경향을 갖는다. 정치학자 윌슨 커리 맥윌리엄스는 미국을 "기술 공화국"이라고 불렀다.(McWilliams, 1993) 에즈라히는 미국을 과학과 근대 자유주의 사이의 상호관계를 보여주는 이념형 모델로 지목했다.(Ezrahi, 1990: 105-108, 128-166) 미국인들은 행정부 활동의 도구성과 비인격성을 다른 그 어느 나라보다도 강하게 주장해왔다. 정치적 수준에서는 가령 대통령제와 같은 카리스마적인 권위가 작동하고 있는데도 말이다.(Porter, 1995: 특히 148-189; Jasanoff, 2003a: 227-228) 실제로 헌법에 규정된 권력분립은 만들어진 평형을 제공하는 견제와 균형을 갖춘 기계를 본떠 정체의 모델을 만들었다. 질서를 위한 모델로서 기계의 이미지는 미국의 정치문화에서 핵심 모티프였다. 그러나 정체의 기술화는 덕성을 갖춘 시민의 참여라는 제퍼슨주의적 공화주의 이상과 갈등을 빚어왔다. 오늘날의 미국은 기술적 합리성과 도구주의가 민주주의 정치를 압도함에 따라 탈정치화와 탈참여에 직면해 있다.(McWilliams, 1993: 107-108) 자유주의가 과학기술을 끌어안은 결과는 종종 도덕적 환멸로 귀결되었다. 과학기술이 자유주의의 인본주의적 가치결부를 밀어내고 실질적 가치가 되어버렸다는 감각이 그것이다. 에즈라히는 기계가 어떻게 균형과 평형의 모델에서 "과도함의 상징"으로 변모했는지를 추적한다. 기계가 인간성을 말살하는 관료제와 환경의 질 하락과 연관되면서 빚어진 결과였다. 기술적 합리성이 인간적 가치를 침식하는 것으로 경험되면서 과학은 정치적 정당성의 원천으로서 가졌던 유용성을 잃어버렸다.(Ezrahi, 1990: 242-243)

이처럼 정치의 과학적 모델이 외면당하게 된 것은 오늘날 과학기술학의 등장에 맥락을 제공한다. STS는 과학을 자유주의 정치질서의 이상적 모델로 성문화하고 지지하는 것을 추구했던 과학철학, 과학사, 과학사회학 전통과의 관계 속에서 대체로 그것에 반대하며 구성된 담론이다. 하나의 기획으로서의 STS는 자유주의 모델을 밑받침하는 과학의 이미지(보편주의, 중립성, 비인격성 등)가 과연 유효한지에 대한 의문 제기에 의해 추동돼왔다. 자유주의 과학 모델의 인식론적·사회학적·역사적 토대에 대한 지적 공격이 지속되면서, STS 내에서는 이러한 비판이 갖는 정치적 함의와 함께 과학의 이미지에 대한 STS의 재구성은 어떤 종류의 정치 모델을 제시하고 있는지에 점차 관심의 초점이 맞춰지고 있다.

20세기의 과학 자유주의

자유민주주의 정치가 인지적으로 확고한 제일 원리에 근거를 둘 수 있다는 희망은 인지적·사회적 질서의 합리적 기반을 추구했던 계몽주의 프로젝트의 소산이었다. 그것의 가장 분명한 표현은 아마도 「독립선언문」에서 제퍼슨의 단언일 것이다. "우리는 이러한 진리들을 자명한 것으로 받아들인다 ….." 매킨타이어(MacIntyre, 1978)는 이러한 철학적 토대의 자명성이 붕괴하면서 생겨난 문제는 직업적 과학철학자들에게 문제가 되기 전에 정치사상에서 먼저 나타났다고 주장했다. 계몽사조기 이후 정치철학의 문제는 가치다원주의와 근본적인 세계관의 갈등에 직면해 정치적 평등, 정의, 존중, 권리의 세속적 기초를 어떻게 찾을 것인가에 있었다. 정치철학은 그것이 정당화하고자 하는 실천에 내재한 불가피한 인간다움과 초월적 기준들—그것이 신(신이 내린 권리, 영혼)이건, 대문자 이성(무조건 명령)이건 대문자 자연(자연법)이건 간에—에 대한 호소가 갖는 설득력의 감소에 오랫동안 직면해왔다.

20세기 들어 초월적 토대를 자유주의 원칙의 근거로 삼을 수 있는 가능성에 대해 회의적 태도가 나타나면서 자유주의를 경험과학과 결부시키려는 노력이 이어졌다. 예를 들어 존 듀이의 실용주의 철학에서 우리는 민주주의와 과학에 대한 초월적 토대의 탐색을 거부하는 태도를 볼 수 있다. 듀이가 보기에 과학과 민주주의는 모두 실천적 활동이며, 추상적 원리라기보다는 일단의 습관들이었다. 듀이는 이러한 습관들이 서로 뒤얽혀 있다고 보았다. 민주주의는 정체를 통한 과학적 방법과 습관의 확장 및 확산에 의존한다는 것이다.(Dewey [1916]1966: 81-99) 이는 전문가 시대에 민주주의의 내재적 한계를 주장한 월터 리프먼의 "현실주의" 논증과 전문가에 의한 기술관료적 행정이라는 그의 엘리트적 전망에 대한 듀이의 답변이기도 했다. 듀이는 대중언론과 교육을 통한 사회과학 지식의 확산이 전문성을 민주주의와 양립가능하게 만들어줄 것이라고 주장하며 리프먼의 기술관료적 전망을 부정했다.(Lippmann, [1922]1965; Dewey, [1927]1991;

Westbrook, 1991: 308-318)

합리성과 진보에 대한 계몽사조기의 확신과는 대조적으로, 20세기의 민주주의 이론은 앞으로 나아가면서 좀 더 주저하는 태도를 보였다. 역설적인 것은, 20세기에 민주주의와 과학의 동맹관계를 내세우는 강한 경향이 존재했음에도 불구하고(Jewett, 2003), 같은 시기에 전문가 지식이 변덕스러운 동맹군처럼 보이기 시작했다는 점이다. 그래서 과학을 민주주의의 기치와 연결시키려는 듀이의 시도는 전문가의 지식독점을 향한 반민주적이고 엘리트적인 경향을 인정하는 리프먼에 대해 거의 우위를 점하지 못했다. 20세기의 자유주의는 점차로 기술 전문가들에 의해 포섭되고 종속되어왔다.(Turner, 2003a: 129-143)

자유민주주의를 과학과 연결시키려는 시도는 1930년대와 1940년대에 대공황, 파시즘과 공산주의의 부상, 세계대전 돌입과 더불어 자유주의에 위기가 닥친 맥락에서 특히 두드러졌다. 이 기간 동안 우리는 세 가지 주요 이데올로기—자유주의, 파시즘, 공산주의—가 모두 서로 다른 방식으로 과학기술을 자기편으로 끌어들이려 애쓴 것을 볼 수 있다. 셋 모두는 기술적 거대주의에 믿음을 표시했고, 자신들의 이데올로기를 과학의 이름으로 정당화했다고 볼 수 있다. 20세기 중엽에 자유주의가 과학을 개인주의 및 민주적 대화와 융화시킨 것은 부분적으로 나치의 "인종과학"의 이데올로기적 함정과 소련의 과학적 사회주의 주장으로부터 과학을 뽑아내 해방시키려는 시도를 나타냈다. 그러나 그럼에도 불구하고 자유주의의 과학 이용은 그 자체로 이데올로기적이었다. 사회학자 시브 비스바나단은 자유주의 원칙들에 대해 명시적으로 과학적 근거를 찾아 나서는 방향으로 전환한 것은 이 시기에 자유주의가 포위당하는 지경에 처하고 다른 정당화의 방편들이 소진된 데 따른 것이라고 주장했다.(Visvanathan, 1988: 113; 아울러 Hollinger, 1996: 80-120, 155-174도 보라.)

카를 포퍼와 로버트 머턴은 STS 내에서 과학과 자유주의 관계의 고전적 정식화로 흔히 간주되는 것을 제공했다. 두 사람은 모두 이를 전체주의가 자유주의에 가하는 위협과의 명시적 대결로 그려냈다. 스티브 풀러는 최근 STS 내에서 종종 접할 수 있는, 과학의 현 상태에 대한 독단적 옹호자로서의 포퍼의 모습으로부터 민주적이고 비판적인 포퍼를 구해내려는 노력을 펼쳤다. 포퍼의 과학철학은 자유롭고 개방적인 정체라는 급진적 공화주의의 이상을 체현하고 있으며, 이는 근대과학의 폐쇄적이고 규율을 강제하는 공동체와는 두드러진 대조를 이룬다고 풀러는 주장했다.(Fuller, 2003)

자유주의적 이상에 대한 예시로서의 과학 관념에는 이것이 실행되고 있는 실제 과학을 의미하는 것인지, 아니면 과학이 그렇게 되어야 하는 모습을 의미하는 것인지에 대해 모호함이 남아 있다. 과학자들이 자신의 전문성을 나치의 인종주의 이데올로기나 죽음과 파괴의 기술에 제공했던 시기에는, 이상과 현실 사이의 이러한 간극을 회피하기가 어려웠다. 포퍼의 설명 역시 자유주의를 지탱하는 과학의 문화적 이미지에 대한 에즈라히의 묘사와 비교해보면 모호해 보인다. 한편으로 과학의 검증가능성, 비판에 열려 있는 과학담론의 이상적 개방성, 객관적 지식의 비인격성 같은 포퍼의 관념들은 에즈라히가 묘사하는 문화적 이미지와 긴밀하게 부합하는 것처럼 보인다. 그러나 자유민주주의의 실천에 기반과 정당화를 제공하는 과학의 능력에 대한 믿음의 붕괴를 그리는 에즈라히의 서술과 관련해, 포퍼를 중추적인 위치를 점하고 있는 인물로 볼 수도 있다. 미국혁명이 민주주의의 기반을 "자명한 진리"라고 단언한 데 반해, 포퍼는 20세기의 시각에서 과학을 그가 이데올로기적 확실성의 폭력으로 간주했던 것과 구분하려 애썼다. 존 스튜어트 밀이 주장한 자유롭고 개방적인 대화라는 자유주의의 원칙들은 확실성을 뒷받침하기보다는 오류를 드러내는 탐색에 의해 가장 잘 보장될 수 있다. 어떤 의미에서 포퍼의 과학적 방법 개념은 에즈라히가 "민주적 도구주의"라고 불렀던 것의 다른 판본이었다.(Ezrahi, 1990: 226) 그러나 포퍼의 오류가능주의(fallibilism)는 회의주의가 민주적 공공생활의 상식적 기반을 침식할 위험을 제기한다고 볼 수 있다. 에즈라히는 포퍼의 지식비판이 전체주의의 지적 토대를 공격할 뿐 아니라 "세계개선론에 입각한 민주주의 정치의 전제들도 침식한다."고 주장했다.(Ezrahi, 1990: 260)

『열린사회와 그 적들』(Popper, 1945) 같은 20세기 중엽의 자유주의 선언들은 과학의 가치와 자유민주주의의 가치를 연관 짓는 데서 단정적인 태도를 취했지만, 이는 전 지구적 맥락에서 자유주의가 치명적인 위협을 받고 있는 맥락 속에서 그러했다. 따라서 심지어 이러한 변호 속에서도 머뭇거리는 어조가 엿보이는 것은 그리 놀라운 일이 아니다. 이는 과학을 민주주의 문화의 중심으로 보는 머턴의 고전적인 사회학적 변호에서도 성립되는 얘기이다.(Merton [1942]1973) 머턴은 보편주의, 자유로운 지식 교환 등 자유주의의 가치들과 연결되는 과학의 규범들을 제시한 것으로 유명하다. 이는 다시 한 번 에즈라히가 "민주적 도구주의"라고 불렀던 것의 고전적 선언이다. 그러나 이와 동시에 머턴의 사회학적 접근은 민주주의 가치의 정식화에 긴장과 함께 아마도 의도하지 않은 머뭇거림을 도입하는 결과를 낳았다. 그의 분석에는 과학의 규범들이 사회적으로 얼마나 우연적인지, 또 그런 규범들은 과학지식이 지식으로서 갖는 어떤 근본적 특성으로부터 얼마나 도출되었는지에 관한 긴장이 존재한다. 머턴은 과학의 보편주의는 공동체 규범이며, 그런 의미에서 (역설적이게도) 국지적이고 우연적이라는 것에 가까운 주장을 펼친다. 그리고 "조직된 회의주의" 역시 "규범"의 지위를 갖는다면, 회의주의는 이러한 기본적 규범틀이 시작되는 곳에서 제약을 받는 것처럼 보인다. 공동체에 대한 사회화의 일부로 수용된 규범은 급진적 회의주의로부터 면제되어 있다는 것이다. 자유주의자들이 앞서 20세기 중엽에 과학을 정당화 은유로 사용한 것은 자유주의 정치 가치들을 보편적인—과학만큼이나 보편적인—것으로 제시하는 것을 목표로 삼은 반면, 우리는 자유주의와 과학 **모두가** 문화적으로 위치 지어진 실천이라는 감각을 갖기 시작했다. 과학과 자유주의 모두의 문화적 위치는 머턴이 프로테스탄트주의가 자본주의 근대성에 미친 영향에 관한 막스 베버의 이론을 과학에 적용하면서 추가로 제시되었다.[1]

머턴의 자유주의는 나치즘과 공산주의에 맞서 제기된, 포위당한 자유주의였지만, 역사가 데이비드 홀링거가 주장했듯이, 미국의 맥락에서는 세속적 문화와 세속적 대학에 대한 기독교인들의 공격에 의해 포위당해 있기도 했다.(Hollinger, 1996: 80-96, 155-174) 머턴의 주장은 과학과 민주주의가 서로 뒤섞인 문화적 가치이며, 둘의 조합은 특정한 종류의 사회적·정치적 공동체를 정의한다는 것이었다. 만약 당신이 스스로를 이런 종류의 공동체로 생각하고 싶다면, 당신은 이런 종류의 규범들을 지지할 필요가 있는 것이다. 여기에는 보편적 명령 같은 것은 없었다. 머턴에게서 우리는 과학에 대한 자유주의적 옹호가 눈에 띄게 공동체주의적 색채를 띠기 시작하는 것을 볼 수 있다.

정치 이론과 과학철학 및 과학사회학 양쪽 모두에서 자유주의적 접근과 공동체주의적 접근은 구조적으로 유사하면서도 관련성이 깊은 대조를 이룬다. 일반적으로 보아 자유주의자와 공동체주의자는 모두 **넓은 의미의** 자

---

1) 머턴에 대해서는 이 책의 스티븐 터너가 쓴 장도 보라.

유민주주의적 정치 가치들에 동의하면서 이를 지키려 애쓴다.(자유주의자는 개인의 권리와 선택을 높이 평가하고 공동체주의자는 집단적 도덕성을 강조한다는 본질적 차이가 있긴 하지만) 그러나 그들은 사회적·정치적·인식적 가치들을 어떻게 정당화할 수 있는가에 대해서는 근본적으로 의견을 달리한다. 어떤 메타-기준—만약 그런 것이 있다면—에 호소할 수 있는가의 문제가 그것이다. 공동체주의자에게 민주적 가치와 과학의 규범은 국지적·우연적·내재적인 것이며, 오직 그런 것으로서만 옹호될 수 있다.

공동체주의, 보수주의, 과학사회학

자유주의를 옹호하려면 자유주의와 근대주의 인식론 및 과학철학과의 유착관계를 포기해야 한다는 관점을 가장 강력하게 주장한 인물은 마이클 폴라니였다. 과학을 회의주의와 등치시킨 포퍼와 머턴에 정면으로 반기를 든 폴라니는 과학과 자유민주주의는 모두 신뢰와 권위에 의존한다고 주장했다. 폴라니는 성 아우구스티누스의 인용문이 여기저기 흩뿌려져 있는 자신의 저작을 통해 과학은 믿음에 뿌리를 두고 있고 과학자 공동체는 회의주의자가 아닌 신봉자들의 공동체라는 주장을 펼쳤다. 근대의 회의주의는 과학적 권위와 자유민주주의 정치질서를 지탱해준 사회적 귀속과 전통의 감각을 좀먹고 있었다. 폴라니는 "지식인들의 배반"에 대한 쥘리앙 방다의 비판(Benda, [1928]1969)과 유사한 논증을 전개해, 회의주의적이고 유물론적인 근대철학이 전체주의로 귀결되었다고 주장했다. 과학의 보존과 민주주의의 보존은 모두 전통의 유지를 의미했고, 그것의 가장 중요한 요소들은 암묵적인 것으로 믿음에 근거해 받아들여야 하는 것이었다. 따라서 자유로운 사회는 자유주의적일 뿐 아니라 "심대하게 보수적"이기도 하다는

것이 그의 주장이었다.(Polanyi, [1958]1974: 244)

과학자 공동체를 모델 정체로 보는 폴라니의 개념은 부분적으로 1930 년대와 1940년대 영국에서 J. D. 버널과 여타 사회주의 과학자들이 제시한 과학에 대한 계획안에 반대해 나온 주장이었다. 전통에 대한 그 자신의 보수적 가치부여와 일견 긴장을 빚는 것처럼 보임에도 불구하고, 폴라니는 과학의 사회질서가 자본주의 자유시장과 유사한 형태라는 주장을 고수했다.(Mirowski, 2004: 54-71; Fuller, 2000a: 139-149)

미국에서 폴라니와 같은 역할을 했던 인물은 J. B. 코넌트였다. 정치적으로나 철학적으로나 코넌트와 폴라니의 프로그램 사이에는 놀라울 정도의 유사점이 존재한다. 철학적으로 볼 때 양자는 모두 추상적 명제와 그것들의 논리적 관계를 강조하는 분석적 과학철학을 거부하고, 대신 과학을 실천가 공동체 내에서 조직된 일단의 숙달된 실천으로 간주했다. 그들의 작업에 담긴 정치적 요지도 비슷했다. 폴라니의 철학이 명시적으로 버널에 대한 반대에 맞춰져 있었다면, 코넌트는 뉴딜의 정신하에 연구의 우선순위와 목표를 사회적 복지에 맞추자는 제안에 반대하는 입장이었다.(Fuller, 2000a: 150-178; 210-223; Mirowski, 2004: 53-84) 코넌트가 그려낸 과학은 20세기 중엽에 미국의 과학자와 자유주의 지식인들 사이에 퍼졌던 "자유 방임 공동체주의"의 조류라는 폭넓은 담론에 잘 들어맞았다.(Hollinger, 1996: 97-120)

코넌트는 과학에 정부의 지원을 끌어들여 과학을 냉전기의 군산복합체에 유용한 것으로 만드는 데 관심이 있었지만, 동시에 학계에 있는 엘리트 과학자 공동체의 자율성은 유지하려 했다. 스티브 풀러가 강조했던 것은 바로 이렇게 하는 과정에서 코넌트가 냉전기 과학과 국가(미국)간 계약의 양대 기둥을 유지시켰다는 점이다.(Fuller, 2000a: 150-178; Mirowski, 2004:

85-96)

풀러는 코넌트가 했던 생각의 냉전적 배경을 이해하는 것이 STS의 지적 발전을 이해하는 데 결정적으로 중요하다고 주장한다. 그 이유는 토머스 쿤의 작업이 이 분야의 발전에서 담당했던 상징적 위치 때문이다. 하버드의 과학사 프로그램에서 가르쳤던 쿤은 많은 점에서 코넌트의 수하였으며 하버드 총장이던 그로부터 가르침을 받았다. 아울러 쿤은 과학에서 "자유방임 공동체주의" 개념의 계승자이기도 했다.(Hollinger, 1996: 112-113, 161-163, 169-171; Fuller, 2000a: 특히 179-221, 381-383) 여기에 더해 풀러는 쿤이 제시한 단순한 퍼즐 풀이로서의 "정상과학" 개념이 자연과학과 사회과학에서 무비판적이고 정치적으로 순응적인 접근을 정당화했다고 주장한다. 사회과학에서 쿤에 의해 가장 강한 영향을 받은 분야는 물론 과학지식사회학(SSK)이며, 이 분야는 쿤을 통해 보수적인 지향을 포함하게 되었다는 것이 풀러의 주장이 갖는 핵심 함의이다.(Fuller, 2000a: 318-378)

그러나 보수적 정치와 카를 만하임이 지적한 보수적 사고방식을 구분하는 것은 중요하다. 보수적 사고방식이 반드시 보수적 정치를 수반하는 것은 아니다. 인식적·정치적·사회적 실천을 위한 초역사적·합리적·보편적 토대를 찾는 계몽주의의 탐색과는 반대로, 보수적 사고방식은 보편적인 것보다 국지적인 것, 이론보다 실천, 추상적인 것보다 구체적인 것을 우위에 둔다. 이는 세계개선론을 부인하며, 대신 인간의 도덕적·인지적 불완전성을 강조한다.(Mannheim, [1936]1985; Oakeshott, [1962]1991; Muller, 1997) 그런 의미에서 SSK는 보수적 사고방식의 수용에서 분명히 폴라니, 코넌트, 쿤을 따르고 있고, 에든버러학파의 철학자 데이비드 블루어도 이 점을 명시적으로 밝히고 있다.(Bloor, [1976]1991: 55-74; Bloor, 1997; 아울러 Barnes, 1994도 보라.) 그러나 풀러가 단언한 것처럼 그것이 보수적인 정치적 함의를 갖는지, 만약 갖는다면 어떤 의미에서 갖는지는 의심스럽다. 사회학이라는 기획 그 자체가 보수주의 전통에 의해 깊이 영향을 받았지만(Nisbet, 1952), 그렇다고 해서 사회학이 반드시 정치적으로 보수적인 기획이 되는 것은 아니다.

SSK는 철학과 사회사상의 서로 다른 전통들을 한데 합친 것이다. 쿤의 패러다임과 공약불가능성 개념뿐 아니라 마르크스주의의 이데올로기 비판에서 만하임의 총체적 이데올로기 관념을 거쳐 뒤르켐과 메리 더글러스에서 나온 인류학에서의 문화적 지식 개념, 폴라니의 "암묵적 지식"과 신뢰 개념에 이르는 다양한 전통들이 그 속에 포함되어 있다. 그 결과물이 어떤 의미에서 "보수적"인 이론인지는 논란의 여지가 있으며, 그것이 어느 정도로 쿤의 정치적 지향에 의해 영향을 받았는지는 더욱 그렇다. 쿤이 자신의 개념과 아이디어를 SSK가 상대주의적으로 발전시킨 것을 거부했다는 바로 그 사실은 아이디어들이 창안자의 의도에서 분리되어 재맥락화될 수 있는 방식을 지적하고 있는 듯하다. 이는 우리가 쿤 자신의 정치적 지향이 쿤 이후 지식사회학의 발전에 함축돼 있다고 볼 필요가 없음을 말해준다. 여기에 더해 "보수적"이라는 지칭 자체가 후기 근대성의 맥락에 와서는 의미가 복잡해졌다. 전통에 대한 버크식의 가치부여는 오늘날 가령 신자유주의 경제정책이 빚어내고 있는 급격한 변화에 도전하는 근거가 될 수 있는 것이다.(Giddens, 1995; Gray, 1995) 폴라니식 지향은 자유주의적 과학주의의 극단적 형태라 할 만한 영국 신자유주의와 연관된 "감사 폭발(audit explosion)"에 대한 비판을 정당화할 수 있었다.(Power, 1994; Shapin, 1994: 409-417; Shapin, 2004)

그러나 과학과 정치에 대한 보수적·공동체주의적 이론들이 "누구의 전통인가?"나 "어떤 공동체인가?" 같은 질문들을 던지게 만드는 것처럼 보이는 것은 사실이다. 공동체적 가치와 전통에 대한 호소는 그 공동체 내에서 종속적이거나 주변화된 위치를 점하고 있는 사람에게는 그리 만족스럽지 못하게 보일 것이다.(Harding, 1991; Frazer & Lacey, 1993: 155) 뿐만 아니라 폴라니는 과학의 인식적 기준이 삶의 형태에 내재해 있는 것으로 간주하면서도, 여전히 과학이 사회적 특권을 가지고 특별한 권위를 보유한 존재이길 원했다. 폴 파이어아벤트의 무정부주의적인 "어떻게 해도 좋다." (Feyerabend, 1978: 1993)와는 대조적으로, 폴라니의 보수적 결론은 그 본질에 있어 과학자 공동체가 하는 일이면 어떤 것이든 좋다가 되었다. 폴라니의 공동체주의는 세계관들 사이의 갈등의 가능성을 무시하고, 핵심 가치—폴라니에게는 과학을 의미한다—를 중심으로 뭉친 하나의 전체로서의 사회 모델을 선호하며 사회적 차이를 얼버무리는 것처럼 보인다.

비판이론, 다문화주의, 페미니즘

SSK는 만하임을 경유한 마르크스주의 이데올로기 비판에서 유래했기 때문에 지배적인 자유주의 과학 이데올로기와 관련해서는 일종의 비판이론으로 볼 수 있다. 과학지식의 보편성과 중립성이라는 자유주의적 관념에서 무시되고 감추어진 계급적·전문직업적·제도적 이해관계를 폭로한다는 점에서 그렇다.(가령 Mulkay, 1976) 그런 측면에서 SSK는 일견 중립적인 "도구적 이성" 속에 내장된 사회적 편향의 가면을 벗기는 것을 목표로 하는 프랑크푸르트학파의 마르크스주의에서 유래한 STS의 갈래들과 맞물린다. 버널과 같은 이전 시기의 마르크스주의자들이 과학을 이데올로기적으로 중립적인 생산력으로 보는 경향이 있었던 반면, 1960년대 이후의 마르크스주의 과학학은 "중립성"에 대한 비판, 그리고 하버마스의 표현을 빌리면 "이데올로기로서의 기술과 과학"에 대한 비판을 지향해왔다.(Habermas, 1971) 오늘날 마르크스주의의 영향을 받은 STS의 가장 중요한 사례는 앤드류 핀버그의 비판적 기술 이론이다. 이는 일차원적 사고와 문화에 대한 마르쿠제의 분석을 기술에 대한 좀 더 미묘한 비판으로 발전시킨 것이다. 핀버그의 비판이론은 기술설계에 어떻게 편향이 개입되는지를 폭로하고, 어떻게 해방적·민주적 관심사를 기술 약호 속에 대신 만들어 넣을지 밝히는 것을 목표로 한다.(Feenberg, 1999)

핀버그는 자신의 비판이론을 서로 경쟁하는 "도구적" 기술 이론과 "본질적" 기술 이론으로부터 구분한다는 점에서 쿤 이후의 과학사회학과 유사한 주장을 펼친다.(Feenberg, 1991: 5-14) 도구적 기술 개념은 자유주의 과학 이데올로기를 따라 기술을 주어진 목표로 향하는 중립적 수단으로 제시한다. 본질적 기술 개념 또한 기술을 중립적인 것으로 사고한다. 그러나 하이데거, 엘륄, 앨버트 보그먼 (주장컨대 하버마스도) 같은 사상가들은 이러한 중립적 기술이 점차 체계적으로 사회를 지배하면서 기술이 영적·도덕적 가치들을 밀어내고 그 자체로 본질적 문화가 되어버렸다고 주장한다. 핀버그는 SSK를 비롯해 과학의 중립성에 대한 사회학적 비판들에 대해 성찰하면서 도구론자들의 공허한 낙관과 본질주의 이론의 숙명론 모두에 반대하는 주장을 펼친다. 쿤 이후의 사회학적 분석에서 과학기술이 특정한 이해관계와 가치들을 통합하고 배태하는 방식을 보여주었다면, 비판이론은 지배적 가치들을 드러내고 기술설계에 새로운 가치들을 기입할 수 있는 가능성을 보여주는 **양자 모두**를 목표로 한다. 하이데거나 엘륄 같은 사상가들과 달리, 문제는 기술 **그 자체**가 아니라 지배적인 기술 약호 안에 있는 편향이 된다. 그리고 해법 역시 기술을 원래 자리로 되밀어놓고 도덕적·종교적 가치들이 세상으로 카리스마적인 귀환을 할 수 있도록 길을 열어주는 데 있지 않다. 그 대신, 앞으로 나아가는 길은 우리가 기술이 어떤 종류의 가치를 체현하고 충족시키기를 원하는지 민주적으로 결정하는 방법을 찾는 데 있다.

랭든 위너도 자신의 핵심 저서인『자율적 기술』(Winner, 1978)과『고래와 원자로』(Winner, 1986)에서 비슷한 결론에 도달했다. 기술은 자율적 시스템이 되었다는 엘륄의 관념으로부터 강하게 영향을 받긴 했지만, 위너는 핀버그와 마찬가지로 엘륄의 비관적인 반기술적 태도를 거부한다. 대신 그는 사회들이 정치적 헌법을 갖고 있는 것처럼 기술적 헌법도 갖고 있으며, 양자의 틀을 짜는 것은 인간이 결정할 문제라고 주장한다. 그로부터 기술적 의사결정의 민주화의 필요성이 도출된다.

SSK와 비판적 기술이론은 공통적으로 마르크스주의의 영향을 받았지만, SSK에 내포된 폴라니식의 공동체주의적 측면들은 비판이론의 시각에서 보면 문제가 된다. 비판이론가들이 일견 중립적인 기술 약호의 밑에 깔린 권력의 불균형을 드러내려 하는 것과 마찬가지로, 그들은 또한 공동체의 합의와 공유된 표준의 관념에도 문제를 제기하고 싶어 한다. 그런 합의는 진짜인지, 아니면 권력과 왜곡된 의사소통에 의해 뒷받침된 것인지를 물어보는 것이다. 공동체주의자나 실용주의자와 달리, 비판이론가는 공동체의 규범이나 기성의 실천에서 멈추는 것이 아니라, 어떤 규범과 실천을 추구할 것인가에 대해 평가하고 숙고하는 것이 항상 가능해야 한다고 주장할 것이다.

그러한 질문들은 특히 페미니즘과 다문화주의적 접근에서 부각된다. SSK와 페미니스트 인식론은 보편주의와 중립성이라는 자유주의 관념에 대한 구성주의적 비판, 그리고 보편적인 것보다 국지적인 것에 대한 "보수적" 강조를 공통의 요소로 가지고 있다. 이 중 후자는 특히 도너 해러웨이의 "상황적 지식" 개념(Haraway, 1991)과 헬렌 롱기노의 "국지적 인식론" 개념(Longino, 2002: 특히 184-189)에서 볼 수 있다. 마찬가지로 자유주의에 대한 페미니스트 비판은 공동체주의적 비판과 많은 것을 공유한다는 주장이 있었다. 양자는 모두 (권리, 정의 등의 관념에 내재한) 보편주의적 합리성에 대한 자유주의의 주장, 소속이 없고 탈체현된(disembodied) 개별 주체라는 자유주의적 개념, 정치적 원칙들을 감성과 주관성으로부터 분리시키려는 자유주의의 시도에 대해 회의적이다.(Frazer & Lacey, 1993: 117-124; 아울러 Baier, 1994도 보라.) 이와 동시에 페미니스트들은 공동체적 연대에 대한 호소를 불신할 만한 이유도 갖고 있다.(Frazer & Lacey, 1993: 130-162) 예를 들어 폴라니가 상찬했던 과학에서 마스터와 도제의 길드적 관계는 바로 페미니스트 입장에서 문제가 되는 유형의 가부장제 구조인 것이다.

연대와 전통에 대한 공동체주의의 호소는 다문화주의와도 비슷하게 복잡한 관계를 맺고 있다. 과학지식이 보편적인 것이 아니라 국지적인 것이라는 지적은 서구의 문화적 지배에 대한 다문화주의적 비판을 이루는 핵심 단계이다.(Harding, 1998; Hess, 1995; Nandy, 1988; Visvanathan, 2006) 쿤의 공약불가능성과 패러다임의 복수성 개념은 페미니스트와 다문화주의 접근의 상징이 되었다. 롱기노는 "지식은 복수형"이며, 진리의 기준은 "주어진 맥락에서의 인지적 목표와 특정한 인지적 자원에" 달려 있다고 썼다.(Longino, 2002: 207) 이는 쿤 자신의 감수성과 상극을 이루는 비판적 함의를 갖는다. 지식이 탈단일화되어 복수형이 되었다는 관념은 주변화되었거나 억압된 전통의 문화적 온전성을 주장하고 서구의 테크노사이언스 패권에 도전할 수 있는 기반을 제공한다. 그런 의미에서 공동체주의에서 유래한 STS의 국지적 감수성은 "차이의 정치학"으로 발전해왔다.(Young, 1990)

자유주의 이후의 자유주의?

에즈라히는『이카루스의 추락』에서 자유민주주의 정치의 과학주의적 정당화는 서구에서—아마도 회복불가능한 정도로—파산했다고 결론 내렸다.(Ezrahi, 1990: 263-290) 중립성, 보편성, 객관성의 이미지는 지식인들 사이에서 지지를 잃었고 점차 대중의 불신을 야기하고 있다. 정치사상과 과학 이론 모두에서 공동체주의와 그가 "보수적 무정부주의"[2]라고 불렀던 것이 부각되는 현상은 이전까지 자유민주주의 거버넌스를 떠받쳤던 문화적 방편들로부터 벗어나는 좀 더 광범한 변화를 이루는 한 요소이다.(Ezrahi, 1990: 285; 347n.4) 오늘날 자유주의와 민주주의는 다른 방편들을 찾아야 한다.

정치 이론에서 자유주의는 존 롤스의『정의론』(Rawls, 1971)에 의해 수명이 연장되었다. 원초적 입장(original position)에 대한 롤스의 사고실험은 탈체현된 주체와 중립적 원칙의 탐색이라는 자유주의의 개념을 유지시켜주었다. 그러나 그의 이론에서 정의는 단순히 절차적인 공평성의 관념으로 축소된다. 뿐만 아니라 원초적 입장에서 정의하는 기준의 잠재적 보편주의 문제는 이후 전개된 "자유주의-공동체주의 논쟁"의 핵심에 위치해 있었다. 롤스가 이후에 발표한『정치적 자유주의(*Political Liberalism*)』는 보편성에 대한 모든 주장을 약화시켰고 공동체주의에 상당한 양보를 한 것으로 간주돼왔다.(Mulhall & Swift, 1993: 특히 198-205) 에즈라히는 롤스의 작업이 "일반화된 정체의 관념 혹은 정치적 도구주의에 대해 최근 급증한 회의적 태도"를 시사해준다고 보았다.(Ezrahi, 1990: 245) 그럼에도 불구하고

---

2) 에즈라히는 로버트 노직과 리처드 로티를 언급하고 있다.

롤스가 자유주의적 이상을 재확립한 것은 과학학 내에서 자유주의 이론을 상대주의적인 공동체주의와 다문화주의 비판으로부터 구해내려는 시도에 하나의 모델을 제공한 것으로 볼 수 있다.

필립 키처는 『과학, 진리, 민주주의』에서 "질서 잡힌 과학(well-ordered science)"의 모델을 제시할 때 "원초적 입장"에 대한 롤스의 사고실험의 영향을 받았다.(Kitcher, 2001: 특히 211) 키처의 제안은 부분적으로 에즈라히 식의 과학과 자유민주주의의 연결을 구해내려는 시도—쿤 이후 그러한 정당화가 붕괴한 시점에서—로 볼 수 있다. 롤스가 정의의 문제에 절차적 해법을 제안한 것처럼, 키처는 이상적 숙의의 절차적 모델을 제안한다. 여기서 숙의자들은 전문가 조언의 도움을 얻어 "지도를 받은 선호(tutored preference)"를 발전시킨다.(Kicher, 2001: 117-135; 아울러 Turner, 2003a: 599-600도 보라.) 편향되지 않은 중립적 전문성, 그리고 세계관 사이의 선택을 가능케 하는 중립적 기준의 가능성이 그가 그려내는 숙의적 이상의 배경 조건으로 가정된다.(Brown, 2004: 81) 롤스의 원초적 입장과 마찬가지로 이는 일종의 사고실험이지만, 이것이 어느 정도까지 본질적인 규범적 가정들(가령 시장 개인주의)을 몰래 끌고 들어오는가 하는 질문이 제기된다.(Mirowski, 2004: 21-24, 97-115) 사회구성주의자들이 키처의 이상적 숙의자에 대해 가한 비판은 공동체주의자들이 롤스의 원초적 입장에 가했던 비판과 정확하게 궤를 같이한다.(cf, Mulhall & Swift, 1993)

이러한 비판들에도 불구하고 스티븐 터너는 키처의 모델이 롤스의 원초적 입장이나 하버마스의 "이상적 담화 상황"으로부터 결정적으로 벗어난 점을 ("교사"로서 전문가들에게 부여된 역할 때문에) 완벽하게 평등한 "대중"의 시민적 모델은 전문가 의존 시대에는 불가능하다는 것을 인정한 데서 찾을 수 있다고 주장했다. 의사결정이 특수한 전문성에 의존하는 한, 완벽하게 자유롭고 평등한 포럼의 이상은 지탱불가능하다.(Turner, 2003b: 608; Turner, 2003a: 18-45) 이는 터너의 책『자유민주주의 3.0: 전문가 시대의 시민사회』의 핵심 쟁점을 이룬다.(Turner, 2003a) 그의 주장에 따르면 오늘날의 민주주의에서 핵심적인 문제는 전문가 지식에 대한 제거불가능한 의존이다.

터너는 코넌트를 복권시키는 길을 경유해 전문가 시대에 자유주의의 재정의를 시도한다. 터너는 코넌트에서 쿤을 거쳐 쿤 이후 과학사회학으로 이어지는 계보에 의존해 구성주의 사회학과 좀 더 부합하는 자유주의 정치의 과학철학은 코넌트 자신에 의해 이미 확립되었다고 주장한다.(Turner, 2003a: ix-x) 중요한 것은 코넌트가 고도의 불확실성으로 특징지어지는 실천활동으로서의 과학에 대한 강조를 해리 콜린스나 트레버 핀치와 같은 오늘날의 과학사회학자들과 공유한다는 점이다. 코넌트와 콜린스, 핀치는 전반적 과학교육에 대한 시각(코넌트의『과학의 이해에 관해』[Conant, 1951]나 콜린스와 핀치의『골렘』[Colins & Pinch, 1996]에 나온)을 공유한다. 이러한 시각은 대중의 과학이해가 과학적 사실을 아는 것이 아니라 과학이 실천활동으로서 어떻게 작동하며 그것이 지닌 실천적 한계는 무엇인지를 이해하는 것을 지향해야 함을 시사한다. 이러한 후자와 같은 지식은 대중이 과학정책에 관한 결정—연구의 우선순위를 배정하는 것에서 전문가의 견해와 조언을 다루는 것까지—을 내리는 위치에 있기 위해 필요한 것이다. 어떤 의미에서 그들은 키처의 "이상적 숙의자"가 가장 필요로 하는 것이 사회적 활동이자 실천의 한 형태로서 과학이 갖는 특성에 대한 사회학적 "지도"임을 제시하고 있다. 코넌트의 프로그램은 그가 광범한 민주화에 강하게 반대했다는 점에서 (풀러가 주장하듯) 보수적인 것이었지만, 그럼에도 터너는 전문성이 자유민주주의 사회의 가치에 간접적으로 봉사하도록 만들 수 있는 길을 코넌트가 지적했다고 주장한다. 전문성의 자유주의화는 "전문가 주장이 그것의 결함을 드러낼 논쟁적 토론의 규율에 노출되도록 강제하고, 이를 위해 전문가들이 내놓은 주장을 해당 분야 전문가의 집합체 바깥에 있는 사람들의 평가를 받도록 하는" 것을 의미한다. 이러한 전문성의 자유주의화는 "전문가의 집단사고, '과학자들의 합의'를 견제하게 될 것"이다.(Turner, 2003a: 122) 터너는 전문성이 민주적 통제를 받게 하는 대신, 코넌트를 따라 다양한 전문가 견해들이 공개적으로 서로 경합하는 자유주의 체제를 옹호한다. 복잡한 노동분업과 복수의 전문성 원천들이 있는 곳에서 이러한 복잡성은 전문가 지배에 대한 견제로 작용할 것이다. 전문성이 필요하긴 하지만 오류를 범할 수도 있다는 인식은 완벽한 기술관료제로부터 일정한 보호를 가능케 한다.

이와 유사하게 콜린스와 핀치도 과학사회학에 대한 대중의 이해가 전문성을 탈신비화함으로써 이를 완전히 세속적이고 평범한 것으로 볼 수 있게 해줄 거라고 제안한다. 전문가의 활용은 원칙적으로 배관공의 활용과 다르지 않다는 것이다.(Collins & Pinch, 1996: 144-145) 그들의 전문성은 인정되지만, 이는 불완전할 뿐 아니라 원하는 업무에 전문가를 고용하는 사람들의 선택에 좌우되는 것으로 인식된다. 터너와 콜린스, 핀치는 모두 민주주의에 봉사하는 도구적 지식이라는 에즈라히식의 목표가 보존될 수 있다고 제안한다. 이는 도구적 합리성에 대한 이해가 종종 근거해온, 특정한 지식에 대한 합리주의적 신화를 제거함으로써 가능해진다. 과학이 평범한 실천으로, 오류를 범할 수 있는 것으로 인식될 때 과학의 진정한 도구화가 가능해지지만(Turner, 2001), 이는 규칙으로서가 아니라 일단의 숙련으로서 그렇게 되는 것이다.

그러나 이러한 모델이 자유민주주의의 겉모습 이외의 다른 것을 얼마나 보존할 수 있을지는 분명치 않다. 터너의 책을 읽은 독자들은 "자유민주주의 3.0"이 과연 민주주의의 한 형태이기는 한 것인지 확신을 갖기 어려우며, 터너 자신도 "자유민주주의는 점점 더 헌법상의 허구가 되고 있는가?"라고 질문을 던지고 있다.(Turner, 2003a: 141) 이언 웰시는 전문성에 대한 배관공 모델이 현대의 테크노사이언스에 대한 형편없는 유추라고 주장했다. 배관공의 상대적으로 일상적이고 잘 정의된 일단의 업무들은 "'탈정상 과학(post-normal science)'의 불분명한 성질"과 크게 다르다. 뿐만 아니라 "특정 배관공이 신뢰할 만한지는 이전 고객에게 전화 한 통이면 판단할 수 있다."(Welsh, 2000: 215-216) 반면, 예를 들어 비밀주의 관료제도 내에서 작업하는 핵과학자의 신뢰성은 시민들이 확인하기가 훨씬 더 어렵다. 시민들이 핵 전문가를 배관공과 동일한 방식으로 취급할 수 있으려면, 서구 민주주의 사회의 제도적·정치적 생활의 근본적 재조직이 전제되어야 한다. 단지 인식적 신화만 넘어서면 되는 것이 아니라 비민주적인 전문가 권력을 유지시켜주는 관료적·기술관료적 제도들도 넘어서야 하는 것이다. 그러한 정치제도의 수평화가 이뤄지지 않는다면 배관공 유추는 크게 제약될 수밖에 없다.

과학기술과 참여민주주의

자유주의에서 공공활동에 대한 도구주의적 정당화의 유효성이 감소한 것은 자유민주주의 대의제 구조의 위기라는 더 폭넓은 전개의 일부로 볼 수 있다.(Hardt & Negri, 2005: 272-273) 반핵운동이나 환경운동 같은 새로운 사회운동(NSM)은 이전까지 자유주의 담론이 정치의 범위에서 분리시켰던 기술영역을 정치화하는 데 결정적인 역할을 했다.(Welsh, 2000:

Habermas, 1981; Melucci, 1989)

NSM의 항의는 과학정책 분야에도 도전을 제기한다. 이 분야는 국가정책의 기술관료적 명령을 지향하는 경향을 보여왔다. 과학정책 학자들은 경제성장과 기술발전을 아무 문제도 없는 목표로 받아들이는 경향이 있으며, 자기 분야의 목적은 성장과 도구적 유효성의 가치라는 측면에서 정책결정자들에게 조언을 제공하고 과학기술 복합체의 관리를 돕는 것으로 간주하곤 한다. NSM은 성장과 경제적-도구적 합리성이라는 근대주의적 명령에 도전함으로써 결국 이러한 과학정책의 지향에도 도전장을 내밀고 있다.(Martin, 1994) 과학정책은 점차로 과학기술의 목표가 주어진 것이 아니라 논란을 빚고 있는 상황에 대처해야 하고, "정책"을 엘리트를 위한 단순한 관료적 문제가 아니라 대중이 참여하는 민주적 문제로 간주해야 하게 되었다.

STS와 과학정책연구의 지향의 변화는 오늘날 이 분야들의 토론에서 "참여"의 아이디어가 으뜸가는 지위를 점하고 있는 데서 드러나고 있다. 참여에 대한 요구는 에즈라히가 "공공활동의 탈도구화"라고 부른 것(Ezrahi, 1990: 286), 즉 공공활동의 도구적 정당화는 이데올로기적이고 부적절하다는 점점 널리 퍼지고 있는 인식에서 유래한 것으로 볼 수 있다. 포터(Porter, 1995)와 에즈라히는 모두 이전에 자유민주주의가 잠재적으로 회의적인 대중에 맞서 공공활동을 탈정치화할 수 있도록 해준 것이 비인격적인 도구적 기법들이었다고 주장했는데, 이제 그런 기법들은 그 자체로 대중의 불신의 대상이 되어버렸다.(Welsh, 2000)

기술적인 것은 정치적인 것이라는 STS의 경구가 반핵, 정신의학 반대, 환자권, 환경, GMO 반대, 그 외 다른 운동들에서 등장했던 새로운 기술의 정치를 반영하고 있다는 것은 의미심장한 일이다. 그런 의미에서 기술적인 것은 정치적인 것이라는 STS의 주장은 인식론에 관한 이론적 주장일 뿐 아니라 위험사회를 특징짓는 새로운 정치에 대한 묘사이기도 하다.(Beck, 1995; Welsh, 2000: 23-33; Fischer, 2000) 그러나 지배적인 정치, 관료, 과학 제도들은 이처럼 새로운 기술적인 것의 정치화에 적응하는 데 느리거나 아예 적응하지 못하는 모습을 보여왔다. 주류 대의제도들을 통해 이러한 새로운 정치를 인식할 가능성은 여전히 극히 제한돼 있다. 관료적·기술관료적 사고방식은 비록 정당성이 감소하고 있긴 하지만, 주류 대의제도와 정치적 행정제도들을 지배하고 있다. NSM에서 비폭력 직접행동이 갖는 중요성은 생활세계의 가치들을 공식 문화가 제공하는 대의제와 관료적 수단을 통해 추구하는 것이 불가능하다는 인식에 부분적으로 뿌리를 두고 있다.(Welsh, 2000: 150-205; Hardt & Negri, 2005; Ginsberg, 1982)

오늘날 STS는 과학기술 의사결정과 설계에서 대중참여를 어떻게 이론화하고 실천가능한 구조를 어떻게 만들 것인지에 점차 관심을 쏟고 있다.(Kleinman, 2000) 이론적 측면에서 관심은 기술설계에서 민주적 기구와 "참여자의 이해관계"의 역할을 어떻게 개념화할 것인가에 있었다.(Feenberg, 1999) 과학, 기술, 의료의 의사결정에 대한 일반인 참여의 사례를 다룬 경험적 문헌들이 점차 증가하고 있다. 임상시험의 규범과 절차에 대한 도전에서 에이즈 활동가들이 수행한 역할에 대한 스티븐 엡스틴의 연구가 계속해서 핵심적인 준거점이 되어주고 있다.(Epstein, 1996; Feenberg, 1995: 96-120; Doppelt, 2001: 171-174; Hardt & Negri, 2005: 189) 최근 STS 연구에서 핵심적인 관심사 중 하나는 일반시민의 참여가 어떻게 초기의 배제에 의해 항의가 촉발되는 일을 겪지 않으면서 기술적 의사결정 과정의 일부로 확립되고 제도화될 수 있는가 하는 것이다. 관련된 아이디어에는 마을회의, 시민배심원, 합의회의, "시민과학자" 모델 등이 있다.(Sclove, 1995; Fischer, 2000; Irwin, 1995; Kleinman, 2000) 이러한 문헌은 "전문가"라는 범주의 일관성에 관해, 또 "일반인 전문성"의 관념(Epstein, 1995)이 이 범주를 지나치게 확장하지는 않았는지에 관해 최근 논쟁을 야기하기도 했다.(Collins & Evans, 2002) 다른 한편으로 사회적-인지적 능력이라는 측면에서 전문가를 구획하는 중립적 경계를 만들어내려는 시도는 지식의 가치의존성 내지 "프레임" 의존성을 무시하며 구성주의 접근이 비판의 목표로 삼아온 전문가 중립성의 가정을 다시 슬쩍 끌어들인다는 주장도 있다.(Wynne, 2003; Jasanoff, 2003b)

그러나 주장컨대, 과학기술의 제도적 맥락에 대한 STS의 비판은 여전히 제한적이다. STS 내부의 논의는 전문성의 민주화가 단순히 새로운 제도적 장치들(가령 시민배심원 같은)을 기존의 정치적·제도적 구조 위에 덧붙이는 것이라고 가정하는 경향을 보여왔다. 그러나 STS 비판이 이러한 한계 내에 머무를 수 있는가, 아니면 좀 더 급진적인 함의를 가지는 것인가 하는 질문을 던져야만 한다. 이러한 함의는 특히 STS가 작업장에서 기술의 위치를 다룰 때 엿볼 수 있다.(Noble, 1986; Feenberg, 1991: 23-61) 스티븐 터너는 과학을 실천으로 보는 사회학적 개념이 테일러주의적 작업조직 개념이 (그리고 주장컨대, 현대의 관리자층이 누리는 권위도) 근거하고 있는 지식과 숙련 사이의 구분에 도전한다는 점을 지적했다.(Turner, 2003a: 137) 기술적 결정은 정치적인 것이라는 STS 논증은 민주주의와 작업장의 관계에 관한 오랜 쟁점들을 제기하고 있으며, 노동자 민주주의에 대한 새로운 정당화를 제공하고 있다는 주장도 가능하다.(Pateman, 1970; Feenberg, 1991)

STS 학술연구는 식량생산에서 GMO의 사용, 핵발전소의 입지, 의약품의 사용과 시험에 관한 의사결정에서의 민주적 참여뿐 아니라 작업장에서의 권위구조에 대해서도 함의를 갖고 있다.(Edwards & Wajcman, 2005) 기술과 작업장의 문제를 다루는 것은 잠재적으로 STS를 참여민주주의와 급진민주주의 이론이라는 오랜 전통과의 연관 속으로 끌어들인다.(Pateman, 1970) 이 사례에서는 제럴드 도펠트가 지적했듯이, 기술의 민주화에 대한 논증이 로크식의 사유재산권의 정당성 문제를 집중적으로 다룰 필요가 있다. STS는 전문가 권위를 기술관료적 이데올로기의 산물로 다루는 경향이 있지만, 도펠트는 "기술이 사유재산인 통상의 사례에서 설계자/전문가의 권리와 권위는 사실 그들이 … 자본의 대리인이라는 사실에 의지하고 있"으며, 따라서 궁극적으로는 "소유권과 자유시장교환에 대한 로크식의 도덕률"에 의지한다고 지적한다.(Doppelt, 2001: 162) STS는 사유재산의 문제를 직접적으로 다루는 것을 다소간 꺼려왔다. 한 가지 예외로 스티브 풀러를 들 수 있는데, 그는 로크식의 재산권이 과학에 관한 자유주의적 사고의 중심을 이뤄왔다고 지적하면서 자유주의 체제가 경제적 명령이 "열린 사회"로서의 과학의 특성을 침식하는 것을 방치해온 방식을 비판했다. 사유재산으로서의 과학에 대한 비판은 풀러가 제시하는 과학의 "공리주의" 개념에서 중심을 이룬다. 풀러는 이 개념의 근간을 이루는 "틀릴 권리"를 자격을 갖춘 전문가들의 범위를 넘어서 민주적으로 확장해야 한다고 주장한다.(Fuller, 2000b: 특히 19-27, 151-156; 아울러 Mirowski, 2004도 보라.)

작업장이 기술의 정치에서 여전히 결정적인 중요성을 갖고 있긴 하지만, STS는 사람들과 기술의 관계가 어떻게 좀 더 넓은 범위에 걸쳐 있는지도 인식하고 있다. 사람들이 소비자, 환자, 지역 주민 등으로서 하는 역할을 고려에 넣는 것이다. 사람들의 삶에 영향을 미치는 기술적 결정이 참여적으로 내려져야 한다는 관념은 민주주의가 기술만큼 널리 퍼져 있어야 하기 때문에―민주주의의 외연을 일상생활까지 근본적으로 확장할 것을 요구하며―민주적 정체의 구조 그 자체에 문제를 제기한다. 이는 작업장에서,

지역사회에서, 교육현장에서, 의료적 맥락에서의 지역적 민주주의를 강조함을 의미한다. 이는 또한 전 지구적 수준에서의 민주주의를 의미하는 것이기도 하다.(Beck, 1995; Hardt & Negri, 2000, 2005)

세계화의 맥락에서 보면 대의제의 매개구조와 전문가에 대한 권한위임이 시민과 대중으로부터 진정한 권력을 앗아가고 있다는 인식이 점점 나타나고 있다. 최근 하트와 네그리는 우리가 일반화된 "민주적 대의제의 위기"에 직면해 있다고 주장하면서 "세계화의 시대에 접어들어 자유주의의 역사적 순간이 이미 지나가 버렸음이 점차 분명해지고 있다."고 썼다.(Hardt & Negri, 2005: 273) 이러한 명제는 강조점은 다소 다르지만 터너도 반향하고 있는데, 그는 "세계화 현상의 많은 부분은 국가의 민주적 통제를 전문가에 의한 통제로 대신하는 것이다."라고 썼다.(Turner, 2003a: 131) 이러한 대의제의 위기는 과학기술의 민주화 문제가 전면에 부각된 맥락을 이룬다.

STS의 언어와 정책의 언어

대의제의 위기라는 폭넓은 맥락, 그리고 제도적 개혁이 기존 구조에 부가될 수 있는가의 문제가 중요성을 획득한 것은 과학과 정치 엘리트가 "참여(participation)"의 언어를 전유하기 시작한—적어도 "관여(engagement)"라는 약화된 형태로라도—방식 때문이다. 아이러니한 것은 과학기술에 대한 대중의 "관여" 증가를 요청하는 가장 자주 언급되는 보고서를 발간한 것이 선출직이 아닌 영국 상원이었다는 점이다.(House of Lords, 2000) 영국 정부의 통상산업부(DTI) 산하에 있는 과학혁신국(Office of Science and Innovation)은 낡은 PUS(Public Understanding of Science, 대중의 과학이해)

모델에서 새로운 PEST(Public Engagement with Science and Technology, 과학기술에 대한 대중관여) 접근으로의 이행을 강조한다.

DTI와 같은 기구들의 폭넓은 정책의제에서 과학기술의 위치를 생각할 때, 이러한 "관여"의 수사를 조심스럽게 받아들여야 하는 데는 좋은 이유—종종 부지불식간에 속내를 드러내는 약어(과학기술에 대한 대중관여의 약어인 PEST가 '해충', '성가신 물건' 등의 뜻을 갖고 있음을 암시한 표현이다—옮긴이)를 넘어서—가 있다. 핵심적인 질문은 정부가 과학기술정책을 일차적으로 세계화라는 맥락 속에서의 경제전략으로 추구하는 마당에(Jessop, 2002; Fuller, 2000b: 127-130) 이러한 전략을 진정한 대중참여와 화해시키는 것이 가능하겠느냐 하는 것이다. 대중관여에 대한 공식적 요청은 회의적인 대중을 포섭하기 위한 시도의 일부로 나타난다. 이러한 수사는 유럽에서 성공을 거둔 GM식품에 대한 대중적 반대나 그 이전에 있었던 "시민적 소요"들에 대한 엘리트의 대응에 잘 부합한다.(Jasanoff, 1997) 하트와 네그리는 "권력의 장소의 공동화"로 나타나는 지배적 정치제도들의 정당성 상실에 대해 쓴 바 있다.(Hardt & Negri, 2000: 212) "관여"에 대한 엘리트의 요청이 대중의 탈관여(혹은 하트와 네그리의 표현으로는 "탈주")가 지배적 제도의 정당성 주장에 가하는 위협에서 나왔다는 것은 충분히 이해할 만한 일이다. 우리는 민주화가 풀뿌리 집단행동으로부터 유기적으로 등장했을 때 진짜인지, 아니면 위로부터의 제도적 개혁을 통해 수행되었을 때 진짜인지 하는 질문을 던져볼 수 있다. 참여의 관념에 충분한 정치적·분석적 실체를 부여하려면 정치 이론으로서 STS 학술연구의 발전이 특히 중요하다. 이는 문제를 희석시키고 잘못된 안심보증을 제공하는 공식정책의 언어로부터 참여의 의미를 지켜내기 위함이다.

참고문헌

Baier, Annette (1994) *Moral Prejudices: Essays on Ethics* (Cambridge, MA: Harvard University Press).

Barnes, Barry (1994) "Cultural Change: The Thought-Styles of Mannheim and Kuhn," *Common Knowledge* 3: 65–78.

Beck, Ulrich (1995) *Ecological Politics in an Age of Risk* (Cambridge: Polity Press).

Benda, Julien ([1928]1969) *The Treason of the Intellectuals* (New York: W. W. Norton).

Bloor, David ([1976]1991) *Knowledge and Social Imagery* (Chicago: University of Chicago Press).

Bloor, David (1997) "The Conservative Constructivist," *History of the Human Sciences* 10: 123–125.

Brown, Mark B. (2004) "The Political Philosophy of Science Policy," *Minerva* 42: 77–95.

Collins, H. M. & R. J. Evans (2002) "The Third Wave of Science Studies: Studies of Expertise and Experience," *Social Studies of Science* 32(2): 235–296.

Collins, H. M. & Trevor Pinch (1996) *The Golem: What Everyone Should Know About Science* (Cambridge: Canto).

Conant, James B. (1951) *On Understanding Science: An Historical Approach* (New York: New American Library).

Dewey, John ([1916]1966) *Democracy and Education* (New York: Free Press).

Dewey, John ([1927]1991) *The Public and Its Problems* (Athens, OH: Swallow Press).

Doppelt, Gerald (2001) "What Sort of Ethics Does Technology Require?" *Journal of Ethics* 5: 155–175.

Edwards, Paul & Judy Wajcman (2005) *The Politics of Working Life* (Oxford: Oxford University Press).

Epstein, Steven (1995) "The Construction of Lay Expertise: AIDS Activism and the Forging of Credibility in the Reform of Clinical Trials," *Science, Technology & Human Values* 20: 408–437.

Epstein, Steven (1996) *Impure Science: AIDS, Activism, and the Politics of Knowledge* (Berkeley: University of California Press).

Ezrahi, Yaron (1990) *The Descent of Icarus: Science and the Transformation of*

Contemporary Democracy (Cambridge, MA: Harvard University Press).

Feenberg, Andrew (1991) Critical Theory of Technology (New York: Oxford University Press).

Feenberg, Andrew (1995) Alternative Modernity: The Technical Turn in Philosophy and Social Theory (Berkeley: University of California Press).

Feenberg, Andrew (1999) Questioning Technology (London: Routledge).

Feyerabend, Paul (1978) Science in a Free Society (London: New Left Books).

Feyerabend, Paul (1993) Against Method (London: Verso).

Fischer, Frank (2000) Citizens, Experts, and the Environment: The Politics of Local Knowledge (Durham, NC: Duke University Press).

Frazer, Elizabeth & Nicola Lacey (1993) The Politics of Community: A Feminist Critique of the Liberal-Communitarian Debate (New York: Harvester Wheatsheaf).

Fuller, Steve (2000a) Thomas Kuhn: A Philosophical History for Our Times (Chicago: University of Chicago Press).

Fuller, Steve (2000b) The Governance of Science: Ideology and the Future of the Open Society (Buckingham: Open University Press).

Fuller, Steve (2003) Kuhn vs. Popper: The Struggle for the Soul of Science (Cambridge: Icon Books).

Giddens, Anthony (1995) Beyond Left and Right: The Future of Radical Politics (Stanford, CA: Stanford University Press).

Ginsberg, Benjamin (1982) The Consequences of Consent: Elections, Citizen Control and Popular Acquiescence (Reading, MA: Addison-Wesley).

Gray, John (1995) Enlightenment's Wake: Politics and Culture at the Close of the Modern Age (London: Routledge).

Habermas, Jürgen (1971) Toward a Rational Society: Student Protest, Science, and Politics (London: Heinemann).

Habermas, Jürgen (1981) "New Social Movements," Telos 49: 33–37.

Haraway, Donna (1991) Simians, Cyborgs and Women: The Reinvention of Nature (London: Free Association Books).

Harding, Sandra (1991) Whose Science? Whose Knowledge? Thinking from Women's Lives (Ithaca, NY: Cornell University Press).

Harding, Sandra (1998) Is Science Multicultural? Postcolonialisms, Feminisms, and Epistemologies (Bloomington: Indiana University Press).

Hardt, Michael & Antonio Negri (2000) *Empire* (Cambridge, MA: Harvard University Press).

Hardt, Michael & Antonio Negri (2005) *Multitude: War and Democracy in the Age of Empire* (London: Hamish Hamilton).

Hess, David (1995) *Science and Technology in a Multicultural World: The Cultural Politics of Facts and Artifacts* (New York: Columbia University Press).

Hollinger, David (1996) *Science, Jews, and Secular Culture: Studies in Mid-Twentieth-Century American Intellectual History* (Princeton, NJ: Princeton University Press).

House of Lords (2000) *Science and Society* (London: Stationary Office).

Irwin, Alan (1995) *Citizen Science: A Study of People, Expertise and Sustainable Development* (London: Routledge).

Jasanoff, Sheila (1997) "Civilization and Madness: The Great BSE Scare of 1996," *Public Understanding of Science* 6: 221–232.

Jasanoff, Sheila (2003a) "(No?) Accounting for Expertise," *Science and Public Policy* 30(3): 157–162.

Jasanoff, Sheila (2003b) "Breaking the Waves in Science Studies: Comment on H. M. Collins and Robert Evans, 'The Third Wave of Science Studies'," *Social Studies of Science* 33(3): 389–400.

Jessop, Bob (2002) *The Future of the Capitalist State* (Cambridge: Polity Press).

Jewett, Andrew (2003) "Science and the Promise of Democracy in America," *Daedalus* Fall: 64–70.

Kitcher, Philip (2001) *Science, Truth, and Democracy* (Oxford: Oxford University Press).

Kleinman, Daniel Lee (ed) (2000) *Science, Technology and Democracy* (Albany: State University of New York Press).

Lippmann, Walter ([1922]1965) *Public Opinion* (New York: Free Press).

Longino, Helen (2002) *The Fate of Knowledge* (Princeton, NJ: Princeton University Press).

MacIntyre, Alisdair (1978) "Objectivity in Morality and Objectivity in Science," in H. Tristram Engelhardt, Jr. & Daniel Callahan (eds), *Morals, Science and Sociality* (New York: Institute of Society, Ethics and the Life Sciences): 21–39.

Mannheim, Karl ([1936]1985) *Ideology and Utopia: An Introduction to the Sociology of Knowledge* (New York: Harcourt Brace).

Martin, Brian (1994) "Anarchist Science Policy," *Raven* 7(2): 136–153.

McWilliams, Wilson Carey (1993) "Science and Freedom: America as the Technological Republic," in Arthur M. Melzer, Jerry Weinberger, & M. Richard Zinman (eds), *Technology in the Western Political Tradition* (Ithaca, NY: Cornell University Press): 85–108.

Melucci, Alberto (1989) *Nomads of the Present* (London: Hutchinson).

Merton, Robert K. ([1942]1973) "The Normative Structure of Science," in Robert K. Merton & Norman W. Storer (eds), *The Sociology of Science: Theoretical and Empirical Investigations* (Chicago: University of Chicago Press): 267–278.

Mirowski, Philip (2004) *The Effortless Economy of Science?* (Durham, NC: Duke University Press).

Mulhall, Stephen & Adam Swift (1993) *Liberals and Communitarians* (Oxford: Blackwell).

Mulkay, Michael (1976) "Norms and Ideology in Science," *Social Science Information* 15(4–5): 637–656.

Muller, Jerry Z. (1997) "What Is Conservative Social and Political Thought?" in J. Z. Muller (ed), *Conservatism: An Anthology of Social and Political Thought from David Hume to the Present* (Princeton, NJ: Princeton University Press): 3–31.

Nandy, Ashis (ed) (1988) *Science, Hegemony, and Violence: A Requiem for Modernity* (New Delhi: Oxford University Press).

Nisbet, Robert A. (1952) "Conservatism and Sociology," *American Journal of Sociology* 58: 167–175.

Noble, David (1986) *Forces of Production: A Social History of Industrial Automation* (Oxford: Oxford University Press).

Oakeshott, Michael ([1962]1991) *Rationalism in Politics and Other Essays* (Indianapolis, IN: Liberty Press).

Pateman, Carole (1970) *Participation and Democratic Theory* (Cambridge: Cambridge University Press).

Polanyi, Michael ([1958]1974) *Personal Knowledge: Towards a Post-Critical Philosophy* (Chicago: University of Chicago Press).

Popper, Karl (1945) *The Open Society and Its Enemies*, 2 vols. (London: Routledge).

Porter, Theodore M. (1995) *Trust in Numbers: The Pursuit of Objectivity in Science and Public Life* (Princeton, NJ: Princeton University Press).

Power, Michael (1994) *The Audit Explosion* (London: Demos).

Rawls, John (1971) *A Theory of Justice* (Cambridge, MA: Harvard University Press).

Sclove, Richard E. (1995) *Democracy and Technology* (New York: Guilford Press).

Shapin, Steven (1994) *A Social History of Truth: Civility and Science in Seventeenth-Century England* (Chicago: University of Chicago Press).

Shapin, Steven (2004) "The Way We Trust Now: The Authority of Science and the Character of the Scientist," in Pervez Hoodbhoy, Daniel Glaser, & Steven Shapin (eds), *Trust Me, I'm a Scientist* (London: British Council): 42 – 63.

Shapin, Steven & Simon Schaffer (1985) *Leviathan and the Air Pump: Hobbes, Boyle, and the Experimental Life* (Princeton, NJ: Princeton University Press).

Turner, Stephen (2001) "What Is the Problem with Experts?" *Social Studies of Science* 31(1): 123 – 149.

Turner, Stephen (2003a) *Liberal Democracy 3.0: Civil Society in an Age of Experts* (London: Sage).

Turner, Stephen (2003b) "The Third Science War," *Social Studies of Science* 33(4): 581 – 611.

Visvanathan, Shiv (1988) "Atomic Physics: The Career of an Imagination," in Ashis Nandy (ed), *Science, Hegemony and Violence* (New Delhi: Oxford University Press): 113 – 166.

Visvanathan, Shiv (2006) *A Carnival for Science: Essays on Science, Technology and Development* (Oxford: Oxford University Press).

Welsh, Ian (2000) *Mobilising Modernity: The Nuclear Moment* (London: Routledge).

Westbrook, Robert B. (1991) *John Dewey and American Democracy* (Ithaca, NY: Cornell University Press).

Winner, Langdon (1978) *Autonomous Technology: Technics-out-of-Control as a Theme in Political Thought* (Cambridge, MA: MIT Press).

Winner, Langdon (1986) *The Whale and the Reactor: A Search for Limits in an Age of High Technology* (Chicago: University of Chicago Press).

Wynne, Brian (2003) "Seasick on the Third Wave? Subverting the Hegemony of Propositionalism," *Social Studies of Science* 33(3): 401 – 417.

Young, Iris Marion (1990) *Justice and the Politics of Difference* (Princeton, NJ: Princeton University Press).

4.
교과서 사례의 재검토—존재양식으로서의 지식*

브뤼노 라투르

완전히 뭔가를 고정시키지 않고 관리하는 것이 가능하지 않을까? 사고
와 사실은 모두 변화가능하다. 그 유일한 이유는 사고의 변화가 변화한
사실로 나타나기 때문이다.

— 루트비히 플렉(Fleck, [1935]1981: 50)

지식과 과학은 하나의 예술작품으로서, 다른 모든 예술작품과 마찬가
지로 사물들에 대해 **이전에는** 그것에 속해 있지 않았던 특질과 잠재성을
부여한다. 자칭 실재론의 편에서 이 진술에 반대하는 것은 시제를 혼동
한 결과이다. 지식은 **그것의** 주제에 그것에 속해 있지 **않은** 특질을 부여
하는 뒤틀림이나 왜곡이 아니라, 비인지적 재료에 그것에 속해 있지 **않**
았던 특질들을 부여하는 행동이다.

— 존 듀이(Dewey, 1958: 381-382)

코스텔로—"얼마나 더 오래 지금과 같은 존재양식을 지탱할 수 있을지
모르겠어요." 폴—"어떤 존재양식을 말하는 거요?" 코스텔로—"공인으
로서의 삶 말이에요."

— 존 쿠체(Coetzee, 2005: 135)

* 내가 쓴 영어를 편집해준 베켓 W. 스터너에게 진심으로 감사를 드린다. 이자벨 슈탕제르,
마이클 린치, 제라드 드 브리스는 내가 담아낼 수 있었던 것보다 훨씬 더 많은 수정을 제안해
주었다. 애드리언 존스와 조앤 후지무라 덕분에 나는 이 논증을 그들의 친구 및 동료들에게
시험해볼 수 있었다.

"교과서 사례의 재검토"라고 씌어진 거대한 표지판이 내 눈길을 사로잡았다. 나는 뉴욕을 방문할 때마다 자연사박물관에서 시간을 보내면서 꼭 대기 층에 있는 화석 전시물을 보곤 한다. 그러나 이번에 내 시선을 끈 것은 공룡 화석이 아니라 새로 전시된 말의 화석 역사였다. 왜 교과서를 재검토해야 할까? 그날 있었던 일은 학예사들이 놀라운 전시물에서 말의 화석에 대해 우리가 가진 **지식**의 두 가지 연속적인 형태들을 나란히 제시한 것이었다. 현재 말의 연속적 화석들이 시간에 따라 진화하는 것을 그저 따라간 것이 아니라, 이러한 진화에 대해 우리가 가진 이해의 연속적인 형태들이 시간에 따라 진화하는 것도 볼 수 있었다. 결국 하나가 아니라 두 벌의 계보들이 나란히 솜씨 좋게 중첩돼 있었다. 말의 점진적 변화와 말의 변화에 대한 우리의 해석의 점진적 변화 말이다. 분지(分枝) 모양의 생명의 역사에 더해 이제는 분지 모양의 생명과학의 역사가 나란히 진열되어 또 다른 교과서 사례를 재검토하는 훌륭한 기회를 제공했다. 이번에는 우리 분야에서 "과학적 대상은 역사를 갖는다."라는 진술이 바로 의미하는 바에 관한 것이었다.

이 장에서 나는 서로 다른 세 가지 과업과 씨름할 것이다. (1) 나는 이 사례를 활용해 과학과 그 소재의 이중적 역사성을 다시 제시할 것이다. (2) 나는 독자들에게 이 문제에 다시 초점을 맞추는 것을 도와줄 철학과 과학학의 대안적 전통을 상기시킬 것이다. 그리고 마지막으로 (3) 나는 지식획득 경로의 정의에 대해 내가 신선한 해법이라고 믿고 있는 것을 제시할 것이다.

지식은 벡터이다

과학의 집단적 과정을 무대에 올린 흥미로운 실험

내가 말의 진화와 말의 진화를 다룬 과학의 진화 사이의 이러한 유사점에 그토록 끌렸던 이유는 우리가 과학학에 보이는 반응에서 나타나는 일정한 비대칭성을 내가 항상 곤혹스럽게 느꼈기 때문이다. 만약 청중에게 과학자들은 시간의 흐름에 따라 세계에 대한 재현을 변화시켜왔다고 말하면, 청중의 반응은 하품 섞인 동의뿐일 것이다. 만약 청중에게 이러한 변화가 반드시 선형적인 것은 아니었고 사물에 대한 올바르고 최종적인 사실을 향해 반드시 질서정연한 방식으로 규칙적으로 수렴하는 것도 아니었다고 말하면, 다소 거북한 반응을 이끌어낼 수 있으며 심지어 가끔은 우려 섞인 질문이 나올 수도 있다. "이렇게 되면 혹시라도 상대주의로 빠지지 않을까요?" 그러나 이제 만약 과학의 대상 그 자체가 역사를 가지고 있었고 그것 역시 시간에 따라 변화해왔다, 혹은 뉴턴이 중력에 대해 "일어났"고 파스퇴르가 미생물에 대해 "일어났"다고 말하고자 한다면, 모든 사람이 들고일어날 것이고 "철학"에 탐닉한다, 혹은 더 나쁜 것으로 "형이상학"에 탐닉한다는 공격이 이내 강연장 전체에 메아리칠 것이다. "과학사"는 세계에 대해 우리가 가진 지식의 역사를 의미하지, 세계 그 자체의 역사를 의미하지 **않는다**는 것은 당연하게 여겨지고 있다. 첫 번째 계보에서는 시간이 핵심이지만, 두 번째에 대해서는 그렇지 않다.[1] 그래서 내게 이 자연사박

---

1) 나는 이 논문에서 최근 거의 모든 과학 분야가 파르메니데스 버전에서 헤라클레이토스 버전으로 옮겨갔다는 사실은 일단 제쳐두었다. 오늘날 모든 과학—빅뱅에서 지구 지질이나 지구 기후의 역사까지—은 시간을 염두에 둔 방식으로 서술된다. 이러한 의미에서 보면 역사가들에 의해 우리에게 익숙해진 서사양식은 승리를 거뒀고, 물리학자들은 동일한 양식으

〈그림 4.1〉 미국자연사박물관에 전시된 말의 두 가지 계보.(사진: 베레나 패러벌)

물관 전시물의 놀리는 듯한 독창성이 끌렸던 것이다.

　그러나 먼저 표지판의 내용을 읽어보자. "이 전시물은 세계에서 가장 유명한 진화 이야기 중 하나를 나타내고 있다." 그것이 왜 그렇게 유명할까? 표지판의 설명에 따르면, "말은 가장 잘 연구되고 가장 흔히 발견되는 화

로 "입자들의 역사적 출현"에 관해 우리에게 얘기를 해줄 것이다. 그러나 이는 그러한 새로운 헤라클레이토스 버전의 과학이 지구, 하늘, 물질이 불변의 것으로 간주되었을 때보다 더 자주 과학사의 경로를 가로지를 것임을 의미하는 것은 아니다. 다시 말해 우주론 역사가들이 우주론 물리학자들과 시간서사를 연결시키는 것은 아직 우주가 어떤 고유한 역사도 갖지 않았던 라플라스 시절에 그랬던 것만큼이나 어려운 일이다. 이는 이번 대중 전시회가 그토록 효과적인 이유이자, 두 개의 역사를 너무나 솜씨 좋게 연결한 보기 드문 저술가들 중 하나였던 고(故) 스티븐 제이 굴드가 계속 성공을 거둔 이유이기도 하다.

석군 중 하나이기" 때문이다. 그러나 이를 "현재 우리가 아는 대로" 제시하는 대신 "재검토"하는 이유는 무엇일까?

말은 이 전시물에서 말의 진화의 두 가지 버전을 대조시키는 방식으로 진열되어 있다. 앞줄에 있는 말들은 고전적인 "직선" 개념을 보여준다. 이에 따르면 시간이 지나면서 말이 점점 커지고 발가락 수는 적어지고 이빨은 길어졌다. 그러나 오늘날 우리는 말의 진화가 훨씬 더 복잡했으며, 단일한 굵은 몸통을 가진 나무가 아니라 가지를 친 덤불에 더 가까웠음을 알고 있다. 뒷줄에 있는 말들은 이 포유동물과가 실제로 얼마나 다양했는지를 보여준다.

분명 현장 과학자들은 자신들의 연구가 "직선"보다는 "가지를 친 덤불"의 형태를 더 자주 취한다는 사실을 완벽하게 잘 알고 있을 것이다. 그러나 이 전시물의 멋진 혁신은 그렇게 뒤얽힌 경로들이 대중에게 전시되는 경우는 드물며, 연구대상 그 자체의 멈칫거리는 움직임을 나란히 전시하는 경우는 더 드물다는 데 있다. 두 개의 줄 각각에 대해서는 다음과 같은 설명이 추가로 붙어 있다.

말 이야기: 고전적 버전

19세기와 20세기 초에 과학자들은 최초의 알려진 말 화석들을 연대기적 순서로 배열했다. 그들은 작은 몸집에서 큰 몸집으로, 많은 발가락에서 적은 발가락으로, 짧은 이빨에서 긴 이빨로 변화하는 단순한 진화적 순서를 이뤘다. 이는 진화를 가장 일찍 알려진 말인 히라코테륨(Hyracotherium)에서 우리가 지금 알고 있는 말인 에쿠스(Equus)로 이어지는 단일한 직선상의 진전처럼 보이게 했다.

이는 두 번째 줄에서 볼 수 있는 설명과 대조를 이룬다.

말 이야기: 수정된 버전

20세기를 거치며 점점 더 많은 화석들이 발견되면서 진화 이야기는 좀 더 복잡해졌다. 칼리퍼스(Calippus)처럼 나중에 나타난 말들은 그 조상들보다 더 큰 것이 아니라 더 작았다. 많은 다른 말들—가령 네오히파리온(Neohipparion) 같은—은 발가락이 하나가 아니라 여전히 셋이었다.
이 전시물의 뒷줄에 있는 말들을 보면 "직선" 버전에 들어맞지 않는 사례들을 보게 될 것이다.

여기에 더해 방문객들이 주눅들지 않도록, 학예사들은 다음과 같이 멋진 과학사와 과학철학의 단편을 덧붙이고 있다.

사실 어느 시대를 보더라도 어떤 말들은 "직선"에 부합했으며 다른 말들은 부합하지 않았다. 과학자들은 단일한 진화의 계통이 있었던 것이 아니라 수많은 계통들이 있었고, 서로 다른 시대에 서로 다른 방식으로 제각기 "성공을 거둔" 다양한 동물군을 낳았다고 결론 내렸다. 이는 원래의 이야기가 완전히 틀렸음을 의미하는 것이 아니다. 말은 점점 더 커지고 발가락이 적어지고 이빨이 길어지는 경향을 보여왔다. 단지 이러한 전반적 경향이 훨씬 더 복잡한 진화 이야기의 일부에 불과하다는 것이다.

물론 혹자는 "결국" "오늘날 우리가" 진화를 목표지향적 궤적이 아니라 "덤불 같은" 경로로 생각해야 한다는 것을 "알고 있기" 때문에, 별로 바뀐

것이 없다고 반박할 수 있다. 설사 직선적 진화 개념에서 구불구불한 개념으로 바뀌었다 하더라도 과학사는 여전히 **곧은** 경로를 따라 전진하고 있다고 말할 수도 있다. 그러나 학예사들은 그보다 훨씬 더 나아갔다. 그들은 유사점을 좀 더 밀어붙여 전시실 전체에는 연구하는 과학자들을 보여주는 영상물과 서로 전쟁을 벌였던 유명한 화석 사냥꾼들의 짧은 전기를 곳곳에 배치했고, 심지어 "우리는 확실하게 알고 있지 못하다."―이는 전시에서 자주 눈에 띈 문구 중 하나였다―는 것을 대중에게 입증하기 위해 화석들을 다른 방식으로 재구성해놓기까지 했다. 만약 말의 진화가 더 이상 "휘그적"이지 않다면, 학예사들이 내세우는 과학사도 마찬가지이다. 유일하게 남아 있는 휘그적 측면, 유일한 "전반적 경향"(과학학에서 그것에 불평을 늘어놓을 사람이 누가 있겠는가?)은 과학에 대한 좀 더 최근의 개념이 우리를 고생물학의 최종적 사실에 대한 융통성 없는 전시에서 좀 더 복잡하고 흥미로우며 혼종적인 전시로 이끌었다는 것이다. "고전적" 버전에서 우리는 무엇으로 이동했는가? "낭만적" 버전? "탈근대적" 버전? "성찰적" 버전? "구성주의적" 버전? 어떤 단어를 쓰든 간에 우리는 다른 뭔가로 넘어갔고, 이곳에서 내 흥미를 끌었던 점이 바로 그것이었다. 대상과 대상에 대한 지식이 **동일한** 헤라클레이토스적 흐름 속에 비슷하게 내던져져 있다는 것이다. 이 둘은 모두 특정한 유형의 궤적을 그릴 뿐 아니라, 둘 모두가 따르는 시간의 과정에 의해 비교가능한 것이 된다.

　박물관 꼭대기 층에 있는 전시실의 혁신적 관리자와 설계자들이 보여준 커다란 미덕은, 방문객들이 진화과정에서 생존을 위해 투쟁하는 다양한 부류의 말들의 느리고 멈칫거리며 덤불 같은 움직임과 고생물학의 **역사**에서 **과학자들**이 말의 진화를 재구성했던 느리고 멈칫거리고 덤불 같은 과정 사이에 일종의 유사점, 공통의 취지나 패턴을 감지하는 것을 가능케 했다는 것이다. 고생물학의 대단히 논쟁적인 역사를 덮어버리고 현재의 지식을 논박불가능한 상황으로 제시하는 대신, 학예사들은 말의 진화에 대한 해석의 연속을 과거에 대한 그럴듯하고 수정가능한 일단의 재구성들로 제시하는 위험—특히 부시가 집권하고 있음을 감안하면[2] 이것이 위험이라는 데는 의심의 여지가 없다—을 감수하기로 결정했다. "대조", "버전", "이야기" 같은 단어들은 순진한 방문객들에게 상당히 파격적인 용어이며, "성공을 거둔"이라는 형용사에 주의를 환기시키는 회의적 인용부호를 붙인 것은 두말할 나위도 없다. 이는 신다윈주의가 진화에 부여하는 경향을 보여온 지나치게 낙관적인 주석을 공격하는 확실한 방법이기 때문이다.[3]

 이 놀라운 전시물을 볼 때마다 나를 매혹시킨 점은 모든 것이 나란히 움직이고 있다는 점이다. 진화과정에 있는 말들과 고생물학자들의 시간 속에 있는 말들에 대한 해석은 그 규모와 리듬이 다른데도—하나는 수백만 년이고 다른 하나는 수백 년이다—불구하고 나란히 움직이고 있다. 서로를 대체해온 말의 진화의 연속적 버전들을 무시하는 것은 결국 화석 측면

---

2) 과학의 자율성과 공공적 논의에 대한 맹렬한 공격은 가령 무니의 책(Mooney, 2005)에 기술되고 있는 것을 보라. 반동주의자들에 맞설 때의 유혹은 항상 "좋았던 옛 시절"로의 복귀지만, 모든 유혹이 그렇듯 이에 대해서도 굴하지 말아야 한다. 이 장에서 분명하게 보이겠지만, 비정상적 회의주의에 맞서 싸우는 데는 열렬한 실증주의 이외에도 많은 다른 방법이 있다.

3) 이것이 내가 진화인식론(evolutionary epistemology)을 여기서 고려하지 않는 이유이다. 진화인식론은 재현과 세계 사이의 "부합(fit)"이라는 관념을 생명체가 그것의 환경에 맹목적으로 "적응해가는(fitting)" 신다윈주의 모델로 대체하려 한다. 인식론을 자연화(내지 생물학화)하는 것은 문제를 바꿔놓지 못한다. 내가 여기서 "재검토"하고자 하는 것은 "부합"과 "적응도(fitness)"라는 관념 그 자체이기 때문이다. "부합"은 다름 아닌 칸트의 과학철학이 생물학에 남긴 잔재이며, 여기서 "적응(adaptation)"은 우리의 지적 범주들에 의해 알려지게 될 세계의 "구성"을 대체했다. 두 가지 사례 모두에서 인간은 사물 그 자체를 볼 수 없다. 이는 믿기 어렵고 비현실적인 철학이다.

에서 보면 모든 뼈를 제거해버리고 오직 임의로 선택한 하나의 골격만 남겨서 이상적이고 **최종적**인 말의 대표로 내세우는 것과 같다. 그러나 내가 방문객이자 과학학도로서 가장 흥미롭게 느꼈던 점—조금 편파적일 수도 있지만—은 설사 과학이 서로 다른 "버전"들을 거쳐야 했고, 설사 뼈들이 서로 다른 방식으로 전시되고 재구성될 수 있다 하더라도, 그것이 내가 과학자들에 대해 품고 있는 존경심을 감소시킨 것 같지 않다는 것이다. 이는 과거 말들의 다양성이 내가 **현재** 시대의 말에 감탄하며 승마를 하는 것을 가로막지 않는 것과 마찬가지이다. "대조", "버전", "수정"과 같은 단어들에도 불구하고, 이것은 "수정주의적" 전시물이 아니다. 방문객들이 과학과 과학자들에 대해 의심을 품고 조롱하게 만듦으로써 마치 전시회에 입장하면 "뭔가를 객관적으로 알 수 있다는 모든 희망을 포기할" 것을 요구받는 것 같은 그런 전시물이 아니라는 말이다.[4] 오히려 그와는 정반대이다.

그것이 이 논문이 나오게 된 원천이다. 우리는 화석 말의 연속적 골격을 감사하게 여길 뿐 아니라 이를 중대 발견으로—진화야말로 생물학의 역사에서 가장 중요한 사건이라는—받아들이면서, 왜 진화과학의 연속적 버전의 전시는 심난하고 불필요하며 무관하다고 생각하는 것일까? 왜 우리는 동물의 진화를 그 자체로 **실체가 있는** 현상으로 받아들이면서 과학의 역사는 동등하게 실체가 있는 현상으로—적어도 지식의 **실체**를 정의하는 어떤 것으로—받아들이지 않는 것일까? 생물학자가 종의 진화를 연구

---

4) 이러한 "수정"이 "수정주의"나 심지어 "부정주의"로 이어지지 않음은 두말할 나위도 없다. 그와는 정반대로, 내게는 항상 사실 생산의 견고한 문화가 부정주의나 여타 유형의 음모 이론들에 너무나 널리 퍼져 있는 비뚤어진 실증주의의 전도(顚倒)를 이겨낼 수 있는 유일한 방법처럼 보였다.(Marcus, 1999) 사실 생산의 견고함을 안전하게 털어놓을 수 있는 사람은 그것의 취약성을 인지하는 사람들뿐이다.

할 때, 그/그녀는 그것의 현재 형태를 모든 세부사항까지 설명하는 필수적 특징들을 찾아내고자 하며, 탐구는 과학의 다른 분야들과 동일한 건물, 동일한 학과에서 수행된다. 그러나 역사가나 과학학도가 과학의 진화를 설명할 때, 이는 과학에서 멀리 떨어진 다른 건물에서 이뤄지며, 일종의 호사이자 주변적인 일로, 기껏해야 오만한 과학자들에게 던지는 유익하고 재미있는 **경고**로 여겨지며, 알려져 있는 **지식**의 가장 미세한 세부사항을 이루는 것으로 여겨지지는 않는다. 바꿔 말하자면, 왜 **과학의** 역사를 갖는 것이 어려운가? 우리의 재현의 역사가 아니라 알려진 사물, 지식 사물(epistemic things)의 역사 말이다. 우리는 말의 계통에서 연속적인 사례들 각각을 오늘날의 말이 존재하는 데 엄청난 관련성을 갖는 것으로 받아들이면서도, 고생물학자들에 의한 말의 계통의 역사와 재구성이 취해온 모든 연속적 버전은 기각하고 무관한 것으로 간주하려는 유혹을 받는다. 왜 연속적인 해석들 각각을 그 나름의 폭넓은 활동과 재생산 위험을 갖는 **생명체** 그 자체로 간주하는 것이 그토록 어려운 것일까? 왜 지식을 움직이지도 않고 역사를 "갖지도" 않는 무언가를 목표로 하는 이동 무대(shifting set)가 아니라 변화의 벡터로 간주하는 것이 그토록 어려운 것일까? 내가 이 논문에서 하려는 일은 지식활동을 탈인식론화하고 재존재론화하는 것이다. 시간은 둘 모두의 핵심이다.

인식론의 교과서 사례 재검토

박물관의 표지판이 정말 좋은 점은 평이하고 상식적이라는 것이다. 그것은 (내가 아는 한) 정체를 폭로하려는 욕구에서 나온 것이 아니며, 과학의 위신을 쳐부수려는 학예사들의 우상파괴적 충동에서 나온 것도 아니다. 그것은, 이렇게 말해도 된다면, 평이하고 건강하고 순진한 **상대주의**를 드러낸다. 이 말은 다른 사람들의 관점에 대한 무관심이나 자신의 관점에 부여한 절대적 특권이 아니라, 몇몇 장치를 놓아서 준거틀 사이의 관계를 확립함으로써 자신의 관점을 **변화시킬** 수 있는 명예로운 과학적·예술적·도덕적 활동을 의미한다.[5] 그리고 이러한 평이함은 대단히 이치에 맞는 일이다. 왜냐하면—이 논문의 첫 번째 부분에서 내가 주장하는 바가 바로 그것인데—원칙적으로 지식의 획득과 교정은 세상에서 가장 쉬운 것이어야 했기 때문이다. 우리는 뭔가를 말하려 애쓰고, 종종 실수를 하며, 잘못을 교정하거나 다른 이들에 의해 교정당한다. 만약 어떤 불확실한 진술에 대해 **시간, 장치, 동료, 제도**를 더할 수 있다면, 당신은 확실성에 도달한다. 이보다 더 상식적인 것은 없다. 우리가 객관적으로 아는 과정에는 어떤 신비로운 인식론적 어려움이 결여돼 있음을 깨닫는 것보다 더 상식적인 일은 없어야 **했다.**

그러니까 **우리가 비약하지 않는다**면 말이다. 윌리엄 제임스는 몇몇 변화하고 깨지기 쉬운 재현들로부터 하나의 불변이고 비역사적인 실재로의 어떤 아찔하면서도 대담한 도약을 통해 비약하고 싶어 하는 이들을 놀림감으로 삼았다. 제임스는 이런 식으로 지식의 문제를 위치시키는 것이 그것을 완전히 모호하게 만드는 가장 확실한 방법이라고 말했다. 그의 해법—과학학이나 과학사에서 도움을 얻지 않은—은 우리가 어떤 상황에 관해 말해야 하는 것의 다양한 버전들 간의 **연속적인** 연결을 확립함으로써 우리가 의미하는 바에 대한 이해를 교정하는 간단하고 평이한 방법을 다

---

5) 이것이 의심스러울 경우에는 많은 부담을 안고 있는 "상대주의(relativism)"라는 용어 대신 "관계주의(relationism)"라는 단어를 써도 된다. 상대주의는 교황 베네딕토 16세가 쓰느냐, 질 들뢰즈가 쓰느냐에 따라 두 개의 정반대 의미를 갖게 되니 말이다.

시금 강조하는 것이었다. 그의 해법은 너무나 잘 알려져서—항상 잘 이해되었던 것은 아니지만—이른바 "진리에 대한 실용주의 이론"을 둘러싼 논쟁에서 거의 부각되지 않은 점을 주장하는 것만으로 매우 빨리 되풀이할 수 있다. 제임스는 철학자였기 때문에 그가 들었던 예들은 고생물학으로부터 가져온 것이 아니라 아주 단순하게도 하버드 캠퍼스를 지나가던 것에서 가져왔다! 그는 내가 특정한 건물—메모리얼 홀—에 대해 가진 정신적 관념이 상황과 "조응한다"는 것을 우리가 어떻게 아는가 하는 질문을 던진다.

> 최근에 활용한 메모리얼 홀 사례로 돌아가 보면, 홀에 대한 우리의 관념이 실제로 지각표상(percept)으로 귀결될 때가 되어서야 우리는 처음부터 그것을 인지하고 있었음을 "확실하게" 알게 된다. 과정의 끝에서 확립될 때까지, 그것을 아는 성질, 혹은 뭔가를 아는 성질은 여전히 의심될 수 있다. 그러나 이제 결과가 보여주는 것처럼, 앎은 실제로 그곳에 있었다. 우리는 지각표상의 소급 인증능력에 의해 홀을 실제로 아는 사람(knower)으로 증명되기 훨씬 전부터 사실상 홀을 아는 사람이었다.(James, [1907]1996: 68)

지식생산 궤적에 대한 상식적 해석이 되었어야 할 것의 모든 중요한 특징이 이 하나의 문단 안에 들어 있다. 먼저 결정적인 요소로, 지식은 일종의 **궤적**이라는 것이다. 혹은 좀 더 추상적인 용어를 쓰자면, 그것의 "인증능력"을 "소급해서" 투사하는 **벡터**라는 것이다. 다시 말해 우리는 **아직** 모르지만 알게 **될** 것이다. 좀 더 정확하게는 우리가 이전에 **이미 알았는지** 여부를 알게 될 것이다. 소급증명—프랑스의 과학철학자 가스통 바슐라르가 "교정(rectification)"이라고 불렀던 것—은 지식의 핵심이다. 만약 지식을 역사를 지닌 어떤 것에서 움직이지도 않고 역사도 없는 어떤 것 사이의 비약으로 상상한다면, 지식은 수수께끼가 되고 만다. 지식을 **시간**이 그 핵심을 이루는 연속적 벡터가 되도록 한다면 이에 대한 평이한 접근이 가능해질 것이다. 어떤 시대의 어떤 지식이라도 가져와 보라. 그것이 좋은지 나쁜지, 정확한지 부정확한지, 실재인지 가상인지, 참인지 거짓인지는 모른다. 지식 주장의 여러 버전들 사이에 연속적으로 이어지는 경로를 그릴 수 있게 하면 상당히 좋은 결정을 내릴 수 있을 것이다. 시간 t에서는 결정될 수 없지만, 시간 $t+1$, $t+2$, $t+n$에서는 결정가능한 것이 **되었다**. 물론 "경험의 연쇄"로 이어지는 경로를 따라 개입한다면 말이다. 이 연쇄는 무엇으로 이뤄져 있는가? "이어짐(lead)"과 치환으로 이뤄져 있다. 이는 제임스가 이번에는 말이나 건물이 아니라 그의 개에 관한 또 다른 사례를 통해 분명하게 보여주는 바와 같다. 문제는 여전히 동일하다. 우리는 내 개에 관한 나의 "관념"과 저기 있는 "털로 덮인 짐승"을 어떻게 비교가능한 것으로 만드는가?

예를 들어 내 개에 관한 현재 나의 관념이 실재하는 개를 인지한다고 말하는 것은 경험의 실제 조직이 구성되듯, 이 관념이 다음에서 다음으로 넘어가 결국 펄쩍 뛰고, 짖고, 털로 덮인 몸에 대한 생생한 감각-지각으로 귀결되는 내게 있어서의 경험의 연쇄로 이어질 수 있다는 의미이다. (James, [1907]1996: 198)

이 평이하고 건강하고 상식적인 상대주의는 "경험의 실제 조직", "관념"에 대한 이해, "경험의 연쇄", 중단 없는 "다음에서 다음으로"의 이동, 그리고 "귀결"—"개의 관념"에서 현재 "생생한 감각지각"에 포착된 개의 "펄쩍 뛰고, 짖고, 털로 덮인 몸"으로 인지 재료가 변화한 것으로 정의되는—에 대해 훌륭한 기초 교육을 필요로 한다.

따라서 인문주의적[급진적 경험론의 동의어] 인식론에는 아무런 균열도 없다. 지식을 이상적으로 완벽한 것으로 받아들이든, 실천에 부족함이 없는 정도로만 참인 것으로 받아들이든 간에 그것은 하나의 연속적인 도식에 열중해 있다. 실재는 아무리 멀리 떨어져 있더라도 경험의 일반적 가능성 내에서 항상 종점으로 정의된다. 그리고 그것을 아는 것은 그것을 "나타내는" 경험으로 정의된다. 그것이 동일한 연상관념으로 이어지기 때문에 우리의 사고 내에서 그것을 대체할 수 있다는 의미에서, 혹은 개입하거나 개입할 수 있는 다른 경험들의 연쇄를 통해 "그것을 가리킨다"는 의미에서 말이다.(James, [1907]1996: 201)

스피노자의 유명한 경구와 달리 "'개'라는 단어는 **실제로** 짖"지만, 벡터로서의 지향을 갖고, 연속적이어야 하며, 경험의 연쇄를 촉발해야 하고, 그 결과로 "알려진 사물"과 정확한 "사물의 재현"을 만들어내는 과정**의 끝에서**, 오직 소급적으로만 그러하다. 제임스의 논점—진리의 '현금가치'를 둘러싼 다소 서글픈 논쟁에서 완전히 놓쳐버린—은 지식을 개의 관념과 진짜 개를 모종의 **순간이동**을 통해 결부시키는 것으로 이해할 것이 아니라, 삶의 조직 속에 엮어 넣은 경험의 연쇄로 이해해야 한다는 것이었다. 시간을 고려에 넣고 연쇄 속에 중단이 없을 때, (1) 도식을 촉발시킨 소급적용된 설명, (2) 인식주체(그저 가상적인 것이 아니라 실제적인 것으로 인증된), 그리고 마지막으로 (3) 알려진 대상(그저 가상적인 것이 아니라 실제적인 것으로 인증된)을 제공할 수 있는 방식으로 말이다.

제임스의 결정적인 발견은 그러한 두 등장인물—대상과 주체—이 지식 획득에 관한 어떠한 논의에서도 **적절한 출발점이 되지 못한다**는 것이다. 이는 단어와 세계 사이의 심연 위로 던진 아찔한 다리를 고정시켜야 하는 **지주**가 아니라 지식생산 경로 그 자체의 부산물—그것도 다분히 대수롭지 않은 부산물—로 **생성된** 것이다. "대상"과 "주체"는 세계의 구성요소가 아니다. 지식이 교정되는 경로를 따라 연속적으로 위치한 **정거장들**이다. 제임스의 말을 빌리면, "여기에는 아무런 균열도 없다." 이는 "연속적인 도식"이다. 그러나 연쇄를 중단시키면 우리는 지식 주장의 질에 관해 결정하지 못한 채로 남게 된다. 바로 어떤 말의 종의 **계보**가 자손이 없어 중단된 것처럼 말이다. 여기서 우리 논의의 핵심 특징은 어떤 진술로부터 "그것이 주어진 상황에 조응하는가, 그렇지 않은가?"라고 질문을 던지는 것이 아니라 "그것이 앞선 질문을 소급해서 해결할 수 있는 경험의 연속적 연쇄로 이어지는가?"라고 묻는 것이다. 이 논문 전체는 "연속적 도식"과 내가 "순간이동 도식"이라고 부를 것 사이의 차이를 드러내는 데 맞춰져 있다.[6]

그러나 제임스의 문제(그가 불행히도 "현금가치"라는 은유를 사용한 것을 빼

---

6) 여기서 "연속적"은 혼동을 줄 수 있는 용어로서, 제임스에서처럼 오직 "대담한 도약", 즉 "단어"와 "세계" 사이의 거대한 간극과 대조를 이루는 것으로 이해되어야 한다. 따라서 여기에 쓰인 "연속적"은 일단 "경험의 조직"을 들여다보면 일련의 작은 간극들—구성요소들의 완전한 혼종성 때문에 생겨난 불연속들—을 인식하게 될 것임을 부인하지 않는다. 예를 들어 제임스 자신의 사례에서, 일단 개가 거기 있으면 개에 대한 예상과 따뜻하고 털로 덮인 느낌 사이에 간극이 있다. 그처럼 작은 불연속들은 허친스, 라투르, 린치, 네츠의 저작을 통해 많은 과학학 연구에서 보여왔다. 그러나 "지적 기술"(Hutchins, 1995), "관리의 연쇄"(Lynch & McNally, 2005), "준거의 연쇄"(Latour, 1999), 혹은 "도해"(Netz, 2003), 그 어느 것에 관해 얘기한다 해도 다양한 매체의 연속은 마치 진주와도 같다. 불연속적이긴 하지만 동일한 실에 꿰어져 있다는 점에서 말이다. 따라서 지식 궤적은 이 단어의 첫 번째 의미(언어/세계 구분에 반대하는)에서 **연속적**이지만, 만들어지고 있는 일단의 미세간극들—실에 꿰어진 진주들—을 고려할 때에는 물론 **불연속적**이다. 불변의 동체(immutable mobiles)의 순환을 위해 미세불연속이 필요함을 보여주는 연구를 많이 해왔기 때문에(Latour, 1990), 이 논문에서는 "연속적"이라는 수식어를 오직 첫 번째 의미로만 사용한다.

면)는 그가 연속적 도식을 그려내면서 건물과 개의 예를 들었다는 데 있다. 이러한 존재들은 너무나 평범해서 그것의 상식적 지점을 증명하기에 역부족이다. 사실 이는 대다수의 고전 철학자들이 지닌 문제이다. 그들은 머그잔과 솥, 양탄자와 깔개를 예로 드는 것을 선호한다. 그것들이 우리가 어떻게 알게 되는가에 관해 어떤 논점을 증명하기에는 가능한 최악의 사례라는 것을 인식하지 못한 채로 말이다. 그것들은 **이미 너무나 잘 알려져 있어서** 우리가 어떻게 알게 되는가에 관해 뭔가를 증명하기는 어렵다. 그런 예로는 지식생산 경로의 **어려움**을 결코 느낄 수 없으며, 경로가 낳은 부산물의 결과—인식하는 정신과 알려진 대상—를 어떤 주어진 상황에서 정말 중요한 단 두 가지 구성요소로 여기게 된다. 그처럼 너무나 친숙한 종점을 가지고는, "고양이는 어디에 있는가?" 하고 질문을 던진 후, 길고 어렵고 우여곡절이 많은 경로를 거치지 않은 채 "여기 깔개 위에 있다."고 지적하는 상황을 손쉽게 연출할 수 있는 듯 보인다. 이처럼 안일한 예를 드는 것은 충분히 무해할 수 있지만, 문제는 지식획득 이론의 근거를 그처럼 평범하고 진부하며 전적으로 친숙한 대상에 두고 나면, 정말 중요한 것이 주체와 대상("개"라는 이름을 한편으로, "짖는 개"를 다른 한편으로 하는)이라는 확신을 얻게 된다는 것이다. 그러면 지식 **일반**이 그러한 구성요소들 중 하나에서 다른 하나로의 거대한 비약으로 이뤄져 있다고 생각하게 될 것이다. 첫 번째 경험론의 1막 1장을 재연하게 되는 것이다.[7] 물론 우리가 일단 경로에 대해 익숙해지고 나면 대부분의 시간 동안 중간단계들을 안전하게

---

7) 첫 번째 경험론은 지식을 사실물(matters of fact)의 발명에 관한 것으로 정의하는 로크에서 제임스까지(제임스는 빼고)의 노력을 가리키며, 두 번째 경험론은 내가 "우려물(matters of concern)"이라고 부르는 것을 발전시킨 제임스에서 (내가 이해하는 바) 과학학까지의 노력을 가리킨다.(Latour, 2004a를 보라.)

무시하고 두 개의 종점은 지식이 무엇인가를 나타낸다고 간주할 수 있다는 것은 전적으로 사실이다. 그러나 이러한 망각은 익숙함이 빚어낸 가공의 산물이다.

그보다 더 나쁜 것은 우리가 평범하고 익숙한 대상에 맞춰진 지식획득 모델을 이용해 행성, 미생물, 경입자(lepton), 말 화석과 같은 새롭고 초점을 맞추기 어렵고 복잡한 미지의 대상에 관한 지식획득이라는 "거창한 질문(The Big Question)"을 제기하려 한다는 것이다. 이러한 대상들에 대해서는 아직 어떤 경로도 존재하지 않거나 그 경로가 두 개의 끝점으로 나타내기에 충분할 만큼 익숙해지지 않았다. 우리는 연속적 도식을 유지하는 것이 절대적으로 필요한 새로운 존재들을 다룰 때 마치 그것이 이미 익숙한 대상이 된 것처럼 취급하는 경향이 있다. 그러나 새로운 대상에 대해서는 평범한 대상에 관해 정의되었던 틀 전체가 완전히 붕괴하며, 이는 지난 3세기에 걸친 인식론이 보여준 바와 같다. 그 이유는 대상/주체라는 도구를 어떤 **새로운** 존재를 이해하는 데 활용하는 것이 불가능하기 때문이다. 평범하고 습관적인 상황에 기반을 둔 순간이동 도식은 새로운 상황에 관한 객관성을 제공할 수 있는 연속적 경로를 놓는 방법에 대해 눈곱만큼의 단서도 주지 못한다.[8]

---

8) 베이커(Baker, 1988) 같은 영리한 소설가, 페트로스키(Petroski, 1990) 같은 솜씨 좋은 역사가, 제임스 자신과 같은 대담한 철학자들은 "사용자"와 "도구"라는 두 종점에서 드러나지 않은 것을 밝혀냄으로써 평범한 인공물들을 훌륭하게 활용할 수 있는 것이 사실이다. 그러나 이것이 바로 문제이다. 그들은 영리하고 솜씨 좋고 대담해야 하는데, 이 모든 성질은 나머지 우리들에게 너무나 찾아보기 힘든 것들이다. 새롭고 알려지지 않은 대상을 가지고 궤적과 그것의 소급 "증명"과정을 완전히 보여주는 것이 훨씬 더 쉬운 일이다.(많은 점에서 제임스의 문제는 그가 사례를 너무 가볍게 다뤘다는 데 있었다. 사람들은 이러한 가벼움을 피상성으로 오해했다.)

평범한 인공물의 활용으로 인한 사고 습관 깨뜨리기

제임스의 기본적인 논점이 얼마나 상식과 부합하는지 깨달으려면, 우리는 그와 헤어져서 "경험의 연쇄"와 "다음에서 다음으로" 넘어가 확실성으로 이어지는 연속적 버전들이 손쉽게 기록되고, 가시화되고, 연구가능한 사례들을 생각해보아야 한다. 이것이 지난 30년 동안 과학학과 과학사가 보여준 것들이다. 너무나 익숙한 제임스의 개 사례 대신, 우리는 가령 흩어져 있고 해석하기 힘든 화석을 이해하려는 고생물학자들의 어려움을 고려해야 한다. 그렇게 하는 순간, 우리는 말의 진화라는 "관념"을 지닌 고독한 정신이 한걸음에 저 바깥의 대문자 "말의 진화(Horse Evolution)"로 비약하려 애쓰는 모습을 결코 목격할 수 없음이 모두에게 분명해질 것이다. 이는 "바깥"이나 "저곳"이 없기 때문이 아니라 "바깥"과 "저곳"이 정신을 **대면하고** 있지 않기 때문이다. "바깥"과 "저곳"은 다름 아닌 연속적으로 지속되는 교정을 통해 다른 수정된 버전으로 이어지는 경험의 연쇄 위에 있는 정거장들(제임스의 용어로는 "종점"이지만, 정거장은 항상 둘 이상이다.)을 가리키고 있다. 만약 과학철학을 그토록 불구로 만든 것을 하나만 꼽는다면, 블랙홀과 화석, 쿼크와 중성미자 같은 대상들을 정확하게 아는 방법을 결정하는 올바른 정신의 틀을 찾아내기 위해 깔개와 고양이, 머그잔과 개를 활용해왔다는 점일 것이다. 논쟁적인 사실물(matters of fact)을 그것이 사실물처럼 취급할 수 있기 **전에** 연구해야만, (내가 연결망이라고 부르는[9]) 경로라는 분명한 현상을 목격할 수 있다. 그것이 사라져서 대상과 주체라는 두

---

9) 하지만 이 용어는 앞선 절에서 드러난 새로운 의미를 갖고 있다. 다시 한 번 연결망은 서로 다른 매체들 사이에 있는 수많은 작은 불연속들로 이뤄져 있다. 그것은 단어와 세계 사이의 심연을 넘어 비약하려는 시도를 하지 않는다는 의미에서만 연속적이다. "연속적"과 "불연속적"이라는 두 단어 사이의 혼동은 다음 절에서 제거될 것이다.(각주 6번을 보라.)

개의 부산물이 각자의 역할을 하도록—마치 그것들은 잠정적 **결과**일 뿐인 그 지식을 그것들이 **유발한** 것처럼—남겨놓기 전에 말이다.

　루트비히 플렉은 그 어느 누구보다도 이 점을 더 잘 꿰뚫어 보았다. "사고 공동체(thought collective)"에 대한 플렉의 해석은 제임스가 개관한 경험의 연쇄에 관한 해석과 대단히 흡사하다. "사고 공동체"에 있는 "사고"라는 표현에도 불구하고, 플렉이 분명히 염두에 둔 것은 그간의 실험실연구를 통해 우리가 익숙해진 일종의 혼종적 실천이다. 여기서 플렉의 이론 그 자체가 그의 책의 영역판(Fleck, 1981)에 붙은 토머스 쿤의 서문에서 그에게 씌워진 "패러다임"의 관념에 의해 잘못 표현되어왔음을 주목하는 것은 흥미로운 일이다. "패러다임"은 전형적으로 심연에 다리를 놓는 도식에서만 의미를 갖는 부류의 용어이다. 이는 인식주체(이제는 복수형이 된)를 이른바 "사물 그 자체"와 함께 지식활동의 두 가지 지주 중 하나로 재도입한다. 이 둘은 서로를 대면하고 있으며, 문제는 온통 우리가 어떤 진술을 이러한 다리 위 어디에 위치시켜야 하는가에 있다. 정신의 범주에 더 가까이 둘 것인가, 인식대상인 사물 가까이 둘 것인가? 이는 바로 (아무것도 없는 곳에서 과학사회학을 발명해야 했던) 플렉이 단절해야만 하는 문제의 입장이다.

　개나 고양이가 아니라 가령 바세르만 반응을 안정화시키려는 매독 전문가들의 선구적 노력(이 책의 주된 사례)을 예로 들게 되면, 지식획득의 전체 상황이 변화한다. 제임스와 마찬가지로 우리는 즉시 플렉과 함께 헤라클레이토스적 시간의 흐름 속으로 내던져진다. 표현은 여전히 모호할 수 있지만, 취하고 있는 방향은 그렇지 않다.

어떤 과학 분야에 대해 정확한 역사적 설명을 제시하는 것은 불가능하다. …
이는 마치 여러 명의 사람들이 자기들끼리 동시에 얘기를 하면서 제각기 자기 목소리가 들리도록 큰소리로 떠드는—그러면서도 합의의 응결을 가능하게 하는—흥분한 대화의 자연스러운 과정을 적어서 기록하고자 하는 것과 같다.(Fleck, [1935]1981: 15)

응결(crystallization)이라는 은유가 "흥분한 대화"에서의 경험의 흐름이라는 은유와 상반되는 것이 아니라 그로부터 도출되고 있음을 눈여겨 보라. 영역판 서문에서 쿤이 플렉의 문제를 틀지은 덕분에 독자들은 종종 이 책의 부제—과학적 "사실"의 "기원"—가 제임스의 논증보다 훨씬 더 명시적으로 역사적이라는 사실을 잊어버리곤 한다. 제임스가 그랬던 것처럼, 플렉은 여기서 어떤 상황에 대한 우리의 **재현**의 출현에 대해 이야기하고 있다. 그가 그것의 출현을 통해 추적하는 데 관심이 있는 것은 **사실 그 자체**이다. 그는 우리가 말의 계통에 대해 품고 있는 관념이 아니라, 고생물학자들이 말의 계통을 재구성하려는 것과 같은 사실과 씨름하고 싶어 한다. 오직 칸트주의자만이 관념이라는 유령을 사실이라는 육체와 혼동할 수 있다

> 이것이 사실이 생겨나는 방식이다. 처음에는 혼란스러운 초기 사고에서 저항의 신호가 있고, 이어 결정적인 사고의 제약이 있고, 마지막으로 직접 인식되는 형태가 있다. 사실은 항상 사고의 역사라는 맥락 속에서 생겨나며 항상 결정적인 사고 스타일의 결과이다.(Fleck, [1935]1981: 95)

여기서 혹자는 이의를 제기할 수 있다. 자신의 범주를 탐구대상이 되는 세계에 투사하는 패러다임 관념과 차이점이 무엇인가? 차이점은 철학적 태도에 있다. 이는 여기서 "사고 스타일(thought style)"이라고 불리는 것의 모든 구성요소에 시간이 미치는 영향에서 나온다. 플렉은 우리가 어떤 고

정된—하지만 도달불가능한—목표물을 향해 초점을 맞추는 정신을 갖고 있다고 말하지 않는다. 사실이야말로 "일어나고" 출현해서, 말하자면 (부분적으로) 새로운 객관성을 부여받은 (부분적으로) 새로운 정신을 제공하는 것이다. 현상의 안정화를 설명해줄 조율의 과정을 기록하는 데 쓰이는 음악의 은유를 눈여겨 보라.

이처럼 혼란스러운 음으로부터 바세르만이 그의 마음속에 웅웅거렸지만 관련된 사람들에게는 들리지 않았던 곡조를 들었던 것이 아울러 분명해진다. 그와 공동연구자들은 들으면서 "수신기"를 "조정"해 음을 선택했다. 그러자 선율이 관련되지 않은 편향 없는 사람들에게도 들릴 수 있었다.(Fleck, [1935]1981: 86)

플렉은 이렇게 덧붙이고 있다. "뭔가 대단히 옳은 것이 그로부터 생겨났다. 실험 그 자체는 옳다고 부를 수 없었는데도 말이다."

여기서 플렉의 독창성은 시각적 은유(항상 다리를 놓는 버전과 연관돼 있던)에서 탈피해서 이를 조율되지 않은 운동에서 조율된 운동으로의 점진적 변화로 대체한 데 있다. 나는 우리가 점점 더 익숙해져 가는 선율에 맞춰 함께 춤을 추는 것이 사물의 진리에 대한 "점근적 접근"의 낡아빠진 은유를 대체할 수 있었으면 한다. 플렉은 시각적 은유를 과학에 대한 '왔노라, 보았노라, 이겼노라.'식 정의라고 부르면서 조롱한다!

따라서 가정 없는 관찰이란 심리학적으로 말도 안 되고 논리적 장난에 불과하므로 기각할 수 있다. 그러나 이행의 단계를 따라 차이를 보이는 두 가지 유형의 관찰은 분명 탐구해볼 만한 가치가 있는 듯 보인다. (1) **모호한 최초의 시각적 지각**, (2) **어**

떤 형태에 대한 발달된 직접 시각적 지각.(Fleck, [1935]1981: 92)

여기서 우리는 제임스에서와 동일한 방향의 논증을 발견한다. 지식은 알려져 있는 것과 같은 방향으로 흐른다는 것이다. 이는 "이행의 단계"이다. 그러나 단계는 오직 두 개의 가능한 지주만을 가지고 정신에서 대상으로 가는 것이 아니라, 단 두 개가 아닌 정해지지 않은 숫자의 중간 정거장을 거쳐 모호한 지각에서 직접(direct)—다시 말해 방향성이 있는 (directed)!—지각으로 가는 것이다. 이는 태도에 있어서의 큰 차이점이다. 대담하면서도 대단히 반직관적인 은유의 역전을 눈여겨 보라. 일단 지각이 "발달되면", 다시 말해 준비를 갖추고, 수집되고, 맞춰지고, 조율되고, 인공적인 것이 되면, 그것은 아울러 "직접적"인 것이 되며, 최초의 지각은 소급해서 그저 "모호"했던 것으로 보인다. 그 결과 지각에 숙련되고 정통하다는 것이 무엇인지, 사실 생성의 일관성으로 옮겨가는 것이 무엇인지에 대해 다음과 같이 멋진 정의가 나온다.

형태의 직접 지각(Gestaltsehen)은 연관된 사고영역에서 경험을 쌓을 것을 요구한다. 의미, 형태, 자족적 통일성을 직접 지각하는 능력은 많은 경험을 쌓은 후에만—아마도 예비훈련을 통해서—획득된다. 물론 이와 동시에 우리는 그 형태와 모순되는 무언가를 보는 능력을 잃어버린다. 그러나 형태에 대한 방향성 있는 지각을 이처럼 기꺼이 받아들이는 것이야말로 사고 스타일의 주된 구성요소이다. 형태에 대한 시각적 지각은 사고 스타일의 확정적인 기능이 된다. 경험된다는 개념은 그것에 숨은 불합리성과 함께 근본적인 인식론적 중요성을 획득한다.(Fleck, [1935]1981: 92)

플렉은 통상적인 칸트-쿤적인 패러다임 은유에서처럼 "우리는 오직 사전에 알고 있던 것만 본다."거나 우리는 우리의 "추정"이라는 "편향"을 통해서 지각을 "걸러낸다."고 말하지 않는다. 그처럼 간극에 다리를 놓는 관념은 오히려 그가 맞서 싸웠던 대상인데, 그렇게 되면 시간이 사실 생성의 요체에서 일부가 될 수 없기 때문이다. 이것이야말로 그가 논증을 뒤집어 의미의 "직접" 이해라는 관념을 "방향성 있"고 "경험되는" 것과 융합하는 이유이다. 이는 극히 미묘한 뉘앙스가 아니라 근본적인 이탈이며, 제임스가 철학에 했던 것과 마찬가지로 과학학에 근본적인 것이다. 왜냐하면 "직접"과 "방향성"이 함께 갈 경우 우리는 마침내 범주(혹은 패러다임)를 갖는 것과 사물의 사실을 "있는 그대로" 이해하는 것 사이에서 **선택해야만 하는** 것에 관한 이 모든 말도 안 되는 상황을 끝낼 수 있기 때문이다. 플렉이 처음으로(그리고 아마도 과학학에서는 마지막으로!) 사회적·집단적·실천적 요소들을 부정적이거나 비판적이지 않고 **긍정적으로** 받아들일 수 있는 것은 그가 철학적 태도를 바꾸었기 때문이다.[10]

모든 인식론 이론은 이처럼 모든 인식의 사회학적 의존성을 근본적이고도 상세한 방식으로 고려에 넣지 않은 시시한 것이다. 그러나 사회적 의존성을 극복해야만 하는 필요악이자 불운한 인간의 약점으로 간주하는 사람들은 사회적 조건화 없이는 어떤 인식도 전혀 가능하지 않다는 사실을 깨닫지 못하고 있다. 실제

---

10) 대다수의 과학학도들은 "물론" 자신의 저술에서 밝힌 사회적 측면들을 긍정적으로 받아들인다고 말할 것이다. 그러나 이는 그들이 철학적 과업을 엄청나게 단순화했고 존재론적 질문들을 옆으로 제쳐두었기 때문이다. 여기서 "긍정적"의 의미는 사물 그 자체에 대한 내 구성 있는 사실의 생성에 도움을 준다는 뜻이다. 이러한 일반화에서 예외가 될 만한 학자들—예를 들어 피커링(Pickering, 1995) 같은—이 실용주의에서 크게 영향을 받았다는 점을 주목해볼 만하다.

로 "인식"이라는 단어 그 자체는 오직 사고 공동체와 연결되어 있을 때만 의미를 획득한다.(Fleck, [1935]1981: 43)

과학학이 30년이나 된 지금은 시시한 얘기라고? 전혀 그렇지 않다! 근본적이고, 혁명적이며, 여전히 먼 미래에 있는 얘기이다.[11] 왜냐고? 만약 우리가 주의 깊게 그가 발견의 과정에서 사회적 은유와 관계 맺는 방식을 독해해보면, 그것은 결코 인식주체에 대한 **대체물**이 아니기 때문이다. 일견 제임스와, 혹은 적어도 실용주의와 연결된 듯 보이는 플렉은 실용주의의 전반적 취지를 독특한 방식으로 받아들였다.[12] 거기서 "사회적"과 "공동체"는 칸트의 인식론에 대한 확장 내지 단서조항으로서 역할을 하는 것이 아니다. 그것은 단어와 세계를 가르는 심연 위로 대상과 대면하고 있는 정신이 있다는 관념을 망가뜨리기 위해 동원되고 있다. 그가 과학의 집단적·사회적·점진적 "측면"들을 다룰 때, 이는 그가 실재를 이해하는 관념을 포기했기 때문이 아니라 바로 정반대 이유 때문이다. 그는 마침내 **사회적 존재론**을—사회적 인식론이 아니라—원하기 때문이다.

진리는 그 단어의 대중적 의미에서 '상대적'인 것이 아니며 분명 '주관적'인 것도

---

11) 예를 들어 이언 해킹(Hacking, 1999)은 과학학이 제정신을 차리게 하겠다는 주장을 담은 책에서 간극에 다리를 놓는 계획을 따라 사고하지 않는 것이 가능하다고는 한 번도 생각지 않는다. 사회적이면 실제적이지 않고, 실제적이면 사회적이지 않으니 아마도 "둘 다 조금씩" 원할 수 있다고? 아니, 우리는 **둘 다 원하지 않는다.** 플렉이었다면 이 문제에 대한 입장 전체가 비현실적이라고 답했을 것이다.
12) 일라나 뢰비에 따르면, 실용주의와 플렉 사이에는 실제로 가능한 직접 연결이 있다. 플렉이 바르샤바에서 폴란드의 실용주의 철학자 블라디슬라프 비에간스키(1857-1917)의 강의를 들은 것이다. 플렉의 불어판에 붙은 그녀의 서문을 보라.(Fleck, [1934]2005)

아니다 … 진리는 관습이 아니라, (1) 역사적 관점에서 사고의 역사에 나타난 하나의 사건이며 (2) 동시대적 맥락 속에서 양식화된 사고 제약요인이다.(Fleck, [1935]1981: 100)

"진리는 하나의 **사건**"이며, 자연 속에서 말의 출현이나 말의 계보에 대한 지식의 출현 역시 마찬가지이다. 따라서 제임스와 마찬가지로 플렉에게 있어서도 개관해야 하는 핵심 특징은 (1) 지식은 벡터이다, (2) 관념은 거기 있으며 진지하게 받아들여야 하지만 오직 "경험의 연쇄"(플렉의 표현으로는 "실험")의 출발점으로서만 그러하다, (3) 연속적인 교정과 수정은 지식 획득 경로에서 주변적인 것이 아니라 중요한 일부이다, (4) 동료들에 의한 교정이 필수적이다, (5) 익숙해지는 것, 새로움을 장치 속에 블랙박스화하는 것, 어떤 상황을 조정하고, 표준화하고, 그것에 익숙해지는 것 등의 제도화 역시 중요하다, (6) 직접 지각은 사실 생성과정의 시작점이 아니라 끝점이다. 사실은 벡터의 잠정적 끝점이며, 진술과 상황 사이의 조응에 관한 모든 질문은 실제로 제기될 수 있지만 오직 사고 공동체가 중단 없이 유지될 때만 소급해서 답할 수 있다.

지식은 아무런 인식론적 질문도 제기하지 않는다

지식생산 경로에 대한 두 가지 직교하는 입장

제임스, 플렉, 과학학에 관한 그러한 논평들은 우리에게 다음과 같은 사실을 간단히 일깨워준다. 존 설이 던진 말(Searle, personal communication, 2000)처럼, "과학은 아무런 인식론적 질문도 제기하지 않는다."는 것이다. 나는 그의 말에 전적으로 동의하며, 제임스 역시 그에게 동의할 것이다—그들의 서로 다른 형이상학이 아무리 공약불가능하다 하더라도 말이다. 만약에 "인식론"이라는 단어로 우리가 어떻게 재현과 실재 사이의 간극에 다리를 놓을 수 있는가를 이해하려 애쓰는 분야를 지칭한다면, 여기서 끌어낼 수 있는 유일한 결론은 이 분야가 그 어떤 연구주제도 갖고 있지 못하다는 것이다. 우리는 **결코** 그러한 간극에 다리를 놓은 적이 **없기** 때문이다. 그 이유는 강조컨대, 우리가 아무것도 객관적으로 알지 못해서가 아니라 **그런 간극은 결코 존재하지 않기** 때문이다. 그 간극은 지식획득 경로를 잘못 위치시켜 생겨난 가공의 산물이다. 활동 전체가 연속적인 수많은 사건 같은 종점과 혼종적 매체의 수많은 대체물들이 있는 경험의 연쇄를 통한 변화로 이뤄져 있는데도, 우리는 심연 위에 놓인 다리를 상상한다. 다시 말해 과학활동은 특별히 곤혹스러움을 안겨주는 인식론적 질문을 전혀 제기하지 않는다. 과학의 모든 흥미로운 질문은 과학에 의해 **무엇**이 알려져 있으며 우리는 **어떻게** 그러한 존재들과 함께 살 수 있는가에 관한 것이지, 과학이 객관적으로 알 **수 있는가** 그렇지 않은가에 관한 것이 아니다. 이 마지막 질문을 놓고 그토록 오랫동안 머리를 긁어온 사람들에게는 안된 일이지만 말이다. 다시 말해 회의주의는 답을 별로 필요로 하지 않는다.

내가 여기서 진화 전시관의 표지판, 제임스의 급진적 경험론, 플렉의 궤적, 혹은 과학에서의 논쟁을 다룬 수많은 훌륭한(즉, 폭로성이 아닌) 역사에서 표현된 건강한 상식적 상대주의라고 불렀던 것을 요약해야 한다면, 인식론적 질문에서 자유로워진 지식경로의 묘사에 다다를 수 있다. 우리가 종종 오류를 저지르는 것은 사실이지만 항상 그런 것은 아닌데, 그 이유는 다행히도 (1) **우리에게 시간이 있고,** (2) **우리는 장비를 갖추고 있고,** (3) **우리는 수가 많고,** (4) **우리는 제도를 갖고 있기** 때문이다. 몇 개의 도표를 통해 그러한 상식적 묘사에서 암시된 존재론에 관해 이어질 훨씬 더 어려운 점을 흡수하는 데 필요한 강조점의 변화를 요약할 수 있다.

"순간이동 도식"에서는 지식의 큰 문제가 서로 전혀 관련이 없는 두 개의 구분되는 영역인 정신과 자연 사이의 간극에 다리를 놓는 것이었다. 따라서 가장 중요한 것은 하나의 한계점—인식주체—에서 다른 한계점—알려진 대상—으로 가는 경사면을 따라 커서를 위치시키는 것이다. 지식의 문제를 이렇게 위치시킬 때, 핵심적인 질문은 우리가 전진하느냐—알아야 할 대상이라는 움직이지 않는 목표를 향해서—아니면 후퇴하느냐—이 경우 우리가 지닌 편견, 패러다임, 혹은 추정이라는 감옥 속으로 다시 내던져진다—를 결정하는 것이다.

그러나 제임스, 플렉, 그리고 많은 과학학 연구가 언급하는 "연속적 도식"에서는 상황이 완전히 다르다.[13] 여기서 주된 문제는 어떤 진술이 주체/대상 경로를 따라(〈그림 4.2〉의 수직 방향) 후퇴하느냐 전진하느냐가 아니라 그것이 **시간 속에서** 후퇴하느냐 전진하느냐(〈그림 4.3〉의 직교 방향)를 결정하는 것이다.[14] 이제 지식의 주된 문제는 연속적인 경험의 연쇄를 이용해 교차점을 증식시키는 것이며, 그러한 교차점에서는 주어진 상황에 관해 우리가 **예전에** 옳았는지 틀렸는지를 **소급해서** 결정하는 것이 가능해진다. 이제 "전진"하는 것은 우리가 점점 더 조율되고 제도화된 집단적 지식의 질에 대해 "경험을 쌓고" "인식하고 있고" "맞춰져 있게" 되었음을 의미한다.

---

13) 최근에 과학의 대상—단지 그것에 대한 우리의 재현이 아니라—을 역사화한 사례들은 과학적 대상의 전기(傳記)에 관한 대스턴의 편서(Daston, 2000)에서 더 많이 찾아볼 수 있다.

14) 여기서 "시간 속에서(in time)"는 "과정 속에서(in process)"라는 의미로 이해해야 한다. 시간마저도 지워버린 철학자들이 너무나 많기 때문이다. 이러한 삭제에 관해서는 슈탕제르의 저작, 특히 그녀의 『화이트헤드와 함께 사고하다』(Stengers, 2002)와 이 책에 대한 내 서평(Latour, 2005)을 보라.

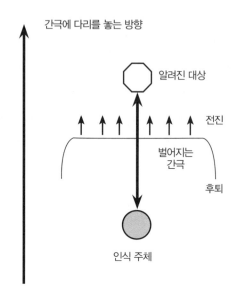

〈그림 4.2〉 순간이동 도식

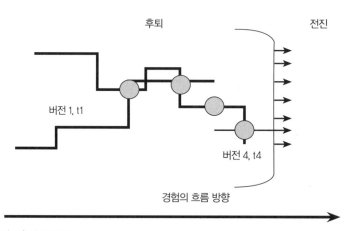

〈그림 4.3〉 연속적 도식

여기에는 다리를 놓아야 할 간극도 없고, 수수께끼 같은 "조응"도 없지만, 몇 안 되는 교차점에서 **수많은** 교차점으로 가는 엄청난 차이가 있다.

그동안 "진리의 조응 이론"에 얼마나 많은 사람들이(나를 포함해서) 침을 튀겨가며 찬성하거나 반대했는지 생각해보면 정말 재미있다. 이 이론의 옹호자와 비판자들은 항상 **조응의 유형**에 관해서는 묻지도 않고 대상과 주체 사이의 비약을 항상 상정했다. 우리가 조응이라는 용어로 의미하는 바를 정의하는 데 더 나은 은유는 기차와 지하철이 제공해줄 수 있다. 하나의 지하철 노선에서 다른 노선으로 갈아탈 때는 시간표에 **맞출** 수 있도록 연속적으로 이어진 승강장과 통로가 있어야 한다. 그래서 제임스와 플렉은 분명 "진리의 조응 이론"의 옹호자들이지만—기차의 은유를 염두에 두고 있다면—그들은 "진리의 대담한 도약 이론"에는 강하게 반대할 것이다. 만약 은유의 갱신을 받아들인다면, 단순하고 고립되고 장비가 형편없고 관리도 엉망인 일직선에서 수많은 조응을 확립할 수 있게 하는 잘 손질된 정거장들의 복잡한 연결망으로 갈 때 전진하는 것이 된다. 고로 "전진"은 형편없는 연결망에서 훌륭한 연결망으로 가는 것을 의미한다.[15] 대도시에 살면서 훌륭한 대중교통 연결망이 있고 없고를 경험해본 사람이라면 그 차이를 이해할 것이다.

앞서 나는 그러한 시간의존적 경로들이 눈에 보이는 것은 오직 과학학이 하듯이 머그잔과 깔개보다 더 새롭고 복잡한 대상을 고려하기로 할 때만 그렇다고 했다. 그러나 일단 우리가 덜 익숙하고 경로를 기록하기가 더

---

15) 이는 또한 과학사에서 반휘그주의의 한계이기도 하다. 이는 탐구를 시작하는 건강한 입장이긴 하지만, 우리가 전진하는 것과 후퇴하는 것 사이에 아무런 비대칭성도 없는 것처럼 행동해야 하는 순간 재빨리 비생산적인 것으로 변모한다. 두 번째 계획은 시간의 화살에 관한 한 분명하게 비대칭적이다.

쉬운 대상들을 따라가기 위해 노력을 기울였으니, 불연속적 도식이 연마되었던 평범한 사례들로 잠시 돌아가 보면 흥미로울 것이다. 상당한 기간 동안 이른바 "감각의 오류"에 관해 회의주의자들에게 답하기 위해 많은 에너지가 소모되었다. 철학의 역사에서 수없이 되풀이해 다뤄졌던 고전적 주제는 내가 가령 어떤 탑을 멀리서 보면 원통형인지 육면체인지 확신할 수 없다는 것이다. 그러나 그것이 우리가 가진 지식의 질에 반해 무엇을 입증하는가? 처음에 내가 그것의 형태를 잘못 읽었을 수 있다고 말하는 것은 완벽하게 진실이다. 하지만 그래서 어쨌단 말인가? 나는 그저 **더 가까이** 걸어가기만 하면 되며, **그러면** 내가 **틀렸다**는 것을 알게 된다. 아니면 쌍안경을 쓰거나 다른 누군가—친구, 지역 거주민, 더 나은 시력을 가진 사람—가 나를 바로잡아 줘도 된다. 무엇이 이러한 대꾸보다 더 간단할 수 있는가? 처음에 말 화석은 항상 같은 방향으로 가는 일직선상에 정렬된 것처럼 보였다. 그러다 더 많은 화석이 수집됐고, 더 많은 고생물학자들이 이 분야에 들어왔으며, 일직선은 교정되고 수정되어야 했다. 어떻게 이것이 회의주의를 부추길 수 있는가? 분명히 그러한 교정은 흥미로운 질문들을 제기하고 있다. 왜 우리가 처음에 오류를 범했지만, 항상 그렇지는 아니한가? 어떻게 장치는 종종 결함이 있지만, 이내 재빨리 개선되는가? 어떻게 다른 동료들의 견제와 균형이 종종 작동하지만, 때로는 그렇지 못한가? 하지만 그러한 흥미로운 역사적·인지과학적 질문들 중 어느 하나도 우리를 회의주의로 끌어들이지는 않는다. 데카르트가 우리에게 거리를 걷고 있는 사람은 자동인형(automata)이 아닌가 하는 질문을 진지하게 받아들이도록 요청할 때, 유일하게 분별 있는 답변은 이것이 되어야 한다. "하지만 르네, 거리로 내려가서 직접 확인해보지 그러나? 아니면 적어도 하인을 시켜 확인해볼 수 있잖은가?" 나는 생각한다(Ego cogito)는 의심의 여지가 있는지

몰라도, 우리는 생각한다(cogitamus)를 시도해볼 수 있지 않은가?

거대한 인식론적 질문(Big Epistemological Question)이 있으며, 이는 너무나 거대해서 이것에 답을 하지 못하면 우리가 가진 과학, 더 나아가 우리 문명의 질을 영영 위협한다는 주장은 첫 번째 도식의 결함에서 유래한 것일 뿐이다. **그 속에는 시간을 위한 여지가 없으며**, 장치, 사람들, 교정, 제도를 위한 여지도 없다.[16] 아니면 **주체** 쪽 끝에는 연속적 버전들을 위한 다소의 여지가 있지만, **대상 그 자체**에 어떤 일이 일어나는지에는 아무런 여지도 없거나.(〈그림 4.4〉) 좀 더 정확하게 말하면, 이는 시간 속에서 사실 그 자체의 평행운동의 여지가 없어서 대상이 "그 자체로" "홀로" 고립되기 때문이다. 〈그림 4.2〉로 다시 돌아가서 거기에 재현의 역사를 덧붙이면, 왜곡이 너무 커져서 이제 벌어지는 간극은 하품 나는 문제가 된다. 그러한 왜곡은 〈그림 4.3〉에는 나타나지 않았다. 하지만 바로 이때 회의주의자들은 신나게 즐길 거리가 생긴다. 만약 우리가 대상에 대한 "재현"을 그토록 자주 변화시켜왔다면—목표 내지 목표물은 전혀 변화하지 않았는데도—이는 우리의 정신이 약하며 "우리는 결코 확실하게 알 수 없을 것"임을 의미할 뿐이다. 우리는 영영 우리의 재현 내부에 머무르게 될 것이다.

이것이 회의주의가 옳다는 것을 입증하는가? 그렇지 않다. 이는 단지 인식론이 지식에 대해 그러한 목표를 제안할 정도로 어리석었음을 입증할 뿐이다. 마치 베어달라며 자기 모가지를 내건 것이나 마찬가지이다. 그것을 싹둑 잘라버리고 싶은 유혹이 너무나 커서 저항하기 어려울 정도이다.

---

16) 데카르트가 '나는 생각한다.'의 절대적 확실성을 확인하려 애쓰던 바로 그 시점에 집단적 과학이 발명되었다는 사실을 눈여겨 보라. 철학자들은 그들이 사는 시대에 무슨 일이 일어나고 있는지를 알려주는 그리 좋은 정보원이 못 된다는 또 하나의 증거이다.

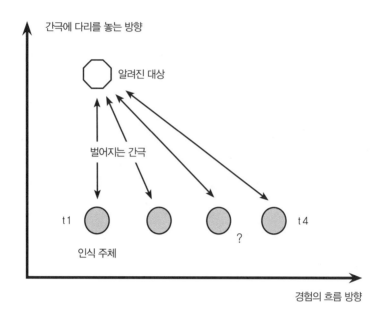

간극에 다리를 놓는 방향

알려진 대상

벌어지는 간극

t1   t4

인식 주체

경험의 흐름 방향

〈그림 4.4〉 경험의 흐름 계획

이에 대해 생각해보면, 그 어떤 진술도 도표의 수직 차원을 따라가서 입증
된 적이 없다. 심지어 고양이가 깔개 위에 있는가를 확인하기 위해서도 우
리는 두 번째 차원―그림에서는 수평 차원―과 관계를 맺어야 하며, 오
직 **소급적으로만** 이렇게 말할 수 있다. "나는 '고양이가 깔개 위에 있다.'는
내 문장이 상황에 조응한다고 말한 점에서 **옳았다.**" 나쁜 평판과는 반대
로, 실용주의는 종종 그 나름의 논증을 제시한다. 실용주의가 지식생산에
서 분명하게 감지한 시간 차원은 좀 더 고등하고 절대적인 방식에 의해 대
체되어야 하는 **열등한** 앎의 방식이 아니다. "왜냐하면 그런 방식은 유감스
럽게도 도달불가능한 것으로 남아 있기 때문이다." 연속적 도식은 유일하
게 정당한 실재론적 앎의 방식에 대한 대용품이 아니다. 오히려 정반대로,

188

순간이동 도식이야말로 완벽한 가공의 산물이다. 객관적 지식을 얻는 유일한 방법은 그러한 궤적들 중 하나와 직교하며 관계 맺고, 경험의 흐름과 함께 가는 것이다.[17] 천지개벽 이래로 하나의 진술에서 그에 조응하는 상황으로 비약하는 데 성공을 거둔 사람은 아무도 없었다. 시간을 고려에 넣지 않고, 연속적 경로에 의해 연결된 일단의 연속적 버전들을 놓지도 않으면서 그 일을 해낼 수는 없었다. 분명 하나의 진술은 제임스가 말했듯 "다음에서 다음으로" 잠정적 종점으로 향하는 경험의 연쇄로 이어질 수 있고, 감각 데이터의 대체를 통해 예전에는 "가상적으로" 어땠는지에 관한 소급적 판단을 가능케 한다. 그러나 그 어떤 진술도 어떤 상황이 그에 조응했다는 "바로 그러한 의미에서" 그것의 진리 내용에 의해 판단이 이뤄진 적은 없었다.[18]

결국 내게 수수께끼는 "우리는 어떻게 상황에 관한 어떤 진술이 참인지 거짓인지 결정할 수 있는가."가 아니라 오히려 "우리는 어떻게 지식생산을 불가능한 수수께끼로, 심연을 뛰어넘는 비약으로 변화시키려는 시도를 진지하게 받아들이도록 요청받아왔는가."이다. 진정한 추문은 "빌어먹을 상대주의자들은 어떻게 재현과 객관성 사이의 간극에 다리를 놓을 수 있다는 점을 부인함으로써 과학의 신성함을 공격하고 있는가?" 하고 묻는 것

---

17) 제임스처럼 그토록 대담한 철학자도 말하자면 적에게 굴복해서, 이것이 실용적 목적에만 "부족함이 없는 정도로 훌륭"하다고 말함으로써 그 자신의 입장을 폄하한 것은 이상한 일이다. 그런 의미에서 실용주의는 분명 내가 여기서 제시하고자 하는 내용에 대한 잘못된 꼬리표이다.

18) 이것이 가브리엘 타르드(Tarde, 1999로 재출간)의 대안적 삼단논법의 근거였다. 타르드는 제임스, 듀이, 베르그송과 마찬가지로 철학, 과학, 사회를 일신하고 다원주의의 충격을 흡수하려는 이 거대한 운동의 중요한 일부분이었다. 그는 20세기 내내 대체로 잊혀 있었고, 지금 우리가 대대적인 노력을 통해 되살리려 애쓰는 인물이다.

이 아니라, "어떻게 그것의 연속성이 모든 지식획득에 필수적인 경로 속에 참호를 팔 수 있었는가?"라고 묻는 것이 된다.

만약 지식에서 시간을 제외하도록 단서조항을 다는 것이 아무런 의미도 없다면, 왜 시간을 배제해야만 하는 것일까? 왜 우리는 시간, 교정, 장치, 사람들, 제도를 더하는 것이 과학의 신성함과 진리 조건에 위협이 될 수 있다고 생각하는가? 그것이야말로 과학의 **가장 중요한 요소**이며, 관념들이 옳았는지 옳지 않았는지를 소급해서 판단하기에 충분한 교차점들로 가득 찰 수 있도록 연속적 경로를 놓는 유일한 방법인데 말이다. 자연사박물관의 사례에서 방문객들이 다음과 같은 사실들을 알게 되면 주의가 산만해질까? 예전에 서로 싸웠던 고생물학자들이 있었고, 화석에는 시장가치가 있었으며, 재구성은 너무나 자주 변경되었고, 우리는 "확실하게 알고 있지 못하다.", 혹은 다른 표지판에 적힌 것처럼 "오래전에 멸종된 동물들의 생리학에 관해 추정하는 것은 흥미로운 일이지만, 우리는 이러한 관념들을 결정적으로 검증할 수 없다."는 것을 알게 되면 말이다. 더 많은 화석이 있을수록 우리는 그것에 대한 우리의 재현이 더 흥미롭고 생생하고 견고하고 사실적이고 그럴 법하다고 느낀다. 그것이 증식할 때 어떻게 그 동일한 재현들에 대해 덜 확실하고, 덜 견고하고, 덜 사실적이라고 느끼게 될까? 그것의 장비가 눈에 보일 때는? 고생물학자들의 모임이 눈에 띄게 될 때는?

지금 내가 다루고 싶은 수수께끼는 "우리는 확실성을 가지고 객관적으로 알 수 있는가?"가 아니라 오히려 이런 질문들이다. "우리는 어떻게 우리가 객관적으로 알 수 있다는 것을 의심하게 되었는가? 진리 조건이 충족되도록 하는 분명한 특징들을 회의주의와 상대주의의 증거로 보게 되는 지경까지 말이다." 여기서 나는 과학학도들에게 너무나 자주 부도덕성의 혐의를 씌워온 이들에 맞서 형세를 역전시키고 있다! 그러한 공격들에 온순하게 혹은 도발적으로 그토록 오랫동안 답해왔으니, 이제 역공을 펼쳐서 그들이 아무런 근거도 없이 점해온 도덕적 우위에 의심을 제기할 시간이 되었다.

지식은 존재양식이다

지식획득 경로에서의 진정한 어려움

한 가지 가능한 답변은 우리가 객관적 과학에 대해 그것이 도저히 제공해줄 수 없고 심지어 제공하려 애써서도 안 되는 무언가를 요청해왔고, 그럼으로써 회의주의가 침투할 수 있는 커다란 구멍을 만들어놓았다는 것이다. 그리고 인식론자들은 "맞아요, 과학에 이걸 요청한 것은 잘못이었군요."라고 실토하는 대신, 그들의 주된 임무가 그들의 유일한 임무를 이행하지 않고 회의주의에 맞서 **싸우는** 것이라고 계속 생각해왔다는 것이다. 시간 교정, 장치의 개선, 동료와 사람들에 의한 견제와 균형의 증식을 고려에 넣고, 일반적으로는 확실성을 유지하는 데 필요한 제도를 강화함으로써 과학의 진리 조건이 충족될 수 있도록 보증하는 것이 그들의 유일한 임무인데도 말이다.

여기서 추가된 어려움은 무엇인가? 왜 과학생산의 부담에 이러한 가외의 짐이 더해졌는가? 한 가지 답변은 아마도 시간의 형성하는 성질을 부정한 것과 관련이 있을 것이다. 다윈 이전에는 개별 말이 말의 이념형의 **징표**에 불과한 것으로 간주되어야 했던 것과 마찬가지로, 교정, 기기 장치, 동료들, 제도라는 대단치 않은 수단들에 의해 확실성을 얻을 수 있음을 받아들이기는 어려워 보였다. 사실 유사점은 좀 더 깊은 수준까지 이어진다.

다윈의 혁명적 통찰이 우리의 지적 관습에 의해 결코 진정으로 받아들여지지 않았고 그것을 재합리화하려는 활동에 의해 즉각 대체되었던 것과 마찬가지로, 공교롭게도 인식론은 관념의 연속 더하기 장치 더하기 동료들이 자기 나름의 속도로 나아가도록 내버려두면 충분히 견고한 확실성을 얻기에 모자람이 없다고 결코 생각하지 않았다. 징표들의 계보에 대해 그들은 여전히 **유형**을 더하고 싶어 한다. 말의 진화를 인도하는 신이 더 이상 존재하지 않음에도 불구하고, 말의 계보의 **지식**을 이끄는 신이나 적어도 인식론적 섭리(Epistemological Providence)는 여전히 존재하는 것 같다.

그러나 또 다른 이유는 지식 형성을 설명하는 순수한 어려움과 관련이 있는지 모른다. 흔히 하는 얘기로, 하나의 활동으로서 과학 그 자체는 시간의존적이고, 인간이 만들었으며, 겸손한 실천임에도 불구하고, 그 활동의 **결과**—다시 말해 시간이 어느 정도 지나면—는 시간에 독립적이고, 인간이 만든 것이 아니며, 대단히 신나는 객관성을 제공한다고들 한다. 결국 사실은 생성된 것이다. 이는 과학학에서 구성주의학파가 끌어낸 주된 결론이다. 조작의 과정에서 어떤 지점이 되면 그것이 조작되었다거나 주의 깊게 유지되어야 한다는 사실에 의해 더 이상 조명되지 않는 사실이 출현한다. 사실의 이중적 본성—조작된 것이기도 하고 조작되지 않은 것이기도 한—은 과학사와 과학학의 진부한 경구가 되었다.

구성주의의 한계는 우리가 **두 가지 측면에** 동일한 강조점을 두어 **초점을 맞추는 데 어려움**을 겪는다는 것이다. 우리는 지저분하고, 평범하고, 인간적이고, 실용적이고, 우연적인 측면들을 지나치게 고집하거나, 아니면 최종적이고, 비범하고, 인간과 무관하고, 필수적이고, 논박불가능한 요소들을 지나치게 고집한다. 과학의 결과를 정치를 엉망으로 만드는 데 쓰고자 하는 유혹과는 별개로,[19] 하나의 실천으로서 객관성은 그저 이해하기 어려우며 우리 공통의 형이상학과 우리 공통의 존재론과 일치시키기도 어렵다고 말하는 것은 완벽하게 진실이다. 여기서 "공통"의 의미는 첫 번째 경험론에 의해 공통으로 만들어진 것을 가리킨다.

내가 이해하려 애쓰고 있는 수수께끼는 "우리는 멀리 떨어져 있는 어떤 상황을 어떻게 객관적으로 알 수 있는가?"가 아니라—우리가 그렇게 할 수 있다는 데는 의심의 여지가 없다—"우리의 지식획득 경로의 자명한 성질에도 불구하고, 어떻게 우리는 객관성 생산을 지식이 수수께끼가 된 막다른 골목 속으로 끌어넣어 왔는가?"임을 기억하라. 내가 지금 제안하고 있는 재공식화는 다음과 같다. "객관성 생산에는 어떤 이상한 특징이 있는 것이 분명하다. 그 특징은 이 순진하고, 건강하고, 다분히 상식적인 활동을 객관성 그 자체와는 전적으로 무관한 이유에서 생산적으로 보였던 막다른 골목으로 끌어들이려는 유혹을 제공해왔다."(그중 하나는 정치이지만, 이는 이 장에서 다루는 대상이 아니다.) 그러면 이 이상한 특징은 무엇인가?

우리는 어떤 상황을 지식획득에 끌어넣을 때 뭔가 일이 생긴다는 것을 인정해야 한다. 제임스가 예로 든 개, 고생물학의 말 화석, 파스퇴르의 미생물, 이 모든 것이 변화를 겪는다. 그것은 새로운 경로로 진입하고, 일

---

19) 나는 다른 지면(Latour, 2004b)에서 절대적이고, 무매개적이고, 영원하고, 논박불가능한 형태의 지식이 어떤 상황에서는 전혀 무관한 문제에 해법을 제공하는 것처럼 여겨질 수 있음을 보였다. 시끄럽고 냄새나고 붐비는 **광장**에서 경쟁집단들 간의 합의—정치논쟁에 적합한 정상적 절차로는 만들어낼 수 없었던 합의—를 만들어내는 문제 말이다. 이는 내가 **정치적 인식론**이라고 불렀던 현상이다. 이러한 해석에서 인식론은 결코 과학의 생태를 촉진하는 것을 목표로 하지 않으며, 오히려 정치 속에 확실성의 원천을 도입하는 것을 추구한다. 이는 당사자들에게 만족스러운 방식으로 종결될 수 없었던 논쟁의 경우에 항소법정의 역할을 할 수 있었다. 재미있는 것은, 이것이 과학이 확실성을 성취하는 나름의 방식에 대한 형편없는 설명임에도 불구하고, 정치가 합의를 제공하는 부도덕한 방식을 부끄럽게 하는 본보기이자 이상으로 활용되었고 지금도 활용되고 있다는 점이다.

단 알려진 후에는 다른 "경험의 연쇄"를 따라 순환한다. 인식론에서 이러한 변화는 인식주체에 의한 포착으로—내가 앞서 제안했던 것처럼, 틀리게—부호화되었다. 그리고 우리는 이제 그 이유를 이해하고 있다. 〈그림 4.4〉의 간극에 다리를 놓는 도식의 수직 차원은 알려진 대상에서 어떤 중요한 변화를 감지할 수 없다. 대신 이는 단지 우리가 **일단** 확실하게 알고 나면 어떤 일이 생기는지를 소급해서 기록할 뿐이다. 대상과 주체는 서로 잘 "조응"한다. 그들은 플렉이 했을 법한 말로 표현하면 같은 곡조에 조율되고 "직접 지각된다." 우리는 그러한 시각에 의해 만들어진 가공의 산물의 원천을 감지할 수 있게 되었다. 이는 결과인 인식주체를 **이미** 객관적으로 알려지기를 기다리고 있는 대상인 어떤 것으로 이어지는 수수께끼 같은 다리의 지주로 간주한다. 이는 인식주체가 역사, 운동, 일련의 수정과 교정을 갖는 것처럼 보이는 반면, 대상 그 자체—미래의 "사물 그 자체"—는 움직이지 않는 이유이다.(〈그림 4.4〉를 보라.) 그 결과 수많은 인식론 책들이 메우고자 애써왔던 "균열"이 벌어지고 만다. **한쪽 종점은 움직이는데 다른 쪽 종점은 그렇지 않기** 때문이다. 회의주의가 열린 공간을 에워싸고 있다. 그러나 사실의 생성이 하나의 사건이라면, 이러한 사건성은 발견자들뿐 아니라 발견 대상과도 똑같이 공유되어야 한다.

복구 수술: 경로의 구분

인식론과 동일한 "실수"를 다시 저지르지 않는 방식으로 이러한 차이를 이해하려면, 먼저 대상이 지식경로들에 의해 포착되기 **전에** 어떻게 움직였는지 고려하는 것이 중요하다. 제임스가 "개의 관념"이 개와 "조응하는지" 확인하려 애쓰기 전에 개는 어떻게 펄쩍 뛰고 짖고 있었는가? 다소 악명 높은 내 식대로 표현을 해보자면, "파스퇴르가 미생물을 19세기 미생물학의 경로 속에 끌어넣기 **전에** 미생물의 삶의 방식은 어떤 것이었는가?"[20] 만약 우리가 "글쎄, 그들은 거기서 그 자체로 알려지기를 기다리면서 있었지요."라고 답한다면, 우리는 즉시 아무리 창의성을 발휘해도 메울 수 없는 간극, 균열, 틈을 다시 열어놓게 된다. 반면에 만약 우리가 "그들은 철학자나 과학자들이 그것을 지목한 그 순간부터 존재했어요."라고 답한다면, 우리는 상대주의—교황이 경멸적으로 사용한 바로 그 의미에서—라는 벌집을 건드리게 되며, 우리가 아무리 세련된 입장을 취하려 애쓴다 해도 이내 다양한 관념론적 입장들 중 하나로 귀착될 위험을 안게 된다. 그러나 연속적 도식에서는 우리가 고려하고 있는 다양한 존재들이 이제 그속에서 동일한 방향으로 움직이는 경험의 조직에 뭔가 **일이 생겼음**이 분명하다. 〈그림 4.2〉에서 묘사한 배경 화법에서 불합리했던 점(인식주체와 인식대상이 간극 양쪽의 서로 다른 형이상학적 편에 놓여 있었다.)은 〈그림 4.3〉의 배경 화법에서는 거의 상식이 된다. 인식주체와 인식대상은 적어도 공통의 "전반적 경향"을 공유하며, 이것이 우리가 그토록 객관적으로 알게 되는 이유이다.[21] 제임스의 은유를 재활용해보면, 우리는 이제 이렇게 질문을 던져야 한다. "공통의 조직이 짜인 구조는 어떤 것인가?"

적어도 한 가지 특성이 모든 가닥에 공통인 것은 분명하다. 그들은 모두 말하자면 동일한 생존투쟁에서 정렬해 있는 벡터들로 이뤄져 있다. 모든

---

20) 나는 『판도라의 희망』(Latour, 1999)의 가운데 장들에서 이 점을 다소 길게 논의했지만, 내가 여기서 개진한 존재양식의 관념을 완전히 포착해내지는 못했다.

21) 여기서 우리는 진화인식론을 좇아서 "물론" 그들은 모두 "자연의 일부"라고 말함으로써 모든 구성요소를 때 이르게 통합하려는 유혹에 다시 한 번 저항해야 한다. 내가 다른 지면에서 보인 것처럼, 자연화에서 잘못된 것은 그것의 견고한 유물론이 아니라 때 이른 통합이었다.(Latour, 2004b) 이 점은 필리프 데스콜라의 대작(Descola, 2005)에서 한층 더 강력하게, 훨씬 더 경험적 정확성을 기해서 지적되었다.

말은 그것이 살아 있었던 시대에는 섬세하고 변화하는 생태 속에서 살아남기 위해 투쟁하고 있었고 재생산 경로를 따라 경주를 벌이고 있었다. 그들에게는 또한 전진하는 것과 후퇴하는 것 사이에 차이가 있었음이 분명하다! 그것은 말로서 살아남는 것과 멸종하는 것의 차이였다. 우리가 선택한 지식의 정의가 어떤 것이든 간에, 우리는 그러한 경로가 다른 경향, 다른 전진운동을 따르는 것이 분명하다는 데 동의할 수 있다. 이는 일단 고생물학자들이 고대의 말들과 경로가 교차한 후에, 출토되고, 상자에 넣어 운송되고, 세척되고, 꼬리표가 달리고, 분류되고, 재구성되고, 전시되고, 학술지에 실리게 된 극소수의 화석화된 뼈들에 일어났던 일로부터 얻어진 서로 다른 부분들로 이뤄져 있음이 분명하다.

어떤 형이상학적 입장을 가진 사람이라도 말이 있는 것과 자연사박물관에서 눈에 보이게 만든 말 존재의 작은 일부가 있는 것 사이에는 미묘한 차이가 있음이 분명하다는 데 동의할 것이다. 이러한 교차점의 가장 덜 도발적인 버전은 말들이 살아 있는 동안 하나의 **존재양식**, 그러니까 스스로를 재생산하고 "즐기는" 것을 목표로 하는 양식—즐긴다는 것은 앨프리드 노스 화이트헤드의 표현이다—에서 이득을 얻었고, 고생물학자들과의 교차점에서 그들의 뼈 중 일부가 수십만 년이 지난 후에 우연히 **또 다른 존재양식**으로 들어갔다고 말하는 것이다. 일단 그들의 예전 자아의 조각들이 말하자면 고생물학의 경로로 선로를 이동한 후에 말이다. 첫 번째 양식을 **생존**, 두 번째 양식을 **준거**라고 부르도록 하자.(그리고 두 개 이상의 양식이 있을 수 있다는 점을 잊지 말도록 하자.)[22]

---

22) "존재양식(mode of existence)"이라는 표현은 에티엔 수리오의 책(Souriau, 1943)에서 가져온 것이다. 이 책에 대한 내 논평을 보라.(Latour, 2007) 그것의 개수와 정의의 문제는

나는 여기서 이상한 얘기를 하려는 것이 아니다. 살아남기 위해 애쓰는 생명체가 발굴되고, 세척되고, 집합적으로 검토되고, 논문으로 출간되는 뼈와 정확히 동일한 방식으로 살아가지 않는다는 점은 누구나 받아들일 것이다. 그러나 여기서 나는 "정확하게 동일한 것은 아니다."라는 이 표현이 두 가지로 잘못 전달되는 것을 피하기 위해 조심해야 한다.

먼저 내가 "풍부한 삶" 대 "죽은 지식"이라는 낭만주의의 진부한 경구를 되살리려는 것이 아님을—낭만주의가 이러한 차이의 한 가지 측면에 관해서는 올바로 포착했을 수도 있지만—분명하게 밝히고 싶다. 고생물학자들의 연결망을 따라 운반되는 뼈의 경우에도 대평원을 가로질러 돌아다니던 말의 경우만큼이나 풍부하고 흥미롭고 복잡하고 위험한 삶이 있기 때문이다. 나는 단지 **정확하게 동일한** 부류의 삶이 아니라고 말하고 있는 것뿐이다. 나는 삶과 죽음을, 혹은 대상과 대상의 지식을 대비시키는 것이 아니다. 나는 그저 동일한 시간의 흐름을 따라 움직이는 **두 개의 벡터들을 대조시키고** 있으며, 이러한 둘 모두를 그것의 서로 다른 존재양식에 따라 특성을 부여하려 에쓰고 있다. 내가 하고 있는 일은 단지 지식 그 자체는 어느 곳에도 근거를 두지 못하고 부유하고 있는 반면, 대상에는 존재를 부여하는 것을 거부하는 것이다. 지식은 디스커버리 채널에 나오는 자연 다큐멘터리에 입힌 보이스오버 내레이션이 아니다.

잘못 전달되는 두 번째 경우는 지식획득 또한 하나의 경로이며, 말의 생존에 못지않은 위험한 변화의 연속적 연쇄임을 망각하는 것이다. 차이가 있다면 후자는 계보의 **재생산**을 통해 하나의 말에서 다음 말로 가는 것이

내가 현재 진행 중인 연구의 주제이다. 존재양식은 대안적 존재론의 탐구와 분명하게 연결된 지극히 평범한 표현이다.

라면, 전자는 내가 **준거의 연쇄**라고 불렀던 것을 끌어내어 "불변의 동체"를 유지하기 위해서 수많은 부분들과 변화를 통해 모래구덩이에서 자연사박물관으로 간다는 것이다.[23] 다시 말해 내 주장이 의미가 있으려면 이러한 두 번째 존재양식을 특징짓는 모든 변화를 꿰뚫는 계통을 채워 넣어야 한다—움직임을 그것의 종점으로 추정되는 두 곳으로 제한하지 않으면서—는 것이다. 우리는 이러한 중개물들의 긴 연쇄를 망각하면 어떤 일이 생기는지 알고 있다. 우리는 준거를 잃어버리며, 더 이상 어떤 진술이 참인지 거짓인지 결정할 수 없게 된다. 마찬가지 방식으로, 말이 재생산의 위업을 달성하는 데 실패하면, 그것의 계보는 그냥 사멸해버린다. 하나는 경로를 따라 불연속성이 있을 경우 중단될 수 있는 벡터이지만, **다른 하나도 마찬가지이다!** 다시 말해 차이는 그러한 두 가지 유형의 존재들의 **벡터 특성**이 아니라 두 개의 벡터들의 연속적 부분들을 이루고 있는 **요소**로부터 나온다. 경험의 조직은 동일하지만 그것을 이루고 있는 가닥들은 그렇지 않다. 이것이 내가 존재양식이라는 관념으로 전달하려 애쓰는 차이이다.

몇몇 철학자들은 제임스가 지식을 재기술한 이래로 그러한 두 가지 존재양식을 혼동하지 않고 구별하는 것이 다시금 가능해졌다는 것을 화이트헤드에게서 배웠다. 화이트헤드는 이처럼 말이 생존하는 방식과 뼈가 고생물학자들의 지식획득 경로를 통해 전달되는 방식을 혼동하는 것을 "자연의 분기"라고 불렀다. 그의 주장은 우리가 어떻게 무언가를 아는가와 이 무언가가 어떻게 시공간 속에서 이어지는가를 혼동해왔다는 것이다. 이 때

---

23) 나는 심지어 포토 에세이를 통해 이러한 운동과 수많은 중간단계들을 기록하려는 시도도 했다.(Latour, 1999, chapter 2를 보라.) "불변성"과 "이동성"이라는 두 상반된 성질들을 극대화시키는 모든 것은 라투르(Latour, 1990)와 린치와 울가가 편집한 책 전체(Lynch and Woolgar, 1990)를 보라.

문에 그는 주체가 그것을 안다고 덧붙임으로써 명확해지는 그런 질문은 없다고 결론을 내린다. 바로 그런 일을 하는 데 자부심을 갖는 과학학도들에게는 큰 도전이 아닐 수 없다!

오늘날 철학과 과학에서는 다음과 같은 결론에 대한 심드렁한 묵인이 지배하고 있다. 자연이 감각인식에서 우리에게 드러날 때, 자연과 정신의 관계를 끌어들이지 않고서는 자연에 대한 어떤 일관된 설명도 제시할 수 없다는 것이다.(Whitehead, 1920: 26)

그는 우리가 객관적으로 안다는 데 반대한 것이 전혀 아니었다. 설, 제임스, 나 자신, 모든 현장 과학자들과 마찬가지로, 그는 확실성 획득 연결망을 의심의 대상으로 삼는 데 단 한순간도 관심을 보이지 않았을 것이다. 화이트헤드가 한 일은 "과학은 어떤 흥미로운 **인식론적** 질문도 제기하지 않는다."라는 표어를 한층 더 강력하게 전달한 것이다. 바로 이러한 이유 때문에 화이트헤드는 절차, 그러니까 지식이라고 불리는 존재양식에 필요한 경로를 그가 생명체라고 부른 존재양식과 **혼동하는** 것을 원치 않았다.

그 결과 감각인식을 담론적 지식으로 번역하는 **정신의 절차에 불과한 것**이 자연의 근본적 특성으로 변환되었다. 이런 식으로 물질은 그것이 지닌 성질의 형이상학적 기층으로 등장했고, 자연의 과정은 물질의 역사로 해석된다.(Whitehead, 1920: 16, 강조는 인용자)

그래서 가장 유명한 문장이 이어진다.

결국 물질은 공간적·시간적 특성들을 사상하고 개별 존재자라는 최소한의 개념에 도달하는 것에 대한 거부를 나타낸다. 이러한 거부가 사고의 절차에 불과한 것을 자연의 사실로 끌어들인 혼란상태를 유발했다. 시공간을 제외하고는 모든 특성을 떼어내 버린 존재가 자연의 궁극적 구조로서 물리적 지위를 획득했다. 그 결과 자연의 과정은 물질이 공간을 통해 벌이는 모험에서 겪는 성쇠에 불과한 것으로 상상된다.(Whitehead, 1920: 20)

공간과 시간은 가령 모래구덩이에서 박물관으로 가는 경로를 따라 지식을 획득하는 존재양식에서 중요한 "사고의 절차"이지만, 그것을 "개별 존재자"들이 계속 존재할 수 있는 방식과 혼동해서는 안 된다. 화이트헤드가 독자적으로 이룬 성취는 지식의 이론이 확실성 생산과 관계 맺어온 막다른 골목을 둘 모두가 **제 나름의 서로 다른 길**을 갈 수 있게 함으로써 넘어선 것이다. 물질의 혼란상태를 종식시킨 것이다.[24] 둘 모두가 존중받고, 소중히 여겨지고, 보살핌을 받아야 한다. 생명체들이 연속적 경로를 따라 "다음에서 다음으로" 재생산하는 데 필요한 생태적 조건과 준거가 연속적 경로를 따라 "다음에서 다음으로" 생산될 수 있는 생태적 조건 모두가 말이다. 이 둘을 뒤섞는 것은 "사기"라고 화이트헤드는 주장한다.

내 주장은 이렇게 정신을 끌고 들어와 감각인식에 의한 지식의 근거로 상정된 사물에 그 자체로 첨가하는 것은 자연철학의 문제점을 회피하는 방편에 불과하다는 것이다. 그 문제점은 알려진 사물들 사이의 관계를 그것이 알려져 있다는 최소한의 사실로부터 추상해서 논의하는 것이다 … 자연철학은 무엇이 정신 속

24) 이 책에 대한 해석은 슈탕제르(Stengers, 2002)를 보라.

에 있고 무엇이 자연 속에 있는지를 결코 물어서는 안 된다.(Whitehead, 1920: 30)

여기에 철학적 갈림길이 놓여 있다. 하나는 독일어—그 자체(An sich)—로, 다른 하나는 라틴어—그들 사이의(inter se)—로 표시돼 있다. 화이트헤드의 복구 수술이 갖는 우주론적 중요성은 대단히 크다.[25] 내가 화이트헤드에서 취하고자 하는 것은 단지 보통 객관적 지식으로 정의되는 것에 존재론적 무게를 부여할 가능성이다. 우리가 과학활동을 발전시키는 데 크게 성공을 거두면서 인식론은 과학에 두 개의 종점이 있다—연속적으로 경로를 메우는 것은 망각하고—고 잘못된 결론을 내렸고, 이러한 두 개의 종점 중에서 **오직 하나**—대상—만이 다소 존재론적 중요성을 지닌 반면, 다른 하나인 주체 쪽 지주는 첫 번째 것에 관한 지식을 생산하는 수수께끼 같은 능력을 지녔다—마치 지식 그 자체는 아무런 존재론적 무게를 갖지 않는다는 듯이—고 덧붙였다. 그래서 "재현"이나 "관념"이라는 단어의 묘한 사용이 나타난 것이다. 바위, 머그잔, 고양이, 깔개는 존재론을 갖지만, 그것들에 대해 알려진 지식은 존재론을 갖지 않는다. 문제를 이처럼 서투르게 틀지었기 때문에, 인식론에 주눅 든 과학학도들은 그들이 묘사하고 있는 경로들에 대한 그들 나름의 발견을 "단지" 인공적이고, 평범하고, 단어 같은 담론으로 간주했다. 그들이 실은 새롭고, 유효하고, 견고하고, 완전히 성숙한 존재양식을 발굴해냈다는 사실을 깨닫지 못한 채 말이다. 그들은 마치 자신들이 그저 첫 번째 경험론을 사로잡아온 **동일한 다**

---

25) 과학학에서 영향을 받은 상당수의 철학자들이 화이트헤드가 던진 도전을 받아들였고, 그 중 대표적인 인물로 슈탕제르가 있다. 아울러 디디에 드베이스(Debaise, 2006)도 보라.

리의 "단어" 쪽을 복잡하게 하거나 풍부하게 한 반면, "세계" 쪽은 손대지 않은 채 남아 있거나 심지어 어떤 이해로부터도 더 멀어져 칸트식의 물 자체로 후퇴해버렸다는 듯이 행동한다.

나의 주장은 화이트헤드의 복구 수술이 없으면 과학사가들은 자신들이 단어들 사이와 세상들 사이에 **모두** 영향을 주는 벡터 유형에 다시 관심을 집중시켰다는 스스로의 발견을 결코 심각하게 받아들일 수 없다는 것이다. 이것이 바로 이러한 경향에 대응하기 위해 내가 "존재양식"이라는 동일한 표현을 양쪽 벡터 모두—생존을 위한 벡터와 준거를 위한 벡터—에 사용하려는 이유이다. 즉, 우리는 혼동을 주는 두 벌의 특징들—**생존을 위해 생명체처럼 전진하는 것과 객관적 지식을 생성하기 위해 준거처럼 전진하는 것**—을 알려진 "지식"에 부여하지 않았다. 다른 말로 하면 과학학도들은 지금껏 한 번도 준거의 연쇄를 **존재의** 양식으로 변화시키려 시도하지 않았다. 그러나 이는 대단히 간단하다. 지식은 세계에 **더해진다.** 이는 사물들을 빨아들여 재현으로 바꾸거나, 혹은 그 대신 그것이 알고 있는 대상 속으로 사라지지 않는다. 이는 풍경에 더해진다.

자연의 책은 얼마나 많은 존재론적 무게를 갖고 있는가?

이제 내가 처음에 제안했던, 과학사는 지식 그 자체의 역사뿐 아니라 알려져 있는 것의 역사도 의미해야 한다는 명제에 다소 흥미로운 의미를 부여할 수 있는 위치에 온 것 같다. 이것이 내가 결국에는 그다지 도발적이지 않은 진술인 "뉴턴이 중력에 대해 **일어났다.**"거나 "파스퇴르가 미생물에 대해, 고생물학자들이 말의 뼈에 대해 **일어났다.**"에서 선보인 명제이다. 우리는 이 장에서 배운 것을 동일한 과정—지식획득—을 두 가지 서로 다른 준거틀에서 생각해보는 것으로 요약할 수 있다. 내가 제임스를 따라 "공중

제비 도식"이라고 불렸던 첫 번째 틀(〈그림 4.2〉를 보라.)은 (1) 수직적 연결, (2) 두 개의 점—대상과 주체—사이에 확립, (3) 그중 하나는 연속적인 버전들을 통해 움직이지만 다른 하나는 그렇지 않음, (4) 둘 사이의 연결은 뚜렷하지 않고 언제든 중단될 수 있음으로 특징지어진다. 내가 "연속적"이라고 불렀던 두 번째 틀(〈그림 4.3〉을 보라.)은 (1) 확인되지 않은 숫자의 벡터들, (2) 동일한 시간의 방향으로의 흐름, (3) 수많은 교차점들, (4) 중간단계들은 연속적으로 연결되고 끊임없이 추적가능함이라는 특징을 갖는다.

나의 주장은 지식생산에 대한 어떤 현실적 해석도 첫 번째 틀에 의해 제공될 수 없다는 것이다. 유일한 결론은 우리가 주체 측의 연속적 버전에 관해 완전히 망각하거나—과학사에는 X등급을 부여해야 한다—아니면 "확실히" 알 수 있다는 모든 희망을 포기하고 다양한 관념론과 주관주의 학파들 속에 뒹구는 것이 될 터이다. 만약 이 마지막 시각이 옳다면, 전시실의 학예사들이 진화를 통한 말의 계통과 고생물학자들이 이러한 진화를 연속적으로 수정한 버전들을 나란히 전시한 것은 틀렸거나 솔직하지 못했다. 그들은 위험스러운 상대주의자, 수정주의자, 사회구성주의자로 박물관에서 내쫓아야 한다. 그들은 부시주의자들의 과학에 대한 전쟁이라는 장기판에 놓인 말에 불과하며, 훌륭하고 실증주의적인 미국의 학생들을 타락시키려고 화석화된 뼈 수집품에 스며든 비밀 데리다주의자들이다.

그러나 지식생산의 현실적 버전은 두 번째 준거틀에 의해 제공될 수 있다. 왜냐하면 거기서는 진화하는 말의 움직임과 고생물학의 경로에 들어간 뼈의 순환을 혼동하는 시도가 전혀 없고, 충분한 선로 이동, 충분한 접합지점이 있어 지식이 증명될 수 있는—다시 말해 교정되고, 장치를 갖추고, 동료들에 의해 정정되고, 기관들에 의해 보증되고, 플렉이 말한 "방향성이 있"게 되는—수많은 잠재적 종점들을 만들어내기 때문이다. 좀 더 중요한 것으로, 교차점들을 연결하는 경로들은 지속적이고, 알아볼 수 있고, 기록이 가능한 물질적 형태를 갖고 있다. 30년에 걸친 과학학 연구 끝에 마침내 견고한 진리의 조응 이론을 수중에 넣었다면 그럴듯하지 않은가? (내가 이 은유의 패턴에서 순간이동 버전이 아닌 대도시의 지하철 노선을 따르고 있음을 기억하라.)

무엇이 내가 두 번째 틀이 더 낫다고 말할 수 있는 권한을 주는가? 이것이 문제에서 가장 중요한 부분이다. 첫 번째 틀에서는 모든 주의가 두 개의 장소에 집중된다. 저 바깥에 손이 닿지 않은 대상과 "거기 안에서" 변화하는 버전들을 갖고 있는 주체가 그것이다. 두 번째 틀에서는 두 개의 지주가 사라졌다. 더 이상 하나의 주체도 없고, 더 이상 하나의 대상도 없다. 대신 종횡으로 교차하는 경로에 의해 엮인 가닥들이 있다. 나는 어떻게 이 두 번째 버전을 좀 더 현실적인 것으로 간주할 수 있는가? 이는 마치 피카소의 초상화가 홀바인이나 앵그르의 것보다 더 사실적이라고 말하는 것 같다. 글쎄, 하지만 그것이 바로 중요한 점인지도 모른다. 왜냐하면 두 번째 틀에서 이제 완전히 눈에 보이게 된 것—이것이 내 주장의 근거인데—은 연속적으로 시간이 표시된 대상들과 주체들—이제 복수형이 된—의 버전들을 너무 많은 부산물로서 생성하고 있는 지식획득 경로들이기 때문이다. 물론 대상과 주체라는 두 개의 종점을 더 이상 계속 고수할 수 없게 된 것은 커다란 손실일 수 있다. 그러나 제발 부탁건대, 이득을 생각해보라. 객관적 지식을 생산하는 데 필요한 길고도 값비싼 경로들이 이제 완전히 부각되고 있다. 선택은 이제 분명하며, 문제는 독자가 어느 쪽을 가장 선호할 것인지 결정하는 것만 남았다. 당신은 대상과 주체를 부각시켜 그 사이에 수수께끼 같은 간극을 벌려놓는 엄청난 위험을 감수하는 쪽을 선호하는가? 유명한 "저 바깥"을 부각시켜 마치 늪에 사는 악어 떼처럼 그 간극에 몰려든 회의주의자들이 당신을 통째로 집어삼키려 드는 위험을 감수할 것인가? 아니면 의문스러운 대상과 주체의 존재에 대한 강조를 줄이고 객관적 지식의 생산을 보살피는 데 필요한 실용적 경로들을 강조하는 쪽을 선호하는가? 이것이 바로 적어도 내가 보기에는 상대주의가 항상 제공했어야 하는 것이다. 어떤 준거틀을 고수할지 결정하는지에 따라 얻는 것과 잃는 것 사이에서 분명한 선택을 제시하는 것 말이다.[26] 이제 당신이 선택할 차례이다.

나 자신의 선택의 이유는 그것이 내가 앞서 언급했던 어려움에 대해 신선한 해법을 제공한다는 것이다. 다년간에 걸친 인식론과 과학학의 노력 이후에도, 과학에서 평범한 담론 기반의 인간 측면들과 조작되지 않은 대상 기반의 비인간 측면들 양쪽 모두에 만족스럽게 초점을 맞추는 것이 사실상 불가능하다는 점 말이다. 이러한 불가능성의 이유는 부적절한 준거틀의 선택이었다. 이는 영화에서 뤼미에르 형제 이후 한 세기가 지났는데도 두 등장인물 사이의 대화를 찍을 때 카메라맨이 여전히 전경과 배경에 동시에 초점을 맞출 수 없는 것과 비슷하다. 극장 바깥에 있는 우리의 눈은 아무런 노력을 기울이지 않고 즉시 그렇게 할 수 있는데도 말이다. 그러나 만약 당신이 잠시라도 두 번째 틀을 통해 과학의 구조를 보는 것을 받아들인다면, 두 요소는 동시에 초점이 맞는다. 과학은 인공적인 것이 **아니라**고 말하는 것은 완벽하게 진실이 된다. 설사 모래구덩이에서 박물관으로 **뼈**를 운반하는 데 많은 노력이 소요되고, 그것에 대해 말한 것을 교

---

26) 사례들을 통해 첫 번째 모델은 사실 두 번째 모델의 **결과**라는 것이 분명하게 드러난다. 지식의 불확실성이 안정화되어 여기에 "개"가 있고 저기에 단어 "개"가 있다고 말하는 것이 상식처럼 보이는 지점에 이르렀을 때 그러하다.

정하는 데 많은 동료들이 필요하며, 데이터를 이해하는 데 많은 시간이 들고, 과학적 진리를 유효하게 유지하는 데 재원이 넉넉한 제도가 있어야 한다고 해도 말이다. 뼈들은 완전히 다른 존재양식 속에서 행동하게 되었다. 이 존재양식은 말들이 대평원에서 질주하던 방식에 이질적인 것만큼이나 관념들이 우리의 정신에서 행동하는 방식에 대해서도 이질적이다.[27]

두 번째 틀이 주는 추가적인 이득은 그것이 수리철학의 통상적 요구조건과 멋지게 부합한다는 것이다. 수학적 구성물은 마치 내가 부각시키고 있는 경로들처럼 비인간이지만 구성된 것이어야 한다. 이를 저 바깥의 대상들과 거기 안에 있는 관념들 사이에 붙잡아두려 하면 잘못된 처리가 되고, 둘 모두를 조금씩 시도하려 하면 상황이 더 나빠진다. 모든 수학자는 플라톤주의자가 되었다가 구성주의자가 되었다가 하는데, 이는 충분히 이해가 가는 일이다. 그러면서 그들은 매일같이 일을 해야 하고, 흔히 하는 말을 빌리면 충분한 양의 커피를 들이키면서 정리를 알아내고 그 자체로 실제 세계에 적용가능한 수수께끼 같은 성질을 가진 세계를 구축해야 한다. 그러한 요구조건들은 첫 번째 틀이 적용된다면 모순적이지만, 두 번째 틀은 그렇지 않다. 왜냐하면 종이 위에서 대상들 사이에 연결을 확립할 수 있는 것은 바로 바빌로니아 시대부터 오늘날에 이르기까지 지식획득 경로에 주어진 서비스이기 때문이다. 변형 없는 변형을 통한 순간이동─즉, **상수**의 발명─을 가능케 하는 것이야말로 수학의 모든 것이 아닌가?[28] 그

---

27) 이 해법이 "인간중심 원리"의 그것보다 얼마나 더 합리적인가를 보면 흥미로울 것이다. 인간중심 원리는 내 취향에 비춰보면 너무 많은 숙명론을 내포하고 있다. 그러나 인간중심 원리에서 좋은 점은 적어도 지식(knowledge)과 알려진 것(known)을 모두에게 일어난 사건으로 고려에 넣어왔다는 것이다.

28) 이 질문은 네츠의 책(Netz, 2003) 출간과 함께 결정적으로 일보 전진했다. 이 책은 섀핀과 섀퍼(Shapin and Schaffer, 1985)가 과학혁명에 대해 했던 일을 그리스 기하학에 대해 해

리고 이것이 바로 말하자면 객관적 지식을 가능케 하는 방식으로 태양계, 뼈, 미생물과 온갖 현상들을 이동가능, 운반가능, 부호화가능한 것으로 만드는 데 필요한 연결망을 "놓기" 위해 요구되는 것이 아닌가? 대상들은 그러한 경로들 중 하나가 수학적 격자들에 의해 연속적으로—제임스의 표현으로는 "다음에서 다음으로"—채워지기 전에는 "저 바깥"에 존재하게 만들 수 없다. 그러나 일단 그것이 그러한 경로들에 올려지고 나면, 별, 행성, 뼈, 미생물들은 객관적이 **되고**, 그것을 환영하고 배치하고 설치하느라 바쁜 사람들의 마음속에 객관성을 생성한다고 말하는 것은 전적으로 진실이다.[29] 애초에 객관적 지식은 세상에 눈을 돌려 그들의 관념이 어떻게 저 바깥의 존재들과 "부합"하는지를 보고 놀라는 과학자들의 마음속에 있는 것이 아니다. 객관적 지식은 순환하는 것이고, 이어 연결망에 사로잡힌 존재에 또 다른 존재양식을 **부여하고**, 그것에 사로잡힌 정신에 17세기 이전의 그 어떤 인간도 꿈꾸지 못했던—아니면 그들이 예전 시기에 **꿈꿨지만** 집단적이고, 장치를 갖추고, 물질적인 과학조직의 경로들이 완전히 자리를 잡은 후에야 **가질 수** 있었던—수준의 객관성을 **부여하는** 것이다.[30]

주었다.(다른 사람들에게 어떻게 비칠까를 우려해 네츠가 수학 도표의 새핀이 되고 싶은 것은 아니라고 주장하긴 했지만 말이다!) 그가 했던 일은 형식주의에 대한 최초의 체계적인 **유물론적** 독해를 제공한 것이었다. 하지만 여기서 "물질"은 화이트헤드가 비판했던 단점 중 어느 것도 더 이상 갖고 있지 않다.

29) 내가 불변의 동체 관념을 선호하는 이유는 그것이 상수의 발명을 통해 이동성과 불변성이라는 모순적 특징들을 유지하는 모든 실천을 포함하는 데 있다. 이 중 기하학과 수학에 의해 성취된 것들은 단지 가장 자명한 것들에 불과하며, 다른 것들도 많이 있다. 꼬리표 부착, 수집, 유지, 목록화, 디지털화 등.(지식경로의 이러한 폭넓은 확장에 대해서는 가령 Bowker, 2006을 보라.)

30) 지나가는 정신에 대한 이러한 객관성의 부여를 에드 허친스(Hutchins, 1995)보다 더 잘 기록한 사람은 아무도 없다. 그는 이 책에서 미국 해군이 어떻게 높은 이직률을 보이는 수병들에게 잠정적 유능성을 만들어냈는지를 보여준다. 객관성은 고도로 장비가 갖춰진 지식

객관적 과학이 "천지개벽 이래로 인간의 호기심"이 낳은 산물이며, 인식론적 계통이 직립 자세로 대초원을 굽어보던 루시에서 허블 망원경까지 곧장 이어진다고 상상하는 사람들은 거대한 오류를 범하고 있다.[31] 수많은 존재들이 객관성을 만드는 궤적으로 선로 이동하는 것을 가능케 한 장거리 연결망을 놓은 것은 우연한 역사이고 세계사의 새로운 특징이다. 이는 반드시 발명될 필요가 없었고, 지금도 여전히 발명이 무로 돌아갈 수 있다. 충분히 많은 부시주의자들이 자신의 뜻대로 행동하면서 그러한 통로들이 지속적으로 유지될 수 있게 하는 실용적 조건들을 파괴할 수 있다면 말이다. 이것은 과학의 역사성과 그 결과의 객관성을, 끝없는 일련의 위험한 가공의 산물들을 수반하는 첫 번째 틀에서 가능했던 것보다 더 생산적인 방식으로 존중하는 방법이 아닌가? 특히 내게 중요한 질문으로, 이것은 객관적 지식의 존재양식을 세상에 더하는 데 필요한, 깨지기 쉬운 생태적 모체를 보살피는 방식을 존중하는 더 나은 방법이 아닌가? 내가 인식론자들에 대해 결코 이해하지 못했던 점은, 그들이 순간이동 도식을 가지고 어떻게 사람들에게 뭔가를 객관적으로 아는 데 필요한 대단히 소박한 수단들의 고안, 유지, 확대에 투자하도록 설득했는가 하는 것이다. 나는 "사회구성주의자"로 평판을 얻긴 했지만, 항상 나 자신을 인식론의 불합리한 요구조건—이는 회의주의라는 오직 한 가지 결과만을 가져올 뿐이다—에 맞서 과학에 대해 또 다른 현실적 버전을 제공하려 애쓰는 사람들

획득 연결망 중 하나에 가입할 때 당신이 **얻는** 것이다. 그 바깥에서는 당신이 "객관적"이라고 말하는 것이 아무런 의미도 갖지 못한다.

31) 이 점에 관해서는 부지불식간에 아주 우스운 영화인 「종의 오디세이(The Odyssey of the Species)」를 보라. 이브 코펜스가 이 영화의 과학 자문을 맡았는데, 이 영화에서 루시가 직립보행을 하는 이유는 초원 너머로 과학의 밝은 미래를 보았기 때문이다!

중 하나로 생각해왔다. 다른 모든 곳에서와 마찬가지로 여기서도 종국에는 상대성이 절대주의보다 더 견고한 이해를 제공한다.

내가 이 장에서 오래된 문제에 대한 좀 더 그럴 법한 해법으로 제시한 작업은, 우리가 심지어 과학학에서도 종종 그렇게 하는 것처럼 그것을 "대상을 마주보는 정신"의 또 다른 좀 더 나은 버전으로 생각하는 대신, 그저 지식경로에 존재론적 무게를 다시 올려놓는 것이다.

사실 내가 말하고 있는 내용 중 보통을 벗어난 것은 아무것도 없다. 이는 갈릴레오가 다시 논의했던 바로 그 은유에 의해 철학적으로 대단히 정확하게 지적되었던 것이다. 자연의 책은 수학의 언어로 쓰여 있다는 표현 말이다.[32] 성서를 갱신한 이러한 뒤섞인 은유는 내가 제안했던 것과 정확히 동일한 문제를 지적하고 있다. 그렇다, 이것은 한 권의 책이며—지금은 깅거리치(Gingerich, 2004)가 이러한 책의 경로 은유가 얼마나 현실적인 형태를 취할 수 있는지 보여준 바 있다[33]—그 속에서 자연의 전진 중 일부가 환영받고, 운반되고, 계산되고, 새로운 방식으로 행동하도록 만들어질

---

32) 우리는 이제 이 고도로 복잡한 은유에 대해 엘리자베스 아이젠슈타인(Eisenstein, 1979)의 고전에서 마리오 비아지올리(Biagioli, 2006), 애드리언 존스(Johns, 2000)에 이르는 완전한 역사적 해석을 갖고 있다.

33) 깅거리치는 그 책(코페르니쿠스의 책 『천구의 회전에 관하여』—옮긴이)의 몇몇 측면들이 수많은 출판물, 주해서, 교과서, 대중문화를 통해 천문학자들의 공통의 우주 속으로 빠져들 때까지 코페르니쿠스가 프롬보르크대학에서 쓴 최초의 초고들의 연속적인 인쇄본들에 의해 확립된 물질적 연결에서 결코 벗어나지 않는다. 결국 깅거리치는 한순간도 그것의 객관적 무게를 잃지 않은 채 종이 위의 계산이 되는 것이 별과 행성들에 무엇을 의미하는지에 대한 현실적 번역을 마침내 제공하고 있다. 혹은 그것이 객관적이 된 것은 마침내 계산이 되었기 때문이지만, 오직 지식획득 경로가 지속되는 한에서만 그러했다. 코페르니쿠스가 우주에 일어난 이유는 계산이 되었다는 이러한 새로운 사건 때문이다. 당연하게도 우리가 불연속적 준거틀로 되돌아가자마자 별과 행성들은 고정되고 저 바깥으로 물러나 아무런 역사도 갖지 않게 된다.

수 있는 책이다. 그러나 이 은유는 어떤 존재론적 조건하에서 자연이 수학적 형태로 씌어지도록 만들어질 수 있는지를 우리가 고려하지 않는다면 아주 빠르게 무너지고 만다. 자연의 책 은유는 "과학혁명"으로 알려진 17세기의 이 놀라운 사건에 대한 정확한 해석을 제공한다. 자연의 경과의 일부 특징들은 선로 이동되어 경로 위에 올려졌고, 그럼으로써 새로운 존재양식을 제공받았다. 그들은 객관적으로 된 것이다. 이는 상당한 시간이 흐른 후 별들의 궤적에 대한 모든 역사가 그 교차점 중 하나로 코페르니쿠스와 갈릴레오를 포함해야 하는 이유이다.

그러나 이러한 시각에 따르면, 이는 또한 17세기 이후 그들이 대상으로서 새롭게 존재하게 되었음에도 **사람들이** 다른 존재양식들—그 나름의 존재 지속을 위해 다른 경로, 다른 요구조건을 가질 수도 있는—을 세상에서 **거둬들일** 수 없었던 이유이기도 하다. 제임스가 **다원우주**(pluriverse)라고 불렀던 경험의 조직은 하나 이상의 가닥으로 엮여 있다. 이는 그처럼 얼룩덜룩하고 반짝거리는 측면—자연사박물관 전시실의 학예사들이 제공한 "수정된 버전"에 의해 어떤 식으로든 강화된 측면—을 가진 것이 우리에게 허락된 이유이다. 결국 나는 여기서 내가 글을 시작한 진화 전시실에 붙은 표지판의 건강한 의미를 이해하기 위해 노력하고 있었으니 말이다.

참고문헌

Baker, Nicholson (1988) *The Mezzanine* (New York: Weidenfeld and Nicholson).

Biagioli, Mario (2006) Galileo's Instruments of Credit: Telescopes, Images, Secrecy (Chicago: The University of Chicago Press).

Bowker, Geoffrey C. (2006) *Memory Practices in the Sciences* (Cambridge, MA: MIT Press).

Coetzee, J. M. (2005) *Slow Man* (London: Vintage Books).

Daston, Lorraine (2000) *Biographies of Scientific Objects* (Chicago: University of Chicago Press).

Debaise, Didier (2006) "Un empirisme spéculatif." Lecture de Procès et Réalité (Paris: Vrin).

Descola, Philippe (2005) *Par delà nature et culture* (Paris: Gallimard).

Dewey, John (1958) *Experience and Nature* (New York: Dover Publications).

Eisenstein, Elizabeth (1979) *The Printing Press as an Agent of Change* (Cambridge: Cambridge University Press).

Fleck, Ludwig ([1934]2005) *Genèse et développement d'un fait scientifique*, trans. Nathalie Jas, preface by Ilana Löwy, postface by Bruno Latour (Paris: Belles Lettres).

Fleck, Ludwig ([1935]1981) *Genesis and Development of a Scientific Fact* (Chicago: University of Chicago Press).

Gingerich, Owen (2004) *The Book Nobody Read: Chasing the Revolution of Nicolaus Copernicus* (New York: Penguin).

Hacking, Ian (1999) *The Social Construction of What?* (Cambridge, MA: Harvard University Press).

Hutchins, Edwin (1995) *Cognition in the Wild* (Cambridge, MA: MIT Press).

James, William ([1907]1996) *Essays in Radical Empiricism* (Lincoln and London: University of Nebraska Press).

Johns, Adrian (2000) *The Nature of the Book: Print and Knowledge in the Making* (Chicago: University of Chicago Press).

Latour, Bruno (1990) "Drawing Things Together," in M. Lynch & S. Woolgar (eds), *Representation in Scientific Practice* (Cambridge, MA: MIT Press): 19-68.

Latour, Bruno (1999) *Pandora's Hope: Essays on the Reality of Science Studies* (Cambridge, MA: Harvard University Press).

Latour, Bruno (2004a) "Why Has Critique Run Out of Steam? From Matters of Fact to Matters of Concern," Symposium on the "The Future of Criticism," *Critical Inquiry* 30: 225–248.

Latour, Bruno (2004b) *Politics of Nature: How to Bring the Sciences into Democracy*, trans. Catherine Porter (Cambridge, MA: Harvard University Press).

Latour, Bruno (2005) "What is Given in Experience? A Review of Isabelle Stengers' *Penser avec Whitehead*," *Boundary 2* 32(1): 222–237.

Latour, Bruno (2007) "Pluralité des manières d'être." *Agenda de la pensée contemporaine, Printemps* 7: 171–194.

Lynch, Michael & Ruth McNally (2005) "Chains of Custody: Visualization, Representation, and Accountability in the Processing of DNA Evidence," *Communication & Cognition* 38 (3/4): 297–318.

Lynch, Michael & Steve Woolgar (eds) (1990) *Representation in Scientific Practice* (Cambridge, MA: MIT Press).

Marcus, George E. (1999) *Paranoia within Reason: A Casebook on Conspiracy as Explanation* (Chicago: University of Chicago Press)

Mooney, Chris (2005) *The Republican War on Science* (New York: Basic Books).

Netz, Reviel (2003) *The Shaping of Deduction in Greek Mathematics: A Study in Cognitive History* (Cambridge: Cambridge University Press).

Petroski, Henry (1990) *The Pencil: A History* (London: Faber and Faber).

Pickering, Andrew (1995) *The Mangle of Practice: Time, Agency and Science* (Chicago: University of Chicago Press).

Shapin, Steven & Simon Schaffer (1985) *Leviathan and the Air Pump* (Princeton, NJ: Princeton University Press).

Souriau, Etienne (1943) *Les différents modes d'existence* (Paris: Presses Universitaires de France).

Stengers, Isabelle (2002) *Penser avec Whitehead: Une libre et sauvage création de concepts* (Paris: Gallimard).

Tarde, Gabriel (1999) *La logique sociale* (Paris: Les Empêcheurs de penser en rond).

Whitehead, Alfred North (1920) *The Concept of Nature* (Cambridge: Cambridge University Press).

5.
사회세계 개념틀: 이론/방법 꾸러미*

에이델 클라크, 수전 리 스타

이 장에서 우리는 폭넓은 STS 연구들에서 활용되는 분석 형태인 사회세계 개념틀을 제시한다. 사회세계 개념틀은 행위자 집단들—다양한 부류의 집합체들—간의 의미생산과 집합적 행동에 초점을 맞춘다. 사람들은 "함께 일을 하"며(Becker, 1986) 공유된 대상을 가지고 작업하는데, 과학기술에서는 그러한 대상에 종종 고도로 전문화된 도구와 기술들이 포함된다.(Clark & Fujimura, 1992; Star & Ruhleder, 1996) 사회세계(social world)는 "담론의 우주(universes of discourse)", 즉 대단히 관계적인 공유된 담론 공간으로 정의된다.(Strauss, 1978) 시간이 지나면서 사회세계는 흔히 복수의

* 우리는 올가 암스테르담스카, 마이클 린치, 에드 해킷, 주디 와츠먼, 그리고 야심에 찬 익명의 심사위원들이 보여준 안내와 극히 사려 깊고 도움이 된 논평에 대해 크게 감사를 표하고 싶다. 아울러 너그러운 논평과 도움을 준 제프 보커, 샘프사 하이살로, 앨런 레겐스트라이프에게도 감사를 드린다.

세계들로 분할되고, 그들이 내용/주제에 대한 관심과 열의를 공유하는 다른 세계들과 만나고, 또 합쳐진다. 만약 사회세계의 수가 많아져 갈등, 서로 다른 부류의 경력, 관점, 자금원 등이 종횡으로 가로지르게 된다면, 이 전체는 하나의 **영역**(arena)으로 분석된다. 결국 하나의 영역은 상호 관심을 가지고 행동에 열의를 보이는 쟁점들 주위에 생태학적으로 조직된 복수의 세계들로 구성된다.

이 개념틀은 복수의 집합적 행위자들—사회세계들—이 온갖 종류의 협상과 갈등을 벌이며 폭넓은 내용적 영역에서 대체로 지속적인 참여에 헌신하는 것을 가정한다. 이 개념틀은 시종일관 생태학적이며, 영역 안에 있는 일단의 사람들**과 사물들**을 가로지르는 관계와 행동의 본질, 재현(서사적, 시각적, 역사적, 수사적), 작업과정(합의 없는 협동, 경력 통로, 일상/변칙을 포함하는), 그리고 많은 부류의 뒤섞인 담론들을 이해하고자 애쓴다. 사회세계 개념틀은 특히 상황성과 우연성, 역사와 유동성, 헌신과 변화에 주목한다.

우리는 먼저 미국 사회학의 상징적 상호작용론 전통에서 사회세계 개념의 발전을 간략하게 설명할 것이다. 이어 사회세계 개념틀이 어떻게 지각 그 자체가 이론추동적인 것이라는 이해에 의존한 "이론/방법 꾸러미"인지 보여준다. 다음으로 사회세계 개념틀을 활용하면서 생성된 몇 가지 핵심 개념들로 넘어갈 것이다. 특히 과학연구 실행에 대한 연구에서 이는 경계물(boundary object), 부분(segment), 수행가능성(doability), 작업대상(work object), 시류영합(bandwagon), 연루된 행위자/행위소(implicated actor/actant), 합의 없는 협동(cooperation without consensus) 등을 포함한다. 아울러 사회세계 개념틀은 논쟁과 분야의 출현에 대한 연구에 유용했음을 감안해 이 연구도 검토할 것이다. 최근에 사회세계 개념틀은 근거이론(grounded theory) 방법을 새롭게 연장한 상황분석(situational analysis)—이는 사회세계 개념틀과 오랫동안 관련을 맺어왔다―의 개념적 하부구조가 되었다. 결론에서는 이론/방법 꾸러미의 좀 더 방법론적인 측면들에 대한 간략한 개관을 제시할 것이다.

상징적 상호작용론 전통에서의 사회세계

사회세계 개념틀은 원래 시카고대학에 근거를 두었던 사회학의 시카고 학파에 그 역사적 뿌리가 있다. 다소 당황스럽게도 "시카고학파"는 1950년 대 말에 시카고를 떠났다. 그러나 그것의 후계자인 우리는 고향을 떠나 떠돌면서도 여전히 그것을 사회학의 시카고학파로 지칭한다.(경제학의 시카고학파와 혼동하면 **안 된다**.) 처음에 시카고학파는 경험적인 도시사회학을 실천에 옮겼고 도시에서 서로 다른 구역과 일터들을 연구했다. 실용주의 철학자 조지 허버트 미드와 존 듀이의 통찰이 의미생산, 몸짓, 정체성에 주목함으로써 이 소규모의 지역연구에 녹아들었다. 개인들이 속한 집단들은 "사회적 전체(social whole)"(Thomas, 1914)로서, 의미를 함께 만들고 그러한 의미에 기반해 행동하는 것으로 간주되었다. 결국 현상의 의미는 그것이 배태된 관계 속에―슈트라우스(Strauss, 1978)가 나중에 사회세계라고 불렀던 담론의 우주(Mead, [1938]1972: 518) 속에―있다.

이러한 "사회적 전체"들에 대한 초기의 사회학적 생태학은 다양한 종류의 공동체(가령 소수민족 거주지, 엘리트 구역, 빈곤한 슬럼), 독특한 장소(가령 택시 댄스홀, 가축 수용소), 다양한 시간적 지속기간을 지닌 주목할 만한 사건(가령 파업)에 초점을 맞추었다. 사회학의 임무는 "집단을 초점이 되는 중심으로 만들고, 구체적인 상황 속에서 그것의 발견으로부터 전체에 대한 지식을 … 구축하는" 것이었다.(Eubank in Meltzer et al., 1975: 42) 연구자는 장소에서 시작할 수도 있고 문제에서 시작할 수도 있었다. 배스쟁거와 도디어(Baszanger & Dodier, 1997: 16, 강조는 원문)는 이렇게 단언했다.

인류학 전통과 비교할 때 시카고 전통의 최초 저작들이 가진 독창성은 집합적 전체에 관해 수집된 데이터를 공통의 문화라는 측면에서 반드시 통합하려 하지 않고 영역 내지 지리적 공간의 측면에서 통합했다는 데 있었다. 이러한 사회학자들이 관심을 가졌던 문제는 인간생태학에 기반을 두었다. 인간 집단들과 자연환경의 상호작용, 주어진 지리적 환경 속에서 인간 집단들 간의 상호작용 … **여기서 핵심은** 서로 다른 공동체들과 그것을 이루고 있는—다시 말해 해당 공간에서 공동체들 각각이 직면한—활동들을 연구함으로써 **그 공간의 물품 목록을 만드는 것이었다.**

이러한 "공간의 물품 목록(inventories of space)"은 종종 지도의 형태를 띠었다.(특히 Zorbaugh, 1929를 보라.) 그러한 지도 위에 재현된 공동체, 조직, 장소 및 집합체의 종류는 **서로의 입지 혹은 상황과 관련해, 또 그들이 처한 좀 더 큰 맥락 속에서** 분명하게 그려짐으로써 **관계성을 강조했다.** "전통적인 시카고 접근법을 떠받치는 생태학적 모델이 갖는 힘은 현재의 적소와 현재 그것을 정의하는 생태계에 초점을 맞추는 능력에 있다."(Dingwall, 1999: 217; 아울러 Star, 1995a도 보라.) 이러한 분석적 힘은 오늘날에도 유지되고 있다.

제2차 세계대전 직후에 미드의 뒤를 이은 세대에서는 몇몇 분석가들이 (1) 소수민족 및 구역과 관련된 의미/담론과 (2) 일, 실천, 기억의 형태를 띤 정체성의 탐구에 초점을 맞춘 몇몇 전통들을 결합시켰다. 이러한 종합은 물질적**임과 동시에** 상징적·상호작용적·과정적·구조적인 사회학을 낳았다. 제임스 케이시(Casey, 2002: 202)는 이 시기에 활동한 학자들 중 하나인 안젤름 슈트라우스가 "앤서니 기든스가 그 단어를 발명하기 전에 구조화의 사회학"을 발명했고, 나중에 그의 사회세계 이론에 영향을 준 방식으로 구조를 창발하는 것으로 이해했다고 주장했다.(아울러 Reynolds & Herman-Kinney, 2003도 보라.)

1950년대와 1960년대에 이 전통의 연구자들은 새로운 방식으로 "사회적 전체"에 대한 연구를 계속했고, 일, 직업, 전문직에 대한 연구로, 또 지역에서 국가적·국제적 집단에 대한 연구로 옮겨갔다. 지리적 경계는 더 이상 반드시 두드러진 것으로 간주되지 않았고, 주목의 대상은 경계를 만들고 표시하는 **공유된 담론**으로 이동했다. 아마도 가장 중요한 것으로, 연구자들은 점점 더 집단들이 다른 "사회적 전체"들과 맺는 관계, **집합적 행위자들과 담론들의 상호작용**에 주목했다. 오늘날의 방법론적 전문용어로 말하자면, 많은 그러한 연구들은 "복수의 장소에서 이뤄진(multi-sited)" 연구로 명명될 터였다.

이 시점에 시카고학파의 몇몇 사회학자들은 명시적인 사회세계 이론의 개발에 나섰다. 위에서 언급한 "사회적 전체" 연구의 고도현대적(high-modern) 형태인 셈이다. 사회세계(즉, 취미집단, 직업, 이론적 전통 등)는 집합적 행동의 기반을 형성하는 공유된 관점을 만들어내고, 개인적·집단적 정체성은 사회세계 및 영역에 대한 헌신과 참여를 통해 구성된다.(Shibutani, 1955; Strauss, 1959) 헌신은 행동하려는 성**향임과 동시에** 정체성 구성의 일부를 이룬다.(Becker, 1960, 1967) 슈트라우스(Strauss, 1978, 1982, 1993)와 베커(Becker, 1982)는 사회세계를 특정한 활동에 대한 헌신을 공유하면서 그들의 목표를 달성하기 위해 많은 종류의 자원들을 공유하고, 일을 해 나가는 방법에 대한 공유된 이데올로기를 구축하는 집단으로 정의했다. 사회세계는 **담론의 우주**—사람들이 사회생활을 조직하는 주된 제휴 메커니즘—이다.(Mead, [1938]1972: 518)

　1980년대까지 사회세계에 초점을 맞춘 대부분의 상징적 상호작용론 연구는 사회문제, 예술, 의학, 직업, 전문직을 중심에 두었다.(가령 Becker, 1963. 1982; Bucher & Strauss, 1961; Bucher, 1962; Bucher & Stelling, 1977; Wiener, 1981) 1980년대 초 이래로 점점 더 많은 상호작용론자들이 STS에 관여하게 되면서, 사회세계 개념틀은 STS 내의 상호작용론 연구에 점점 더 많이 활용되었다. 생명과학에서 사회세계의 물질적 기반에 관한 초기 연구들(Clarke, 1987; Clarke & Fujimura, 1992)은 도구의 본질, 사회세계의 비인간 구성요소(Latour, 1987; Suchman, 1987), 인간과 비인간 사이의 상호작용에 관해 많은 생산적인 탐구의 길을 열어주었다. 이는 다시 사회세계 분석에서 깊게 뿌리를 둔 측면으로서 하부구조의 탐구를 촉진했다. 오늘날 하부구조(가상, 오프라인, 텍스트, 기술)는 각각의 사회세계 및—특히 규모가 중요해지면서—영역의 독특한 성격과 겹쳐져 있다.(Star & Ruhleder, 1996; Neumann & Star, 1996; Star, 1999) 어떤 의미에서 하부구조는 사회세계들 사이의 길과 영역 및 좀 더 큰 구조로 통하는 길을 형성하는 응고된 담론으로 이해할 수 있다.

　사회세계 연구는 과학의 수행, 과학연구의 조직, 작업 형태로서 기술의 제작, 분배, 사용에 대한 검토를 포괄했다. 아래에서는 이들 중 많은 것을 살펴볼 테지만, 그 전에 먼저 중요한 인식론적 쟁점을 다루고 넘어가도록 하자.

이론/방법 꾸러미로서 사회세계/영역 개념틀

20세기로 접어들 무렵의 윌리엄 제임스에서 오늘날에 이르기까지 사회과학에서는 지각의 이론추동적 및 사회기반적 성격을 단언하는 많은 설득력 있는 연구가 이뤄졌다. 특히 STS에서 우리는 더 이상 연구의 시작 순간으로 일종의 백지 상태 이미지—우리가 "현실" 세계와 조우하면서 점차 채워지게 될—와 씨름하지 않는다. 우리는 연구 하부구조 수준에서 일종의 심대한 관성뿐 아니라 이전의 학술연구, 자금지원 기회, 재료, 멘토의 지도, 이론적 전통 및 그것의 가정들이 모종의 방식으로 결합한 것에서 시작한다고 이해한다.(Bowker, 1994; Star & Ruhleder, 1996) 그러한 전통과 가정들은 탐구의 상황에 적용할 수 있는 뿌리의 은유로 기능한다. 사회세계에서 행위자 연결망 이론(가령 Law & Hassard, 1999), 민족지방법론(가령 Lynch, 1985)에 이르기까지 말이다. 블루머(Blumer, [1969]1993: 24-25)는 그러한 은유에 대해 다음과 같이 논의한다.

연구대상인 경험세계에 대한 사전적 상이나 도식의 소유와 활용 … 이는 경험세계에 대한 어떤 연구에서도 **피할 수 없는** 전제조건이다. 우리는 경험세계에 대한 모종의 도식이나 이미지를 통해서만 이를 볼 수 있다. 과학연구라는 활동 전체는 그 밑에 깔려 활용되는 경험세계의 상에 의해 방향지어지고 형성된다. 이러한 상은 문제의 선택과 표현, 무엇이 데이터인지에 대한 결정, 데이터를 얻는 데 쓰이는 수단, 데이터 간에 추구되어야 할 관계의 종류, 명제가 제시되는 형태를 한다.

사회세계 개념틀은 그러한 "사전적 상이나 도식" 중 하나이다.

사회세계 개념틀은 조지 허버트 미드(Mead, [1927]1964, [1934]1962)가

제시한 관점(perspective)과 헌신(commitmemt)이라는 핵심 개념들에 강하게 의존한다. 즉, 모든 행위자들—집합적 행위자인 사회세계를 포함해서—은 내용석 상황/영역에 대해 제 나름의 관점, 작업의 장소, 행동에 대한 헌신을 갖는다는 것이다. 사회세계들이 서로 만나거나 성장해 영역을 이루면, 그들이 공동으로 취하는 헌신과 (상호)작용의 경로가 담론을 통해 표현된다. 여기서 담론은 이러한 언어, 동기, 의미의 결합체가 상호 이해된 타협점—(상호)작용의 방식—으로 향하는 것을 의미한다. 관점은 미드의 정의에 따르면 일에서 생겨난 헌신과 물질적 우연성을 포함하는 것으로 **집합적 · 물질적 행동에서의 담론**이다. 이러한 "담론" 개념과 그것의 특별한 역사는 유럽의 현상학과 비판이론에서 나온 담화분석의 개념과 구분된다.(가령 Jaworski & Coupland, 1999; Weiss & Wodak, 2003; Lynch & Woolgar, 1990)

사회세계 개념틀이 갖는 특별한 힘은 사회세계가 "담론의 우주"이기 때문에 이 개념틀이 "사회학의 단골손님"들—조직, 제도, 심지어 사회운동과 같은 집합적 행위자들에 대한 관습적이고 경계가 엄격한 프레이밍—을 명시적으로 뛰어넘는다는 것이다. 사회세계 개념틀에서 이러한 "단골손님"들은 좀 더 개방적이고 경계가 유동적이며 담론에 기반한 형태의 집단적 행동에 의해 밀려난다. 분석은 조직적 질서뿐 아니라 좀 더 문제가 많은 경계를 가진 우연적인 담론적 질서도 염두에 두어야 한다.(Clarke, 1991) 따라서 좀 더 폭넓은 **상황**은 새롭게 등장한 분석과 계속되는 분석에 개방돼 있다.(Clarke, 2005)

STS에서 이러한 접근법을 활용하는 연구자들은 사회세계 개념틀이 그 자체로 근거이론/상징적 상호작용론에 뿌리를 둔 **이론/방법 꾸러미**를 이룬다는 가정하에 작업해왔다. 그러한 꾸러미[1]에는 일단의 인식론적 · 존재론적 가정들과 함께 사회과학자들이 일을 해 나가는 구체적인 실천들—서로를 이해하고 관계를 맺으며, 또 상황에 연루된 다양한 비인간 존재자들과 관계를 맺는 것을 포함해서—이 들어간다. 이러한 이론-방법 꾸러미 개념은 존재론과 인식론의 통합적인—그리고 궁극적으로는 대체불가능한—측면들에 초점을 맞춘다. 이론/방법 꾸러미 개념은 존재론과 인식론이 모두 공동구성하며(서로를 만들어내며) 실제 실천 속에서 분명히 나타난다고 가정한다.

스타(Star, 1989a)는 뇌 연구에서 그러한 이론/방법 꾸러미의 물질성과 결과성을 보여주었다. 후지무라(Fujimura, 1987, 1988, 1992, 1996)는 이론/방법 꾸러미가 이동할 수 있는 양식들을 계속 탐구했다. "시류영합" 효과의 일부로 널리 받아들여지는 식으로 말이다. 그러한 꾸러미들이 종종 과학 내에서 이동성이 좋은 이유는 연구를 위해 "수행가능한 문제(doable problem)"들을 만들어내는 식으로 당면한 상황에서 잘 기능하기 때문이다. 보커와 스타(Bowker & Star, 1999)는 컴퓨터와 정보과학이 어떻게 분류와 표준화 과정을 통해 그러한 이동을 극적으로 용이하게 할 수 있는지를 명료하게 밝혔다.

사회세계 개념틀을 활용하는 우리 대부분에게 이론/방법 꾸러미의 방법 쪽 "끝"은 근거이론이었다. 이는 대체로 질적인 민족지(관찰과 인터뷰) 자

---

1) 우리는 사회세계 개념틀의 요소들을 상징적 상호작용론에 경도된 근거이론과 함께 활용하는 이점을 나타내고 강조하기 위해 꾸러미(package)라는 용어를 썼다. 그들은 존재론과 인식론 모두의 측면에서 서로 "부합"한다. Star(1989a, 1991a,b; 1999)와 Clarke(1991, 2005: 2-5; 2006a)를 보라. 이는 A열에서 두 개의 항목, B열에서 두 개의 항목을 선택해 꾸러미를 맞출 수 있다는 뜻이 **아니며**, 하나의 요소가 자동으로 다른 요소에 딸려와서 사전에 만들어진 꾸러미를 이룬다는 뜻도 아니다. "꾸러미"를 활용하기 위해서는 실천을 학습하고 시간과 상황을 가로질러 이를 표현하는 방법과 관련된 모든 작업이 요구된다.

료를 분석하는 접근법이다. 슈트라우스와 글레이저(Glaser & Strauss, 1967; Glaser, 1978; Strauss, 1987; Strauss & Corbin, 1990)가 개발한 이 이론은 분석가가 경험 자료와 이를 표현하는 개념적 수단 사이를 왔다갔다 하는 귀추적 접근법이다. 오늘날 근거이론은 전 세계적으로 질적 분석에서 활용되는 주요 접근법 중 하나이다.(Clarke, 2006a,b)

지난 20년 동안 근거이론에서 슈트라우스의 색깔이 좀 더 반영된 좀 더 구성주의적이고, 상호작용적이고, 성찰적인 형태가 만들어졌다.(가령 Strauss, 1987; Charmaz, 2006) 이와 동시에 슈트라우스는 자신의 사회세계 개념틀도 만들어내고 있었다. STS에 몸담은 우리 중 많은 수는 양쪽 모두에 의지했고(아울러 Clarke & Star, 1998도 보라.), 이는 최근에 클라크에 의해 종합되었다.(Clarke, 2005)

이론/방법 꾸러미라는 바로 그 관념은 "그렇다면 방법은 이론의 하인이 아니다. 실상 방법이 이론의 근거가 된다."고 가정한다.(Jenks, 1995: 12) 물론 이는 이론/방법 꾸러미가 상호작용론에 입각한 과학학 연구의 대상이면서 동시에 사회세계 개념틀 그 자체가 이론/방법 꾸러미임을 의미한다.

사회세계 도구상자의 감지적 개념들

시간이 흐르면서 사회세계, 영역, 그것에 속한 담론의 관계적 생태학에 관해 사고할 유용한 개념들의 도구상자가 생겨났다. 우리의 개념틀에서는 이를 허버트 블루머(Blumer, [1969]1993: 147-148)가 "감지적 개념(sensitizing concept)"이라고 부른 것으로 간주한다.(강조는 인용자)

우리 분야의 개념들은 근본적으로 감지적 도구들이다. 따라서 나는 이를 "감지적 개념"이라고 부르고 규정적 개념(definitive concept)과 대비시킨다 … **규정적 개념**은 속성이나 고정된 기준의 측면에서 명확한 정의의 도움을 얻어 한 부류의 대상들에 **공통된** 것을 정확히 지칭한다 … **감지적 개념**에는 그러한 세목이 결여돼 있다 … 대신 이는 경험적 사례에 접근할 때 사용자가 참고하고 길잡이로 쓸 수 있는 전반적 감각을 제공한다. 규정적 개념은 무엇을 보아야 하는지 처방을 제공하는 반면, **감지적 개념은 어느 방향으로 보아야 하는지 제안하기만 한다.**

따라서 감지적 개념은 이러한 이론/방법 도구 세트를 활용한 추가적 분석을 수행하는 도구이다. 그것은 그 자체가 목적이 아니라 분석적 입구이자 잠정적 이론화의 수단으로 의도되었다.[2] 아래는 현재까지 사회세계 이론에서 개발된 핵심 개념들이다.

과학학을 위한 사회세계/영역 개념틀의 개념 도구상자[3]

담론의 우주	기업가
상황	이단적 인물
정체성	부분/하위세계/개혁운동
헌신	공유된 이데올로기
시류영합	일차활동
교차점	분할
특정 장소	기술(들)
연루된 행위자와 행위소	경계물
작업대상	경계 하부구조
관습	

2) 글레이저와 슈트라우스(Glaser & Strauss, 1967; Glaser, 1978; Strauss, 1995)와는 달리, 우리는 형식적 이론의 생성을 옹호하지 않는다. 아울러 Clarke(2005: 28-29)도 보라.

다음으로 우리는 위에서 열거한 개념들 각각을 설명하고 이를 STS 연구에서 나온 사례들로 예시할 것이다. 슈트라우스는 사회세계와 영역에 관해 이후 큰 영향력을 발휘한 논문(Strauss, 1978: 122)에서, 각각의 사회세계가 적어도 하나의 일차활동, 특정 장소, 기술(사회세계의 활동을 수행하는 계승된 수단 내지 혁신적 수단)을 가지며, 일단 진행되면 세계의 활동들 중 어떤 한 가지 측면을 추구하도록 더 많은 공식적 조직들이 흔히 진화한다고 주장했다.[4] 사람들은 흔히 다수의 사회세계에 동시에 참여하며, 그러한 참여는 보통 대단히 유동적인 상태로 남는다. 대단히 헌신적이고 활동적인 개인인 **기업가들**(Becker, 1963)은 세계의 중핵 주위에 집결해 그들 주위의 사람들을 동원한다.

모든 사회세계와 영역 내의 활동들은 세계들 사이에 지각할 수 있는 **경계**를 세우고 유지하며 세계 그 자체에 대한 사회적 **정당화**를 얻는 것을 포함한다. 실제로 사회세계의 역사 그 자체가 흔히 담론적 과정 내에서 구성

---

3) 담론의 우주에 관해서는 예를 들어 Mead(1917), Shibutani(1955), Strauss(1978)를 보라. 상황에 관해서는 Clarke(2005)를 보라. 정체성과 공유된 정체성에 관해서는 예를 들어 Strauss(1959, 1993), Bucher and Stelling(1977)을 보라. 헌신, 기업가, 이단적 인물에 관해서는 Becker(1960, 1963, 1982, 1986)를 보라. 일차활동, 장소, 기술(들)에 관해서는 Strauss(1978)와 Strauss et al.(1985)을 보라. 하위세계/부분과 개혁운동에 관해서는 Bucher(1962), Bucher and Strauss(1961), Clarke and Montini(1993)를 보라. 시류영합과 수행가능성에 관해서는 Fujimura(1987, 1988, 1992, 1996)를 보라. 교차점과 분할에 관해서는 Strauss(1984)를 보라. 연루된 행위자 및 행위소에 관해서는 Clarke and Montini(1993), Clarke(2005), Christensen and Casper(2000), Star and Strauss(1999)를 보라. 경계물과 경계 하부구조에 관해서는 Star and Griesemer(1989)와 Bowker and Star(1999)를 보라. 작업대상에 관해서는 Casper(1994, 1998b)를 보라. 관습에 관해서는 Becker(1982)와 Star(1991b)를 보라. 사회세계 이론 일반에 관해서는 Clarke(2006c)를 보라.

4) 사회세계의 경계는 공식적 조직의 경계를 가로지를 수도 있고 이와 다소 인접할 수도 있다. 이는 사회세계/영역 이론을 대다수의 조직 이론과 구분시켜주는 점이다.(Strauss, 1982, 1993; Clarke, 1991, 2005)

내지 재구성된다.(Strauss, 1982) 물론 개별 행위자들은 사회세계를 구성하지만, 영역들에서 그들은 보통 자신들이 속한 사회세계의 **대표자**로서 역할을 하면서 경력을 쌓음과 동시에(Wiener, 1991) 자신들의 집단적 정체성을 수행한다.(Klapp, 1972) 예를 들어 태아 수술(fetal surgery)이 이뤄지는 수술실과 회복실에서 외과 의사, 신생아학자, 산부인과 의사는 종종 서로 구분되고 때로 경쟁하는 관심 의제들을 갖고 있다. 그들 스스로가 서로 다른 **작업대상**(work object)—일차 환자(Casper, 1994, 1998a,b)—을 갖고 있는 동시에, 바로 그 방 안에서 다른 사람들과 관련된 경력 궤적을 협상하고 있다고 볼 수 있기 때문이다.

사회세계 내지 영역에는 **연루된 행위자들**도 있을 수 있다. 이는 침묵당하거나 오직 담론적으로만 존재하며, 다른 행위자들이 자신의 목적을 위해 구성하는 행위자를 말한다.(Clarke & Montini, 1993; Clarke, 2005: 46-48) 연루된 행위자에는 적어도 두 가지 종류가 있다. 첫째는 물리적으로 존재하지만 사회세계나 영역에서 권력을 가진 이들에 의해 전반적으로 침묵당하거나 무시당하거나 눈에 보이지 않게 된 행위자들이다.(Christensen & Casper, 2000; Star & Strauss, 1999) 둘째는 주어진 사회세계에 물리적으로 존재하지 **않고** 오직 담론적으로 구성되고 담론적으로 존재하는 연루된 행위자들이다. 그들은 영역 참가자들의 작업에 의해 상상되고, 재현되고, 아마도 목표가 된다. 많은 탈식민주의 문헌은 바로 이 문제에 초점을 맞추고 있다. 두 가지 종류의 연루된 행위자 중 어느 쪽도 사회세계나 영역에서 자기표현의 실제 협상에 능동적으로 참여하지 않으며, 그들의 생각, 견해, 정체성이 드러내 놓고 경험적인 탐구양식(가령 그들에게 질문을 던지는 식으로)을 통해 다른 행위자들에 의해 탐구되거나 추구되지도 않는다.

정보기술에서 컴퓨터 개발자들은 고전적인 연루된 행위자인 컴퓨터 사용자들의 필요를 전형화하고 무시하는 것으로 악명을 떨쳐왔다. 많은 개발자들은 이러한 사람들을 "컴맹(luser)"이라고 부르기까지 한다.(Bishop et al., 2000) 현재 이러한 경향은 대기업들이 자사의 소비자 제품들에 대한 사용성 연구소에 민족지학자들이나 여타 사회과학자들을 활용하면서 상당히 완화되었다. 그러나 맞춤제작된 기술적 첨단장치의 수준에서는 좀 더 엘리트적인 관행들이 여전히 지배적이다. 여기에는 "그냥 떠넘기기"(그리고 사용자들이 최선을 다해 대처하게 내버려두기)와 "내가 곧 세계"(그리고 다른 어느 누구도 고려에 넣을 필요가 없다.)라는 컴퓨터 모델링의 가정이 포함된다.(Forsythe, 2001; 사용자들과 그 역할에 대한 연구는 Oudshoorn & Pinch, 이 책의 22장도 보라.)

물론 **연루된 행위소들**도 있을 수 있다. 관심 상황에 연루된 비인간 행위자들 말이다.[5] 연루된 사람들과 마찬가지로 연루된 행위소들은 물리적으로나 담론적으로 탐구 상황에 존재할 수 있다. 다시 말해 인간 행위자들(개인적으로나 사회세계로서 집합적으로나)은 일상적으로 그러한 인간 행위자들 자신의 관점에서 비인간 행위소들을 담론적으로 구성한다. 여기서 분석적 질문은 누가, 무엇을, 어떻게, 왜, 담론적으로 구성하고 있는가 하는 것이다.

모든 복잡한 사회세계는 전형적으로 **부분**, 하위부분(subdivision), 하위세계(subworld)들을 가지고 있으며, 이는 헌신의 패턴이 변하고, 재조직되

---

5) 행위소라는 용어는 라투르(Latour, 1987)를 빌려왔다. 키팅과 캠브로시오(Keating & Cambrosio, 2003)는 "사회세계" 관점이 비인간—도구, 기법, 연구재료—의 중요성을 축소한다고 비판해왔다. 이는 다소 기이한 일인데, 우리는 STS 내에서 이러한 주제들에 관해 가장 먼저 글을 쓴 축에 속하기 때문이다. Clarke(1987), Star(1989a), Clarke and Fujimura(1992)와 좀 더 광범위한 개관으로는 Clarke and Star(2003)를 보라.

고, 재편성됨에 따라 변화한다. 부커(Bucher & Strauss, 1961; Bucher, 1962, 1988)는 사회운동 분석을 확장해 사회세계 **내부의** 그러한 유동성과 변화를 개혁운동으로 틀지음으로써 이름을 붙여주었다. 개혁운동에는 다양한 종류가 있으며, 전문직, 분야, 그 외 작업조직 내의 부분 혹은 하위세계들에 의해 수행된다. 부커는 이를 "진행 중인 전문직"이라고 부른다. 심혈관계 역학(疫學)에 대한 부커의 연구에 의지해, 심(Shim, 2002, 2005)은 두 가지 주요 부분인 주류 역학자와 사회역학자들을 찾아냈다. 후자는 개혁 부분 내지 운동을 이루며, 오늘날 건강 불평등과 집단보건을 포함하는 새로운 연구영역에 대한 연구 접근법에 영향을 미치고 있다.

상연된 교차점(staged intersection)의 개념—특정 영역 내에 있는 복수의 사회세계가 한데 모이는 일회성 내지 단기적 사건—은 사회세계 이론에 대한 개러티(Garrety, 1998)의 특별한 개념적 기여이다. 상연된 교차점의 핵심적인 특징은 이것이 그러한 세계의 대표자들이 한 번만 모이는 회합일 수 있다는 사실에도 불구하고, 이 사건들이 관련된 모든 사회세계의 미래에, 해당 영역에—또 이를 넘어서—대단히 큰 영향을 미칠 수 있다는 것이다.

후지무라(Fujimura, 1988, 1996)는 생물학의 분자화에 관한 연구에서 그러한 개혁과정의 성공한 형태를 "시류영합"이라고 불렀다. 그것이 대규모로 일어나서 많은 실험실과 관련 조직들의 헌신을 동원할 때를 가리키는 말이다. 이러한 동원은 (암의 분자유전학적 기원에 관한) 암 유전자 이론과 재조합 DNA 및 그 외 분자생명공학적 방법의 꾸러미를 그 사회세계의 핵심에 가져다 놓았다. 이러한 **이론/방법 꾸러미**는 이동성이 매우 좋아 복수의 연구 중심지에서 대단히 수행가능성이 높은 문제들을 구축하는 수단으로 제시되었고, 연구에 대한 자금, 조직, 재료, 그 외 제약들과 잘 맞춰 편성됐으며, 수많은 생물학 분야들에서 오래된 문제들을 공격하는 수단이 되었다. 아마도 직관에 어긋나는 결과로, 후지무라는 시류영합을 조율하는 총지휘관이 없는 대신 연속적인 일련의 탈집중화된 선택, 변화, 교환, 헌신이 있음을 밝혀냈는데, 이는 사회세계가 얼마나 널리 퍼져 있을 수 있는지를 생생하게 보여주었다.(아울러 Star, 1997; Strübing, 1998을 보라.) 시류영합과 영역 사이의 차이는 시류영합이 일종의 "유행 같은" 방식으로 단일한 꾸러미에 좀 더 협소하게 초점을 맞췄다는 것이다. 영역은 규모가 더 크며, 다양한 이해관계, 경계물(그리고 잠재적으로 경계 하부구조[boundary infrastructure]), 세속적 권력을 둘러싸고 벌어지는 꾸러미와 세계에 관한 논쟁을 포괄한다.(아울러 Wiener, 2000도 보라.)

아울러 후지무라(Fujimura, 1987)는 과학연구에서 **수행가능한 문제**라는 유용한 개념을 도입했다. 수행가능한 문제는 여러 가지 규모의 작업조직을 가로지르는 성공적인 편성을 필요로 한다. 여기에는 (1) 일단의 과업으로서의 실험, (2) 실험과 그 외 행정적·전문직업적 과업의 묶음으로서의 실험실, (3) 모두 동일한 문제군에 초점을 맞춰진 실험실, 동료, 후원자, 규제기관, 그 외 행위자들의 작업으로서의 좀 더 폭넓은 과학 사회세계가 포함된다. 수행가능성은 세 가지 규모 모두에서 동시에 부과되는 요구와 제약을 충족시키기 위한 **편성을 표현**함으로써 달성된다. 하나의 문제는 수행가능한 실험을 제공해야 하고, 그 실험은 주어진 실험실이 직면한 당장의 제약과 기회의 변수들 내에서 실현가능해야 하며, 좀 더 큰 과학세계 내에서 가치 있고 지원가능한 연구로 간주돼야 한다.

많은 근대적 영역들에서 **개혁운동**은 동질화, 표준화, 공식적 분류의 과정을 중심에 두어왔다. 이는 그 영역 내의 사회세계들의 작업을 병렬적인 방식으로 조직하고 표현하는 것들이다.(Star, 1989a, 1995c) 보커와 스타(Bowker & Star, 1999)는 간호에 대한 컴퓨터와 정보과학의 응용이 어떻게 그 업무를 표준화시켰고 재량을 발휘할 수 있는 일부 범위를 책무성에 대한 엄격한 평가로 대체했는지를 분석했다. 클라크와 캐스퍼(Clarke & Casper, 1996; Casper & Clarke, 1998)는 자궁경부암 검사(Pap smear)의 분류 체계를 그 영역에 관여하는 이종적 세계들을 가로지르는 악명 높을 정도로 모호한 임상 분야에 표준화를 강제하려는 시도로서 연구했다. 티머먼스, 버그, 보커(Berg, 1997; Timmermans, 1999; Timmermans & Berg, 1997, 2003; Berg & Timmermans, 2000; Berg & Bowker, 1997)는 의료 실행에 대한 컴퓨터 기반 기법의 적용과 이것이 어떻게 의료 업무에 "보편성"을 만들어 내는지 논의한다. 그리고 티머먼스(Timmermans, 2006)는 의문사에 대한 부검의들의 분류에 대한 연구로 그 뒤를 이었다. 램플랜드와 스타(Lampland & Star, forthcoming)는 편서『표준과 그에 얽힌 이야기』에서 사람들, 기법, 법칙, 개념들을 가로지르는 비교 표준화에 초점을 맞추었다. 카닉(Karnik, 1998)은 분류가 언론에 가져온 결과를 탐구했다.

경계에 대한 이해는 오랫동안 과학학의 중요한 주제였고(Gieryn, 1995), 사회과학에서 점점 더 그 중요성을 더해왔다.(Lamont & Molnar, 2002) 사회세계 이론에서 스타와 그리스머(Star & Griesemer, 1989)는 다양한 사회세계들이 공통의 관심영역에서 만나는 접점에 존재하는 사물을 가리켜 **경계물**의 개념을 발전시켰다. 경계물은 국가들 간의 조약이 될 수도 있고, 서로 다른 환경의 사용자들을 위한 소프트웨어 프로그램이 될 수도 있으며, 심지어 개념 그 자체가 될 수도 있다. 여기서 번역이라는 기본적인 사회적 과정은 관련된 서로 다른 세계들이 주문하는 특정한 필요 내지 요구 충족을 위한 경계물의 (재)구성을 가능케 한다.(Star, 1989b) 경계물은 종종 관련된 다수 내지 대다수의 사회세계들에 대단히 중요하며, 따라서 그것을 정의하는 힘을 놓고 치열한 논쟁과 경쟁의 장소가 될 수 있다. 아울러 서로 다른 세계 **내에서** 그 나름의 목적을 위해 사용되는 독특한 번역 덕분에 경계물은 합의 없는 협동을 용이하게 만들 수 있다.

예를 들어 20세기에 접어들 무렵 설립된 지역의 동물학 박물관에 대한 스타와 그리스머의 연구(Star & Griesemer, 1989)에서, 박물관의 표본들은 경계물에 해당했다. 이곳에는 각각의 종과 아종에 대한 다수의 표본들이 있었는데, 동물학자들은 이를 유용하게 여겼기 때문에 표본들에 수집한 일시와 장소를 매우 세심하게 표시하고 조심스럽게 보존해 박제를 해놓았다. 표본의 지리적 원천에 관한 기온, 습도, 강수량, 정확한 서식지 정보가 모두 중요했다. 포유류와 조류 표본들은 다양한 배경을 지닌 아마추어 수집가와 "용병"(돈을 받는 수집가)들이 대체로 죽여서 모은 후 박물관에 보냈다. 또한 대학 행정관들도 가세했는데, 그들은 아마추어 수집가, 학예사, 과학 연구자, 사무직원, 과학 클럽의 회원, 박제사 등 다양한 배경을 가진 강력한 후원자였다. **모두**가 표본에 대해 특정한 관심사를 갖고 있었고, 관련된 **모두**에게 박물관의 수집품이 잘 "작동하기" 위해서는 그러한 관심사가 언급되고 서로 표현되어야 했다.

따라서 경계물에 대한 연구는 복잡한 상황으로 이어지는 중요한 경로가 될 수 있으며, 분석가가 문제의 특정 경계물과의 독특한 관계나 경계물에 관한 담론을 통해 서로 다른 참여자들을 연구할 수 있게 해준다. 아울러 이는 좀 더 폭넓은 탐구 상황을 틀짓는 것을 도와준다. 경계물 개념은 좀 더 확장되기도 했다. 예를 들어 헨더슨(Henderson, 1999)은 시각적 재현을 "징집장치(conscription device)"로 포함시켰고, 이러한 이해를 작업, 권력, 엔지니어들의 시각적 실천에 대한 분석과 엮어 넣었다. 그녀의 연구는 경계물이라는 아이디어에 강력한 시각 기반의 감수성을 제공해준다.

최근 보커와 스타(Bowker & Star, 1999: 313-314)는 "경계 하부구조"의 개념을 가지고 개념적 수준을 높였다. 경계 하부구조는 깊숙이 제도화되어 "인조환경(built environment) 속으로 매몰된" 좀 더 큰 규모의 분류 하부구조로서, "경계물보다 더 큰 규모 수준들을 가로지르는 대상"이다. 이는 종종 복수의 목표나 지지층을 가진 대규모 조직들을 연결시켜주는 디지털화된 정보 시스템의 형태를 띤다. "경계 하부구조는 대체로 일을 잘 진행시키기 위해 필요한 작업을 한다 … 이는 (단일하고 잘 정의된 대상이 아니라) 경계물의 체제와 연결망을 다룬다." 경계 하부구조는 그것이 분석될 수 있는 어떤 수준에서도 결코 보편적 합의를 의미하지 않는다. 어떤 개인, 관점, 지역도 하부구조와의 부정합—보커와 스타(Bowker & Star, 1999)가 토크(torque)라고 불렀던—을 일으킬 수 있다.(이 은유는 강철이 가지런한 형태에서 약간 뒤틀린 것과 흡사하다.) 그러나 토크는 장애인과 구조물 접근성 문제가 그렇듯 사회운동이 이를 문제 삼기 전까지 종종 대다수 사람들의 눈에 띄거나 지각되지 못할 수 있다.

좀 더 최근에 보커의 『과학에서의 기억 실천』(Bowker, 2005)은 종이에서 실리콘까지 정보 하부구조의 역사를 탐구했다. 보커는 지질학, 사이버네틱스, 생물다양성을 사례연구로 활용해, 그것의 정보 하부구조가 자연세계와 사회세계 간의 접촉을 매개하면서 했던 작업을 분석했다. 그러한 교섭의 일부 측면들은 기념되는—하부구조 속에 기억장치로서 보존되는—반면 다른 측면들은 재배치되거나 삭제된다. 보커는 과학 하부구조가 어떻게 우리의 조직양식을 자연에 투사하고 있는지를 생생하게 보여준다. 이러한 투사는 새롭게 등장해 전 지구적으로 활용되는 경계 하부구조를 통해 점점 더 폭넓은 규모로 이뤄지고 있다.

요컨대 사회세계 이론의 개념적 도구상자는 관심 상황 내에 있는 집합적인 인간사회의 존재자들과 그것의 행동, 담론, 그리고 관련된 비인간 요소들 전체에 대한 분석을 가능케 해준다. 시카고학파의 사회생태학에 뿌리를 두고 있는 사회세계/영역 이론의 핵심적인 분석력은 개념의 탄력성을 이용해 여러 수준의 복잡성을 분석할 수 있다는 것이다. 사회세계 이론이 STS에 갖는 유용성은 상호작용론자들뿐 아니라 다른 이들에게도 인식되었다. 예를 들어 베커의 『예술세계』(Becker, 1982)는 1980년대에 STS 강의에서 교육되었다.[6]

시간이 흐르면서 사회세계/영역 개념틀은 STS의 주요 분석틀 중 하나인 행위자 연결망 이론(ANT)과 비교되어왔다.(가령 Law & Hassard, 1999; Neyland, 2006) 여기서 길게 비교를 하기에는 지면이 부족하지만, 이 점을 말해두고 싶다. 우리는 이 두 접근법이 (특히 과학학의 초기 접근법들과 비교했을 때) 많은 점에서 비슷하다고 생각하지만, 아울러 대단히 다른 행동유도성(affordance)을 제공하며 다른 분석적 목표를 달성한다고 본다. 사회세계 개념틀은 역사의 자취를 허용한다. 오랜 시간에 걸친 헌신과 행동의 누적적 결과는 깊이 새겨져 있다. 예를 들어 카린 개러티(Garrety, 1997, 1998)는 40년 넘게 끌어온 콜레스테롤, 식이지방, 심장병 논쟁에 대한 탐구에서 ANT와 사회세계 접근법을 비교했다. 그녀는 사회세계 개념틀을 통해 시간이 흐르면서 세계들 내에, 또 세계들을 가로질러 나타나는 변화—그동안 과학적 "사실들" 또한 불안정하고 논란이 많은 상태로 남아 있다—를 분석할 수 있음을 알게 되었다.

반면 ANT는 새롭게 나타나는 연결들을 포착하는 데 탁월하다. 이러한

---

6) 워윅 앤더슨은 하버드의 STS 강의에서 베커의 책을 가르쳤다.(personal communication, 2005)

연결들은 영역 내의 사회세계들로 구체화될 수도 있고 그렇지 않을 수도 있다. (세계가 아닌) 수많은 종류의 연결망 역시 오래 지속될 수 있고 분석의 대상이 될 자격이 있다. ANT는 이 점에서 가장 견실하다. ANT에서 흔히 볼 수 있는 책임 과학자 중심의 서술은 가장 힘센 자의 관점에 초점을 맞추기 때문에, ANT는 좀 더 "경영자"에 가까운 전망으로 특징지어져 왔다. ANT의 "이해관계 부여(interessement)"와 "의무통과점(obligatory points of passage)" 개념은 종종 일방통행로로 틀지어진다. 반면 사회세계 이론은 시종일관 다원주의적이며, 상황 내의 모든 관점에 대한 분석을 추구한다. 그러나 이러한 접근법들은 서로 다른 연구자의 손에 들어가 특정한 목적을 위해 활용될 때에도 차이를 보일 수 있다.

　라투르식의 ANT와 사회세계/영역을 비교하면서, ANT의 중앙집중화된 권력의 성격은 좀 더 프랑스적인 반면, 사회세계에서 관점의 다원성은 생생하게 굴절된 미국적 성격을 보여준다는 말들이 있었다. 보커와 라투르는 함께 쓴 논문(Bowker & Latour, 1987)에서 프랑스와 영미 과학기술학을 비교하며 다소 비슷한 주장을 했다. 그들은 프랑스 기술관료제에서 너무나 자연스러운 (그리고 그중에서도 푸코가 탐구했던) 합리성/권력 축이 영미권 연구에서는 증명되어야 할 대상이 된다고 주장했다. 영미 맥락에서는 보통 이 둘 사이에 아무런 관계도 없다고 "가정되기" 때문이다.[7]

---

7)　제프 보커에게 특히 감사를 표한다.(personal communication, 7/03) 아울러 Star(1991a,b, 1995c), Fujimura(1991), Clarke and Montini(1993), Clarke(2005: 60-63)도 보라.

논쟁과 분야에 대한 사회세계 연구

연구자들이 개인을 연구하는 대신 과학, 기술, (생)의학에서 사회세계의 작업활동, 조직, 담론을 연구하는 데 초점을 맞추면 핵심적인 사회학적 차이가 드러난다. 일—행동—을 전면에 내세우면 사회세계를 세계**로서** 분석하고 핵심적인 인간, 비인간 요소들을 설명하는 것이 용이해진다. 슈트라우스(Strauss, 1978), 베커(Becker, 1982), 그리고 사회세계 개념틀로 작업하고 있는 몇몇 다른 이들(예컨대 스타, 후지무라, 배스쟁거, 클라크, 개러티, 캐스퍼, 심, 쇼스택 등)에게 사회세계와 영역은 그 자체로 집단적 담론 및 행동연구의 두 가지 주요 장르—과학논쟁과 분야(경계물과 경계 하부구조를 포함하는)—에서 분석의 단위가 되었다. 여기서 우리는 종종 상호작용론자들이 합의 없는 협동으로 파악한 현상의 확대판을 볼 수 있다.

클라크와 몬티니(Clarke & Montini, 1993)는 낙태약 RU486—미국에서는 "프랑스제 낙태약"으로도 알려진—의 사용을 둘러싼 논쟁에 관련된 복수의 사회세계들에 초점을 맞춤으로써 이해하기 쉬운 논쟁연구의 사례를 제공한다. 이 논문은 RU486을 분석의 중심에 두고 폭넓은 낙태/재생산 영역과 관련된 주요 사회세계 각각—재생산 과학자 및 그 외 과학자, 산아제한/인구통제 조직, 제약회사, 의료단체, 낙태반대 단체, 선택권 옹호 단체, 여성보건운동 단체, 정치인, 의회, FDA, 그리고 마지막이자 중요한 것으로 RU486의 여성 사용자/소비자—이 이를 보는 독특한 관점들을 설명한다. 여기서 클라크는 앞서 논의한 **연루된 행위자**의 개념을 처음 제시했다. 종종 그렇듯이 이들은 사용자/소비자들이었다. 클라크와 몬티니는 사회세계 그 자체가 결코 단일체가 아니며 다소 논쟁적일 수 있는 대단히 큰 관점의 차이를 흔히 포함한다는 것을 보여주었다. 뿐만 아니라 몰과 달리,

그들은 이처럼 서로 다른 관점을 감안하면, RU486은 영역 내에 있는 서로 다른 사회세계들에 선명하게 다른 것을 의미한다는 것을 보여주었다.[8]

크리스텐센과 캐스퍼(Christensen & Casper, 2000)는 환경 내의 합성화학물질에 대한 노출로 호르몬 교란이 유발되는지에 관한 논쟁을 연구하면서, 사회세계/영역 분석론을 활용해 핵심 문서들에 나오는 담론의 지형도를 그렸다.(Albrechtsen & Jacob, 1998도 보라.) 그들은 특히 노출에 취약하면서도 과학적 주장을 할 수 있는 가능성에서 배제된 두 개의 연루된 행위자 집단—농장 노동자와 태아—에 초점을 맞추었다. 이렇게 초점을 잡으면서 그들은 지식의 위계를 분석하고 지금까지 침묵당했지만 분명히 연루된 행위자들의 미래 참여가능성이 주는 정책적 함의를 발전시킬 수 있었다.

수많은 사회세계/영역 연구들은 분야와 전공의 출현과 경쟁을 다루고 있다. 초기의 사례 중 하나로 19세기 말 영국 신경생리학자들의 작업을 연구한 스타의 책(Star, 1989a)을 들 수 있다. 그녀는 뇌 연구에서 특정한 영역과 기능의 지도를 그려내려 했던 "국소론자(localizationist)"와 상호작용적이고 유연하고 탄력적인 뇌 모델을 주장했던 "확산론자(diffusionist)" 사이의 논쟁을 탐구했다. 뇌 기능의 국소화 이론을 지지했던 과학자들은 여러 전략들을 통해 성공적인 연구 프로그램(여기서는 사회세계로 읽어도 무방하

---

8) 몰(Mol & Messman, 1996; Mol, 2002)은 상호작용론의 관점 개념이 "동일한" 사물이 단지 관점들 간에 다르게 "보이는" 것을 "의미한다."고 잘못된 주장을 했다. 그와 정반대로 우리는 관점에 따라 많은 서로 다른 "사물들"이 실제로 인식된다고 단언한다. 뿐만 아니라 그처럼 다른 사물들에 대한 인식에 근거해 행동이 취해진다. 우리는 몰이 이 절에서 여러 차례 보인 "합의 없는 협동"이 있을 수 있다는 상호작용론의 가정을 적절하게 이해하지 못했다고 생각한다. 또한 상호작용론의 입장에서 관점은 인지적으로 이상적인 개념이 아니라는 것도 사실과 다르다고 본다.

다.)을 만들었다. 관련 학술지, 병원 진료, 교수직, 그 외 지식생산 및 유포의 수단들을 장악하고, 반대 관점을 가진 이들을 출판과 고용에서 걸러내며, 성공적인 임상 프로그램을 기초연구와 이론적 모델 양자 모두와 연결시키고, 다른 분야의 권위 있는 과학자들과 함께 공통의 적에 맞서 단결하는 것 등이 그것이었다. 스타는 구체적인 실천과 집단적인 수사 전략을 통해 견고한 과학지식이 생산되는 과정을 탐구했다.

클라크(Clarke, 1998)는 20세기를 거치면서 미국의 재생산 과학이 세 가지 전문영역들(생물학, 의료, 농업)에 걸치는 교차 분야로 출현해 합쳐지는 과정을 연구했다. 그녀는 이러한 과학 사회세계의 출현을 산아제한, 인구통제, 우생학 운동, 강력한 자선 후원기관 등 다른 핵심 세계들을 포함하는 더 큰 사회문화적 재생산 영역 내에 위치시킨다. 재생산 과학자들은 다양한 청중들과의 협상을 통해 이처럼 섹슈얼리티에 기반해 의심을 산 연구의 불법성 문제에 전략적으로 대처했다. 클라크(Clarke, 2000)는 오직 **이단적인** 재생산 과학자들만이 실제로 피임약 개발 연구를 했고, 그것도 대학 환경 바깥에서만—대체로 민간연구소에서 대규모 자선단체와 제약회사의 후원을 받아—그렇게 했음을 추가로 상세하게 보여주었다. 환자이자 사용자/소비자로서 여성들을 설계 단계에서 참여로부터 배제한 것은 거의 한 세기 동안 수백만의 여성들을 피임영역에서 행위능력을 가진 행위자가 아닌 연루된 행위자로 구성해왔다. 이는 에이즈를 포함한 성병의 계속된 확산에 기여했다. 그러한 행위능력과 선택의 문제설정은 STS에서 젠더 및 인종과 흔히 연결되어 있다.

새러 쇼스택(Shostak, 2003, 2005)은 일종의 교차 프로젝트인 환경유전학 분야의 출현에 대한 역사사회학적 분석에 사회세계/영역 이론을 응용했다. 그녀는 1950년부터 2000년까지 약리유전학(pharmacogenetics), 분자

역학(molecular epidemiology), 유전역학(genetic epidemiology), 생태유전학 (ecogenetics), 독성학의 사회세계와 부분들 간의 변화하는 관계를 탐구했다. 그녀의 분석은 이러한 세계들의 재배치와 과학 및 공중보건/정책 영역 내에서 그것들이 서로 맺는 관계를 중심에 둔다. 이 영역들은 유전자-환경 상호작용에 관해 신뢰할 만한 과학정보를 얻고자 하는 환경보건 위험평가와 "규제과학" 실천가들의 욕구에 의해 점점 더 많이 형성되고 있다. 더 나아가 쇼스택은 이러한 세계들 내에서 새로운 기술(가령 분자 생물표지와 독성유전체학)의 구성 및 결과, 그리고 다른 세계들—특히 환경적 노출의 건강 영향에 관한 지역적 투쟁에서의 활동가 운동을 포함하는—에 의한 기술의 전유 및 변형을 탐구했다.[9]

사회세계 개념틀을 활용해 분야와 전공을 다룬 많은 연구들은 협동이 합의 **없이** 진행될 수 있다—개인과 집합체는 설사 일시적이고 우연적이라 할지라도 개인의, 혹은 공유된 목표를 도모하기 위해 "그들 간의 차이를 한쪽으로 치워둘" 수 있다—는 상호작용론의 핵심 가정을 강조했다. 예를 들어 배스쟁거(Baszanger, 1998)는 국제적 영역에서 복수의 전공들의 부분이 교차해 만들어진 조직화된 통증의학의 출현을 탐구했다. 배스쟁거는 제 기능을 하는 전공 내에서 **비통일성**이 계속 이어질 수 있는 여지(합의 없는 협동)를 보여주면서, 프랑스에 있는 두 곳의 전형적으로 서로 다른 통증클리닉에 대한 민족지 사례연구를 제시했다. 한 곳은 진통제를 강조하는 반면, 다른 한 곳은 자기감시와 특별한 자기단련 실천을 통한 환자의 자기관리에 초점을 맞추었다. 결국 부분적인 과학의 역사와 통증의학의 이론

---

9) Ganchoff(2004)는 줄기세포 연구 및 정치의 사회세계들과 점차 커지고 있는 영역을 탐구하고 있다.

이 임상 실천 속에 기입되었다.[10]

좀 더 세분화된 전공인 태아 수술의 출현은 캐스퍼(Casper, 1998a,b)가 연구했다. 아직 대체로 실험적인 이러한 실천에서, 임상의들은 태아를 여성의 자궁에서 부분적으로 꺼내어 다양한 구조적 문제들에 대한 수술을 하고, 태아가 살아남을 경우 이를 다시 집어넣어 임신 기간을 이어가게 한다. 태아 수술은 1960년대 뉴질랜드와 푸에르토리코에서 양과 침팬지를 동물 모델로 활용해 시작된 이후부터 계속 논쟁을 일으켰다. 배스쟁거나 스타가 했던 것처럼, 캐스퍼는 실험실 과학과 임상 실천 모두의 상세한 역사를 제공했다. 그녀는 클라크처럼 다른 사회세계, 특히 낙태반대 운동과의 연결이 새로 출현한 이 전공 사회세계에서 핵심 행위자들을 특징지었고 또 그들에게 중요했음을 발견했다. 캐스퍼(아울러 Casper, 1994, 1998b도 보라.)는 미드의 사회적 대상 개념에 기반해 **작업대상**의 개념을 발전시켰다. 사회적 행위자들이 가지고 작업하는 유형(有形)의 대상 및 상징적 대상을 묘사하고 분석하기 위해서였다. 그녀는 태아 수술과 관련된 서로 다른 실천가들 간의 관계(때로는 협동적이고, 때로는 독설적이지만, 합의에 근거하는 일은 좀처럼 없는)를 분석했다. 그들은 누가 환자이며—어머니인지 태아인지—수술 상황에 있는 환자에 대해 누가 관할권을 가져야 하는지를 놓고 고심했다.

정보기술 분야에서는 수브라마니언과 그 동료들의 프로젝트가 엔지니어링 설계 및 생산 팀의 변화와 이것이 경계물인 시제품에 가져올 수 있는

---

10) 배스쟁거의 연구는 통증의학에 관한 환자들의 지각과 관점도 연구했다는 점에서 사회세계/영역 전통에 있는 대다수의 다른 사람들을 넘어서고 있다. 통증 그 자체는 국제적 수준에서 독립적인 질병임과 **동시에** 하나의 영역이 되었다.

결과에 초점을 맞추었다.(Subrahmanian et al., 2003) 그들은 팀 내부의 변화가 다양한 집단들이 (합의 없는) 협동을 위해 마련했던 타협점을 교란했고, 경계물 그 자체에 대한 논쟁을 (다시) 열어놓았음을 알게 됐다. 갈과 동료들(Gal et al., 2004)은 AEC, 건축, 엔지니어링 및 건설산업에 대한 매혹적인 연구로 그 뒤를 이었다. 그들은 변화하는 정보기술—그 자체가 건축, 엔지니어링, 건설계 사이에서 작동하는 경계물인—이 어떻게 이러한 세계들 간의 관계뿐 아니라 그러한 세계들의 정체성에도 변화를 만들어내는지에 초점을 맞췄다. 다시 말해 경계물은 번역 장치로서뿐 아니라 전문직 정체성의 형성 및 표현의 밑천으로도 활용되고 있다. 건축가 프랭크 게리에 의해 3차원 모델링 기술이 건물 설계에 도입된 사례—이는 그가 오늘날 유명해진 혁신적 방식의 재료 활용을 가능케 했다—를 들어, 갈과 동료들은 하나의 세계에서의 변화가 공유된 경계물을 통해 다른 세계들로 쏟아질 수 있다고 주장했다.(아울러 Star, 1993, 1995b; Carlile, 2002; Walenstein, 2003도 보라.) 합의 없는 협동은 한마디로 시대의 유행이었다.

또 다른 최근의 사회세계 연구는 협동과 합의 모두에 문제가 있다고 보았다. 투나이넨(Tuunainen, 2005)은 핀란드에서 있었던 "분야 세계의 충돌"을 탐구했다. 작물경작 연구에 집중하던 한 대학의 농경학과가 정부로부터 과학을 하는 새로운 방식(분자생물학, 식물생리학, 원예학, 농업생태학을 포함하는)을 받아들이고 산업체와 관계를 확립하라는 압력을 받았다. 투나이넨은 작물경작 연구의 비통일성을 쉽게 관찰할 수 있었는데, 과학자들이 "서로 다른 분야들의 새로운 잡종 세계"(2005: 224)를 만들어내는 대신 자신들이 원래 속한 분야와 대학 내에서 역사적으로 차지한 조직적 위치 모두에 계속 헌신했기 때문이었다.

선드버그(Sundberg, 2005)는 기상학의 형성에 관한 연구에서 모델링 실천이 실험을 만나는 교차점에 초점을 맞추고 있다. 시뮬레이션 모델의 새롭고 필요한 요소들이 실험가와 모델 제작자들의 분야 부분들 사이에 관계를 형성하는 경계물이 되었다. 동일한 방식으로 핼펀(Halfon, 2006)은 "인구통제"에서 "여성의 권한강화"로의 체제변화를 분석했다. 이는 카이로 합의(Cairo consensus)가 공유된 기술적 언어와 실천의 제도화를 통해 인구정책과 사회운동 세계 **모두**의 과학화를 전면에 내세우면서 도입되었다. 인구조사 및 그에 대한 담화—과학을 공유된 작업대상으로 활용하는—는 여기서 요구되는 진지한 협상이 잘 이뤄질 수 있고 실제로도 이뤄지는 "중립적" 장소를 제공했다. 그는 복잡한 세계에서 변화를 일으키는 너무나 자주 눈에 띄지 않는 작업을 드러내고 있다.

마지막으로 슈트뤼빙(Strübing, 1998)은 여러 해에 걸쳐 협력했던 컴퓨터 과학자들과 상징적 상호작용론 사회학자들에 대한 연구에서 합의 없는 협동에 관해 썼다. 둘 사이의 교차점은 결코 완전히 안정화되지 못했다. 분산 인공지능(Distributed Artificial Intelligence, DAI)에 초점을 맞춘 컴퓨팅 세계의 한 부분은 시공간적으로 분산된 작업과 의사결정 실천—종종 응용 환경하에서—을 모델링하고 지원하는 데 관심이 있었다. DAI에서 "분산"은 시공간을 가로질러 어떤 의미에서 협동해야 하는 수많은 존재자들에 의해 수행되는 것으로 문제풀이를 모델링함을 의미한다. 예를 들어 전형적인 문제 중 하나는 서로 다른 장소에서 서로 다른 종류의 데이터를 갖고 있는 컴퓨터들이 각자 가진 국지적 데이터 집합을 써서 문제에 대한 해답을 내놓게 하는 방법을 찾는 것이다. 이 문제는 번역 문제, 복잡한 교차점, 대규모 과학 프로젝트에서의 노동분업에 대한 상호작용론의 관심을 반영하면서 동시에 그것과 가교를 형성했다. 슈트뤼빙은 지속적인 협력이 "은유의 이동"뿐 아니라 공유된 작업을 위한 조직구조의 상호 생성과 유지—스타(Star, 1991a)가 "보이지 않는 하부구조"라고 불렸던—도 포함한다고 결론지었다.

경계물, 경계 하부구조, 징집장치 개념은 오늘날 널리 받아들여져 그 유용성을 인정받고 있으며, STS뿐 아니라 그 바깥에서도 사회세계/영역 이론에서 사회세계들 간의 교차점을 이해하는 데 중심적인 역할을 하고 있다. 이러한 개념들을 활용해 분야에 초점을 맞춘 연구들은 도서관학(Albrechtsen & Jacob, 1998), 유전학, 지리학, 인공지능을 탐구해왔다. 후지무라와 포튼(Fujimura & Fortun, 1996; Fujimura, 1999, 2000)은 분자생물학의 DNA 서열 데이터베이스가 국제적으로 활용되는 경계 하부구조로 건설되는 것을 연구했다. 그러한 데이터베이스는 매혹적인 도전을 제기한다. 복수의 사회세계들을 가로질러 건설되어야 하며 복수의 세계의 요구를 충족시켜야 하기 때문이다.

지리학에서 하비와 크리스먼(Harvey & Chrisman, 1998)은 지리정보 시스템(GIS) 기술의 사회적 구성에서 경계물을 탐구했다. GIS는 중대한 혁신으로 기술과 사람들 간의 복잡한 관계를 요구한다. 이는 하나의 도구로서뿐 아니라 국소화된 새로운 사회질서의 구성에서 서로 다른 사회집단들을 연결하는 수단으로도 활용되기 때문이다. 하비와 크리스먼은 경계물을 지리적 경계와 흡사한 것으로 보며, 이것이 서로 다른 사회집단들을 분리시킴과 동시에 그들 간의 중요한 기준점들을 정의하고 유연하고 역동적인 일관성의 협상을 통해 관계를 안정화시키는 것으로 본다. 그러한 협상은 GIS 기술의 구성에 근간을 이룬다. 하비와 크리스먼은 습지의 정의에서 GIS 데이터 표준의 활용에 대한 연구를 통해 이를 잘 보여주고 있다.

공중보건에서 프로스트와 그 동료들(Frost et al., 2002)은 공공-민간 파트너십 프로젝트에 대한 연구에서 경계물 개념틀을 활용했다. 이 프로젝트는 거대 제약회사(머크)와 국제보건기구(아동 생존 및 개발 대책위원회 [Task Force for Child Survival and Development])를 한데 모았고, 머크가 35개국에 풍토병인 사상충증(river blindness, 아프리카와 중남미 지역에서 회선사상충이라는 기생충에 의해 생기는 병으로 몇몇 파리 종들에 의해 전염되며 피부 염증을 일으키고 때로 눈이 멀 수도 있다—옮긴이) 치료약을 기부하도록 조직했다. 프로스트와 동료들은 그처럼 다른 조직들이 어떻게 협동할 수 있었는지 질문을 던졌다. 그들은 핵심 경계물에 대해 참여하는 집단들이 서로 다른 의미를 부여했기 때문에, 그들이 합의에 도달하지 않고 협력을 하면서도 각자 지닌 매우 다른 조직적 사명을 유지할 수 있었다고 주장했다. 주된 이득은 프로젝트 그 자체가 경계물로서 **모든** 참여자, **그리고** 파트너십 그 자체에 정당성을 부여했다는 것이다. 멕티잔 기부 프로그램(Mectizan Donation Program)은 유사한 파트너십에 하나의 모델이 되었다.

요컨대 사회세계 이론, 특히 경계물의 개념은 널리 확산되었고, 1980년대 이래로 STS에 기여하는 다양한 분야의 연구자들에게 수용되었다고 할 수 있다.

새로운 사회세계 이론/방법 꾸러미: 상황분석

방법론은 과학적 탐구 전체를 포괄하며 그러한 탐구의 몇몇 선별된 부분이나 측면만 포괄하는 것이 아니다.(Blumer, [1969]1993: 24)

앞서 언급한 대로, 사회세계 이론/방법 꾸러미의 방법 쪽 끝은 지금까지 대체로 슈트라우스가 제창한 형태의 근거이론 데이터 분석 방법—페미니스트 버전을 포함해서(Clarke, 2006b)—이 지배적이었다.(Charmaz,

2006; Clarke, 2006a; Star, 1998) 슈트라우스는 경력 후반부로 가면서 근거이론 분석을 하는 방법을 틀짓고 표현하기 위해 부단히 노력했다. 여기에는 **구조적 조건을 명시**하고—문자 그대로 분석에서 이를 가시화하는 것이다—전통적으로 근거이론의 중심을 이룬 행동 형태를 분석하는 것이 포함되었다. 이러한 목표를 위해 슈트라우스(Strauss & Corbin, 1990: 163)는 그가 조건부 매트릭스(conditional matrix)라고 불렀던 것을 만들었다. 행동이 일어나는 특정한 조건을 좀 더 완전하게 포착해내기 위해서였다. 클라크(Clarke, 2003, 2005)는 이러한 매트릭스에 대한 지속적 비판을 발전시켰다. 유사한 목표를 달성하기 위해 그녀는 대신 슈트라우스의 사회세계 개념틀을 가져다가 근거이론의 새로운 확장을 위한 이론적 하부구조로 활용했다. 그녀는 이를 C. 라이트 밀스(Mills, 1940), 도너 해러웨이(Haraway, 1991), 그 외 다른 이들의 상황적 행동 구상, 그리고 푸코와 시각문화 연구에서 가져온 분석적 담론 개념과 융합시켜 "상황분석"으로 불리는 접근법을 만들어냈다.

상황분석에서는 **상황의 조건들이 상황 속에 있다.** "매락" 같은 것은 존재하지 않는다. 상황의 조건요소들은 **그것이 구성하고 있는** 상황 그 자체의 분석에서 명시될 필요가 있으며, 단지 그것을 둘러싸고 있거나 틀짓고 있거나 기여하고 있는 것이 아니다. 조건요소들이 **바로** 상황인 것이다. 궁극적으로 무엇이 어떤 상황을 구조화하고 조건 짓는지는 경험적 문제—혹은 일단의 분석적 문제들—이다. 따라서 상황분석은 그러한 경험적 문제들에 분석적으로 답하기 위해 세 종류의 지도들을 제작하는 데 연구자를 끌어들인다.

1. **상황 지도**는 탐구대상이 된 연구 상황 내에 있는 주요 인간, 비인간,

담론, 기타 요소들을 제시하고 그들 간의 관계에 대한 분석을 촉발시킨다.

2. **사회세계/영역 지도**는 집합적 행위자, 핵심적인 비인간 요소, 그리고 그들이 지속적인 협상에 관여하는 헌신과 담론의 영역(들)을 제시한다. 이는 상황에 대한 중간 수준의 해석이다.

3. **입장 지도**는 탐구 상황에서의 담론 쟁점을 둘러싼 특정한 차이, 관심, 논쟁 축에 대한 데이터에서 취해지거나 취해지지 **않은** 주요 입장들을 제시한다.

세 종류의 지도들은 모두 분석적 실행으로, 사회과학 데이터로 가는 참신한 방식으로 의도된 것이다. 이는 특히 인터뷰에만 기반해 연구를 하는 것에서 복수의 장소에서 민족지 프로젝트를 진행하는 것까지 다양한 오늘날의 과학기술학을 설계하고 수행하는 데 잘 부합한다. 상황 지도를 만드는 것은 특히 프로젝트의 생애 전체를 가로질러 계속해서 성찰적 연구를 설계하고 실행하는 데 유용할 수 있다. 이는 연구자들이 상황 내에 있는 모든 요소를 추적하고 그것의 관계성을 분석할 수 있게 한다. 물론 모든 지도는 서로 다른 역사적 순간에 만들어질 수 있으며, 이로써 비교가 가능해진다.

데이터의 지도작성을 통해 분석가는 탐구 상황을 경험적으로 구성한다. **상황 그 자체는 궁극적인 분석단위가 되며**, 그것의 요소들과 그 관계를 이해하는 것이 주된 목표이다. 근거이론을 담론연구에까지 확장함으로써, 상황분석은 근거이론의 탈근대적 전환을 가져온다. 역사적·시각적·서사적 담론들은 각기 모두 연구설계 속에, 세 종류의 분석적 지도 속에 포함될 수 있다. 푸코에 깊이 의존하고 있는 상황분석은 담론을 탐구 상황에서의 요소로 이해한다. 담론적 민족지/인터뷰 데이터는 함께 혹은 비교적으로 분석될 수 있다. 입장 지도는 담론들에서 취한 입장을 설명하며, 취하지 **않은** 입장들을 연구자들이 명시할 수 있게 함으로써 담론적 침묵에 발언 기회를 주는 혁신적 면모도 있다.(Clarke, in prep.)

이러한 혁신들은 다음 세대의 상호작용론적 STS 연구 중 일부에 중심을 이룰 수 있다. 예를 들어 제니퍼 포스킷(Fosket, forthcoming)은 이러한 지도작성 전략들을 활용해 복수의 장소에서 이뤄진 대규모의 화학예방 약(chemoprevention drug) 임상시험에서 지식생산의 상황성을 분석했다. 하나의 영역으로서 임상시험에는 복수의 상당히 이종적인 사회세계들—제약회사, 사회운동, 과학 전공분야, FDA 등—이 포함돼 있었다. 임상시험은 수백만의 인간 및 비인간 대상들뿐 아니라 다양한 환경을 가로지르는 상충하는 요구들에 맞서 신뢰성과 정당성도 관리해야 했다. 이 영역의 지도작성을 통해 포스킷은 세계들 간의 관계와 상황 속의 핵심 요소들—조직 검체 같은—과의 관계의 성격을 명시할 수 있었다. 결국 상황분석은 근거이론과 함께 이론/방법 꾸러미를 이루는 사회세계/영역의 전통 위에서 새로운 분석양식을 만들어내려는 하나의 사례로 볼 수 있다.

결론

1980년대 이후 사회세계 개념틀은 STS의 주류가 되었다.(Clarke & Star, 2003) 우리는 특히 예전 상호작용론에서의 일에 대한 연구와의 연결에 주목한다. 이는 과학이 특별하고 다른 것이 아니라 "또 다른 종류의 일일 뿐"이고, 과학은 관념뿐 아니라 물질에 관한 것이라는 전제에서 출발했다.(Mukerji, 1989를 보라.) 사회세계 개념틀은 어떤 상황 속에 포함된 **모든** 인간, 비인간 행위자와 요소들을 각자의 관점에서 탐구하는 것을 추구한다. 이는 과학, 기술, 의학을 창출하고 이용하는 것과 관련된 다양한 종류의 일에 대한 분석을 추구하면서, 여러 수준에서 집단 의미창출 및 물질적 관여, 헌신, 실천을 설명하려 한다.

요컨대 하나의 이론/방법 꾸러미로서 사회세계 개념틀은 관점의 차이, 고도로 복잡한 행동 및 입장 상황, 점차 동시대 테크노사이언스의 특징을 이루는 이종적 담론에 대해 예리한 연구를 수행하는 분석 역량을 강화시킨다. 경계물과 경계 하부구조 개념은 사회세계들의 교차 장소와 그곳에서 일어나는 협상 및 다른 작업에 대한 분석적 입구를 제공한다. 연루된 행위자와 행위소 개념은 권력에 대한 명시적 분석에서 특히 유용할 수 있다. 그러한 분석들은 어떤 주어진 상황에서 순환하는 인간, 비인간 행위자 모두에 일반적으로 **복수의** 담론적 구성이 존재한다는 사실에 의해 복잡해지면서 동시에 강화된다. 상황분석은 그러한 복수성을 포착하는 방법론적 수단을 제공한다. 결국 하나의 이론/방법 꾸러미로서 사회세계 개념틀은 실용적인 경험과학, 기술, 의학 프로젝트에서 유용성을 발휘할 수 있다.

참고문헌

Albrechtsen, H. & E. K. Jacob (1998) "The Dynamics of Classification Systems as Boundary Objects for Cooperation in the Electronic Library," *Library Trends*, 47 (2): 293–312.

Baszanger, Isabelle (1998) *Inventing Pain Medicine: From the Laboratory to the Clinic* (New Brunswick, NJ: Rutgers University Press).

Baszanger, Isabelle & Nicolas Dodier (1997) "Ethnography: Relating the Part to the Whole," in David Silverman (ed) *Qualitative Research: Theory, Method, and Practice* (London: Sage): 8–23.

Becker, Howard S. (1960) "Notes on the Concept of Commitment," *American Journal of Sociology* 66 (July): 32–40.

Becker, Howard S. (1963) *Outsiders: Studies in the Sociology of Deviance* (New York: Free Press).

Becker, Howard S. ([1967]1970) "Whose Side Are We On?" reprinted in *Sociological Work: Method and Substance* (Chicago: Aldine): 123–134.

Becker, Howard S. (1982) *Art Worlds* (Berkeley: University of California Press).

Becker, Howard S. (1986) *Doing Things Together* (Evanston, IL: Northwestern University Press).

Berg, Marc (1997) *Rationalizing Medical Work: Decision-Support Techniques and Medical Practices* (Cambridge, MA: MIT Press).

Berg, Marc & Geof Bowker (1997) "The Multiple Bodies of the Medical Record: Toward a Sociology of an Artifact," *Sociological Quarterly* 38: 513–537.

Berg, Marc & Stefan Timmermans (2000) "Orders and Their Others: On the Constitution of Universalities in Medical Work," *Configurations* 8 (1): 31–61.

Bishop, Ann, Laura Neumann, Susan Leigh Star, Cecelia Merkel, Emily Ignacio, & Robert Sandusky (2000) "Digital Libraries: Situating Use in Changing Information Infrastructure," *Journal of the American Society for Information Science* 51 (4): 394–413.

Blumer, Herbert ([1969]1993) *Symbolic Interactionism: Perspective and Method* (Englewood Cliffs, NJ: Prentice-Hall, 1969; Berkeley: University of California Press, 1993).

Bowker, Geoffrey C. (1994) "Information Mythology and Infrastructure," in L. Bud-Frierman (ed), *Information Acumen: The Understanding and Use of Knowledge in Modern Business* (London: Routledge): 231–247.

Bowker, Geoffrey C. (2005) *Memory Practices in the Sciences* (Cambridge, MA: MIT Press).

Bowker, Geoffrey C. & Bruno Latour (1987) "A Booming Discipline Short of Discipline: (Social) Studies of Science in France," *Social Studies of Science* 17: 715–748.

Bowker, Geoffrey C. & Susan Leigh Star (1999) *Sorting Things Out: Classification and Its Consequences* (Cambridge, MA: The MIT Press).

Bucher, Rue (1962) "Pathology: A Study of Social Movements Within a Profession," *Social Problems* 10: 40–51.

Bucher, Rue (1988) "On the Natural History of Health Care Occupations," *Work and Occupations* 15 (2): 131–147.

Bucher, Rue & Joan Stelling (1977) *Becoming Professional* [preface by Eliot Freidson] (Beverly Hills, CA: Sage).

Bucher, Rue & Anselm L. Strauss (1961) "Professions in Process," *American Journal of Sociology* 66: 325–334.

Carey, James W. (2002) "Cultural Studies and Symbolic Interactionism: Notes in Critique and Tribute to Norman Denzin," *Studies in Symbolic Interaction* 25: 199–209.

Carlile, Paul (2002) "A Pragmatic View of Knowledge and Boundaries: Boundary Objects in New Product Development," *Organization Science* 13: 442–455.

Casper, Monica J. (1994) "Reframing and Grounding Nonhuman Agency: What Makes a Fetus an Agent?" *American Behavioral Scientist* 37 (6): 839–856.

Casper, Monica J. (1998a) *The Making of the Unborn Patient: A Social Anatomy of Fetal Surgery* (New Brunswick, NJ: Rutgers University Press).

Casper, Monica J. (1998b) "Negotiations, Work Objects, and the Unborn Patient: The Interactional Scaffolding of Fetal Surgery," *Symbolic Interaction* 21 (4): 379–400.

Casper, Monica J. & Adele E. Clarke (1998) "Making the Pap Smear into the 'Right Tool' for the Job: Cervical Cancer Screening in the USA, circa 1940–95," *Social Studies of Science* 28 (2): 255–290.

Charmaz, Kathy (2006) *Constructing Grounded Theory: A Practical Guide Through*

Qualitative Analysis (London: Sage).

Christensen, Vivian & Monica J. Casper (2000) "Hormone Mimics and Disrupted Bodies: A Social Worlds Analysis of a Scientific Controversy," *Sociological Perspectives* 43 (4): S93 – S120.

Clarke, Adele E. (1987) "Research Materials and Reproductive Science in the United States, 1910 – 1940," in Gerald L. Geison (ed), *Physiology in the American Context, 1850–1940* (Bethesda, MD: American Physiological Society): 323 – 350. Reprinted (1995) with new epilogue in S. Leigh Star (ed), *Ecologies of Knowledge: New Directions in Sociology of Science and Technology* (Albany: State University of New York Press): 183 – 219.

Clarke, Adele E. (1991) "Social Worlds/Arenas Theory as Organization Theory," in David Maines (ed) *Social Organization and Social Process: Essays in Honor of Anselm Strauss* (Hawthorne, NY: Aldine de Gruyter): 119 – 158.

Clarke, Adele E. (1998) *Disciplining Reproduction: Modernity, American Life Sciences, and "the Problems of Sex"* (Berkeley: University of California Press).

Clarke, Adele E. (2000) "Maverick Reproductive Scientists and the Production of Contraceptives, 1915 – 2000+," in Anne Saetnan, Nelly Oudshoorn, & Marta Kirejczyk (eds), *Bodies of Technology: Women's Involvement with Reproductive Medicine* (Columbus: Ohio State University Press): 37 – 89.

Clarke, Adele E. (2003) "Situational Analyses: Grounded Theory Mapping After the Postmodern Turn," *Symbolic Interaction* 26 (4): 553 – 576.

Clarke, Adele E. (2005) *Situational Analysis: Grounded Theory After the Postmodern Turn* (Thousand Oaks, CA: Sage).

Clarke, Adele E. (2006a) "Grounded Theory: Critiques, Debates, and Situational Analysis" in William Outhwaite & Stephen P. Turner (eds), *Handbook of Social Science Methodology* (Thousand Oaks, CA: Sage), in press.

Clarke, Adele E. (2006b) "Feminisms, Grounded Theory and Situational Analysis," in Sharlene Hesse-Biber (ed) *The Handbook of Feminist Research: Theory and Praxis* (Thousand Oaks, CA: Sage), in press.

Clarke, Adele E. (2006c) "Social Worlds," in *The Blackwell Encyclopedia of Sociology* (Malden MA: Blackwell), 4547 – 4549.

Clarke, Adele E. (in prep.) "Helping Silences Speak: The Use of Positional Maps in Situational Analysis."

Clarke, Adele E. & Monica J. Casper (1996) "From Simple Technology to Complex Arena: Classification of Pap Smears, 1917–90," *Medical Anthropology Quarterly* 10 (4): 601–623.

Clarke, Adele E. & Joan Fujimura (1992) "Introduction: What Tools? Which Jobs? Why Right?" in A. E. Clarke & J. Fujimura (eds), *The Right Tools for the Job: At Work in Twentieth Century Life Sciences* (Princeton, NJ: Princeton University Press): 3–44. French translation: *La Materialite des Sciences: Savoir-faire et Instruments dans les Sciences de la Vie* (Paris: Synthelabo Groupe, 1996).

Clarke, Adele E. & Theresa Montini (1993) "The Many Faces of RU486: Tales of Situated Knowledges and Technological Contestations," *Science, Technology & Human Values* 18 (1): 42–78.

Clarke, Adele E. & Susan Leigh Star (1998) "On Coming Home and Intellectual Generosity" (Introduction to Special Issue: New Work in the Tradition of Anselm L. Strauss), *Symbolic Interaction* 21 (4): 341–349.

Clarke, Adele E. & Susan Leigh Star (2003) "Science, Technology, and Medicine Studies," in Larry Reynolds & Nancy Herman-Kinney (eds), *Handbook of Symbolic Interactionism* (Walnut Creek, CA: Alta Mira Press): 539–574.

Dingwall, Robert (1999) "On the Nonnegotiable in Sociological Life," in Barry Glassner & R. Hertz (eds), *Qualitative Sociology as Everyday Life* (Thousand Oaks, CA: Sage): 215–225.

Forsythe, Diana E. (2001) *Studying Those Who Study Us: An Anthropologist in the World of Artificial Intelligence* (Stanford, CA: Stanford University Press).

Fosket, Jennifer Ruth (forthcoming) "Situating Knowledge Production: The Social Worlds and Arenas of a Clinical Trial," *Qualitative Inquiry*.

Frost, Laura, Michael R. Reich & Tomoko Fujisaki (2002) "A Partnership for Ivermectin: Social Worlds and Boundary Objects," in Michael R. Reich (ed), *Public-Private Partnerships for Public Health*, Harvard Series on Population and International Health (Cambridge, MA: Harvard University Press): 87–113.

Fujimura, Joan H. (1987) "Constructing 'Do-able' Problems in Cancer Research: Articulating Alignment," *Social Studies of Science* 17: 257–293.

Fujimura, Joan H. (1988) "The Molecular Biological Bandwagon in Cancer Research: Where Social Worlds Meet," *Social Problems* 35: 261–283. Reprinted in Anselm Strauss & Juliet Corbin (eds) (1997), *Grounded Theory in Practice* (Thousand Oaks,

CA: Sage): 95–130.

Fujimura, Joan H. (1991) "On Methods, Ontologies and Representation in the Sociology of Science: Where Do We Stand?" in David Maines (ed), *Social Organization and Social Process: Essays in Honor of Anselm Strauss* (Hawthorne, NY: Aldine de Gruyter): 207–248.

Fujimura, Joan H. (1992) "Crafting Science: Standardized Packages, Boundary Objects, and 'Translation'," in Andrew Pickering (ed) *Science as Practice and Culture* (Chicago: University of Chicago Press): 168–211.

Fujimura, Joan H. (1996) *Crafting Science: A Socio-History of the Quest for the Genetics of Cancer* (Cambridge, MA: Harvard University Press).

Fujimura, Joan H. (1999) "The Practices and Politics of Producing Meaning in the Human Genome Project," *Sociology of Science Yearbook* 21 (1): 49–87.

Fujimura, Joan H. (2000) "Transnational Genomics in Japan: Transgressing the Boundary Between the 'Modern/West' and the 'Pre-Modern/East'," in Roddey Reid & Sharon Traweek (eds), *Cultural Studies of Science, Technology, and Medicine* (New York and London: Routledge): 71–92.

Fujimura, Joan H. & Michael A. Fortun (1996) "Constructing Knowledge Across Social Worlds: The Case of DNA Sequence Databases in Molecular Biology," in Laura Nader (ed), *Naked Science: Anthropological Inquiry into Boundaries, Power, and Knowledge* (New York: Routledge): 160–173.

Gal, U., Y. Yoo, & R. J. Boland (2004) "The Dynamics of Boundary Objects, Social Infrastructures and Social Identities," *Sprouts: Working Papers on Information Environments, Systems and Organizations* 4 (4): 193–206, Article 11. Available at: http://weatherhead.cwru.edu/sprouts/2004/040411.pdf.

Ganchoff, Chris (2004) "Regenerating Movements: Embryonic Stem Cells and the Politics of Potentiality," *Sociology of Health and Illness* 26 (6): 757–774.

Garrety, Karin (1997) "Social Worlds, Actor-Networks and Controversy: The Case of Cholesterol, Dietary Fat and Heart Disease," *Social Studies of Science* 27 (5): 727–773.

Garrety, Karin (1998) "Science, Policy, and Controversy in the Cholesterol Arena," *Symbolic Interaction* 21 (4): 401–424.

Gieryn, Thomas (1995) "Boundaries of Science," in Sheila Jasanoff, G. Markle, J. Petersen, & T. Pinch (eds), *Handbook of Science and Technology Studies* (Thousand

Oaks, CA: Sage): 393–443.

Glaser, Barney G. (1978) *Theoretical Sensitivity: Advances in the Methodology of Grounded Theory* (Mill Valley, CA: Sociology Press).

Glaser, Barney G. & Anselm L. Strauss (1967) *The Discovery of Grounded Theory: Strategies for Qualitative Research* (Chicago: Aldine; London: Weidenfeld and Nicolson).

Halfon, Saul (2006) *The Cairo Consensus: Demographic Surveys, Women's Empowerment, and Regime Change in Population Policy* (Lanham, MD: Lexington Books).

Haraway, Donna (1991) "Situated Knowledges: The Science Question in Feminism and the Privilege of Partial Perspective," in D. Haraway (ed), *Simians, Cyborgs, and Women: The Reinvention of Nature* (New York: Routledge): 183–202.

Harvey, Francis & Nick R. Chrisman (1998) "Boundary Objects and the Social Construction of GIS Technology," *Environment and Planning A* 30 (9): 1683–1694.

Henderson, Kathryn (1999) *On Line and on Paper: Visual Representations, Visual Culture, and Computer Graphics in Design Engineering* (Cambridge, MA: MIT Press).

Jaworski, A. & N. Coupland (eds) (1999) *The Discourse Reader* (Routledge: London).

Jenks, Chris (1995) "The Centrality of the Eye in Western Culture: An Introduction," in C. Jenks (ed), *Visual Culture* (London and New York: Routledge): 1–25.

Karnik, Niranjan (1998) "Rwanda and the Media: Imagery, War and Refuge," *Review of African Political Economy* 25 (78): 611–623.

Keating, Peter & Alberto Cambrosio (2003) *Biomedical Platforms: Realigning the Normal and the Pathological in Late-Twentieth-Century Medicine* (Cambridge, MA: MIT Press).

Klapp, Orrin (1972) *Heroes, Villains and Fools: Reflections of the American Character* (San Diego, CA: Aegis).

Lamont, Michele & Virag Molnar (2002) "The Study of Boundaries in the Social Sciences," *Annual Review of Sociology* 28: 167–195.

Lampland, Martha & Susan Leigh Star (eds) (forthcoming) *Standards and Their Stories* (Ithaca, NY: Cornell University Press).

Latour, Bruno (1987) *Science in Action* (Cambridge, MA: Harvard University Press).

Law, John & John Hassard (eds) (1999) *Actor Network Theory and After* (Malden, MA: Blackwell).

Lynch, Michael (1985) *Art and Artifact in Laboratory Science: A Study of Shop Work and Shop Talk in a Research Laboratory* (London: Routledge & Kegan Paul).

Lynch, Michael & Steve Woolgar (eds) (1990) *Representation in Scientific Practice* (Cambridge, MA: MIT Press).

Mead, George Herbert (1917) "Scientific Method and the Individual Thinker," in John Dewey (ed), *Creative Intelligence: Essays in the Pragmatic Attitude* (New York: Henry Holt).

Mead, George Herbert ([1927]1964) "The Objective Reality of Perspectives," in A.J. Reck (ed), *Selected Writings of George Herbert Mead* (Chicago: University of Chicago Press): 306–319.

Mead, George Herbert ([1934]1962) in Charles W. Morris (ed), *Mind, Self and Society* (Chicago: University of Chicago Press).

Mead, George Herbert ([1938]1972) *The Philosophy of the Act* (Chicago: University of Chicago Press).

Meltzer, Bernard N., John W. Petras, & Larry T. Reynolds (1975) *Symbolic Interactionism: Genesis, Varieties and Criticism* (Boston: Routledge & Kegan Paul).

Mills, C. Wright (1940) "Situated Actions and Vocabularies of Motive," *American Sociological Review* 6: 904–913.

Mol, Annemarie (2002) *The Body Multiple: Ontology in Medical Practice* (Durham, NC: Duke University Press).

Mol, Annemarie & Jessica Messman (1996) "Neonatal Food and the Politics of Theory: Some Questions of Method," *Social Studies of Science* 26: 419–444.

Mukerji, Chandra (1989) *A Fragile Power: Scientists and the State* (Princeton, NJ: Princeton University Press).

Neumann, Laura & Susan Leigh Star (1996) "Making Infrastructure: The Dream of a Common Language," in J. Blomberg, F. Kensing, & E. Dykstra-Erickson (eds) *Proceedings of the Fourth Biennial Participatory Design Conference (PDC'96)* (Palo Alto, CA: Computer Professionals for Social Responsibility): 231–240.

Neyland, Daniel (2006) "Dismissed Content and Discontent: An Analysis of the Strategic Aspects of Actor-Network Theory," *Science, Technology & Human Values* 31 (1): 29–51.

Reynolds, Larry & Nancy Herman-Kinney (eds) (2003) *Handbook of Symbolic Interactionism* (Walnut Creek, CA: Alta Mira Press).

Shibutani, Tamotsu (1955) "Reference Groups as Perspectives," *American Journal of Sociology* 60: 562–569.

Shim, Janet K. (2002) "Understanding the Routinised Inclusion of Race, Socioeconomic Status and Sex in Epidemiology: The Utility of Concepts from Technoscience Studies," *Sociology of Health and Illness* 24: 129–150.

Shim, Janet K. (2005) "Constructing 'Race' Across the Science-Lay Divide: Racial Formation in the Epidemiology and Experience of Cardiovascular Disease," *Social Studies of Science* 35 (3): 405–436.

Shostak, Sara (2003) "Locating Gene-Environment Interaction: At the Intersections of Genetics and Public Health," *Social Science and Medicine* 56: 2327–2342.

Shostak, Sara (2005) "The Emergence of Toxicogenomics: A Case Study of Molecularization," *Social Studies of Science* 35 (3): 367–404.

Star, Susan Leigh (1989a) *Regions of the Mind: Brain Research and the Quest for Scientific Certainty* (Stanford, CA: Stanford University Press).

Star, Susan Leigh (1989b) "The Structure of Ill-Structured Solutions: Boundary Objects and Distributed Heterogeneous Problem Solving," in L. Gasser & M. Huhns (eds) *Distributed Artificial Intelligence 2* (San Mateo, CA: Morgan Kauffmann): 37–54.

Star, Susan Leigh (1991a) "The Sociology of the Invisible: The Primacy of Work in the Writings of Anselm Strauss," in David R. Maines (ed), *Social Organization and Social Process: Essays in Honor of Anselm Strauss* (Hawthorne, NY: Aldine de Gruyter): 265–283.

Star, S. Leigh (1991b) "Power, Technologies and the Phenomenology of Conventions: On Being Allergic to Onions," in John Law (ed), *A Sociology of Monsters: Essays on Power, Technology and Domination*, [Sociological Review Monograph No. 38] (New York: Routledge): 26–56.

Star, Susan Leigh (1993) "Cooperation Without Consensus in Scientific Problem Solving: Dynamics of Closure in Open Systems," in Steve Easterbrook (ed) *CSCW: Cooperation or Conflict?* (London: Springer-Verlag): 93–105.

Star, Susan Leigh (ed) (1995a) *Ecologies of Knowledge: Work and Politics in Science and Technology* (Albany: State University of New York Press).

Star, Susan Leigh (ed) (1995b) *The Cultures of Computing* [Sociological Review

Monograph] (Oxford: Basil Blackwell).

Star, Susan Leigh (1995c) "The Politics of Formal Representations: Wizards, Gurus, and Organizational Complexity," in S. L. Leigh (ed), *Ecologies of Knowledge: Work and Politics in Science and Technology* (Albany: State University of New York Press): 88 – 118.

Star, Susan Leigh (1997) "Working Together: Symbolic Interactionism, Activity Theory, and Information Systems," in Yrjö Engeström & David Middleton (eds), *Communication and Cognition at Work* (Cambridge: Cambridge University Press): 296 – 318.

Star, Susan Leigh (1998) "Grounded Classification: Grounded Theory and Faceted Classifications," *Library Trends* 47: 218 – 232.

Star, Susan Leigh (1999) "The Ethnography of Infrastructure," *American Behavioral Scientist* 43: 377 – 391.

Star, Susan Leigh & James R. Griesemer (1989) "Institutional Ecology, 'Translations' and Boundary Objects: Amateurs and Professionals in Berkeley's Museum of Vertebrate Zoology, 1907 – 39," *Social Studies of Science* 19: 387 – 420. Reprinted in Mario Biagioli (ed) (1999), *The Science Studies Reader* (New York: Routledge): 505 – 524.

Star, Susan Leigh & Karen Ruhleder (1996) "Steps Toward an Ecology of Infrastructure: Design and Access for Large Information Spaces," *Information Systems Research* 7: 111 – 134.

Star, Susan Leigh & Anselm Strauss (1999) "Layers of Silence, Arenas of Voice: The Ecology of Visible and Invisible Work," *Computer-Supported Cooperative Work: Journal of Collaborative Computing* 8: 9 – 30.

Strauss, Anselm L. (1959) *Mirrors and Masks: The Search for Identity* (Glencoe, IL: Free Press).

Strauss, Anselm L. (1978) "A Social World Perspective," in Norman Denzin (ed.), *Studies in Symbolic Interaction* 1: 119 – 128 (Greenwich, CT: JAI Press).

Strauss, Anselm L. (1982) "Social Worlds and Legitimation Processes," in Norman Denzin (ed.), *Studies in Symbolic Interaction* 4: 171 – 190 (Greenwich, CT: JAI Press).

Strauss, Anselm L. (1984) "Social Worlds and Their Segmentation Processes," in Norman Denzin (ed), *Studies in Symbolic Interaction* 5: 123 – 139 (Greenwich, CT:

JAI Press).

Strauss, Anselm L. (1987) Qualitative Analysis for Social Scientists (Cambridge: Cambridge University Press).

Strauss, Anselm L. (1993) *Continual Permutations of Action* (New York: Aldine de Gruyter).

Strauss, Anselm L. (1995) "Notes on the Nature and Development of General Theories," *Qualitative Inquiry* 1 (1): 7-18.

Strauss, Anselm L. & Juliet Corbin (1990) *The Basics of Qualitative Research: Grounded Theory Procedures and Techniques* (Thousand Oaks, CA: Sage).

Strauss, Anselm, Shizuko Fagerhaugh, Barbara Suczek, & Carolyn Wiener (1985) *Social Organization of Medical Work* (Chicago: University of Chicago Press); (1997) New edition with new introduction by Anselm L. Strauss (New Brunswick, NJ: Transaction Publishers).

Strübing, Jöerg (1998) "Bridging the Gap: On the Collaboration Between Symbolic Interactionism and Distributed Artificial Intelligence in the Field of Multi-Agent Systems Research," *Symbolic Interaction* 21 (4): 441-464.

Strübing, Jöerg (2007) *Anselm Strauss* (Konstanz, Germany: UVK Verlagsgesellschaft mbH).

Subrahmanian E., I. Monarch, S. Konda, H. Granger, R. Milliken, & A. Westerberg (2003) "Boundary Objects and Prototypes at the Interfaces of Engineering Design," *Computer Supported Cooperative Work (CSCW)*, 12 (2): 185-203.

Suchman, Lucy (1987) *Plans and Situated Actions: The Problem of Human-Machine Communication* (New York: Cambridge University Press).

Sundberg, Makaela (2005) *Making Meteorology: Social Relations and Scientific Practice* (Stockholm: Stockholm University Studies in Sociology, New Series 25).

Thomas, William Isaac (1914) "The Polish-Prussian Situation: An Experiment in Assimilation," *American Journal of Sociology* 19: 624-639.

Timmermans, Stefan (1999) S*udden Death and the Myth of CPR* (Philadelphia: Temple University Press).

Timmermans, Stefan (2006) *Postmortem: How Medical Examiners Explain Suspicious Deaths* (Chicago: University of Chicago Press).

Timmermans, Stefan & Marc Berg (1997) "Standardization in Action: Achieving Local Universality Through Medical Protocols," *Social Studies of Science* 27 (2): 273-305.

Timmermans, Stefan & Marc Berg (2003) *The Gold Standard: The Challenge of Evidence-Based Medicine and Standardization in Health Care* (Philadelphia: Temple University Press).

Tuunainen, Juha (2005) "When Disciplinary Worlds Collide: The Organizational Ecology of Disciplines in a University Department," *Symbolic Interaction* 28 (2): 205-228.

Walenstein, Andrew (2003) "Finding Boundary Objects in SE and HCI: An Approach Through Engineering-oriented Design Theories," International Federation of Information Processing (IFIP) Workshop, Bridging Gaps Between SE and HCI, May 3-4, Portland, Oregon.

Weiss, Gilbert & Ruth Wodak (eds) (2003) *Critical Discourse Analysis: Theory and Interdisciplinarity* (London: Palgrave).

Wiener, Carolyn (1981) *The Politics of Alcoholism: Building an Arena Around a Social Problem* (New Brunswick, NJ: Transaction Books).

Wiener, Carolyn (1991) "Arenas and Careers: The Complex Interweaving of Personal and Organizational Destiny," in David Maines (ed) *Social Organization and Social Process: Essays in Honor of Anselm Strauss* (Hawthorne, NY: Aldine de Gruyter): 175-188.

Wiener, Carolyn (2000) *The Elusive Quest: Accountability in Hospitals* (Hawthorne, NY: Aldine de Gruyter).

Zorbaugh, Harvey (1929) *The Gold Coast and the Slum: A Sociological Study of Chicago's Near North Side* (Chicago: University of Chicago Press).

6.
페미니스트 STS와 인공의 과학*

루시 서치먼

지난 20년간 페미니스트 학술연구와 과학기술학(STS)의 교차점에서는 점점 더 많은 관계맺음이 있었다. 이러한 일단의 연구는 이제 충분히 풍부해져서 그것이 집중해온 다양한 영역들과 관련 문헌들에 대해 면밀하고 좀 더 제한된 개관을 요구하고 있다. 그러한 정신에 따라 이 장의 목표는 페미니스트 STS가 과학기술의 특정한 영역—여기서는 인공의 과학 (sciences of the artificial)으로 지칭하겠다—에서의 최근 발전과 맺고 있는 관계에 대해 통합적인 반성을 제공하는 것이다.[1] 좀 더 폭넓은 페미니스트 기술연구의 관점에 관한 이전의 논의에 근거해, 이 장의 초점은 인간과 컴

---

* 『편람』의 편집자들과 논문 검토위원들에게 감사를 표하며, 특히 이 장의 초기 원고들을 꼼꼼하고 비판적으로 읽어준 토니 로버트슨에게 고마움을 전한다.

퓨터 사이의 관계에 나타나는 자연과 인공의 이동하는 경계에서의 발전에 맞춰질 것이다. 중심이 되는 프로젝트는 인지과학 및 이와 연관된 기술이라는 제목하에 수집된 것들로, 인공지능(AI), 로봇공학, 소프트웨어 에이전트 (software agent), 그 외 다른 형태의 임베디드 컴퓨팅(embedded computing)을 포함한다.[2] 중심이 되는 관심사는 행위능력과 체험, 몸과 사람, 유사성과 차이, 인간/기계 경계를 가로지르는 관계의 사회물질적 기반에 대한 변화하는 개념이다.

이 장의 논의를 페미니스트 STS와 관련해 틀짓는 데 있어, 내 목표는 후자를 좀 더 폭넓은 과학기술학으로부터 어떤 식으로든 분리된 별개의 하위 분야로 정의하는 것이 아니다. 역사적·개념적 상호연결이 너무나 두껍

---

1) '인공의 과학'이라는 표현은 Simon, 1969에서 가져왔다. 아래에서 사이먼이 사용한 이 어구에 대해 다시 한 번 생각해볼 것이다. 페미니스트 STS 일반에 대한 유용한 개관으로는 Creager et al., 2001; Harding, 1998; Keller, 1995, 1999; Mayberry et al., 2001; McNeil, 1987; McNeil and Franklin, 1991을 보라. 젠더와 기술에 관한 소개와 논문 선집은 Balka & Smith, 2000; Grint & Gill, 1995; Terry & Calvert, 1997; Wajcman, 1991, 1995, 2004를, 시사적인 사례연구들로는 Balsamo, 1996; Cockburn, 1988, 1991; Cockburn & Ormrod, 1993; Cowan, 1983; Martin, 1991을 보라.

2) 이 장에서 다루지 않은 오늘날 학술연구의 관련 영역으로는 인공생명, 컴퓨터매개 통신, 문화와 미디어 이론(특히 과학소설 및 관련 대중문화 장르에 대한 면밀하고 비판적인 독해), 재생산기술과 생명공학에 대한 페미니스트 비판 등이 있다. 이 장에서 좀 더 협소하게 초점을 맞추기로 한 것은 (아쉽지만) 실용적인 결정이었고, 이러한 영역들이 중요하지 않다는 것이 아니라 오히려 주어진 지면에서 그 영역들을 충분히 다룰 수 없기 때문이었다. 이와 동시에 나는 몇몇 시사적인 교환 지점을 인용하고 관심의 상호연관성을 강조하려는 노력을 기울였다. 페미니스트 이론에서 영향을 받은 인공생명 프로젝트에 대한 비판적 논의는 Adam 1998: chapter 5; Helmreich, 1998; Kember, 2003을 보라. 컴퓨터매개 통신과 뉴미디어 영역의 페미니스트 저술은 Cherny, 1996; Robertson, 2002; Star, 1995a를, 재생산기술과 생명공학에 관해서는 Casper, 1998; Clarke, 1998; Davis-Floyd & Dumit, 1998; Franklin & McKinnon, 2001; Franklin & Ragone, 1998; Fujimura, 2005; Hayden, 2003; M'Charek, 2005; Strathern, 1992; Thompson, 2005를 보라.

고 생산적이어서 분리를 뒷받침할 수 없을 뿐 아니라, 그러한 영역 주장은 내가 개관하려고 선택한 학술연구의 정신에도 반하는 것이다. 페미니즘의 영향을 받은 STS를 좀 더 폭넓은 연구 분야와 구분하고, "인공의 과학"을 좀 더 폭넓은 테크노사이언스와 구분하는 취지는 어느 정도 집중적 이해관심을 요청하는 방식으로 이 특정한 장의 경계를 그려내기 위해서이다. 나는 다양한 분야 및 방법론과의 긴밀한 연계하에 이뤄진 연구를 여기에 포함시켰다. 가장 중심이 되는 것은 페미니스트 이론이지만, 과학사회학, 문화인류학, 민족지방법론, 정보연구와 설계 등도 포함돼 있다. 내가 논의하는 저술들을 연결하는 실마리는 인간/기술 관계의 선행 사건들과 오늘날의 재현들에 면밀한 역사적·문헌적·민족지학적 기반의 탐구를 통해 질문을 던지는 데 대한 관심이다. 여기서 생각해볼 연구는 (1) "정보"라는 수사 위에 기반을 둔 테크노사이언스, (2) "디지털" 내지 컴퓨터 기반의 인공물, (3) 자동인형(automata)이나 인간 및 인간 능력의 (특정) 형상을 갖춘 기계의 창조를 포함한 계보, (4) 페미니스트 이론화에 의해 영향을 받은 분석 내지 그것에 공명하는 내 독해에 관한 분석 등과 결정적으로 중요한 관계를 맺고 있다는 점에서 좀 더 폭넓은 기술학과 구분된다.

나는 STS의 미덕이 역사적으로, 또 오늘날의 프로젝트로서 과학기술의 사회성에 대해 상세하면서도 중요한 이해를 구축하면서 여러 분야들을 가로질러 작업하기를 열망하는 데 있다고 생각한다. 마찬가지로 페미니스트 학술연구는 분야별 정전(正典)이 아니라 핵심 관심사와 문제들을 중심으로 조직되며, 제약이 없고 이단적인 일단의 연구로 구성돼 있다.[3] 내가 이 장

---

3) 나는 여기서 "페미니즘이 변혁적 정치이려면/가 되려면 스스로를 어떤 프로그램에 따른 것으로 제시하는(재현하는) 것을 거부할 필요가 있을 것"이라는 아메드 등의 제안(Ahmed et

에서 윤곽을 그려낼 페미니스트 STS의 측면들은 관련 담론에 대한 비판적 검토를 물질적 실천의 재명시와 결합시킨 테크노사이언스에 대한 관계를 정의한다. 목표는 기술의 미래를 설정할 다른 방법들의 씨앗을 뿌릴 수 있도록 터를 닦는 것이다.

페미니스트 STS

어떤 문제들은 페미니스트 연구의 전유물은 아니지만, 오늘날 테크노사이언스에 천착하고 있는 페미니스트 학자들에게 방향을 인도하는 질문으로서 역할을 한다. 그중 으뜸가는 것은 이항대립들을 불안정하게 만드는 현재진행형의 프로젝트이다. 이는 철학적 비판을 통해, 또 특정한 분할들을 실재에 대한 현대 테크노사이언스의 정의에서 근본적인 것으로 만든 실천의 역사적 재구성을 통해 이뤄지고 있다. 후자에는 주체와 객체, 인간과 비인간, 자연과 문화, 그리고 이와 관련된 것으로 동일자와 타자, 우리와 그들의 분할이 포함된다. 페미니스트 학자들 대부분은 특히 성과 젠더의 인식과 관련해 그러한 분할 내에 있는 질서부여의 정치를 조명해왔다. 출발점이 되는 관찰 중 하나는 이러한 개념쌍에서 첫 번째 용어가 보통 특권을 가진 지시대상으로 역할을 하며 두 번째 용어는 그에 비춰 정의되고 판단된다는 것이다.

실재의 구성에서는 유사성과 차이, 그리고 이와 연관된 정치의 문제가 핵심을 이룬다. 지나치게 이분법적이고 정치적으로 보수적인 대립 바깥에 있는 차이의 문제는 특히 페미니스트와 탈식민주의 학술연구 내에서 깊이

al., 2000: 12)을 수용하고 있다.

생산적으로 천착해온 문제이다.[4] 페미니스트 STS는 최근의 다른 학술연구와 힘을 합쳐, 과학기술에서 가장 근본적인 범주들인 자연과 문화 사이의, 허물어지고 있지만 여전히 강력한 경계의 개념적·경험적 기반을 추궁하고 있다.[5] 적어도 도너 해러웨이의 유명한 개입(Haraway, [1985]1991) 이후부터 페미니스트 학자들은 점차로 분명해지는 주체와 객체, "자연적" 몸과 "인공적" 증강의 불가분성도 받아들였다. 그러한 연결에 대한 연구에는 사람과 사물의 특정한 결합체(assemblage)를 출현시키는 노동뿐 아니라 인간 혹은 비인간이 그것에 생기를 불어넣었던 특정한 장소 및 상황으로부터 떨어져 나와 물신화되는 방식에 대한 관심도 포함되었다. 후자의 과정에서는 사회적 관계와 노동이 시야에서 사라지고 인공물이 신화화된다.

여기에 더해 페미니스트 연구는 범주화의 항구적·강제적 성격 및 연관된 차이의 정치가 일상의 사회적 행동과 상호작용 속에서 생성된 현재진행형의 반복을 통해 재생산된다는 전제를 탈구조주의 접근과 공유한다.[6] 이에 따라 그러한 재상연(re-enactment)의 결과는 특정한 상황에 처한, 체현된 사람들의 체험으로만 이해가능하다. 유사성과 차이의 지위는 주어지는

---

4) 몇몇 대표적인 텍스트로는 Ahmed, 1998; Ahmed et al., 2000; Berg & Mol, 1998; Braidotti, 1994, 2002; Castañeda, 2002; Gupta & Ferguson, 1992; Law 1991; Mol, 2002; Strathern, 1999; Verran 2001을 보라.

5) 예를 들어 Franklin, 2003; Franklin et al., 2000; Haraway, 1991, 1997을 보라. 해러웨이의 초기 저술들은 자연과 문화를 결합시키기 위해 접속사 "/"를 썼지만, 이후 그녀는 이러한 이원론의 잔재를 제거했다. Haraway, 2000: 105를 보라.

6) 규범성과 위반에 대한 수행적 접근을 가장 잘 표현한 책으로는 Butler, 1993을 보라. 아울러 "특히 행위능력과 관련해서 '본질주의적인 존재론적 논증'을 통해 인간과 비인간 사이의 관계 문제를 해소하는 것을 거부"할 것을 요청한 Ashmore et al.(1994: 1)도 보라. 과학 실천과 일상 행동에서 범주화 실천의 중심성에 관해서는 Lynch, 1993; Bowker & Star, 1999도 보라.

것이 아니라 상연되는 것으로 간주되어, 근본적인 전제에서 현재진행형 질문—"여기서 어떠한 차이가 문제가 되는가?"라는, 언제나 그 순간에 답해야 하는 물음—으로 이동한다.(Ahmed, 1998: 4) 아래에서 논의하겠지만, 이 질문은 자연과 인공, 인간과 기계 사이의 차이의 정치에서는 새롭게 전환된다.

인공의 과학

페미니스트 학술연구와 STS의 교차점에서 나타나는 이러한 관심사들은 컴퓨터과학자, 심리학자, 경제학자, 경영 이론가였던 허버트 사이먼(Simon, 1969)이 "인공의 과학"이라는 이름을 붙인 것으로 잘 알려진 분야에서 진행 중인 기획들에 즉각 관련성을 갖는다. 좀 더 구체적으로, 앞서 개요를 제시한 관점들은—다른 몇몇 차원들과 함께—자연과 인공의 관계에 대한 사이먼의 개념과 도전적인 대조를 이룬다. 첫째, 사이먼의 어구는 "인공적"과 "자연적"을 두드러지게 대조시키는 틀 내에서 찌맞춰졌고, 이어 전자의 과학을 그가 후자의 근본적 지식생산 실천으로 간주한 것을 모델로 해서 정의하려 했다. 반면 여기서 논의된 작업은 사이먼의 기획이 넘어서는 데 관심이 있던 경계—자연과 문화 사이의—그 자체가 물질적 기반을 둔 창의적 인공의 역사적으로 특정한 실천의 결과라는 전제를 탐구하는 데 몰두하고 있다. 둘째, 사이먼은 "인공적"을 "내부" 환경과 "외부" 환경—이것을 어떻게 정의하든 간에—사이의 적응관계에서 형성된 시스템들로 이뤄진 것으로 정의했지만, 페미니스트 STS는 다른 탈구조주의 이론화 양식들과 힘을 합쳐, 사이먼의 틀이 시사하는 내부와 외부의 암시된 분리와 기능적 재통합에 의문을 던진다. 대신 페미니스트 STS는 존재와 환경, 감정과 사회성, 개인적인 것과 정치적인 것의 경계를 특정한 상황에서 출현시키는 실천과 그것이 미치는 영향에 초점을 맞춘다. 게다가 사이먼의 프로젝트가 "정보"를 근본적인 것으로 간주하는 데 반해, 여기서 고려하는 연구의 초점을 형성하는 것은 그 강력한 수사의 역사와 오늘날의 작동이다. 마지막으로 인공의 과학에 대한 사이먼의 설명이 보편적 "인간"상을 그 중심 주체/객체로 취하는 반면, 페미니스트 STS 작업은 그러한 상과 그것이 유지하는 데 기여하는 배치를 해체하고자 한다.

이러한 맥락에서 정보 과학기술의 부상은 혁신적 변화의 기치하에 오랜 사회적 배치와 문화적 가정들을 심화시킴과 동시에 부각시키는 순간이다. 무대는 비판적 사회사에 의해 마련됐다. 폴 에드워즈의 『닫힌 세계』(Edwards, 1996), 앨리슨 애덤의 『인공적 지식: 젠더와 사고하는 기계』(Adam, 1998), N. 캐서린 헤일스의 『우리는 어떻게 포스트휴먼이 되었는가』(Hayles, 1999), 새러 켐버의 『사이버페미니즘과 인공생명』(Kember, 2003) 같은 책들은 20세기 후반의 정보 이론과 인지과학의 등장을 탐구했다. 이러한 저자들은 몸과 경험이 어떻게 인공의 과학의 정보주의, 계산 환원주의, 기능주의에 의해 밀려났는지를 숙고했다.(아울러 Bowker, 1993; Helmreich, 1998; Forsythe, 2001; Star, 1989a도 보라.) 여기서 인공은 시뮬라크라가 어떤 이상화된 원본의 복제품이 아니라 자연화된 진본성이 갖는 점차로 연출된 성격의 증거로 이해되면서 복잡해졌다.(Halberstam & Livingston, 1995: 5) 정보학의 수사는 소프트웨어로서의 코드 생산과 생명공학의 생산 코드 사이에 광범하고 확장가능한 연결조직도 제공한다.(Fujimura & Fortun, 1996; Franklin, 2000; Fujimura, 2005)

이 장의 남은 부분에서 나는 인공의 과학의 기치하에 있는 기획들과 비판적 논쟁을 벌여온 풍부한 일단의 STS 학술연구를 살펴볼 것이다. 나는 먼저 자연적/문화적 실험의 일차적 장소로 눈을 돌릴 것이다. 인공지능 내지 전문가 시스템, 로봇공학, 컴퓨터 기반의 "소프트웨어 에이전트"의 형태를 띤 **인간 같은 기계**를 제작하는 프로젝트가 그것이다. STS 학자들에게 있어 다양한 형태를 띤 이 원대한 프로젝트의 관심은 "인간의 과학"이라는 점보다는 인간의 본성과 독특한 종 특성으로서 인간됨의 토대에 관한 특정한 문화적 가정들을 강력하게 드러내는 요인이라는 점에 있다. 다음으로 나는 **인간-기계 혼합**의 영역에서 이뤄지고 있는 발전으로 넘어갈 것이다. 이는 사이보그의 형상으로 상징을 부여받았고 다양한 신체 증강의 사례에서 가장 분명하게 구현되고 있다. 이어 나는 증강된 몸의 형상에서 좀 더 확장된 사람과 사물의 배치로 틀을 확대해, 이를 **사회물질적 결합체** (sociomaterial assemblages)라는 제목하에서 논의할 것이다. 그리고 페미니스트 STS와 이러한 오늘날의 테크노사이언스 기획들 사이에 생산적인 비판적 교환이 이뤄지기 위한 사전조건과 그 가능성에 대해 생각해보면서 글을 맺으려 한다.

모방: 인간 같은 기계

현재까지 페미니스트 이론과 지적 기계 프로젝트의 관계를 가장 포괄적으로 다룬 저술은 의문의 여지 없이 앨리슨 애덤의 『인공적 지식: 젠더와 사고하는 기계』(Adam, 1998)일 것이다. 지난 20년 동안 컴퓨팅 실무와 연구에서 활동한 과학사가인 애덤은 AI의 젠더화된 인식론적 기반에 대해 면밀하고 광범위한 분석을 제공한다. 그녀의 주장은 AI가 인간 지능의 본질에 관한 서구의 오랜 철학적 가정에서 끌어낸 대단히 보수적인 기반 위에서 프로젝트를 구축하고 있다는 것이다. 그녀는 AI 저술과 인공물에서 눈에 띄는 가정들을 파악하고, 좀 더 흥미로운 대목으로 그것의 부재로 인해 주목받는 대안들을 찾아냄으로써 이러한 유산이 갖는 함의를 탐구한다. 대안들은 페미니스트 학술연구 내에서 발전된 것들이며, 좀 더 폭넓게는 물질적으로 체현되고 사회적으로 배태된 인식주체의 특수성을 강조하는 것들이다. AI 담론과 상상력에서 그러한 주체의 부재는 무엇보다 과학의 진보에 필수적인 많은 필요 노동과 실천적·물질적 돌봄의 비가시성에 무엇보다 기여한다. 이러한 누락이 관련된 테크노사이언스 지식 생산에 대한 설명에서 역사적으로 여성들에 의해 수행되었던 작업을 지워버리는 결과를 가져왔다는 것은 우연이 아니다.[7]

애덤의 분석은 AI 문헌과 프로젝트에 대한 주의 깊은 독해에 의해 전반적으로 더 풍요로워졌는데, 특히 두 가지 예가 그녀의 비판을 위한 준거점 역할을 하고 있다. 첫째는 AI의 창시자인 앨런 뉴웰이 1980년대 말에 시작한 소어(Soar, "State, Operator, and Result"의 약어)이다. 프로젝트의 목표는 뉴웰과 그의 협력자 허버트 사이먼이 저서 『인간의 문제풀이』(Newell & Simon, 1972)에서 제시했던 아이디어를 구현하는 것이었다. 애덤은 뉴웰과 사이먼이 일반화된 "정보처리 심리학"으로 제안했던 그 텍스트의 경험적 기반이 불특정 피험자들을 포함한 실험으로 이뤄져 있음을 지적한다. 피험

---

7) 이러한 비가시성은 인식주체로서나 여성의 노동의 대상으로서 몸이 지워져 버린 데 의존한다. 역사적으로는 애덤이 지적했듯이

여성들의 삶과 경험은 몸과 관련이 있다. 아이를 낳고 키우는 것, 연소자, 노인, 병자뿐 아니라 자기 집이나 다른 사람들의 집, 그리고 일터에서 남성들의 몸을 돌보는 것까지.(Adam, 1998: 134)

아래에서 체현의 문제를 다시 다룰 테지만, 여기서는 정신의 "초월성"을 가능케 하는 것은 요컨대 몸에 대한 이러한 실천적 돌봄이라는 애덤의 논점을 주목하기 바란다.

자들의 독특한 요소들은 뉴웰과 사이먼의 이론과 무관한 것으로 간주되고 있지만, 애덤이 텍스트를 면밀하게 검토한 결과 전자는 모두 남성이었고 대부분이 카네기멜론대학의 학생이었던 것으로 보인다. 그들이 완수하도록 요구받은 과제는 표준적인 일단의 상징 논리, 체스, 복면산(覆面算) 문제로 이뤄져 있었다.

이 모든 것은 이 책에서 개발된 인간의 문제풀이 이론—단지 소어의 개발만이 아니라 상징적 AI 일반에도 강하게 영향을 미쳤던—이 소수의 기술교육을 받은 젊은 남성이자 아마도 중산층에 백인일 대학생들이 1960년대 말과 1970년대 초의 미국 대학에서 일단의 다분히 부자연스러운 과제들을 작업하면서 보인 행동에 기반을 두고 있을 강력한 가능성을 시사한다.(Adam, 1998: 94)

이러한 상세가 이론과 무관하다는 데 대한 거증책임은 이론의 일반성을 주장하는 사람들에게 있다고 애덤은 지적한다. 하지만 그러한 증거가 부재함에도 이 책에서 보고된 결과들은 인지과학 연구공동체에 의해 모든 지적 행동은 문제풀이의 한 형태 내지 "문제 공간"을 통한 목표지향적 탐색이라는 명제를 성공적으로 입증한 것으로 간주되었다. 소어는 뉴웰이 저서 『통합인지이론』에서 그렇게 이름붙인 이론의 근거가 되었다.(Newell, 1990) 이후 뉴웰의 학생들이 이 프로젝트의 목표에 단서조항을 달았지만 말이다. 그들은 이 시스템을 다양한 AI 응용을 위한 프로그래밍 언어 및 연관된 "인지 아키텍처 프레임워크"로 발전시켰다.(Adam, 1998: 95)

애덤은 둘째 사례로 "사익(Cyc)" 프로젝트를 든다. 이는 1980년대와 1990년대에 더글러스 레나와 동료들이 극소전자공학과 컴퓨터기술 사(Microelectronics and Computer Technology Corporation) 컨소시엄을 통해 미국 산업의 지원을 받은 원대한 10년짜리 기획이었다. 뉴웰이 어떤 특정한 영역으로부터 독립된 인지과정의 일반 모델을 찾아내려 했다면, 레나의 목표는 전문가 시스템의 토대로 기능할 수 있는 명제적 지식의 백과사전 데이터베이스를 설계하고 만드는 것이었다. 사익 프로젝트는 당시 개발되고 있던 전문가 시스템들이 드러낸 "경직성(brittleness)" 내지 협소함을 교정하려는 의도를 담고 있었고, 인간 인지의 엄청난 유연성이 뇌 속에 관련된 지식의 방대한 보고가 존재하기 때문이라는 전제에서 출발했다. 일반적인 인지과정도, 전문적인 지식기반도 그처럼 대체로 동의된 내지 "상식적인" 지식의 부재를 극복할 수는 없다고 레나는 주장했다. 객체를 자립적인 동시에 근본적인 것으로 간주하는 레나와 그 동료들은 자신들의 프로젝트가 가진 특징이 "존재론적 엔지니어링"이라고 했다. 문제는 세상에 있는 어떤 종류의 객체들을 재현할 필요가 있는지 결정하는 것이었다.(Lenat & Guha, 1989: 23) 그 결과 만들어진 객체 동물원이 문화적으로 독특하고 돌이킬 수 없이 임시변통에 의지했으며, 필요의 증가에 따라 새로운 객체들이 일견 끝도 없이 도입되는 곳이 되었음은 그리 놀라운 일이 아닐 것이다.

애덤은 사익 프로젝트가 일반적 인식자라는 가정 때문에 좌초했다고 지적한다. 이는 소어에서 볼 수 있는 문제풀이자가 그랬듯이 지식생산의 우연적 실천을 착각하게 만든다. "누구나 아는 것"을 재현하기 위한 상식적 지식기반은 관련된 지식의 모델을 사전과 백과사전이라는 정전 텍스트에서 암암리에 끌어왔다. 그리고 어떤 당장의 실천적 목적과 독립적으로 인식하는 임무를 맡은 이 프로젝트의 종착점은 애초 여기 부여된 이미 넉넉했던 10년의 기간을 훌쩍 넘은 미래의 지평 속으로 무한정 멀어졌다. 좀 더 근본적으로, 소어와 사익 프로젝트는 모두 AI 프로젝트에 고질적인 가정의 전형적인 예를 보여주었다. AI 종사자들에게 익숙한 대단히 특수한 지식영역이 "인간"을 상상하고 실현하는 적절한 기반을 이룬다는 가정이 그것이다. 페미니스트 학술연구가 공들여 논박해온 것이 바로 이러한 규범적 자아의 투사—자기 자신의 특수성을 인지하지 못한—이다.

AI 문헌과 프로젝트에 대한 면밀한 독해와 함께, 『인공적 지식』에는 AI 실천에 대한 특정한 인류학적·사회학적 관여에 대한 논평도 포함돼 있다. 논평은 나의 초기 비판(Suchman, 1987; 아울러 2007도 보라.)과 함께 다이애너 포사이드(Forsythe, 1993a,b; 아울러 2001도 보라.), 해리 콜린스(Collins, 1990), 슈테판 헬름라이히(Helmreich, 1998)의 저술에 초점을 맞춘다.[8] 1980년대에 시작된 나 자신의 작업은 인간, 특히 인간행동에 대한 어떤 이해들이 인공지능과 로봇공학 분야의 기획들에 실현되고 있는가 하는 질문에 관심을 가져왔다.[9] 상징적 상호작용론과 민족지방법론 연구에 몰두해 있던 나는 커뮤니케이션 내지 상호작용의 선차성, 인간을 정의하게 된 그 특별한 능력의 출현을 지향점으로 삼아 이 문제에 접근했다. 사회성에 대한

---

8) 또 다른 초기의 관여로는 Star, 1989b를 보라.
9) 불행히도 애덤은 내가 『계획과 상황적 행동』(Suchman, 1987)에서 했던 주장에 대해 널리 퍼진 오독을 반복하고 있다. 그녀는 내가 사람들은 계획을 세우는 것이 아니라 상황적이고 우연적인 방식으로 행동한다고 주장했다고 썼다.(Adam, 1998: 56-57) 나는 계획 그 자체를 (특정한) 형태의 상황적 활동으로 보는 관점을 내세워 이러한 오해를 교정하려 애썼고(Suchman, 1993, 2007), Suchman and Trigg(1993)에서는 AI 자체의 상황적이고 우연적인 실천에 관한 개입을 시도했다. 더 터무니없는 것은, 애덤이 "어떤 문화의 구성원들은 공통으로 알려진 사회적 관습 내지 행위규범에 동의했고 이는 행동과 상황 사이의 적절한 관계에 관한 합의를 형성한다."는 주장을 내게 돌리고 있다는 것이다.(Adam, 1998: 65) 맥락 속에 넣고 읽어보면(Suchman, 1987: 63), 이는 내가 민족지방법론이 이런 틀**에 맞춰** 이해되고 있다고 하면서 묘사했던 입장이다. 나는 "공유된 지식"이 구조기능주의 사회학에서 가정하는 식으로 미리 주어지고 안정된 것이 아니며, 실천적 행동과 상호작용의 우연적 성취라고 주장했다. 이 후자의 관점이 사익 프로젝트의 전제에도 심대한 함의를 갖고 있다는 점을 유념해보라.

이러한 강조는 개별 인식자를 합리적 행동의 기원점으로 보는 내 동료들의 집착과 강한 대조를 이뤘다. 인류학 및 STS와 더 많이 관계를 맺게 되면서 내 비판의 근거는 더욱 확장됐고, 사회물질적 실천의 일상적 질서부여에 대한 면밀한 경험적 탐구의 가치를 강조하게 됐다. 1990년대에는 정보 시스템의 참여적 내지 협동적 설계 기획들이 선제적 실험의 공간을 더욱 열어주었다. 이는 민족지연구에서 영향을 받고 정치적으로 적극적인 설계 실행의 개발로 나타났다.(Blomberg et al., 1996; Suchman, 2002a,b) 좀 더 최근에는 내 준거틀이 페미니스트 학술연구의 생산적 이론화와 혁신적 연구 실천을 통해 더욱 확장되었다. 이러한 페미니스트 틀 내에서 보편적 인간 인식자는 인식주체들의 특수성에 주목하면서 점차 밀려났다. 그러한 인식주체들은 다양하게 차별적으로 위치가 정해졌고, 반복적이고 변화를 가져오는 집합적 세계 창조 활동에 다양한 방식으로 관여했다.

1980년대 말과 1990년대 초에 스탠퍼드대학의 지식시스템연구소(Knowledge Systems Laboratory)에서 보냈던 시간에 근거를 둔 다이애너 포사이드의 연구들은 "지식 엔지니어링"과 이른바 전문가 시스템의 설계라는 맥락 속에서 "지식획득"의 문제에 초점을 맞춘다.(Forsythe, 1993a,b; 2001) 전문가 시스템 제작과정에서 끈질기고 다루기 힘든 "병목"으로 여겨지는 지식획득은 전문가의 머릿속에 저장된 것으로 추정되는 지식의 "추출"을 목표로 하는 일차적으로 인터뷰에 기반한 일련의 활동을 가리킨다. 이 은유가 시사하는 것처럼, 포사이드가 연구한 AI 종사자의 관점에서 본 지적 기계 프로젝트는 과정 엔지니어링의 측면에서 인식론적 내용의 흐름에 대한 설계 및 관리로 상상된다. 지식의 원재료가 전문가의 머리에서 추출되고(좀 더 최근에 나온 "데이터 마이닝[data mining]"의 수사와 궤를 같이하는 절차), 이어 지식 엔지니어에 의해 정제된 제품으로 가공된 후 다시 기계 속으로 이전시키는 것이다. 1980년대와 1990년대 초에 AI 종사자들의 관점에서 볼 때 이 과정의 문제점은 효율성에 있었고 해법은 기술적인 것—지식획득 과정 그 자체의 자동화 시도를 포함하는—이었다. 포사이드의 비판은 지식 엔지니어링 접근에 내포된 지식에 대한 가정의 측면에 맞춰져 있다. 여기서 출발점이 되는 전제는 지식이 그 본질에 있어 인지적인, 안정되고 양도가능한 형태로 존재하고, "회수"와 보고가 가능하며, 직접 실천에 응용가능하다는 것이다. 반면 그녀는 전문가 보고에서 놓친 실천 속의 앎의 형태들에, 결과적으로 지식획득 과정에 주의를 돌린다. 가장 중요한 것으로, 포사이드는 전문가 시스템 프로젝트에서 암시된 지식의 정치라는 아직 대체로 탐구되지 않은 문제를 지적한다. 여기에 가장 분명하게 포함되는 것으로, 지식 엔지니어의 상상력 및 연관된 인공물에서 보이지 않고 남아 있는 노동하는 몸—과학자뿐 아니라 과학지식 생산에 필수적인 많은 다른 종사자들의 몸—이 있다. 또한 여기에는 다소 덜 분명하지만, 지식 엔지니어링 프로젝트의 시작부터 그 과정 내내 프로젝트의 일부로 통합된 좀 더 구체적인 선택과 번역들도 포함된다.

기계 같은 행동과 타자들

STS 연구 공동체 내에서 아마도 가장 잘 알려진 것은 콜린스가 AI에 던진 문제제기일 것이다.(Collins, 1990, 1995) 콜린스는 젠더나 권력 같은 문제를 받아들이기를 완강하게 거부하면서도, 지식획득에 관한 AI의 전제에 대해 과학지식사회학에 근거한 비판을 발전시켰고 이는 페미니스트 인식론과도 상당히 공명하는 점이 있다.[10] 콜린스는 실험실 과학의 재연에 관한 자신의 선구적 연구(Collins, 1985)에 근거해, 과학기술 전문성의 획득에서 체현된 실천의 필요성—그의 사례에서는 "암묵적 지식"이라는 용어로 표현된—을 보여주었다. 그의 후속 연구는 AI와 전문가 시스템 프로젝트 내에서 지식의 문제와 관련해 이러한 생각을 발전시키면서, 명제적 지식과 절차적 지식, 그것을 아는 것(knowing that)과 어떻게를 아는 것(knowing how)의 구분을 나란히 제시했다.[11]

콜린스의 지적처럼, 그가 "기계 같은 행동"이라고 지칭한 것은 이른바 지적 기계에 기입될 수 있는 것만큼이나 인간에게 위임되기도 쉽다. 이러한 관찰은 역사적으로 어떤 인간들이 이러한 형태의 "기계화"의 주체/객체였는가 하는 질문에 주목하게 한다. 자동화와 노동 사이의 역사적 관계를 지적하면서 샤신(Chasin, 1995)은 오늘날의 로봇공학에서 여성, 하인, 기계를 가로지르는 동일화를 탐구한다.[12] 그녀의 프로젝트는 기계와 관련된 (재)구성의 형태 변화(기계적인 것에서 전기적인 것, 다시 전자적인 것으로), 노

---

10) 다시 한 번 이는 콜린스 자신이 페미니스트 학술연구에 관여하고 있다는 뜻이 아니라 그의 연구가 다른 이들이 그렇게 관여할 수 있는 몇몇 귀중한 밑천들을 제공해주었다는 의미이다. 애덤은 콜린스가 자신의 저술 전반에서 그가 비판했던 AI 연구자들과 마찬가지로 자신과 같은 보편적 독자를 상정하고 있고, 인식주체가 위치한 곳을 좀 더 구체적으로 적시하지 않은 채 "모두가 알고 있는" 것들을 가정하고 있다고 쓰고 있다.(Adam, 1998: 65) 이는 서구 도덕철학에 널리 퍼져 있는 아무 표시가 없는 주체(unmarked subject)의 전통과 부합한다고 그녀는 지적한다. 페미니스트 인식론은 여기서 암시되는 인식자가 실은 어떤 특정하고 협소한 구성원 집단의 한계 내에 있는 다른 사람들하고만 교환가능하다고 주장해 왔다. 이와 반대로 페미니스트 인식론은 인식주체, 즉 명제 논리에서 'S는 p를 안다.'고 할 때 'S'의 특정성에 관심이 있다. "하지만 'S는 누구인가?'라고 묻는 것은 전통적인 인식론자들에게 적절한 관심사로 간주되지 않는다."고 애덤은 쓰고 있다.(1998: 77)

11) 아울러 Dreyfus, [1979]1992도 보라.

12) 기계를 새로운 하인계급으로 보는 꿈은 산업시대의 로봇 전망에서 서비스 경제의 로봇 전망으로의 번역을 구성한다. 이러한 전망은 인간-컴퓨터 상호작용의 미래를 다룬 수없이 많은 저술—아마 가장 눈에 띄는 것으로 Brooks, 2002—에서 분명하게 제시되었다. 추가적인 비판적 논의로는 Berg, 1999; Crutzen, 2005; Gonzalez, (1995)1999; Markussen, 1995; Turkle, 1995: 45; Suchman, 2003, 2007: chapter 12를 보라.

동의 유형 변화(산업노동에서 서비스 노동으로), 인간-기계 차이의 개념 변화 사이의 관계를 추적하는 것이다. 그녀는 하인으로 형상화된 기술이 "우리"와 우리에게 봉사하는 사람들 사이의 차이를 재기입하면서 후자와 기계 사이의 차이는 무시한다고 지적한다. "하인은 할 일이 많은 우리-인간-주체-발명가와 우리를 위해 그것을 쉽게 만들어주는 그들-객체-사물 사이의 구분을 곤란에 빠뜨린다."(1995: 73)

가사 서비스는 (1) 그것이 재생산과 관련돼 있고 (2) 가정에서 일어난다는 이유 때문에 이중으로 눈에 보이지 않는다. 이는 종종 자리에서 밀려나 고용이 절실한 사람들—압도적으로 여성들—에 의해 제공된다. 뿐만 아니라 후자는 지배적(보통 백인이고 부유하며, 적어도 북아메리카나 유럽에 거주하는) 국민들에게 "타자"로 위치 지어진다. 서비스 노동이 달갑지 않게 여겨진다는 점을 염두에 두면, 중산층의 성장은 인간 서비스 제공자를 "똑똑한" 기계로 대체하는 데 달려 있다는 결론이 나올 수 있다. 아니면 적어도 이것이 후자의 개발에 투자한 사람들이 홍보하는 전제이거나 말이다.(Brooks, 2002를 보라.) 그러나 현실은 인간 서비스 제공자의 계속된 노동을 포함할 가능성이 높다. 서비스 노동의 맥락에서 샤신이 로봇공학을 분석한 결과는 보편적 "인간" 정체성이 부재한 상황에서 인간됨의 수행은 필연적으로 계급, 젠더, 민족성 등의 흔적을 남길 것임을 분명하게 보여준다. "똑똑한" 기계의 특정한 사회적 장소를 부정하는 것에 더해, 이를 항상 순종하는 "노동절약형 장치"로 제시하는 수사는 "은행 직원에서 소프트웨어 프로그래머, 그리고 너무나 자주 칩을 만드는 일을 맡고 있는 제3세계 노동자까지" 그것의 작동에 포함된 노동의 증거를 뭐든 지워버린다.(Chasin, 1995: 75) 그러나 루스 슈워츠 코완(Cowan, 1983)과 그 외 학자들이 가전제품에 대해 지적한 것처럼, 새로운 능력을 기계에 위임하는 것은 단순한 대체과정이 아니며 동시에 그것의 전제조건으로 새로운 형태의 인간 노동을 만들어낸다.

상황화된 로봇공학과 "새로운" AI

페미니스트 이론가들은 서구 철학의 정전 내에서 몸의 종속—삭제까지는 아니더라도—을 광범하게 기록해왔다. 캐서린 헤일스는 『우리는 어떻게 포스트휴먼이 되었는가』(1999)에서 지난 세기 동안 부상한 인공의 과학에서 정보가 "몸을 잃어버린" 과정을 보여주며 이러한 유산의 대물림을 추적한다.(Hayles, 1999: 2)[13] 그러나 최근 AI와 로봇공학의 발전은 "체현"이 인지를 위한 우연적 조건이 아니라 기초가 되는 조건이라는 주장을 깊이 새김으로써 이러한 경향을 역전시킨 듯 보인다.[14] AI에서 탈육화된 (disembodied) 지능의 원칙에 가장 널리 인용되는 예외는 1980년대에 로드니 브룩스가 시작한 "상황화된 로봇공학(situated robotics)"이라는 기획이다.[15] 앨리슨 애덤은 AI와 로봇공학연구에 대해 대체로 비판적인 자신의 저서에서 "상황화된 로봇공학"이라는 제목을 단 발전들이 특히 "체현이 우리의 지식에 영향을 주는 방식에 대한 분명한 인식을 보여준다."고 쓰고

---

13) 아울러 Balsamo, 1996; Adam, 1998; Gatens, 1996; Grosz, 1994; Helmreich, 1998; Kember, 2003을 보라. 몸에 대한 페미니스트 이론 저술을 모은 유용한 선집으로는 Price & Shildrick, 1999; Schiebinger, 2000을 보라.

14) 이러한 전환에 다소나마 기여한 인류학 저술로는 Suchman, 1987; Lave, 1988을 보라. 아울러 인지과학 내부에서 나온 설명으로는 Hutchins, 1995; Agre, 1997, 개관으로는 Clark, 1997, 2001, 2003; Dourish, 2001을 보라.

15) 일반 독자를 위해 쓰어진 브룩스의 입장에 대한 정식화는 Brooks, 1999, 2002를 보라. 상황화된 로봇공학에서 체현, 사회성, 감정의 비유에 대한 좀 더 확장된 고려—"상황성"에 대한 관심이 어떻게 MIT AI 연구소로 들어갈 수 있었는가에 대한 설명을 포함해서—로는 Suchman, 2007: chapter 14를 보라.

있다.(Adam, 1998: 149) 새러 켐버도 마찬가지로 상황화된 로봇공학 프로젝트가 생명은 곧 소프트웨어라는 인공생명의 모사주의학파에 대한 근본적 대안을 제공하는 것으로 보았다.(Kember, 2003)[16] 이 프로젝트의 핵심은 자족적이고 자율적인 행위자라는 자유주의적 인본주의의 이상으로부터 "자기생성(autopoesis)"에 대한 투자로 이동하는 것에 있다고 그녀는 주장한다. 마투라나와 바렐라(Maturana & Varela, 1980)가 정식화한 것으로 가장 잘 알려져 있는 후자는 생명체와 환경의 경계를 주어진 것으로 보지 않고 생명체를 그 환경과의 관계를 통해 정의하는 상호작용으로 관심을 이동시킨다. 켐버에 따르면 이는 생명을 항상 체현되고 상황에 처한 것으로 인지함을 뜻하며, "인간과 기계 간의 점증하는 공생관계를 토론하는 강력한 자원"이 된다.(Kember, 2003: 6) 그러나 이러한 맥락에서 체현되고 상황에 처한다는 것의 의미는 정확히 어떤 것인가?

먼저 지적할 것은 인공지능과 로봇공학에서 몸의 발견이 필연적으로 그것의 중요성을 정신의 성공적 작동, 혹은 적어도 모종의 도구적 인지와의 관련하에 위치시킨다는 것이다. 이러한 점에서 후자는 정신이 체현된 행동의 작용을 통해 얼마나 많이 형성되건 간에 계속해서 선차적인 것으로 남아 있다. 이와 궤를 같이하는 두 번째 행동은 몸과 독립적으로 그보다 앞서 존재하는 "세계"를 상정하는 것이다. 정신이 몸보다 선차적인 것으로 남아 있듯이, 세계는 지각과 행동에 여전히 앞서 존재하면서 그와는 분리돼 있다. 아무리 후자가 그것에 영향을 주고 그로부터 영향을 받는다고 해

---

16) 켐버는 으뜸가는 모범사례가 되는 로봇공학자로 스티브 그랜드를 들고 있다. 상황화된 로봇공학에서 그랜드의 최신 프로젝트인 "로봇 오랑우탄 루시"에 대한 비판—해러웨이가 쓴 영장류학과 "거의 인간에 가까운" 것의 역사라는 렌즈를 통해 읽은—은 Castañeda & Suchman, in press를 보라.

도 말이다. 그리고 몸과 세계는 모두 정신의 작동을 위한 자연화된 기반으로 남아 있다. 애덤이 지적한 것처럼, 브룩스가 틀을 제시했던 질문은 인지와 그것이 가정하는 지식이 지각과 동작제어로부터 분리되어 모델로 만들어질 수 있는가였다.(Adam, 1998: 137) 브룩스의 답변은 "아니요"였지만, 현재의 엔지니어링 실천의 제약을 감안하면 그의 후속 작업에서 나올 형상은 여전히 "사회적 상황에 처한 개인이 아니라 물리적 환경 속에 있는 몸을 가진 개인"이 될 거라고 애덤은 보고 있다.(1998: 136)

아울러 물리적 환경 속에 있는 몸을 가진 개인을 구현하는 것조차도 예상보다 더 많은 문제를 야기했다는 점도 지적해둘 필요가 있다. 특히 관련된 자극을 예측하고 적절한 반응을 제약하는 "세계"를 이와 연관 지어 구축하지 않고 로봇의 체현—이른바 "창발적" 종류의 체현인 경우에도—을 구축하는 작업은 엄청나게 어려운 듯 보인다. 명제적 지식에 대한 의존이 좀 더 전통적인 상징적 AI에서 일견 무한회귀로 이어지는 것처럼, "체현되고 배태된" 인공 행위자를 만들어내려는 시도는 지각과 행동, 몸과 환경의 가능성 조건들에 관한 규정의 무한회귀로 이어지는 듯 보인다. 몸이나 세계의 모델로서 물리주의의 부적절성은 최근 브룩스가 인간 같은 기계에 빠진 구성요소로 모종의 아직 결정되지 않은 "새로운 어떤 것"에 기대고 있다는 데 반영돼 있다.(Brooks, 2002: chapter 8)

최근 들어 상황화된 로봇공학 프로젝트는 연구자들이 "감정"과 "사교성"이라고 파악한 것을 포함하도록 확장되어왔다.[17] 이러한 발전들은 부분적으로 지적 능력을 갖도록 의도된 인공물의 탈체현, 탈배태된 성격에 관

---

17) 예를 들어 Breazeal, 2002; Cassell et al., 2000; Picard, 1997을 보라. 아울러 Castañeda, 2001; Wilson, 2002도 보라.

한 초기의 비판에 답하는 것이었지만, AI가 이를 효과적 합리성에 추가적으로 필요한 요소로 발견한 결과로도 볼 수 있다. 기계 감정과 사교성을 구현한 가장 유명한 사례는 1990년대에 MIT의 AI 연구소에서 개발된 유명 로봇 코그(Cog)와 키스멧(Kismet)이다. 코그는 인간형의 로봇 "상반신"이며 솜씨 좋게 만들어진 전기기계적 팔과 손에 연결된 정교한 기계 시각 시스템을 갖추었다. 이는 사물이나 인간 대화 상대 모두와 인간 같은 상호작용을 할 수 있는 체현된 지능으로 가는 일보전진으로 제시됐다. 코그의 자매 로봇인 키스멧은 만화 같지만 대단히 표정이 풍부한 3차원 얼굴 특징을 가진 로봇 머리로, 시각과 청각 센서 시스템을 통한 자극에 반응해 움직이며 높낮이가 있는 소리를 수반한다. 두 로봇은 모두 브룩스의 예전 박사과정 학생이었던 신시아 브레질의 노동을 통해 많은 부분 만들어졌다. 코그와 키스멧은 모두 폭넓은 언론 매개—기사, 사진, 그리고 키스멧의 경우에는 MIT 웹사이트에 올려진 퀵타임 영상까지—를 통해 재현되었다. "허리" 위쪽으로 찍힌 코그는 돌아다닐 수는 없어도 독립적인 것처럼 보이며, 키스멧의 웹사이트는 키스멧, 브레질, 그 외 선택된 사람들 간에 녹화된 일련의 "상호작용"을 제공한다. 통상의 다른 다큐멘터리 작품들이 그렇듯이, 이러한 재현들은 시청자에게 무엇을 볼지 가르쳐주는 방식으로 프레임이 구성되고 내레이션이 곁들여졌다. 다큐멘터리 필름과 시스템 시연(일명 "데모") 장르 사이에 위치한 이 영상들은 일종의 항구적인 민족지적 현재가 된 것 속에서 안정적으로 반복되고 검토될 수 있는 기록을 만들어낸다. 따라서 이러한 재상연은 그것이 기록하는 능력들이 지속적인 존재를 가지고, 그 자체로 견고하고 반복가능하며, 다른 모든 생명체가 그렇듯 코그와 키스멧의 행위능력도 단지 지속되기만 하는 것이 아니라 계속 발전하고 전개돼나갈 것임을 암시한다.[18]

로봇공학은 테크노사이언스 학자에게 공간 속의 몸이 갖는 완고한 물질성이라는 도전을 제기하며, 켐버는 이러한 도전이 인공뿐 아니라 인간과학의 존재-인식론적 전제들에서도 그에 못지않게 심대한 변화를 가져올 가능성이 있다고 주장한다.[19] 그러나 페미니스트 이론이 AI와 로봇공학에 갖는 관련성에 주의를 환기시키려는 애덤과 켐버 같은 동조적 비평가들의 노력에도 불구하고, 설계의 환경은 연구자들을 체현의 수사에서 컴퓨터과학 및 엔지니어링의 익숙한 실천으로 돌려보낸다. 브룩스는 AI의 표상주의에 반대하는 자신의 운동의 일환으로 상황적 행동의 관념을 받아들였지만, 센저스(Sengers, in press)는 인지와 행동의 상황적 본질에 대한 언급이 AI 연구 내에서 "일상적인 것"이 되었음에도, 연구자들은 대부분 이 주장이 자신의 연구대상과 맺는 관계에 가져오는 결과를 보지 못했다고 쓰고 있다. 이것이 애그리(Agre, 1997)가 "비판적 기술 실천"이라고 이름 붙인 것의 가능성에 미치는 영향은 아래에서 다시 다룰 것이다. 여기서는 이와 연관해 로봇공학자들의 "상황" 구성에서 재구성되지 않은 형태의 실재론이 끈질기게 남아 있다는 점을 지적해두기로 하자.

종합: 인간/기계 혼합

해러웨이의 전복적인 사이보그 재형상화(Haraway, [1985]1991, 1997)는 1990년대에 이른바 "사이보그 인류학"과 "사이버페미니즘"의 등장을 자극했다.[20] 양자는 모두 인본주의 존재론에서 그토록 선명하게 그어져 있

---

18) 이러한 재현 양식과 관련된 신화화에 대한 탐구로는 Suchman, 2007: chapter 14를 보라.
19) 여기서 그녀의 주장은 Castañeda(2001)의 주장과 공명한다.

는 인간/기계 경계가 점차 흐려지고 있다고 보았다. 사이보그 연구는 이제 폭넓은 사회물질적 혼합들을 포괄하며, 그중 많은 것들은 점차 몸과 긴밀한 관계를 맺고 있는 정보기술 엔지니어링을 중심에 두고 있다.(Balsamo, 1996; Kirkup et al., 2000; Wolmark, 1999) 이러한 연구들의 출발 전제는 해러웨이를 따라서(Haraway, 1991: 195) 몸은 항상 폭넓은 증강 인공물과 이미 긴밀한 관계를 맺고 있다는 것이다. 과학기술학자들의 프로젝트는 점차 자연적/인공적 체현의 단순한 인정을 넘어서 신체 보철의 구체적이고 복합적인 배치와 그 결과를 설명하는 것이 되고 있다. 이러한 맥락에서 자인(Jain, 1999)은 보철이 힘을 부여함과 동시에 상처를 주기도 하는 다양한 방식들을 생각해봄으로써 보철에 대해 지나치게 단순화된 수용에 효과적인 해독제를 제공한다. 신체 증강의 손쉬운 약속과 달리 몸과 인공물의 부합에는 종종 이음새가 벌어지며 수사적으로 주장하는 것보다 더 고통스럽다. 그러나 핵심은 예전에는 가치를 부여하던 보철을 악마화하는 것이 아니라 인간/기계 종합 내에 필연적으로 존재하는 어긋남과 이를 수용하기 위해 요구되는 노동과 인내를 인지하는 것이다.(이올리 Viseu, 2005도 보라.)

몸과 기술의 교차점에 대한 페미니스트 연구의 한 가지 목표는 의료화되거나 탐미화된 대상으로서가 아닌 몸을 형상화할 가능성을 탐구하는 것이다.(Halberstam & Livingston, 1995: 1) 그러한 재형상화를 향한 첫걸음은 새로운 이미지 생산기술과 신체변형 기술이 의학적 시선을 증폭시키고 몸을 젠더화되고 인종화된 익숙한 방식으로 상상하는 데 쓰여온 방식을 비판적으로 심문하는 것이다. 생의학의 이미지 생산기술에 관한 페미니스트

---

20) 예를 들어 Downey & Dumit, 1997; Fischer, 1999; Hawthorne & Klein, 1999; Kember, 2003을 보라.

연구는 예를 들어 최근 "눈에 보이는 인간(visible human)" 프로젝트의 맥락에서 대단히 구체적이고 실제적인 몸들을 "모든 남성/여성"으로 무비판적으로 번역하며 보편적 몸의 형상을 갱신시킨 수사적·물질적 실천들에 초점을 맞춘다.(Cartwright, 1997; Prentice, 2005; Waldby, 2000) 디지털 이미지 생산기술의 좀 더 대중적인 전유는 새롭게 젠더화되고 인종화된 혼합들의 종합에서 나타난다. 가장 두드러진 것은 SF에 묘사된 미래 생명 형태의 구성에서 "몰핑" 소프트웨어의 활용이다. 이 기술은 해먼즈(Hammonds, 1997)와 해러웨이(Haraway, 1997)가 예리하게 분석한 혼성화된 "심 이브(Sim Eve)"의 사례에서 좀 더 교육적인 목적으로 쓰여왔다.[21] 이러한 사례들 모두에서 우리는 "정상적"인 사람/몸—해먼즈와 해러웨이가 논의한 사례들에서는 더 나아가 이상화된 혼합—의 반복에서 사용되는 기술들을 볼 수 있다. 그에 대해 다른 사람들은 유사물, 탈선, 기타 등등으로 독해된다. 규범적이고 이상화된 것에 주목하게 되면 새로운 인공의 기술이 좀 더 전복적인 용도로 쓰일 수 있는 방법도 고민하게 된다. 해러웨이의 사이보그와 흡사하게 "괴물"은 깊게 뿌리내린 규범적 형태들을 거스르는 저술을 위한 생산적 형상이 되었다.(Hales, 1995; Law, 1991; Lykke & Braidotti, 1996)[22] 이러한 형상은 다시 차이(의 질서부여)에 대한 오랜 페미니스트 관심사와 연결된다.

좀 더 폭넓은 정보기술과 관련해 페미니스트 학자들은 오늘날 널리 받아들여지는 은유들(가령 "서핑"이나 전자 "프런티어" 같은)을 추적해 특정한

---

21) 온라인 공간에서 인종의 형상화에 관해서는 Nakamura, 2002를 보라.
22) "괴물"은 "사이보그"처럼 생성적 함축도 갖지만, 아울러 너무나 쉽고 광범한—심지어 낭만화된—비유가 되어버릴 수 있다. 이 둘은 모두 그것의 역사적 기원, 동시대의 현현, 그리고 그것이 암시하는 체험의 범위와 관련해 조심스러운 분석과 명세를 필요로 한다.

문화적·역사적 기원 속에 위치시키는 계보학의 필요성을 지적해왔다.[23)] 이 작업을 하는 이유는 단지 역사적 정확성을 기하기 위해서뿐 아니라 이러한 은유 및 그와 연관된 상상력의 반복이 사회적·물질적 효과—특히 그것이 불러일으키는 서사에 내재된 체계적 포함과 배제의 형태로—를 미치기 때문이다. 연관된 포함/배제의 질서는 기술생산과 연관된 이들에게도 동일한 힘과 물질적 효과로 적용된다. 새러 다이아몬드가 간명하게 진술한 것처럼, 이른바 첨단기술과 뉴미디어 산업에서는 "당신이 어떤 종류의 작업을 수행하는가가 당신이 생물학적으로 어떻게 설정됐고 사회적으로 어떤 위치에 있는가에 의해 크게 좌우된다."는 것이 여전히 사실이다.(Diamond, 1997: 84)

"가상"에 대한 페미니스트 탐구를 이끄는 관심은 너무나 쉽게 "탈체현된" 공간으로 특징지어져 온 것 속에 체험 및 그와 연관된 물질들이 계속 자리를 잡고 있다는 것이다. 최근의 연구는 그러한 공간의 참여자들이 "육신을 떠나는" 것인지를 둘러싼 논쟁에서 컴퓨터 매개 체현이 취하는 때로는 이상하고 때로는 익숙한 형태들로 넘어가고 있다. 예를 들어 페미니스트 연구는 컴퓨터 매개 사교성의 복수성과 특정성을 지향한다. 니나 웨이크포드는 자신의 다양한 연구들을 통해 "일관된 전 지구적 단일체가 아닌

---

23) 예를 들어 Miller, 1995를 보라. 밀러의 초점은 "프런티어"의 은유에 놓여 있는데, 이것이 여성과 아이들에 대한 "보호"의 필요성을 들먹이기 때문이다. 그녀는 누가 위험의 원천이 되는 부재하는 타자인가라는 질문을 던진다. 물론 이것이 갖는 추가적인 함의는 그러한 "타자"들—비록 상이하고 (프런티어에 투자한 사람들의 눈에는) 식별불가능한 방식이긴 했지만 그곳에서 오랫동안 거주해왔던—을 지워버리는 방식으로 "텅 빈" 것으로 구성된 영토에 대한 소유권의 확장에 있다. 온라인에서 여성들의 존재—특히 월드와이드 웹과 인터넷 일반에 대해 계속 진행 중인 생산, 구성, 관여—에 관해 널리 인용된 논의는 Wakeford, 1997; Spender, 1996을 보라.

일련의 수행들"로서 "사이버공간"의 개념을 내세웠다.(Wakeford, 1997: 53) 커뮤니케이션 기술들은 흔히 대면 공현존보다 "더 협소한 대역"을 제공하는 것으로 그려지곤 하지만, 샌디 스톤(Stone, 1999)에 따르면 실제 사용에서는 정체성 놀이를 확장할 수 있는 새로운 공간들을 제공할 수 있다.[24] 좀 더 일반적으로, 이러한 연구자들은 협소하게 해석된 기계의 경계로부터 기술 실천의 체험을 구성하는 인접 환경과 변화하는 주체/객체관계로 더 넓어진 접점에서의 만남을 개념화하고 있다.

사회물질적 결합체

『사이버페미니즘과 인공생명』의 마지막 장에서 켐버는 이렇게 묻고 있다. "그러면 페미니스트들은 인간과 기계 정체성, 인간과 기계 관계의 물질적·은유적 기반에 어떻게 문제제기를 해야 할까?"(Kember, 2003: 176) 이 장의 남은 부분에서 나는 그 질문에 대해 아쉬운 대로 예비적 답변을 제시하려 한다. 이는 페미니스트 이론화로부터 영향을 받은 방식으로 인간-기계 접점에서 행위능력을—물질적으로, 또 은유적으로—재설정하려는 최근의 노력들에 근거를 둔 것이다. 결합체의 형상은 인간과 비인간 사이의 **결합**(association)을 우리의 기본적인 분석단위로 유지하는 데 도움을 준다.[25] 사회물질적 관계를 결합체로 이해하는 것을 정교화하는 데 쓸 수 있는 일단의 작업은 너무나 방대해서 포괄적인 검토는 불가능하지만 몇몇

---

24) 이는 물론 셰리 터클의 입장이기도 하다. Turkle, 1995를 보라.
25) 과학학 내에서 "결합체"의 비유는 사물들(물질적인 것과 기호적인 것 모두)이 한데 합쳐져 다소 내구성이 있지만 그것들이 하나의 통일체로 계속 상연되는 것에 항상 의존하는 배치가 되는 것을 지시하는 용어로 발전했다. Law, 2004: 41-42를 보라.

시사적인 사례를 예로 들 수 있을 것이다.

수술은 가상적 매개 및 물질적 체현과 점차 뒤얽히면서 주목할 만한 연구장소를 제공해왔다. 예를 들어 침습성을 최소화한 일명 "키홀(keyhole)" 수술이 지난 수십 년 동안 발전해왔는데, 이는 외과의사와 배석한 시술자들의 시선에서 일련의 변화를 가져왔다. 환자의 몸 내부를 보던 시선—이전에는 수술 부위를 그에 맞게 넓게 절개해 들여다볼 수 있었다—이 처음에는 현미경, 지금은 디지털 카메라와 대형 스크린 모니터를 매개로 한 광경으로 옮겨간 것이다. 아네스태드(Aanestad, 2003)는 전통적으로 여성화된 직업이었던 간호사의 노동에 초점을 맞춘다. 그들은 "키홀" 수술의 수행을 위해 요구되는 복잡한 사회기술적 환경의 설정을 책임진다. 그녀의 분석은 현재 방식으로의 변화가 현장에서 이뤄지는 "설정의 설계(design of configurations)" 작업에서 추가적인 변화들을 요구함에 따라 수술 결합체에 나타난 상호의존성의 변화과정을 추적한다.(2003: 2) 이와 동시에 프렌티스(Prentice, 2005)는 침습성이 최소화된 수술을 수행하는 데 익숙해진 외과의사들이 이처럼 확장된 매개를 통해 환자의 몸에서 소외되는 것이 아니라, 고유감각에 따라 좀 더 직접적으로 가깝게 수술 장소로 이동하는 경험을 한다고 썼다. 조작도구는 자신의 몸에 완전히 통합된 그것의 연장으로서 역할을 하면서 말이다. 프렌티스는 이러한 경계 변화에 대해 이렇게 쓰고 있다. "환자의 몸이 기술에 의해 분포될 때, 외과의사의 몸은 이를 자신의 몸의 회로를 통해 재결합시킨다."(Prentice, 2005: 8; 아울러 Goodwin, in press; Lenoir & Wei, 2002도 보라.)

마이어스(Myers, 2005)는 분자생물학자들이 물리적·가상적 모델을 통해 단백질 구조에 대한 지식을 획득할 때 일어나는 신체 경계의 변화를 탐구한다. 그녀는 대화형 분자 그래픽 기술이 결정학자들에게 다른 식으로는 접근하기 어려운 단백질 구조를 다루고 조작하는 경험을 제공해준다고 주장한다. 그러한 구조를 학습하는 과정은 단지 정신 작용이 아니라 과학자의 몸의 재설정을 포함한다. "단백질 모델 제작자들은 '팽창'하고 컴퓨터 그래픽이 제공한 보철기술로 몸을 확장해 분자구조의 체현된 모델로서 자신의 몸-작업의 산물을 '내부화'하는 것으로 이해할 수 있다."(Myers, in press) 그 결과는 지속적으로 변화하며 점점 더 심화되는 능숙함을 지닌 일종의 "살아 있는 결합체"—사람과 사물의 보철 결합을 통해 가능해진—라고 그녀는 주장한다.

좀 더 폭력적인 형태의 인간-기계 결합체는 네바다주 라스베이거스에서 볼 수 있는 게임 산업, 디지털 도박기계 개발자, 기계, 도박꾼들의 상호연결된 회로망에 대한 슐의 설명(Schull, 2005)에서 볼 수 있다. 그녀의 민족지연구는 "도박에 주관적으로 몰두한 극단적 상태와 시공간을 조작해 도박꾼들로부터 돈을 뽑아내는 것을 가속화하는 설계 요소 사이의 긴밀한 연결"을 탐구한다.(2005: 66) 게임 산업에 있는 행위자의 입장에서 생산성과 효율의 가치는 격렬한 동시에 연장된 기계와의 교합 상태—도박 주기에서 "죽은 시간"을 점점 더 많이 잘라냄으로써 가능해지는—에 빠져들고자 하는 도박꾼 자신의 욕망과 부합한다. 분자 모델 제작과 마찬가지로 물리적 재료와 디지털 재료가 한데 결합해 그 결과로 행위능력에 영향을 미치는데, 이 경우에는 도박꾼에게 요구되는 행동을 최소화한 입력장치와 기계 되먹임, 인체공학적으로 설계되어 도박꾼이 움직이지 않아도 혈액 순환을 유지시켜주고 그에 따라 몸을 편안하게 만들어주는 의자, 게임의 가능성을 확장하면서 좀 더 엄격하게 관리하는 컴퓨터 기반 운영체제의 형태를 띤다. 개발자와 도박꾼의 목표는 모두 후자가 "도박꾼들이 '황홀경(zone)'이라고 부르는 분리된 주관적 상태"를 성취해야 한다는 것이다. 여기서는 도박꾼과 기계의 경계가 새롭고 강력한 결합 속으로 녹아들어 가면서 "통상적인 공간, 몸, 돈, 시간 변수들은 유예"된다. 강박적 도박꾼이 설명하듯, 핵심은 이기는 것이 아니라 계속 도박을 하는 데 있다.

이러한 연구들 각각에서 결정적인 지점은 주체와 객체를 단수형이자 별도로 구성된 것으로 취급하다가 사람과 사물의 특정한 배열이 가능케 하는 연결과 행동능력의 유형에 초점을 맞추는 방향으로 변화한 것이다. 주체/객체 배치를 구체적인 경계설정 및 재설정 실천의 효과로 보는 관념은 페미니스트 물리학자 캐런 배러드가 자세히 설명하고 있다. 그녀는 안정화된 존재자들이 특정한 사회물질적 "내부작용(intra-action)" 장치들로부터 구성된다고 제안한다.(Barad, 2003) **상호작용**의 구축은 미리 주어진 두 개의 존재자가 한데 모여 모종의 교환관계를 맺는 것을 전제하는 반면, **내부작용**은 주체와 객체가 서로와의 만남을 통해 출현한다는 느낌을 강조한다. 좀 더 구체적으로, 배러드는 테크노사이언스 실천을 새로운 주체와 객체가 출현하는 결정적인 장소로 파악한다. 그녀의 프로젝트는 물리학을 예로 들어 가상과 현실 사이의 오랜 분할을 해소하는 한편으로, 물질들이 우리와 그들 간의 내부작용에 답해—그녀의 표현을 빌리면—"되반응하는(kick back)" 방식을 동시에 이해하는 것이다.(Barad, 1998: 112) 배러드는 닐스 보어에 대한 독해를 통해 "객체"와 "관찰 주체들(agencies of observation)"이 비이분법적 전체를 이룬다고 주장한다. 객관적 "현상"을 이루는 것은 그러한 관계적 존재자라는 것이다.(Barad, 1996: 170) 서로 다른 "관찰 장치들(apparatuses of observation)"은 서로 다르면서도 항상 일시적인 주체/객체 분리를 가능케 하며, 이는 다시 측정이나 다른 형태의 대상화, 구분, 조작 등등을 현상 **내에서** 가능케 한다. 관계는 "존재론적으로 시초적"(Barad, 2003: 815)이다. 바꿔 말하면 그것의 구성요소들보다 앞선

다는 것이다. 후자는 특정한 관찰장치를 통해 유발된 "분리(cut)"를 통해서만 발생한다. 경계설정작업을 현실 구축에서 필요하지만 적어도 잠재적으로 재설정가능한 측면으로 인정하는 것은 통제가 아닌 현재진행형의 관계맺음에 기반을 둔 책임성의 형태를 시사한다.

관계맺음의 장소들

사회과학 내에서 과학기술 연구에 대한 오늘날의 다양한 접근들 중에서 페미니스트 연구 실천은 엄격한 비판과 변화를 추구하는 개입을 결합시킨 것으로 특징지어진다. 비판이 아무리 설득력이 있더라도, 개입은 그들 자신의 종종 모순되는 위치설정을 포함해 광범위하면서도 집중적인 관계맺음의 형태들을 전제한다. 특히 현재 기술생산의 전문직 장소들을 지배하고 있는 분야와 프로젝트들은 협소하게 경계가 설정돼 있고, 예상되는 관계맺음의 형태는 이미 확립된 의제에 대한 봉사이다. 포사이드는 「상향식 연구의 윤리와 정치」라는 논문(Forsythe, 1999[2001])에서 이러한 딜레마에 대해 숙고하면서, 우리가 어떻게 강력한 제도 내에서 그것에 대한 인류학을 비판적이면서도 존중하는 태도로 실행해야 하는가 하는 질문을 제기한다. 인류학에 소속된 것이 우리에게 특권뿐 아니라 주변성도 부여하는 환경에서 우리가 이견을 제시할 때는 존중하는 비판이 특히 문제가 된다고 그녀는 주장한다. 이 논문에 답해 나는 최근 민족지 실천의 재개념화—거리를 둔 묘사에서 다수의 부분적이고 전개 중이며 차별적 강력함을 가진 서사들과의 관계맺음으로—가 인류학자의 딜레마를 재구성하는 데 일조할 수 있다고 주장했다.(Suchman, 1999a) 이러한 재구성은 비판을 조롱이 아니라 기본 가정에 대한 문제제기로, 실천을 불편부당한 것이 아니라 깊이 연루된 것으로 보는 관점을 담고 있다. 이와 동시에 나는 존중하는 비판이 이와 연관해 비판적 숙고를 문제의 전문적 실천에 고유한 측면으로 포함시킬 것을 요구한다고 주장할 것이다.(Agre, 1997을 보라.)

『사이버페미니즘과 인공생명』에서 켐버는 페미니즘과 인공의 과학—그녀는 이를 사이버페미니즘과 인공생명으로 각각 파악한다—의 교차점에서 학술연구와 기술 건설이라는 두 폭넓은 영역 간의 관계를 검토한다.[26] 켐버는 그녀가 사이버페미니스트로 파악한 사람들이 인공생명 발전에 대해 거리를 둔 외부인의 관계를 유지해왔다는 점을 우려한다. 시각이 외부인의 그것으로 남아 있는 한에는 전적으로 비판적인 관점이 유지됐다고 그녀는 주장한다. 인공생명은 페미니스트 비판자에게 자연과 문화 경계의 생산적 재설정을 예시하는 것이 아니라 가장 보수적인 버전의 생물학적 사고를 재기입하는 것처럼 보인다.(Kember, 2003: viii) 반면 내부에서 볼 경우, 켐버는 마치 페미니즘이 내부에서는 혼종적이고 논쟁이 많은 것처럼 인공생명 담론도 그렇다고 제시한다. 그녀가 보기에 대화의 조건은 이러한 내생적 논쟁에 의해 제공된다. 상상되는 결과가 해결이 아니라 위험인 한에서 말이다. 그녀는 사이버페미니스트들에게 이 위험을 받아들이라고 촉구한다. 이는 비판적 교환이—적어도 그것이 교환이 되기 위해서는—위험

---

26) 켐버는 이러한 두 가지 용어 모두를 폭넓게 정의한다. 사이버페미니즘은 정보통신기술과 관련된 페미니스트 학술연구 전반을 가리키는 꼬리표이고, 인공생명은 "훌륭한 구식 AI(good old-fashioned AI, GOFAI)"의 교의를 거부하고 로봇공학자 로드니 브룩스가 "새로운 AI(nouvelle AI)"라고 이름 붙인 것을 구성하는 모든 인공지능 내지 로봇공학연구를 말한다. 이는 사이버페미니즘이나 인공생명에 관한 좀 더 제한적인 용례와 대조를 이루는데, 여기서 사이버페미니즘은 특히 네트워크화된 디지털 기술에 대한 열광적 희망을 가리키며, 인공생명은 소프트웨어에서 생물학적 시스템을 모사하는 것을 포함하는 계산주의의 특정한 갈래를 지칭한다.

의 상호성을 포함해야 하는가, 혹은 어느 정도까지 그러해야 하는가 하는 질문을 제기한다. 만약 그렇다면, 이러한 분야 간 경계를 가로질러 위험을 받아들이지 못했던 것이 진정 페미니즘의 책임인가?(혹은 적어도 페미니즘만의 책임인가?)[27]

해러웨이는 페미니스트 과학기술 연구자들의 관심에 생기를 불어넣은 것이 "구현된 재형상화(materialized refiguration)"의 가능성에 대한 관심이라고 제시한다.(Haraway, 1997: 23) 형상화는 이용가능한 문화적 상상력과 기술에 구현된 가능성들 간의 긴밀한 연결을 인지한다. 여기서 고려한 오늘날의 테크노사이언스 프로젝트들은 인간과 기계를 함께 형상화 내지 **설정**하는 특정한 방식들을 포함한다. 한 가지 형태의 개입은 그러한 실천들 속에서 인간과 기계가 어떻게 형상화되는지, 또 그것이 어떻게 서로 다르게 형상화되고 설정될 수 있는지에 대한 비판적 고려를 통해 나타난다. 가장 흔한 관계맺음의 형태는 설계와 사용의 관계 재설정을 목표로 한 학제적 기획들이다.(Balsamo, in press; Greenbaum & Kyng, 1991; Oudshoorn & Pinch, 2003; Lyman & Wakeford, 1999; Star, 1995b; Suchman, [1994]1999b, 2002a,b)[28]

27) 뿐만 아니라 이 위험은 누군가 마음속 깊이 지닌 신념에 도전하는 것으로 그치지 않을 수 있다. 더 위험한 가능성은 누군가의 입장을 전유해 다른 누군가—이 과정에서 수정되지 않고 오히려 더 견고해지는—를 위해 복무하도록 하는 것일 수 있다.

28) 나는 책임 있는 설계가 기존의 "존재하지 않는 곳으로부터의 설계(design from no-where)"의 실천과 대조를 이루는 "위치 지어진 책임성(located accountability)"의 한 형태로 이해될 수 있다고 주장해왔다.(Suchman, [1994]1999b, 2002a,b) 애덤은 불행히도 후자의 어구를 "어느 누구도 시스템의 설계에 궁극적인 책임을 지지 않으려 해서 설계자를 단 한 명의 명확히 인식가능한 개인으로 파악하기 어려운" 문제로 번역했다.(Adam, 1998: 79) 나의 주장은 어떤 한 사람의 설계자가 시스템의 설계나 그것의 효과에 대한 통제를 궁극적으로 책임지고 있지 않은 한, 책임 있는 설계는 개인의 책임이라는 단순한 관념에 의존할 수 없다는 것이다. 설계와 관련해 위치 지어진 책임성은 기술시스템이 필연적으로 만들어낼 딜레마와 논쟁에 대한 지속적인 의식과 관계맺음을 의미해야 한다.

이러한 발전은 연구자들을 정치적이고 다양하게 협상된 영역으로 데려가지만, 이론적·정치적 행동을 위한 새로운 공간을 열어주기도 한다.

　이 장에서 나의 목표는 페미니즘에서 영감을 얻은 STS가 새로운 디지털 기술과 그것이 구현해냈던 수많은 배치들과 조우해서 나타난 비판적 교환을 개략적으로 제시하는 것이었다. 이러한 교환은 이미 받아들여진 가정에 관한 질문들에서 대화식 개입과 좀 더 직접적인 실험적 대안까지 다양한 관계맺음을 포함한다. 이론적으로 이러한 일단의 연구는 인간과 비인간의 낡은 경계를 다시 쓰는 것을 탐구한다. 정치적·실천적으로 이는 우리가 정보기술 설계 및 사용의 실천과 그들 간의 관계를 개념화하고 설정하는 방식에 함의를 갖는다. 나는 페미니스트 연구의 정체성을 나타내는 신념이 사회물질적 세계의 구체적 관계성에 대한 더 깊은 인식—좀 더 공정한 상징적·경제적 보상의 분배를 목표로 하는 건설적 관계맺음의 형태들과 결합한—이라고 본다. 해러웨이가 고무하는 움직임, 그러니까 형상이 물질에 미치는 영향과 물질이 형상에 미치는 영향의 인지, 그리고 연구자/관찰자에 대한 다른 종류의 위치설정을 향한 움직임은 페미니스트 STS의 정신을 잘 보여준다. 이러한 노력은 과학을 문화로 이해하는 좀 더 폭넓은 목표와도 관계를 맺는다.[29] 여기서 과학은 분석틀—우리 자신의 분석틀뿐 아니라 연구 대상의 분석틀까지—을 보편적 법칙의 발견에서 문화적·역사적으로 특수한 실천들에 대한 현재진행형의 설명과 잠재적 변화로 이전시키는 하나의 방법이 된다. 그러한 실천들에 대해 우리 모두는 순진하게 겸손한 목격자가 아닌 연루된 목격자이다.

---

29)　Pickering, 1992; Franklin, 1995; Helmreich, 1998; Reid & Traweek, 2000을 보라.

참고문헌

Aanestad, Margun (2003) "The Camera as an Actor: Design-in-Use of Telemedicine Infrastructure in Surgery," *Computer-Supported Cooperative Work (CSCW)* 12: 1–20.

Adam, Alison (1998) *Artificial Knowing: Gender and the Thinking Machine* (New York: Routledge).

Agre, Philip (1997) *Computation and Human Experience* (New York: Cambridge University Press).

Ahmed, Sara (1998) *Differences That Matter: Feminist Theory and Postmodernism* (Cambridge: Cambridge University Press).

Ahmed, Sara, Jane Kilby, Celia Lury, Maureen McNeil, & Beverly Skeggs (2000) *Transformations: Thinking Through Feminism* (London and New York: Routledge).

Ashmore, Malcolm, Robin Wooffitt, & Stella Harding (1994) "Humans and Others, Agents and Things," *American Behavioral Scientist* 37(6): 733–740.

Balka, Ellen & Richard Smith (eds) (2000) *Women, Work and Computerization: Charting a Course to the Future* (Boston: Kluwer Academic).

Balsamo, Anne (1996) *Technologies of the Gendered Body: Reading Cyborg Women* (Durham, NC: Duke University Press).

Balsamo, Anne (in press) *Designing Culture: A Work of the Technological Imagination* (Durham, NC: Duke University Press).

Barad, Karen (1996) "Meeting the Universe Halfway: Realism and Social Constructivism Without Contradiction," in L. H. Nelson & J. Nelson (eds), *Feminism, Science, and the Philosophy of Science* (Norwell, MA: Kluwer): 161–194.

Barad, Karen (1998) "Getting Real: Technoscientific Practices and the Materialization of Reality," *differences: A Journal of Feminist Cultural Studies* 10: 88–128.

Barad, Karen (2003) "Posthumanist Performativity: Toward an Understanding of How Matter Comes to Matter," *Signs: Journal of Women in Culture and Society* 28: 801–831.

Berg, Anne Jorunn (1999) "A Gendered Socio-technical Construction: The Smart House," in D. Mackenzie & J. Wajcman (eds), *The Social Shaping of Technology*

(Buckingham and Philadelphia: Open University Press): 301–313.

Berg, Marc & Annemarie Mol (eds) (1998) *Differences in Medicine: Unraveling Practices, Techniques, and Bodies* (Durham, NC: Duke University Press).

Blomberg, Jeanette, Lucy Suchman, & Randall Trigg (1996) "Reflections on a Work-Oriented Design Project," *Human-Computer Interaction* 11: 237–265.

Bowker, Geoffrey (1993) "How to Be Universal: Some Cybernetic Strategies, 1943–1970," *Social Studies of Science* 23: 107–127.

Bowker, Geoffrey & Susan Leigh Star (1999) *Sorting Things out: Classification and Its Consequences* (Cambridge, MA: MIT Press).

Braidotti, Rosi (1994) *Nomadic Subjects: Embodiment and Sexual Differences in Contemporary Feminist Theory* (New York: Columbia University Press).

Braidotti, Rosi (2002) *Metamorphoses: Towards a Materialist Theory of Becoming* (Cambridge: Blackwell).

Breazeal, Cynthia (2002) *Designing Sociable Robots* (Cambridge, MA: MIT Press).

Brooks, Rodney (1999) *Cambrian Intelligence: The Early History of the New AI* (Cambridge, MA: MIT Press).

Brooks, Rodney (2002) *Flesh and Machines: How Robots Will Change Us* (New York: Pantheon Books).

Butler, Judith (1993) *Bodies That Matter: On the Discursive Limits of "Sex"* (New York: Routledge).

Cartwright, Lisa (1997) "The Visible Man: The Male Criminal Subject as Biomedical Norm," in J. Terry & M. Calvert (eds), *Processed Lives: Gender and Technology in Everyday Life* (London and New York: Routledge): 123–137.

Casper, Monica (1998) *The Making of the Unborn Patient: A Social Anatomy of Fetal Surgery* (New Brunswick, NJ: Rutgers University Press).

Cassell, Justine, Joseph Sullivan, Scott Prevost, & Elizabeth Churchill (2000) *Embodied Conversational Agents* (Cambridge, MA: MIT Press).

Castañeda, Claudia (2001) "Robotic Skin: The Future of Touch?" in S. Ahmed & J. Stacey (eds), *Thinking Through the Skin* (London: Routledge): 223–236.

Castañeda, Claudia (2002) *Figurations: Child, Bodies, Worlds* (Durham, NC: Duke University Press).

Castañeda, Claudia & Lucy Suchman (in press) "Robot Visions," in Sharon Ghamari-Tabrizi (ed), *Thinking with Haraway*.

Chasin, Alexandra (1995) "Class and Its Close Relations: Identities Among Women, Servants, and Machines," in J. Halberstram & I. Livingston (eds), *Posthuman Bodies* (Bloomington: Indiana University Press): 73–96.

Cherny, Lynn & Elizabeth Reba Weise (eds) (1996) *Wired Women: Gender and New Realities in Cyberspace* (Seattle, WA: Seal Press).

Clark, Andy (1997) *Being There: Putting Brain, Body, and World Together Again* (Cambridge, MA: MIT Press).

Clark, Andy (2001) *Mindware: An Introduction to the Philosophy of Cognitive Science* (New York: Oxford University Press).

Clark, Andy (2003) *Natural-born Cyborgs: Minds, Technologies, and the Future of Human Intelligence* (Oxford and New York: Oxford University Press).

Clarke, Adele (1998) *Disciplining Reproduction: Modernity, American Life Sciences, and "the Problems of Sex"* (Berkeley: University of California Press).

Cockburn, Cynthia (1988) *Machinery of Dominance: Women, Men, and Technical Know-how* (Boston: Northeastern University Press).

Cockburn, Cynthia (1991) *Brothers: Male Dominance and Technological Change* (London: Pluto Press).

Cockburn, Cynthia & Susan Ormrod (1993) *Gender and Technology in the Making* (London: Sage).

Collins, H. M. (1985) *Changing Order: Replication and Induction in Scientific Practice* (London and Beverly Hills, CA: Sage).

Collins, H. M. (1990) *Artificial Experts: Social Knowledge and Intelligent Machines* (Cambridge, MA: MIT Press).

Collins, H. M. (1995) "Science Studies and Machine Intelligence," in S. Jasanoff, G. Markle, J. Petersen, & T. Pinch (eds), *Handbook of Science and Technology Studies* (London: Sage): 286–301.

Cowan, Ruth Schwartz (1983) *More Work for Mother: The Ironies of Household Technology from the Open Hearth to the Microwave* (New York: Basic Books).

Creager, Angela, Elizabeth Lunbeck, & Londa Schiebinger (eds) (2001) *Feminism in Twentieth Century Science, Technology, and Medicine* (Chicago: University of Chicago Press).

Crutzen, Cecile (2005) "Intelligent Ambience Between Heaven and Hell: A Salvation?" *Information, Communication Ethics and Society* (*ICES*) 3(4): 219–232.

Davis-Floyd, Robbie & Joe Dumit (eds) (1998) *Cyborg Babies: From Techno-Sex to Techno-Tots* (New York and London: Routledge).

Diamond, Sara (1997) "Taylor's Way: Women, Cultures and Technology," in J. Terry & M. Calvert (eds), *Processed Lives: Gender and Technology in Everyday Life* (London and New York: Routledge): 81-92.

Dourish, Paul (2001) *Where the Action Is: The Foundations of Embodied Interaction* (Cambridge, MA: MIT Press).

Downey, Gary & Joe Dumit (eds) (1997) *Cyborgs and Citadels: Anthropological Interventions in Emerging Sciences and Technologies* (Santa Fe, NM: School of American Research).

Dreyfus, Hubert ([1979]1992) *What Computers Still Can't Do: A Critique of Artificial Reason* (Cambridge, MA: MIT Press).

Edwards, Paul (1996) *The Closed World: Computers and the Politics of Discourse in Cold War America* (Cambridge, MA: MIT Press).

Fischer, Michael (1999) "Worlding Cyberspace: Toward a Critical Ethnography in Time, Space, and Theory," in G. Marcus (ed), *Critical Anthropology Now* (Santa Fe, NM: School of American Research): 245-304.

Forsythe, Diana (1993a) "Engineering Knowledge: The Construction of Knowledge in Artificial Intelligence," *Social Studies of Science* 23: 445-477.

Forsythe, Diana (1993b) "The Construction of Work in Artificial Intelligence," *Science, Technology & Human Values* 18: 460-479.

Forsythe, Diana (2001) *Studying Those Who Study Us: An Anthropologist in the World of Artificial Intelligence* (Stanford, CA.: Stanford University Press).

Franklin, Sarah (1995) "Science as Culture, Cultures of Science," *Annual Reviews of Anthropology* 24: 163-184.

Franklin, Sarah (2000) "Life Itself: Global Nature and the Genetic Imaginary," in S. Franklin, C. Lury, & J. Stacey, *Global Nature, Global Culture* (London: Sage): 188-227.

Franklin, Sarah (2003) "Re-Thinking Nature-Culture: Anthropology and the New Genetics," *Anthropological Theory* 3: 65-85.

Franklin, Sarah & Helen Ragoné (1998) *Reproducing Reproduction: Kinship, Power, and Technological Innovation* (Philadelphia: University of Pennsylvania Press).

Franklin, Sarah, Celia Lury, & Jackie Stacey (2000) *Global Nature, Global Culture*

(London: Sage).

Franklin, Sarah, & Susan McKinnon (eds) (2001) *Relative Values: Reconfiguring Kinship Studies* (Durham, NC: Duke University Press).

Fujimura, Joan (2005) "Postgenomic Futures: Translations Across the Machine-Nature Border in Systems Biology," *New Genetics & Society* 24: 195–225.

Fujimura, Joan & Michael Fortun (1996) "Constructing Knowledge Across Social Worlds: The Case of DNA Sequence Databases in Molecular Biology," in L. Nader (ed), *Naked Science: Anthropological Inquiries into Boundaries, Power, and Knowledge* (London: Routledge): 160–173.

Gatens, Moira (1996) *Imaginary Bodies: Ethics, Power and Corporeality* (London: Routledge).

Gonzalez, Jennifer ([1995]1999) "Envisioning Cyborg Bodies: Notes from Current Research," in G. Kirkup, L. Janes, & K. Woodward (eds), *The Gendered Cyborg* (New York and London: Routledge): 58–73.

Goodwin, Dawn (in press) *Agency, Participation, and Legitimation: Acting in Anaesthesia.* (New York: Cambridge University Press).

Grand, Steve (2004) *Growing Up With Lucy: How to Build an Android in Twenty Easy Steps* (London: Weidenfeld & Nicolson).

Greenbaum, Joan & Morten Kyng (eds) (1991) *Design at Work: Cooperative Design of Computer Systems* (Hillsdale, NJ: Erlbaum Associates).

Grint, Keith & Rosalind Gill (eds) (1995) *The Gender-Technology Relation: Contemporary Theory and Research* (London: Taylor & Francis).

Grosz, Elizabeth (1994) *Volatile Bodies: Toward a Corporeal Feminism* (Bloomington: Indiana University Press).

Gupta, Akhil & James Ferguson (1992) "Beyond 'Culture': Space, Identity, and the Politics of Difference," *Cultural Anthropology* 7: 6–23.

Halberstam, Judith & Ira Livingston (eds) (1995) *Posthuman Bodies* (Bloomington and Indianapolis: Indiana University Press).

Hales, Mike (1995) "Information Systems Strategy: A Cultural Borderland, Some Monstrous Behaviour," in S. L. Star (ed), *Cultures of Computing* (Oxford: Blackwell): 103–117.

Hammonds, Evelynn (1997) "New Technologies of Race," in J. Terry & M. Calvert (eds), *Processed Lives: Gender and Technology in Everyday Life* (London and New

York: Routledge): 107-121.

Haraway, Donna ([1985]1991) "Manifesto for Cyborgs: Science, Technology and Socialist Feminism in the 1980s," *Socialist Review* 80: 65-108. Reprinted (1991) in *Simians, Cyborgs, and Women: The Reinvention of Nature* (New York: Routledge).

Haraway, Donna (1991) *Simians, Cyborgs, and Women: The Reinvention of Nature* (New York: Routledge).

Haraway, Donna (1997) *Modest Witness@Second_Millenium.FemaleMan_Meets_ OncoMouse: Feminism and Technoscience* (New York: Routledge).

Haraway, Donna (2000) *How Like a Leaf: An Interview with Thyrza Nichols Goodeve* (New York: Routledge).

Harding, Sandra (1998) *Is Science Multicultural? Postcolonialisms, Feminisms, and Epistemologies* (Bloomington: Indiana University Press).

Hawthorne, Susan & Renate Klein (1999) *Cyberfeminism, Connectivity, Critique and Creativity* (North Melbourne: Spinifex Press).

Hayden, Cori (2003) *When Nature Goes Public: The Making and Unmaking of Bioprospecting in Mexico* (Princeton, NJ: Princeton University Press).

Hayles, N. Katherine (1999) *How We Became Posthuman: Virtual Bodies in Cybernetics, Literature, and Informatics* (Chicago: University of Chicago Press).

Helmreich, Stefan (1998) *Silicon Second Nature: Culturing Artificial Life in a Digital World* (Berkeley: University of California Press).

Hutchins, Edwin (1995) *Cognition in the Wild* (Cambridge, MA: MIT Press).

Jain, Sarah (1999) "The Prosthetic Imagination: Enabling and Disabling the Prosthesis Trope" *Science, Technology & Human Values* 24: 31-53.

Keller, Evelyn Fox (1995) "The Origin, History, and Politics of the Subject Called 'Gender and Science': A First Person Account," in S. Jasanoff, G. Markle, J. Petersen, & T. Pinch (eds), *Handbook of Science and Technology Studies* (London: Sage): 80-94.

Keller, Evelyn Fox (1999) "The Gender/Science System: Or Is Sex to Gender as Nature Is to Science?" in M. Biagioli (ed), *The Science Studies Reader* (New York and London: Routledge): 234-242.

Kember, Sarah (2003) *Cyberfeminism and Artificial Life* (London and New York: Routledge).

Kirkup, Gill, Linda Janes, Kath Woodward, & Fiona Hovenden (eds) (2000) *The*

Gendered Cyborg: A Reader (London: Routledge).

Lave, Jean (1988) *Cognition in Practice: Mind, Mathematics, and Culture in Everyday Life* (Cambridge and New York: Cambridge University Press).

Law, John (1991) *A Sociology of Monsters: Essays on Power, Technology, and Domination* (London and New York: Routledge).

Law, John (2004) *After Method: Mess in Social Science Research* (London and New York: Routledge).

Lenat, Douglas B. & R. V. Guha (1989) *Building Large Knowledge-based Systems: Representation and Inference in the Cyc Project* (Reading, MA: Addison-Wesley).

Lenoir, Tim & Sha Xin Wei (2002) "Authorship and Surgery: The Shifting Ontology of the Virtual Surgeon," in B. Clarke & L. D. Henderson (eds), *From Energy to Information: Representation in Science and Technology, Art, and Literature* (Stanford, CA: Stanford University Press): 283–308.

Lykke, Nina & Rosi Braidotti (eds) (1996) *Between Monsters, Goddesses and Cyborgs: Feminist Confrontations with Science, Medicine and Cyberspace* (London: Zed Books).

Lyman, Peter & Nina Wakeford (eds) (1999) "Analyzing Virtual Societies: New Directions in Methodology," *American Behavioral Scientist* 43: 3.

Lynch, Michael (1993) *Scientific Practice and Ordinary Action: Ethnomethodology and Social Studies of Science* (Cambridge and New York: Cambridge University Press).

Markussen, Randi (1995) "Constructing Easiness: Historical Perspectives on Work, Computerization, and Women," in S. L. Star (ed), *Cultures of Computing* (Oxford: Blackwell): 158–180.

Martin, Michelle (1991) *'Hello, Central?' Gender, Technology and Culture in the Formation of Telephone Systems* (Kingston, Ont.: Queen's University Press).

Maturana, Humberto & Francisco Varela (1980) *Autopoiesis and Cognition: The Realization of the Living* (Dordrecht, Netherlands, and Boston: D. Reidel).

Mayberry, Maralee, Banu Subramaniam, & Lisa Weasel (eds) (2001) *Feminist Science Studies: A New Generation* (New York and London: Routledge).

M'charek, Amade (2005) *The Human Genome Diversity Project: An Ethnography of Scientific Practice* (Cambridge and New York: Cambridge University Press).

McNeil, Maureen (ed) (1987) *Gender and Expertise* (London: Free Association

Books).

McNeil, Maureen & Sarah Franklin (1991) "Science and Technology: Questions for Cultural Studies and Feminism," In S. Franklin, C. Lury, & J. Stacey (eds), *Off-Centre: Feminism and Cultural Studies* (London: Harper Collins Academic): 129–146.

Miller, Laura (1995) "Women and Children First: Gender and the Settling of the Electronic Frontier," in J. Brook & I. A. Boal (eds), *Resisting the Virtual Life: The Culture and Politics of Information* (San Francisco: City Lights): 49–57.

Mol, Annemarie (2002) *The Body Multiple: Ontology in Medical Practice* (Durham, NC: Duke University Press).

Myers, Natasha (2005) "Molecular Embodiments and the Body-Work of Modeling in Protein Crystallography," *Social Studies of Science* 35(6): 837–866.

Nakamura, Lisa (2002) *Cybertypes: Race, Ethnicity and Identity on the Internet* (New York and London: Routledge).

Newell, Allen (1990) *Unified Theories of Cognition* (Cambridge, MA: Harvard University Press).

Newell, Allen & Herbert Simon (1972) *Human Problem Solving* (Englewood Cliffs, NJ: Prentice Hall).

Picard, Rosalind (1997) *Affective Computing* (Cambridge, MA: MIT Press).

Pickering, Andrew (1992) *Science as Practice and Culture* (Chicago and London: University of Chicago Press).

Prentice, Rachel (2005) "The Anatomy of a Surgical Simulation: The Mutual Articulation of Bodies in and Through the Machine," *Social Studies of Science* 35: 837–866.

Price, Janet & Margrit Shildrick (eds) (1999) *Feminist Theory and the Body: A Reader* (Edinburgh: Edinburgh University Press).

Reid, Roddey & Sharon Traweek (2000) *Doing Science + Culture: How Cultural and Interdisciplinary Studies Are Changing the Way We Look at Science and Medicine* (New York: Routledge).

Robertson, Toni (2002) "The Public Availability of Actions and Artifacts," *Computer-Supported Cooperative Work* (*CSCW*) 11: 299–316.

Schiebinger, Londa (ed) (2000) *Feminism and the Body* (Oxford: Oxford University Press).

Schull, Natasha (2005) "Digital Gambling: The Coincidence of Desire and Design," *Annals of the American Academy of Political and Social Science* 597: 65–81.

Sengers, Phoebe (in press) "The Autonomous Agency of STS: Boundary Crossings Between STS and Artificial Intelligence," *Social Studies of Science.*

Simon, Herbert (1969) *The Sciences of the Artificial* (Cambridge, MA: MIT Press).

Spender, Dale (1996) *Nattering on the Net: Women, Power and Cyberspace* (Toronto: Garamond Press).

Star, Susan Leigh (1989a) "Layered Space, Formal Representations and Long Distance Control: The Politics of Information," *Fundamenta Scientiae* 10: 125–155.

Star, Susan Leigh (1989b) "The Structure of Ill-structured Solutions: Boundary Objects and Heterogeneous Distributed Problem-solving," in L. Gasser & M. Huhns (eds), *Readings in Distributed Artificial Intelligence 2* (Menlo Park, CA: Morgan Kaufmann): 37–54.

Star, Susan Leigh (ed) (1995a) *The Cultures of Computing* (Oxford and Cambridge, MA: Blackwell).

Star, Susan Leigh (ed) (1995b) *Ecologies of Knowledge: Work and Politics in Science and Technology* (Albany: State University of New York Press).

Stone, Allucquere Rosanne (1999) "Will the Real Body Please Stand Up? Boundary Stories About Virtual Cultures," in J. Wolmark (ed), *Cybersexualities* (Edinburgh: Edinburgh University Press): 69–98.

Strathern, Marilyn (1992) *Reproducing the Future: Essays on Anthropology, Kinship and the New Reproductive Technologies* (Manchester: Manchester University).

Strathern, Marilyn (1999) *Property, Substance, and Effect: Anthropological Essays on Persons and Things* (London and New Brunswick, NJ: Athlone Press).

Suchman, Lucy (1987) *Plans and Situated Actions: The Problem of Human-Machine Communication* (New York: Cambridge University Press).

Suchman, Lucy (1993) "Response to Vera and Simon's 'Situated Action: A Symbolic Interpretation'," *Cognitive Science* 17: 71–75.

Suchman, Lucy (1999a) "Critical Practices," *Anthropology of Work Review* 20: 12–14.

Suchman, Lucy ([1994]1999b) "Working Relations of Technology Production and Use," in D. Mackenzie & J. Wajcman (eds), *The Social Shaping of Technology,* 2nd ed (Buckingham, U.K., and Philadelphia: Open University Press): 258–268.

Suchman, Lucy (2002a) "Located Accountabilities in Technology Production,"

Scandinavian Journal of Information Systems 14: 91–105.

Suchman, Lucy (2002b) "Practice-based Design of Information Systems: Notes from the Hyperdeveloped World," *Information Society* 18: 139–144.

Suchman, Lucy (2003) "Figuring Service in Discourses of ICT: The Case of Software Agents," in Eleanor Wynn, Edgar Whitley, Michael Myers, & Janice DeGross (eds), *Global and Organizational Discourses About Information Technology* (Boston: Kluwer Academic, copyright International Federation for Information Processing): 15–32.

Suchman, Lucy (2007) *Human-Machine Reconfigurations: Plans and Situated Actions*, 2nd ed. (New York: Cambridge University Press).

Suchman, Lucy & Randall Trigg (1993) "Artificial Intelligence as Craftwork," in S. Chaiklin & J. Lave (eds), *Understanding Practice: Perspectives on Activity and Context* (New York: Cambridge University Press): 144–178.

Terry, Jennifer & Melodie Calvert (eds) (1997) *Processed Lives: Gender and Technology in Everyday Life* (London and New York: Routledge).

Thompson, Charis (2005) *Making Parents: The Ontological Choreography of Reproductive Technologies* (Cambridge, MA: MIT Press).

Turkle, Sherry (1995) *Life on the Screen: Identity in the Age of the Internet* (New York and Toronto: Simon & Schuster).

Verran, Helen (2001) *Science and an African Logic* (Chicago: University of Chicago Press).

Viseu, Ana (2005) *Augmented Bodies: The Visions and Realities of Wearable Computers*, unpublished Ph.D. dissertation, University of Toronto.

Wajcman, Judy (1991) *Feminism Confronts Technology* (University Park: Pennsylvania State University Press).

Wajcman, Judy (1995) "Feminist Theories of Technology," in S. Jasanoff, G. Markle, J. Petersen, & T. Pinch (eds), *Handbook of Science and Technology Studies* (Thousand Oaks, CA, and London: Sage): 189–204.

Wajcman, Judy (2004) *Technofeminism* (Cambridge: Polity).

Wakeford, Nina (1997) "Networking Women and Grrrls with Information/ Communication Technologies: Surfing Tales of the World Wide Web," in J. Terry & M. Calvert (eds), *Processed Lives: Gender and Technology in Everyday Life* (London and New York: Routledge): 51–66.

Waldby, Cathy (2000) *The Visible Human Project: Informatic Bodies and Posthuman Medicine* (London and New York: Routledge).

Wilson, Elizabeth (2002) "Imaginable Computers: Affects and Intelligence in Alan Turing," in D. Tofts, A. Jonson, & A. Cavallaro (eds), *Prefiguring Cyberculture: An Intellectual History* (Cambridge, MA: MIT Press): 38–51.

Wolmark, Jennifer (ed) (1999) *Cybersexualities: A Reader on Feminist Theory, Cyborgs and Cyberspace* (Edinburgh: Edinburgh University Press).

7.
기술결정론은 죽었다, 기술결정론이여 영원하라*

샐리 와이어트

로버트 모제스와 그가 뉴욕과 롱아일랜드 사이에 만든 다리에 관한 이
야기는 여러 세대에 걸친 수많은 STS 학생들에게 그랬듯, 내게도 깊은 인
상을 심어주었다. 랭든 위너는 도시계획가인 모제스가 1920년대와 1930년
대에 걸쳐 고가도로를 의도적으로 낮게 설계해 버스가 그 아래로 통과할
수 없게 만들었고, 그럼으로써 빈민, 흑인, 노동계급 사람들이 롱아일랜드
해안에 접근하지 못하게 막았다고 주장했다.[1] 나는 위너의 논문 「인공물은

---

* 사려 깊고 자극을 주는 논평을 통해 이 장의 내용을 상당 부분 향상시키는 데 도움을 준 편
집자들과 세 명의 익명 심사위원들에게 감사를 표한다. 아울러 이 장의 완성을 참을성 있게
기다려준 편집자들에게도 감사를 표하고 싶다. 내가 이 장의 최종 버전을 준비하고 있어야
했을 2005년 말에 아버지께서 돌아가셨다. 이 장의 첫 번째 문단을 보면 알 수 있겠지만,
아버지는 기술을 바라보는 나 자신의 관점에 엄청난 영향을 미친 분이었다. 이 논문을 고
치면서 내게 가장 힘들었던 대목은 첫 번째 문단의 동사들을 과거시제로 바꿨을 때였다. 이
장을 아버지 앨런 와이어트의 추억에 바친다.

정치를 가지는가?」를 1980년대 중반에 매켄지와 와츠먼이 편집한 『기술의 사회적 형성』 초판에서 처음 읽었다.(MacKenzie and Wajcman, [1985]1999) 이 책에서 위너의 논문은 편집자들의 서문에 곧장 이어지는 서장에 해당했다.[2] 다른 글에서 쓴 적이 있지만(Wyatt, 2001), 내 아버지는 핵공학자였고, 그래서 나는 기술이 정치적이라는 사실을 인지하며 자랐다. 핵발전소를 가동시키고 그러한 자신의 노력을 가족과 일반대중을 상대로 정당화하는 것은 오랫동안 아버지의 일상생활의 일부였다. 나와 아버지 사이에 계속된 정치적 입장차이에도 불구하고, 우리는 기술적 선택의 존재와 그것이 갖는 함의에 대한 인식을 공유했다. 랜든 위너를 읽었던 경험은 내게 인공물의 정치에 관해 사고하는 한 가지 방법을 제공해주었고, 아버지와 내가 좀 더 냉정하게 이러한 정치를 토론할 수 있게 해주었는지도 모른다. 나는 아버지로부터 기술이 실로 중요하며 기술적 선택에는 결과가 따른다는 것을 배웠다. 비록 내가 그런 깨달음을 여섯 살 때 아버지와 함께 나이아가라 폭포에 갔을 때처럼 표현하지는 않았지만 말이다. 우리는 엄청난 물살을 보고 감탄하면서 동시에 강 아래의 터빈을 내려다보기도 했다. 아버지와 나는 자연의 숭고함과 기술의 숭고함을 구분해낼 수 없었다.(Nye, 1996)

이 장에서 나는 기술 그 자체와 기술결정론이라는 아이디어가 계속해서 사람들을 매혹시키는 방식—STS 공동체 내부에 있는 우리들이 때때로 이러한 매혹을 부인해왔음에도 불구하고—에 대해 다뤄보려 한다. 다

---

1) 모제스/위너 이야기의 신화적 지위에 관해서는 Joerges(1999)와 Woolgar and Cooper(1999)의 논의를 보라. 이 장에서 내가 가진 목표에 비춰보면, 중요한 것은 바로 그 이야기가 지닌 신화적 성질이다.

2) 위너의 논문이 이 분야의 논의에서 초석이 되었다는 점은 이 논문이 같은 책의 2판 (MacKenzie and Wajcman, [1985]1999)에도 다시 수록되었고 여전히 첫 번째 자리를 지키고 있다는 데서도 확인된다.

과학에 관한 블루어 (Bloor, 1973, 1976)의 대칭성	기술에 관한 핀치와 바이커(Pinch & Bijker, 1984)의 대칭성	사회-기술에 관한 칼롱(Callon, 1986)의 대칭성	STS의 방법에 관한 와이어트(Wyatt, 1998)의 대칭성
참인 진술과 거짓인 진술에 공평	성공한 기계와 실패한 기계에 공평	인간 행위자와 비인간 행위자에 공평	다른 행위자가 파악해낸 행위자와 분석가가 파악해낸 행위자에 공평
참과 거짓의 설명에 관한 대칭성	성공과 실패의 설명에 관한 대칭성	사회세계와 기술세계의 설명에 관한 대칭성	분석가의 개념을 사용하는 것과 행위자의 개념을 사용하는 것에 관한 대칭성
우리가 자연으로 간주하는 것은 참인 사실이 된 진술의 원인이 아닌 결과	**"작동"은 성공한 인공물이 된 기계의 원인이 아닌 결과**	"기술적"과 "사회적" 사이의 구분은 사회기술적 총체의 안정화의 원인이 아닌 결과	**"성공"은 작동한 인공물이 된 기계의 원인이 아닌 결과**

출전: 앞의 세 열은 Bijker(1995: 275)에서 변용

음 절에서 나는 기술결정론에 대해 논의하면서 "대칭성 원칙"(〈표 7.1〉을 보라)에 눈을 돌릴 것이다. 이는 기술결정론을 우리의 분석으로 다시 끌어들이는 하나의 방편으로 두 가지 점을 지적하기 위해서이다. 그중 하나는 성공과 실패 사이의 대칭성이고 다른 하나는 행위자의 개념과 분석가의 개념을 대칭적으로 취급하는 것이다. 이어 나는 기술결정론으로 다시 돌아와 이를 좀 더 심각하게 받아들이는 한 가지 방법은 서로 다른 유형의 기술결정론들과 그것이 수행하는 기능을 구분하는 데 있다고 주장할 것이

다. 내가 파악해낸 네 가지 상이한 유형은 각각 정당화용(justificatory), 기술적(descriptive), 방법론적(methodological), 규범적(normative) 기술결정론이다.(〈표 7.2〉를 보라.)

기술결정론은 죽었다, 정말 그런가?

기술결정론은 수많은 행위자들이 취하는 행동과 그들이 제시하는 정당화에서 끈질기게 살아남아 있다. 분석가들은 다양한 사회적 배경에서 기술의 도입에 정당성을 부여하기 위해 기술결정론을 활용한다. 기술과 사회의 관계를 다루는 수많은 이론적·추상적 설명에서도 기술결정론은 여전히 남아 있다. 새로운 기술의 필요성과 적절성을 둘러싼 도전에 정책결정자와 정치인들이 응답할 때에도 기술결정론을 찾아볼 수 있으며, 우리모두가 새로운 기계나 일을 하는 새로운 방식과 마주쳤을 때 경험하는 반응에서도 기술결정론은 빠지지 않는다.(이 각각에 대한 사례들은 '다시 기술결정론으로'라는 제목의 절에 나올 것이다.)

한나 아렌트는 "도구와 장치들은 너무나도 강력한 세속적 사물들이어서우리는 문명 전체를 분류할 때 그것이 사용하는 도구를 기준으로 삼을 수있다."고 썼다.(Arendt, 1958: 144) 그렇게 할 수 있을 뿐 아니라 종종 실제로도 그렇게 한다. 우리가 "석기"시대, "청동기"시대, "증기"시대, "컴퓨터"시대를 말하는 이유도 바로 그것이다. 우리는 또 기술을 준거로 삼아 국가들에 특성을 부여하기도 한다. 발전과정에서 두드러진 역할을 한 기술이나 해당 국가의 문화를 고도로 상징하는 기술에 따라서 말이다. 네덜란드와 풍차, 미국과 자동차, 일본과 극소전자공학 같은 것이 그런 예들이다.로버트 하일브로너(Heilbroner, 1994b)와 데이비드 에저턴(Edgerton, 1999)

〈표 7.2〉
네 가지 유형의 기술결정론

정당화용
- EU의 Information Society Forum(2000)

기술적
- 기술은 사회적 힘으로부터 독립적으로 발전(Misa, 1988)
- 기술은 사회변화를 유발(Misa, 1988; Smith & Marx, 1994)
- 기술은 사회적 힘으로부터 독립적으로 발전하며 사회변화를 유발 (MacKenzie and Wajcman, [1985]1999)
- 경제발전을 결정하는 데 있어 과학기술의 제한적 자율성(Freeman, 1987)

방법론적
- "주어진 사회, 조직 등이 이용할 수 있는 기술을 보라."(Heilbroner, 1994a 혹은 1994b)
- "모멘텀"(Hughes, 1983, 1994)
- "사회는 거기서 쓰이고 있는 기술에 의해 결정"(Edgerton, 1999)

규범적
- 기술과 정치적 책임성의 분리(Bimber, 1994)
- 기술적 합리성의 승리(Winner, 1977, 1986)

은 특정한 시간과 장소에 사는 경험을 정의하는 것은 서로 다른 기술의 이용가능성에 있다고 주장한다. 루이스 멈퍼드(Mumford, 1961)는 천 년에 걸친 긴 기간이나 어떤 국가 전체를 단일한 물질적 인공물과 결부시키는 경향이 나타난 이유는 기술변화를 처음으로 심각하게 다룬 학문 분야가 인류학과 고고학이었다는 데서 찾을 수 있다고 주장한다. 그런 학문 분야들은 물질적 인공물만이 유일한 기록인 문맹사회에 종종 초점을 맞추기 때문이다.

돌이나 도기로 만든 인공물은 자립적이고 거의 자명한 대상으로 간주되었다
… 이러한 도구, 용구, 무기들은 심지어 '비커족(Beaker Men)', '양날도끼족
(Double Axe Men)', '유약도기족(Glazed Pottery Men)'처럼 이상한 이름으로
불리는 기술적 원인(原人)들을 낳기도 했다 … 그처럼 내구성을 갖춘 인공물들
이 질서정연하게 단계적 연속으로 배열될 수 있다는 사실은 종종 기술변화의
원천이 재료를 조작하고 공정을 향상시키고 형태를 개선하고 제품을 효율적으
로 만들려는 경향 외에는 아무것도 없는 것처럼 보이게 만든다. 여기에 문서자
료의 부재와 [인공물] 표본의 부족은 자체 추진력과 지속성을 가진 기술진보의
연결고리로서 유형(有形)의 물건을 너무나 지나치게 강조하는 결과로 이어진다.
이러한 입장은 역사적 기록이 마침내 등장하는 시기에 이르러서도 문화 전체로
부터 추가적인 해명을 필요로 하지 않는다.(Mumford, 1961: 231)

오늘날과 좀 더 가까운 사회들에 관심이 있는 우리들의 경우에는 그와
같은 환원론적 사고를 비슷한 방식으로 손쉽게 변명하는 것이 불가능하
다. 그러나 역사적 시기나 사회 전체를 지배적인 기술적 인공물에 따라 이
름을 붙이는 언어적 습관은 계속 살아남아 있다. 이러한 습관은 박물관,
교과서, 신문, 텔레비전, 라디오 등에서 종종 목격할 수 있다.[3] 21세기에
접어들어 몇 년이 지났지만, 20세기에 나타난 수많은 새로운 기술들 중에

---

3) 예를 들어 2005년 BBC의 리스 강연은 영국 상원 과학기술위원회 의장이자 왕립공학아카
데미(Royal Academy of Engineers)의 회장인 브로어스 경이 맡았는데, 그의 첫 번째 강연
제목은 "기술이 인류의 미래를 결정할 것이다"였다. 5회로 이뤄진 강연 전체의 제목은 "기
술의 승리"였다.(www.bbc.co.uk/radio4/reith2005를 보라.)

서 어떤 것이 미래 세대에 의해 기억될 것인지를 예측하기란 여전히 어려운 일이다. 그러나 시대와 장소를 기술과 연관시키는 사고와 언어의 습관은 그 둘 사이의 인과관계가 항상 분명한 것이 아님에도 끈질기게 이어지고 있다. 기술과 사회의 관계에 대한 이러한 사고방식은 너무나 오랫동안 "상식"에 속했기 때문에 굳이 어떤 꼬리표를 달 필요가 없을 정도였다. 그러나 비판자들은 여기에 "기술결정론"이라는 이름을 붙였는데, 이는 두 가지 요소로 구성돼 있다. 첫 번째 요소는 기술발전이 사회적·경제적·정치적 힘들로부터 독립적으로 사회 바깥에서 일어난다는 생각이다. 새롭거나 향상된 제품 혹은 제조방법은 발명가, 엔지니어, 설계자들의 활동으로부터 나오는데, 그들은 사회적 관계와는 아무런 상관도 없는 기술 내적인 논리를 따른다는 것이다. 좀 더 중요한 두 번째 요소는 기술변화가 사회변화를 유발하거나 결정한다는 생각이다. 미사(Misa, 1988)는 내가 방금 어떤 단일한 전체의 두 가지 요소로 제시한 것들이 실은 서로 다른 두 가지 버전의 기술결정론이라고 주장했다. 기술결정론을 서로 다른 두 가지 버전으로 정의하게 되면 기술결정론이라는 골칫거리가 그 비난의 그물을 훨씬 넓게 펼칠 수 있게 된다. 위너나 엘륄 같은 사람들 역시 자본주의적 합리성의 멈출 수 없는 논리를 지적했다는 점에서 기술결정론자라고 정의할 수 있기 때문이다. 이는 그들이 취한 유물론과 실재론을 결정론과 혼동한 소치이다. 만약 그들이 어떤 결정론적 입장을 취했다고 공격받아야 한다면, 좀 더 적절한 용어는 경제결정론일 것이다. 이 글에서 나는 기술결정론을 두 개의 구성요소로 정의하고 이 둘이 모두 필요하다고 생각했던 매켄지와 와츠먼의 입장을 따를 것이며,[4] 글 말미에 이런 구분에 대해 다시 생

---

4) 핀버그도 기술결정론이 기반한 두 개의 전제들을 지적했는데, 그는 이를 각각 "단선적 진

각해볼 것이다. 지난 25년 동안 STS는 기술결정론의 첫 번째 요소가 얼마나 제한적인지를 보여주는 데 주로 집중했다. 이는 대체로 기술발전의 과정 속에 사회적 요인들이 얼마나 깊숙이 개입하는지를 보여주는, 경험적으로 풍부한 역사연구 내지 민족지연구를 수행하는 방식으로 이뤄졌다.[5]

기술결정론에는 기술의 진보가 곧 사회의 진보라는 관념이 스며들어 있다. 레닌이 "공산주의는 소비에트 권력에 온 나라의 전기화를 합친 것"이라고 주장했을 때 취했던 관점이 바로 이런 것이었고, 이는 오늘날까지도 온갖 정파에 속한 정치인들이 갖고 있는 관점이다. 예를 들어 조지 W. 부시는 레닌과는 대단히 다른 정치인이지만 미사일 방어망 구축에 열의를 보이고 있고, 2006년 연두 교서에서 밝혔듯이 미국을 위협하고 있는 에너지 위기에 대한 해법을 기술에서 찾고 있다.[6] 또한 엘륄(Ellul, 1980), 마르쿠제(Marcuse, 1964), 프랑크푸르트학파 일반과 연관되는 대단히 비관적인 기술결정론의 갈래도 있다. 역사적으로 볼 때 기술결정론은 각각의 세대에서 몇 명의 발명가들이 배출되며 그들의 발명이 인류발전의 결정요인임과 동시에 디딤돌 구실을 한다는 주장을 담고 있다. 성공하지 못한 발명은 그 실패로 인해 역사의 쓰레기더미 속으로 사라질 운명에 처한다. 반면 성공한 발명은 이내 자신의 가치를 입증하고 사회 속으로 다소간 재빠르게 통

보"와 "토대에 의한 결정"이라고 불렀다.(Feenberg, 1999: 77) 이는 매켄지와 와츠먼이 지적한 두 요소와 많은 점에서 동일하다. 단선적 진보는 기술발전의 내적 논리를 가리키며, 토대에 의한 결정은 사회제도들이 기술적 "토대"에 적응해야 하는 방식을 가리키고 있기 때문이다.

5) 초기의 사례를 두 개만 들면 Latour and Woolgar(1986)와 Traweek(1988)이 있다. 『과학의 사회적 연구(Social Studies of Science)』나 『과학기술과 인간가치(Science, Technology, and Human Values)』의 지면을 보면 그러한 사례연구들로 가득 차 있다.

6) 부시의 연설 전문은 http://www.whitehouse.gov/stateoftheunion/2006/index.html을 보라.

합되어 사회를 변형시키게 된다. 이런 식으로 기술적 대약진이 중요한 사회적 영향을 미친다고 주장할 수 있다.

이 모델이 오랫동안 살아남은 것은 그것이 지닌 단순성에서 주로 기인한다. 아울러 이는 많은 사람들의 경험에 가장 잘 부합하는 모델이기도 하다. 대부분의 시간 동안 대부분의 사람들에게 우리가 일상적으로 사용하는 기술들의 기원과 설계는 수수께끼와도 같다. 우리는 그런 기술들이 어디에서 왔는지 알지 못하며, 그것이 실제로 어떻게 작동하는지에 대해서는 더 모를 가능성이 높다. 우리는 단지 그것의 요구조건에 우리 자신을 맞추면서, 그것을 우리에게 판매한 사람들이 약속했던 예측가능하고 예상된 방식대로 기술이 계속해서 기능하기를 희망할 뿐이다. 기술결정론이 "상식적인" 설명으로 남아 있는 이유는 그것이 엄청나게 많은 대다수 사람들의 경험에 잘 부합하기 때문이다.

기술결정론에 내포된 문제 중 하나는 그것이 인간의 선택이나 개입의 여지를 전혀 남겨놓지 않는다는 것이다. 더 나아가 기술결정론은 우리가 만들고 사용하는 기술들에 대한 책임을 질 필요가 없게 만들어버린다. 만약 기술이 사회적 이해관계 바깥에서 발전한다면, 노동자, 시민, 그 외 다른 사람들은 이러한 기술의 사용과 그것이 미치는 영향에 대해 매우 적은 선택지만을 갖게 된다. 이는 새로운 기술—그것이 소비자 제품이건 발전소이건 간에—의 개발 책임을 맡은 사람들의 이해관계에 봉사한다. 기술이 실로 멈출 수 없는 경로를 따른다면, 기술결정론은 우리 모두가 개인적으로 또 집단적으로 내린 기술적 선택에 대해 책임을 부정할 수 있게 하며 기술변화의 속도와 방향에 대해 문제를 제기하는 사람들을 조롱할 수 있게 한다.

이 장에서는 우리가 기술결정론을 무시할 수 없음을 보여줄 것이다. 기술결정론은 앞으로 사라질 것이며 세상은 기술-사회관계에 대한 다른 유형의 설명들에 내포된 미결정성과 복잡성을 받아들일 것이라는 막연한 희망을 품을 수는 없다는 말이다. 나는 STS 공동체에 속한 우리가 기술결정론이 계속 살아남아 있는 데 절망해 좀 더 세밀한 분석만을 계속해 나가는 식으로 행동할 수는 없다고 주장하고 싶다. 우리는 기술결정론을 좀 더 심각하게 받아들여야 하며, 그것의 서로 다른 유형들을 구분해내고, 이들 각각이 특정한 환경 속에서 사회적 행위자들에 의해 어떤 목적으로 활용되는지를 분명히 밝혀내야 한다. 여기에 더해, 나는 이 일을 해내기 위해서는 우리 속에 있는 기술결정론자의 면모를 깨달아야만 한다고 주장하고자 한다.

짧고 대칭적인 우회로

기술결정론에 대한 논의로 돌아가기 전에 잠시 옆길로 빠져 대칭성 원칙(《표 7.1》)에 대해 생각해보도록 하자. 이를 통해 나는 두 가지 점을 보이고자 한다. 첫 번째는 제대로 작동하는 것 내지 성공과 제대로 작동하지 않는 것 내지 실패 사이에 적용되는 대칭성 원칙의 통상적인 사례이고, 두 번째는 행위자와 분석가의 개념을 대칭적으로 다루는 것과 관련된 적용 사례이다.

첫 번째는 데이비드 블루어(Bloor, 1973, 1976)가 과학사회학과 관련해 최초로 정식화한 대칭성 원칙이다. 그는 참으로 인정받는 지식 주장과 거짓으로 간주되는 지식 주장이 모두 사회학적 설명의 대상이며, 이때 양자에 대한 설명은 동일한 용어로 이뤄져야 한다고 주장했다. 자연 그 자체를 이용해 어떤 주장은 정당하며 또 다른 주장은 그렇지 않다는 결론을 내려서는 안 된다. 우리가 자연으로 받아들이는 것은 무언가가 참으로 인정받은 결과이지, 그것의 원인은 아닌 것이다. 기술의 경우 대칭성 원칙은 성공한 기계 내지 인공물과 실패한 기계 내지 인공물이 동일한 사회적 용어로 설명되어야 함을 말해준다. 그러나 의문의 여지없이 성공한 시스템은 핀치와 바이커(Pinch and Bijker, 1984)의 주장을 시험하는 엄격한 잣대가 될 수 없다. 핀치와 바이커는 어떤 기계가 작동하는(working) 것은 그것이 성공한 인공물이 된 것에서 비롯된 결과이지 그것의 원인은 아니라고 주장했는데, 성공한 시스템에서는 그러한 주장이 동어반복에 불과하기 때문이다. 하지만 성공과 실패, 작동과 비작동이라는 측면에서 좀 더 모호한 다른 시스템들도 존재하며,[7] 이는 핀치와 바이커의 주장—특히 반복 루프를 이런 주장에 덧붙였을 때—이 얼마나 옳은지를 좀 더 잘 예시해준다. 나는 미국과 영국의 중앙정부 행정에 쓰이는 정보통신기술(ICT) 네트워크를 연구한 이전 논문들(Wyatt, 1998, 2000)에서 그러한 시스템들이 어떻게 작동했고, 이후 어떻게 실패해 자취를 감추게 되었는지를 보여주었다. 어떤 주장에서 단어들의 순서를 뒤바꾸는 탈근대적 기교[8]를 부려보면 주장은 이렇게 바뀔 수 있다. "성공은 어떤 기계가 작동하는 인공물이 된 것에서 비롯된 결과이지 그것의 원인은 아니다." 이는 〈표 7.1〉에서 칼롱의 기여가 갖는 중요성을 보여준다. 그는 사회기술적 분할은 사회기술적 총체(sociotechnical ensemble)가 안정화되어 나타난 결과로 간주해야 하며 그보다 선행한 원인으로 간주해서는 안 된다고 주장했다. 어떤 기계가 작동하는 것은 그것이 성공한 인공물이 된 것의 원인이 아닌 결과라는 핀치와 바

---

7) 예를 들어 많은 정보기술 기반 시스템들의 경우, 그것의 성공과 실패, 작동과 비작동이라는 측면에서 성공과 실패를 분명히 평가하기란 종종 매우 어렵다.
8) Derrida(1976)를 보라. 기의는 항상 기표의 자리에 이미 존재하는데, 이는 종종 'X는 항상 이미 Y이다.'라는 식으로 바꿔 인용되곤 한다.

이커의 주장에는 한 가지 난점이 내포돼 있다. 그들은 성공을 사회세계와, 작동을 기술세계와 각각 연관시키는 분할의 존재를 가정함으로써 사회적인 것과 기술적인 것 사이의 이항분할을 전제하는 반면, 많은 STS 학자들은 사회적인 것과 기술적인 것이 얼마나 서로 뒤섞여 있는지를 보여주는 데 관심을 갖고 있기 때문이다. 뿐만 아니라 그들이 했던 것처럼 "성공"을 "작동"보다 우선함으로써 사회적인 것에 특권을 부여할 수는 없다. 사회적인 것과 기술적인 것의 상호 구성을 드러내려면 내가 방금 했던 것처럼 주장을 거꾸로 뒤집는 것이 가능해야 한다. 그러나 대칭성 원칙의 계속적인 확장은 우리를 고전적인 실재론의 입장으로 다시 돌려놓는데, 이를 보고 놀라서는 안 된다. 우리가 사회적인 것과 기술적인 것을 대칭적으로 다루기 위해서 "성공"과 "작동"의 주장은 서로 호환가능해야 한다. 〈표 7.1〉에서 핀치와 바이커의 입장과 내 입장을 담고 있는 열의 맨 아랫줄에 있는 내용은 양자택일 문제로 볼 것이 아니라 동전의 양면과 같은 것으로 이해할 필요가 있다. 그중 어느 쪽도 그 자체만으로는 충분치 않은 것이다.

두 번째는 〈표 7.1〉의 내 입장에서 가운뎃줄에 해당하는 것으로, 행위자와 분석가의 개념을 대칭적으로 다뤄야 한다는 것이다. 여러 학자들(Bijsterveld, 1991; Martin and Scott, 1992; Russell, 1986; Winner, 1993)은 "행위자를 좇는 것"(Latour, 1987)이 지닌 한계를 지적해왔다. 특히 그렇게 하는 과정에서 분석가들이 행위자들에게는 보이지 않지만 그럼에도 중요한 사회집단들을 빠뜨릴 수 있다는 점에서 그렇다. 사용자들은 종종 개발자들에게 무시를 당한다.(오드슌과 핀치가 쓴 이 책의 22장을 참조하라.) 사용자가 누구인지 혹은 누가 될 것인지를 분명히 정의하는 것이 가능한 경우도 종종 있다. 그러나 가령 정보 네트워크에서는 적어도 두 부류의 사용자들이 존재할 수 있다. 첫 번째 집단은 통상 사용자로 간주되는 사람들로, 직장에서 업무를 수행하기 위해 시스템을 이용해 정보에 접근하는 직원들이 여기 해당한다. 많은 경우 여기에 더해 두 번째 사용자 집단이 존재한다. 직접 사용자들이 시스템의 도움을 얻어 제품이나 서비스를 제공하는 대상인 고객들이 여기 해당하는데, 그들은 [첫번째 사용자 집단과는] 다른 이해관계를 갖고 있다.

사용자의 역할을 이해하기 위해서는 "진짜" 세상 속에 있는 "진짜" 사용자들을 설계자, 엔지니어, 그 외 다른 종류의 시스템 건설자들이 이러한 사용자들과 그들이 맺는 관계에 대해 품고 있는 이미지와 구분하는 것이 중요하다. 또한 "연루된 사용자(implicated users)"(Clarke, 1998)의 존재를 깨닫는 것도 중요한 일이다. 연루된 사용자란 시스템에 의해 제품이나 서비스를 제공받지만 그런 시스템과 물리적으로 접촉하지는 않는 사람들을 말한다. 다시 한 번 그들이 실제로 맺는 사회적 관계와 그들에 대한 이미지를 구분하는 것이 필요하다. 때로는 양쪽 부류의 사용자 모두가 시스템 개발과정에서 무시된다. 다시 말해 사용자를 설정하려는 진지한 시도가 항상 이뤄지는 것은 아니라는 말이다.(cf. Woolgar, 1991) 이는 방법론적 쟁점과 규범적 쟁점을 모두 제기하고 있다.

행위자를 좇는 것에도 문제가 있다. 만약 분석가가 행위자의 설명에 지나치게 의지한다면, 앞서 언급했던 관련된 사회집단들을 모두 찾아내고 규모와 성공을 정의[9]하는 것은 골치 아프고 불가능한 일이 될 수 있다. 분석가로서 우리는 우리 자신과 다른 사람들이 수행한 연구에 의지해 우리

---

[9] 규모의 정의는 단지 연구자들이 직면한 분석적 문제가 아니다.(Joerges, 1988) 이는 행위자들이 풀어야 할 실천적 문제이기도 하다. 이 문제를 해결하는 것은 연구자들이 연구대상을 획정하기 위해 필요하지만, 이는 행위자들 역시 경험하는 문제이다.

가 가진 개념을 정의하고 관련된 집단들을 찾아야 한다. 우리는 대칭성 원칙을 계속해서 심각한 것으로 받아들일 필요가 있다. 만약 우리가 분석가로서 우리 자신이 만든 범주나 해석이 우리가 풀어놓는 이야기의 구성에 끼어드는 것을 허용한다면, 행위자들이 지닌 개념과 이론 역시 우리의 설명에 도움을 줄 수 있게 해야 한다. 행위자와 분석가는 모두 추상적인 것과 물질적인 것 양자 모두에 접근할 수 있다.

앤서니 기든스(Giddens, 1984)는 사회과학의 이중 해석학(double hermeneutic)이라는 특정한 관점을 전개했다.[10] 이에 따르면 사회과학자들은 사회적 행위자들이 세계를 이해하는 방법을 찾아내야 할 뿐 아니라, 사회세계에 대한 자신들의 이론이 그러한 사회적 행위자들에 의해 해석되는 방식도 이해해야 한다. 다시 말해 사회적 행위자들과 사회과학자들이 가진 아이디어, 개념, 이론들을 모두 염두에 두어야 한다는 것이다. "행위자를 좇는 것"은 좀 더 상위의 대칭성 원칙에 호소함으로써 구출해낼 수 있다. 다른 행위자들과 그들이 지닌 이해관계를 행위자들이 파악한 것과 분석가들이 파악한 것은 대칭적으로 다뤄져야 한다. 분명한 것은, 내가 분석가에게 전지적이고 우월한 존재로서의 지위를 부여할 생각이 없다는 것이다. 다음 절과 마지막 절에서 나는 끈질기게 살아남아 있는 기술결정론에 다시 눈을 돌려서, 행위자들이 기술결정론을 계속 활용하고 있기 때문에 우리는 분석가로서 근래에 했던 것보다 이를 좀 더 심각하게 다뤄야 한다고 주장할 것이다. 기든스(Giddens, 1984)의 입장을 따르는 것은 행위자들

---

10) 철학 내에서 "이중 해석학"은 좀 더 일반적으로 분석가들이 만들어낸 사회생활에 대한 해석과 사회적 행위자들 자신이 만들어낸 사회생활에 대한 해석을 사회과학자들이 모두 다룰 때의 문제를 가리킬 때 쓰인다.

의 이론적 아이디어를 우리 자신의 이론적 아이디어와 대칭적으로 다뤄야 함을 의미한다. 설사 그것이 우리가 마음속 깊이 간직하고 있는 견해에 반하더라도 말이다.

다시 기술결정론으로

인문학과 사회과학에서[11] 우리는 종종 행위자의 견해와 행동을 형성하는 기술결정론의 역할을 무시하는데, 이는 마치 요란한 코끼리 떼를 보고도 못 본 척 무시하는 것과 같다.[12] 마이클 L. 스미스는 이러한 견해를 웅변적으로 표현한 바 있다.

기술과 문화를 연구하는 우리 학자들은 기술결정론이 완강히 살아남아 있는 것을 보며 탄식하지만, 기술결정론이 어떤 필요에 응답하고 있고 그것을 어떻게 메워주려 하는지를 알아내려는 시도는 거의 하지 않는다. 표면적으로 드러난 것만 보면 이러한 변종 미신에 우리가 내미는 공소장은 창조론에 대한 학계의

---

11) 나는 이러한 비판에서 역사가들은 제외시켰다. 특히 스미스와 마르크스가 편집한 논문집 (Smith and Mark, 1994), 그리고 올덴지엘의 최근 연구(Oldenziel, 1999)에 비춰보면 그럴 만하다. 후자에서 그녀는 미국에서 기술의 의미 변화와 기술관료주의의 부상을 주의 깊게 추적하고 있다.

12) 그에 못지않게 눈에 띄는 것은 기술 그 자체가 무시되는 방식이다. 브레이(Brey, 2003)가 기술과 근대성에 관한 포괄적인 문헌 리뷰에서 지적한 것처럼, 많은 근대성 문헌들은 기술을 기껏해야 주마간산격으로만 언급한다. 브레이의 주장에 따르면, 이는 근대성 저자들이 기술의 중요성을 인식하지 못했기 때문이 아니다. 그들이 기술을 자본주의, 국민국가, 가족과 같은 규정 틀이 통치되는 수단으로 보았고 그 자체로 하나의 제도라고 보지 않았기 때문이다. 또 다른 이유는 사회과학자들과 인문학자들이 기술 그 자체를 분석할 수 있는 도구나 확신을 갖고 있지 않아서 잘해야 기술에 관한 담론을 비판하는 데서 그쳤기 때문일 수도 있다.

반응과 닮았다. 그토록 명백하게 잘못된 무언가가 어떻게 신봉자들을 계속해서 지배하는가 하는 것이다.(Smith, 1994: 38-39)

스미스는 기술결정론을 계속 신봉함으로써 충족시킬 수 있는 필요와 이 해관계를 이해하는 것이 중요함을 강조했다는 점에서 옳았고, 이 점은 아래에서 다시 다룰 것이다. 그러나 그가 기술결정론(과 창조론)을 잘못된 미신 내지 허위의식의 한 형태로 기각한 것은 잘못되었다. 블루어(Bloor, 1973, 1976)가 애초에 정식화한 대칭성 원칙—즉, 참인 믿음과 거짓인 믿음 모두에 대해 설명이 필요하다는—을 상기해보라. 기술결정론이 왜 그토록 많은 사람들에게 계속 참으로 간주되는지를 이해하기 위해서는, 기술결정론의 지속성을 설명할 때 공평성을 유지할 필요가 있다. 앞선 절에서 나는 행위자들의 범주와 분석가들의 범주를 모두 추구할 필요가 있다고 주장했다. 분석가들이 순진한 태도로 행위자들만 좇으면 결코 주목받지 못할 사용자들에 주목하는 것을 정당화하기 위해서이다. 이제 기술결정론을 계속해서 신봉하는 행위자들을 좇아보도록 하자.

기술결정론에서 사람들을 가장 오도하는 위험한 측면 중 하나는 기술변화를 진보와 동일시한다는 것이다.[13] 기술변화를 다루는 수많은 역사 서술과 오늘날의 사례연구들로부터 우리는 기술개발 과정이 얼마나 어지럽고 불분명할 수 있는지를 알게 된다. 그러나 행위자들의 관점이 항상 그런 것은 아니다. 어떤 시대의 어떤 행위자들은 프로젝트를 간단하고 단순한 것으로 내세운다. 그들로서는 일이 되게 만들고 자신의 행동을 정당화하기

---

13) 기술의 출현 및 그것이 진보 관념과 맺은 관계에 대한 상세한 역사적 설명은 레오 마르크스의 글(Marx, 1994)을 보라.

위해 그렇게 할 필요가 있다. 어떤 경우에는 사회기술적 총체가 작동하지만 어떤 경우에는 그렇지 않다. 작동하지 않은 시스템이나 사용되지 않은 시스템, 성공을 거두지 못한 시스템에 관한 이야기를 포함시키면 기술결정론에 맞서는 데 쓸 수 있는 무기가 늘어나는 셈이 된다. 그런 이야기들은 기술과 진보를 동일시하는 데 도전하기 때문이다.(물론 우리가 진보에 대해 진화적인 관점을 갖고 있다면 그렇지 않을 테지만) 그러나 우리는 기술결정론이 사라질 것이라는 어떤 환상을 가져서는 안 되며, 기술결정론이 시스템 건설자들에게는 유용한 기능을 한다는 점을 깨달아야만 한다.

이 절에서 나는 기술결정론이 계속 살아남아 있는 현상에 대한 탐구로 돌아갈 것이다. 정책결정자들과 여타 사회집단들이 제시하는 정당화뿐 아니라 일부 분석가들의 설명이나 시스템 건설자들의 행동에서 기술결정론이 계속 살아남아 있는 현상 말이다. 기술변화의 우연성을 보여주는 역사적 사례와 오늘날의 사례를 모두 포괄하는 STS의 상세한 경험연구들, 그리고 그간 제안된 미묘하면서도 정교한 이론적 대안들에도 불구하고 기술결정론은 끈덕지게 살아남아 있다. 기술결정론이 언젠가 사라질 거라는 희망을 품고 단순히 이를 무시할 때의 위험 중 하나는 그것에 내포된 미묘함과 다양성에 충분히 주목하지 못하게 되는 것이다. 때로 그것은 우리가 현실주의자로서 자격이 있는지를 묻는 시험대가 되며, 때로 잘난 척하는 현학의 가면을 꿰뚫는 날카로운 창이 될 수도 있다. 기술결정론이 어떤 식으로 쓰이건 간에, 여기서 내 주장은 우리가 그걸 좀 더 심각하게 간주해야 한다는 것이다.

지금까지 출간된 연구들 중 기술결정론의 문제를 일관되게 다룬 몇 안 되는 책 가운데 하나가 메릿 로 스미스와 레오 마르크스가 편집한 논문집『기술이 역사를 추동하는가? 기술결정론의 딜레마』이다.(Smith & Marx,

1994) 필자들은 모두 미국 대학에 있는 역사학 교수들이며 그들이 내세운 관심사도 대체로 기술사가로서, 다른 역사가들과 관계를 맺으면서, 또 미국인으로서 가질 법한 것들이다. 미국인들은 역사적으로 흔히 기술을 진보와 동일시해왔으나 오늘날에는 전반적으로 볼 때 그런 동일시에 대한 믿음을 부분적으로 잃어버린 상태이다. 필자들은 기술결정론이라는 개념과 연관된 의미의 지형도를 그려내는 소중한 작업의 결과물을 제시하고 있다.

이 책의 서문에서 스미스와 마르크스는 기술결정론이 여러 가지 형태를 가질 수 있으며, 경성(hard) 극단과 연성(soft) 극단 사이에서 일련의 스펙트럼으로 나타날 수 있다고 말한다.(Smith & Marx, 1994: ix-xv)

> 스펙트럼의 "경성" 극단에서는 기술 그 자체 혹은 그것의 본질적 속성 중 일부에 행위능력(변화를 일으킬 수 있는 힘)이 부여된다. 따라서 기술의 진보는 불가피하게 필연적인 상황으로 이어진다 … 낙관론자들에게 그러한 미래는 수많은 자유로운 선택의 결과이자 진보의 꿈이 실현된 소치이다. 반면 비관론자들에게 이는 필연성의 압제가 낳은 결과물이며 전체주의적 악몽을 가리키고 있다.(Smith & Marx, 1994: xii)

기술결정론의 "연성" 극단에서 기술은 "훨씬 더 다양하고 복잡한 사회적·경제적·정치적·문화적 환경 속에" 위치한다.(Smith & Marx, 1994: xiii) 내가 보기에는 이러한 연성 결정론은 모호한 개념이며, 실제로 결정론이라 보기 어렵다. 이는 우리를 역사의 문제로 되돌려 보내기 때문이다.(비록 기술이 심각하게 간주되는 역사이긴 하지만)

1967년에 『기술과 문화』에 처음 발표된 로버트 하일브로너의 유명한 논문 「기계가 역사를 만드는가?」도 이 논문집에 재수록되었는데, 그 자신이 쓴 이 문제에 대한 반성과 함께 실렸다. 그는 필자들 중에서 가장 공공연한 기술결정론자로서 존재론적·방법론적 의미 모두에서 그렇다. 그는 우리에게 친숙하지 않은 사회를 연구할 때 좋은 출발점은 그 사회에 존재하는 상이한 기계들을 탐구하는 것이라고 주장한다. 그런 기계들의 존재야말로 특정한 장소와 시간을 살아가는 경험을 규정하는 것이기 때문이다.(Heilbroner, 1994a: 69-70) 그는 이를 규범적 처방이 아닌, 탐구를 위한 추단법(heuristic)으로 제시한다. "기술결정론은 인간의 행동에서 의식이나 책임성 같은 핵심을 박탈해야 함을 의미하지 않는다."(1994a: 74) 데이비드 에저턴도 기술결정론은 "사회가 거기서 쓰이는 기술에 의해 결정된다는 명제"로 보아야 한다고 주장하면서 비슷한 점을 지적했다.(Edgerton, 1999: 120) 이러한 정의는 기술을 보유하고 있지만 반드시 빠른 속도로 기술변화가 일어나지는 않는 사회들도 그 속에 포함한다고 그는 지적했다.

브루스 빔버는 규범적 처방이라는 주제를 집어 들었다. 그는 기술결정론의 세 가지 해석을 서로 구분하면서 이들 각각에 "규범적(normative)", "법칙적(nomological)", "의도하지 않은 결과(unintended consequences)" 설명이라는 이름을 붙였다.[14] 그가 위너(Winner, 1977), 엘륄(Ellul, 1980), 하버마스(Habermas, 1971)의 주장과 연관 짓는 첫 번째 설명은 기술개발에 수반되는 규범들이 정치적·윤리적 논쟁에서 제외되면 기술이 자율적이고 결정론적인 것으로 간주될 수 있다고 주장한다. 빔버가 거명한 모든 저자에게 있어 기술과 정치적 책임성이 분리된 것은 크게 우려를 자아내는 문

---

14) 이는 래더(Radder, 1992)가 방법론적·인식론적·존재론적 상대주의를 구분한 것과 크게 다르지 않다.

제이다. 법칙적 기술결정론은 빔버가 제시한 것 중 가장 강경한 버전으로, "기술발전의 과거(및 현재) 상태와 자연의 법칙에 비춰보았을 때, 미래에 사회변화가 취할 수 있는 길은 오직 하나뿐"이라는 것이다.(Bimber, 1994: 83) 빔버가 오직 인공물만이 기술에 해당한다는 대단히 협소한 기술의 정의를 채택했다는 사실은 이 버전을 더욱더 강경한 것으로 만든다. 생산이나 사용에 관한 지식은 기술의 정의 속에 통합될 수 없는데, 그렇게 하면 이처럼 사회와 무관한 세계에 사회적 요인들의 개입을 허락하게 될 것이기 때문이다. 그가 제시한 마지막 범주는 사회적 행위자들이 기술변화의 모든 결과를 예측할 수는 없다는 관찰에서 비롯되었다. 그러나 이는 많은 다른 활동들에도 적용되는 것이고 기술에 내재한 어떤 속성에서 비롯된 것이 아니기 때문에, 빔버는 이를 기술결정론의 한 형태로 받아들이지 않았다. 빔버는 카를 마르크스를 기술결정론자라는 공격으로부터 구해내는 데 관심이 있었다. 그는 기술결정론에 대한 세 가지 설명을 제시하고, 이 중 법칙적 버전만이 진정한 기술결정론이며 마르크스는 이런 엄격한 기준을 충족시키지 않는다는 주장을 폈다.[15]

토머스 휴즈는 스미스와 마르크스가 경성 결정론과 연성 결정론을 구분한 취지로 다시 돌아가 이를 다른 용어로 제시했다. 그가 명시적으로 밝힌 목표는 "기술 모멘텀(technological momentum)"을 "기술결정론과 사회구성주의라는 양극단 사이 어딘가에 위치시킬 수 있는 개념"으로 확립하는 것이었다. 휴즈가 보기에 "기술시스템은 원인임과 동시에 결과가 될 수 있다. 기술시스템은 사회를 형성할 수도 있고 사회에 의해 형성될 수도 있

---

15) 나는 카를 마르크스가 기술결정론자가 아니라는 빔버의 결론에 동의하지만, 이 점은 매켄지(MacKenzie, 1984)가 상세한 관련 문헌 리뷰를 통해 이미 좀 더 적절하게 보여준 바 있다.

다. 시스템이 점점 커지고 복잡해지면 사회를 형성하는 측면이 더 커지는 반면 사회에 의해 형성되는 측면은 더 작아진다."(Hughes, 1994: 112) 방법론적 차원에서 그는 사회구성주의적 설명이 기술시스템의 출현과 발전을 이해하는 데 유용하지만, 모멘텀은 이후 기술시스템의 성장과 적어도 자율성처럼 보이는 어떤 것의 획득을 이해하는 데 좀 더 유용하다고 제안한다.

이러한 논의로부터 나는 네 가지 유형의 기술결정론을 구분해낼 수 있었는데, 이들 각각을 정당화용, 기술적, 방법론적, 규범적 기술결정론이라 이름 붙였다.(〈표 7.2〉) 정당화용 기술결정론은 대체로 행위자들에 의해 구사되는 것으로, 우리 주변 어디서나 찾아볼 수 있다. 이는 고용주들이 사업 규모의 축소와 재조직화를 정당화할 때 사용하는 유형의 기술결정론이다. 이는 사람들의 삶이 지난 200년 동안 어떻게 변해왔는지를 생각할 때 우리 모두가 손쉽게 빠져드는 기술결정론이다. 이는 자동응답 시스템을 접했을 때 우리가 느끼는 기술결정론(이자 짜증)이다. 이는 정책 문서들에서도 찾아볼 수 있다. 가령 EU의 정보사회 포럼이 발간한 보고서는 이렇게 주장한다. "지난 수년간 정보통신기술 부문—그중에서도 특히 인터넷—이 이뤄낸 엄청난 성취는 시간과 거리의 개념을 사실상 무로 돌렸다 … 새롭게 출현하고 있는 디지털 경제는 우리가 살고, 일하고, 의사소통하는 방식을 급격하게 바꿔놓고 있으며, 그로부터 더 나은 삶의 질이라는 혜택이 우리에게 주어질 것임은 의문의 여지가 없다."(Information Society Forum, 2000: 3) 이는 폴 에드워즈가 "생산성 증가와 사회변화가 컴퓨터화의 자동적 결과로 나타날 것이라는, 관리자들이 흔히 품고 있는 믿음"(Edwards, 1995: 268)에 대해 논의하면서 "기술결정론의 이데올로기"(1995: 268)라고 불렀던 것과 흡사하다.

두 번째는 매켄지와 와츠먼(MacKenzie and Wajcman, [1985]1999), 미사

(Misa, 1988), 스미스와 마르크스(Smith and Marx, 1994: ix-xv) 등이 지적한 기술적 기술결정론이다. 그들은 자신들의 작업에서는 기술결정론을 설명 양식으로 사용하는 것을 피하면서, 다른 저자들의 글 속에서 찾아낸 기술 결정론은 분명하게 지적했다. 이를 지적한 후, 그들은 그것이 사용된 이유를 이해하려는 노력은 거의 기울이지 않고, 대신 사회기술적 변화에 대해 좀 더 풍부하고 좀 더 상황적인 설명을 발전시키는 데 집중했다. 그들이 기술결정론을 거부한 이유는 오직 그것의 불충분한 설명력에 기인한다. 크리스토퍼 프리먼(Freeman, 1987)은 이런 유형의 기술결정론을 변호하는 데 좀 더 단호한 태도를 취한다. 적어도 일부 사례에 있어서는 기술결정론이 역사적 기록에 대해 상당히 훌륭한 기술이 될 수 있다고 그는 주장한다.

세 번째는 하일브로너, 에저턴, 휴즈 등이 주장한 방법론적 기술결정론이다. 하일브로너는 어떤 사회나 (좀 더 작은 규모에서) 사회조직을 분석할 때 그것에 존재하는 기술을 탐구하는 것이 좋은 출발점이 될 수 있음을 상기시켰다. 휴즈의 방법론적 기술결정론은 좀 더 분석적이다. 그러나 하일브로너와 마찬가지로 그 역시 역사 속에서 기술의 위치를 이해하는 데 도움을 줄 수 있는 도구를 개발하려는 노력을 하고 있다. 이는 STS에서 우리 모두가 해온 일이다. 역사 속에서, 또 오늘날의 사회생활 속에서 기술의 역할을 이해하려 애쓰는 것 말이다. 행위자 연결망 이론, 사회구성주의, 기술사, 혁신 이론은 모두 기술을 심각하게 받아들인다. 이 모든 접근은 기술을 사회세계에 대한 분석에 포함시켰다는 이유로 그것의 모태가 된 학문 분야로부터 일종의 일탈로 취급받았다. 여기서 도발적인 주장을 하자면, STS에 속한 우리들이 지닌 떳떳지 못한 비밀은 사실 우리 모두가 기술결정론자라는 것이다. 만약 그렇지 않다면 우리는 분석의 대상을 잃어버릴 것이고, 우리의 존재이유는 사라져버릴 것이다. 위너는 『자율적 기술』 (1977)의 서문 말미에 이 점을 에둘러 암시해놓았다. "우리가 반대하고 고치기 위해 투쟁해야 하는 제도들[기계들]이 있다. 설사 우리가 그에 대해 상당한 애착을 느끼고 있다 하더라도 말이다."(Winner, 1977: x)

마지막으로 빔버가 지적한 규범적 기술결정론이 있다. 이는 미사가 제시한 기술결정론의 두 번째 버전과 동일하고, 휴즈의 모멘텀 개념에도 암시돼 있다. 이는 랭든 위너가 제시한 자율적 기술에 해당한다. 기술이 너무나 거대해지고 복잡해져서 더 이상 사회적 통제에 따르지 않게 되었다는 것이다. STS 학계 내부에서 작은 논쟁을 불러일으켰던 것도 바로 이 버전의 기술결정론이다. 위너(Winner, 1993)는 구성주의자들이 기술과 기술변화를 좀 더 책임성 있는 것으로 만들어야 한다는 요구를 포기했다고 공격한 바 있는데, 내가 결론에서 염두에 둘 것도 이러한 공격이다.

결론

『기술이 역사를 추동하는가?』는 존 스타우덴마이어의 감동적인 호소로 끝을 맺고 있다. 그는 기술사를 계속해서 심각하게 받아들일 것을, 또 인공물을 "그 하나하나가 인간 조건을 형성하는 열정, 논쟁, 상찬, 비탄, 폭력의 소용돌이를 뚫고 악전고투를 통해 얻어진 … 과거 인간의 전망이 응축된 계기로" 다룰 것을 호소한다.(Staudenmaier, 1994: 273) 기술과 사회의 관계를 이해하는 데 관심이 있는 학자들은 이러한 믿음을 공유하고 있다.

STS에서 우리는 사람들과 사물을 연구하며, 또 사람들과 사물의 이미지를 연구한다. 우리는 또한 사람들과 사물에 대한 설명도 연구할 필요가 있다. 우리는 기술을 심각하게 다루는 만큼 기술결정론도 심각하게 다루어야 한다. 개념적으로 조악하다는 이유를 들어 기술결정론을 무시하는 것으로는 더 이상 충분치 않으며, 이를 행위자들이 가진 허위의식이나 인간성의 미래에 대한 암울한 니체적 전망으로 보아 기각하는 것 역시 마찬가지이다. 기술결정론은 여전히 건재하며 앞으로 사라질 것으로 보이지도 않는다. 이는 특정한 변화의 방향을 촉진하는 데 열심인 행위자들의 정당화 근거로 남아 있고, 기술변화에 대한 설명을 조직하는 추단법적 도구로 남아 있으며, 기술을 불투명한 것으로 만들고 정치적 개입과 통제를 넘어선 영역에 위치시키려는 좀 더 폭넓은 대중 담론의 일부로 남아 있다.

나는 이 글에서 서로 다른 유형의 기술결정론들에 대한 윤곽을 그려냈다. 이는 기술결정론이 사회세계와 기술세계의 관계를 이해하는 적절한 개념틀이라고 믿어서가 아니다. 수많은 다른 행위자들이 그렇게 믿고 있으며, 따라서 우리는 기술결정론의 상이한 형태와 기능들을 이해할 필요가 있기 때문이다. STS에 속한 우리는 항상 기술을 심각하게 다뤄왔고, 자율적 기술에 내포된 위험에 항상 관심을 기울여왔다. 우리는 방법론적 기술결정론과 규범적 기술결정론의 사고방식에 대해 결백하지 않다. 그러나 우리는 수많은 행위자들이 구사하는 정당화용 기술결정론을 더 이상 둔감한 태도로 무시할 수 없다. 이러한 유형의 기술결정론을 심각하게 받아들일 때 우리는 비로소 사회기술 시스템의 동역학과 일부 정책결정자들의 수사적 장치들에 대한 이해를 심화시킬 수 있을 것이다.

STS가 맞서야 하는 도전은 여전히 우리 앞에 있다. 기계가 현재 세대의 사람들과 제휴하여 어떻게 역사를 만들어내는지 이해하고, 기술의 사회적 형성과 사회의 기술적 형성 사이의 변증법적 관계를 개념화하고, 분석가의 범주와 행위자의 범주를 대칭적으로 다루는 것(설사 이 중 후자가 오늘날 인문학과 사회과학의 수많은 학술연구와는 상치되는 기술결정론을 포함하고 있다

하더라도) 등이 이에 해당한다. 이러한 변증법은 특정한 하나의 방식으로 해결할 수는 없지만, 이는 으레 그런 것이다. 중요한 것은 계속해서 그 문제들과 씨름하는 데 있다. 우리는 우리가 사는 사회기술적 세계를 형성하는 개인, 집단, 인공물, 규칙, 지식의 어지럽고 혼종적인 집합을 안정화하고 확장하려는 노력들을 심각하게 간주할 필요가 있다. 우리는 그러한 노력들이 왜 어떤 때는 성공을 거두는 반면, 왜 어떤 때는 실패하는지 이해하려는 노력을 계속해서 기울여야 한다. 그럴 때 비로소 사람들은 좀 더 민주적인 사회기술적 질서를 만들어내는 데 참여할 수 있는 도구를 가지게 될 것이다.

참고문헌

Arendt, Hannah (1958) *The Human Condition* (Chicago: University of Chicago Press).

Bijker, Wiebe (1995) *Of Bicycles, Bakelites and Bulbs, Toward a Theory of Socio-Technical Change* (Cambridge, MA: MIT Press).

Bijsterveld, Karin (1991) "The Nature of Aging: Some Problems of 'An Insider's Perspective' Illustrated by Dutch Debates about Aging (1945 – 1982)," presented at the Society for Social Studies of Science conference, Cambridge, MA, November.

Bimber, Bruce (1994) "Three Faces of Technological Determinism," in M. R. Smith & L. Marx (eds), *Does Technology Drive History? The Dilemma of Technological Determinism* (Cambridge, MA: MIT Press): 79 – 100.

Bloor, David (1973) "Wittgenstein and Mannheim on the Sociology of Mathematics," *Studies in History and Philosophy of Science* 4: 173 – 191.

Bloor, David (1976) *Knowledge and Social Imagery* (London: Routledge & Kegan Paul).

Brey, Philip (2003) "Theorizing Modernity and Technology," in T. Misa, P. Brey, & A. Feenberg (eds), *Modernity and Technology* (Cambridge, MA: MIT Press): 33 – 72.

Callon, Michel (1986) "Some Elements of a Sociology of Translation: Domestication of the Scallops and the Fishermen of St. Brieuc Bay," in J. Law (ed), *Power, Action and Belief: A New Sociology of Knowledge?* (London: Routledge & Kegan Paul): 196 – 233.

Clarke, Adele (1998) *Disciplining Reproduction: Modernity, American Life and 'The Problem of Sex'* (Berkeley: University of California Press).

Derrida, Jacques (1976) *Of Grammatology*, trans. G Spivak (Baltimore, MD: Johns Hopkins University Press).

Edgerton, David (1999) "From Innovation to Use: Ten Eclectic Theses on the Historiography of Technology," *History and Technology* 16: 111 – 136.

Edwards, Paul (1995) "From 'Impact' to Social Process: Computers in Society and Culture," in S. Jasanoff, G. Markle, J. Petersen, & T. Pinch (eds), *Handbook of Science and Technology Studies* (Thousand Oaks: Sage).

Ellul, Jacques (1980) *The Technological System* (New York: Continuum).

Feenberg, Andrew (1999) *Questioning Technology* (London & New York: Routledge).

Freeman, Christopher (1987) "The Case for Technological Determinism" in R. Finnegan, G. Salaman, & K. Thompson (eds), *Information Technology: Social Issues: A Reader* (Sevenoaks, U.K.: Hodder & Stoughton in association with the Open University): 5 – 18.

Giddens, Anthony (1984) *The Constitution of Society: Outline of the Theory of Structuration* (Cambridge, U.K.: Polity Press).

Habermas, Jürgen (1971) *Toward a Rational Society: Student Protest, Science, and Politics*, trans. J. Shapiro (London: Heinemann).

Heilbroner, Robert (1994a) "Do Machines Make History?" in M. R. Smith & L. Marx (eds), *Does Technology Drive History? The Dilemma of Technological Determinism* (Cambridge, MA: MIT Press): 53 – 66.

Heilbroner, Robert (1994b) "Technological Determinism Revisited," in M. R. Smith & L. Marx (eds), *Does Technology Drive History? The Dilemma of Technological Determinism* (Cambridge, MA: MIT Press): 67 – 78.

Hughes, Thomas P. (1983) *Networks of Power: Electrification in Western Society, 1880–1930* (Baltimore, MD: Johns Hopkins University Press).

Hughes, Thomas P. (1994) "Technological Momentum," in M. R. Smith & L. Marx (eds), *Does Technology Drive History? The Dilemma of Technological Determinism* (Cambridge, MA: MIT Press): 101–114.

Information Society Forum (2000) *A European Way for the Information Society* (Luxembourg: Office for Official Publications of the European Communities).

Joerges, Bernward (1988) "Large Technical Systems: Concepts and Issues," in R. Mayntz and T. P. Hughes (eds), *The Development of Large Technical Systems* (Frankfurt: Campus Verlag): 9 – 36.

Joerges, Bernward (1999) "Do Politics Have Artefacts?" *Social Studies of Science* 29(3): 411 – 431.

Latour, Bruno (1987) *Science in Action, How to Follow Scientists and Engineers through Society* (Milton Keynes: Open University Press).

Latour, Bruno & Steve Woolgar (1986) *Laboratory Life: The Construction of Scientific Facts*, 2nd ed. (Princeton, NJ: Princeton University Press).

Lenin, Vladimir Ilyich (1921) "Notes on Electrification," February 1921, reprinted (1977) in *Collected Works*, vol. 42 (Moscow: Progress Publishers): 280 – 281.

MacKenzie, Donald (1984) "Marx and the Machine," *Technology and Culture* 25(3):

473-502.

MacKenzie, Donald & Judy Wajcman (eds) ([1985]1999) *The Social Shaping of Technology: How the Refrigerator Got Its Hum* (Milton Keynes, U.K.: Open University Press); 2nd ed. (1999) (Philadelphia: Open University Press).

Marcuse, Herbert (1964) *One-Dimensional Man: Studies in the Ideology of Advanced Industrial Society* (Boston: Beacon Press).

Martin, Brian & Pam Scott (1992) "Automatic Vehicle Identification: A Test of Theories of Technology," *Science, Technology & Human Values* 17(4): 485-505.

Marx, Leo (1994) "The Idea of 'Technology' and Postmodern Pessimism," in M. R. Smith & L. Marx (eds), *Does Technology Drive History? The Dilemma of Technological Determinism* (Cambridge, MA: MIT Press): 237-258.

Misa, Thomas (1988) "How Machines Make History and How Historians (and Others) Help Them To Do So," *Science, Technology & Human Values* 13(3 and 4): 308-331.

Mumford, Lewis (1961) "History: Neglected Clue to Technological Change," *Technology & Culture* 2(3): 230-236.

Oldenziel, Ruth (1999) *Making Technology Masculine. Men, Women and Modern Machines in America, 1870-1945* (Amsterdam: University of Amsterdam Press).

Nye, David (1996) *American Technological Sublime* (Cambridge, MA: MIT Press).

Pinch, Trevor & Wiebe Bijker (1984) "The Social Construction of Facts and Artefacts: Or How the Sociology of Science and the Sociology of Technology Might Benefit Each Other," *Social Studies of Science* 14: 399-441.

Radder, Hans (1992) "Normative Reflections on Constructivist Approaches to Science and Technology," *Social Studies of Science* 22: 141-173.

Russell, Stewart (1986) "The Social Construction of Artefacts: A Response to Pinch and Bijker," *Social Studies of Science* 16: 331-346.

Smith, Merritt Roe & Leo Marx (eds) (1994) *Does Technology Drive History? The Dilemma of Technological Determinism* (Cambridge, MA: MIT Press).

Smith, Michael L. (1994) "Recourse of Empire: Landscapes of Progress in Technological America," in M. R. Smith & L. Marx (eds), *Does Technology Drive History? The Dilemma of Technological Determinism* (Cambridge, MA: MIT Press): 37-52.

Staudenmeier, John (1994) "Rationality Versus Contingency in the History of

Technology," in M. R. Smith & L. Marx (eds), *Does Technology Drive History? The Dilemma of Technological Determinism* (Cambridge, MA: MIT Press): 259 – 274.

Traweek, Sharon (1988) *Beamtimes and Lifetimes, The World of High Energy Physicists* (Cambridge, MA: Harvard University Press).

Winner, Langdon (1977) *Autonomous Technology, Technics-out-of-control as a Theme in Political Thought* (Cambridge, MA: MIT Press).

Winner, Langdon (1980) "Do Artifacts Have Politics?" *Daedalus* 109: 121–136 (reprinted in MacKenzie & Wajcman, 1985 and 1999).

Winner, Langdon (1986) *The Whale and the Reactor, A Search for Limits in an Age of High Technology* (Chicago: University of Chicago Press).

Winner, Langdon (1993) "Upon Opening the Black Box and Finding It Empty: Social Constructivism and the Philosophy of Technology," *Science, Technology & Human Values* 18(3): 362 – 378.

Woolgar, Steve (1991) "Configuring the User: The Case of Usability Trials," in J. Law (ed), *A Sociology of Monsters: Essays on Power, Technology and Domination* (London: Routledge): 57 – 99.

Woolgar, Steve & Geoff Cooper (1999) "Do Artefacts Have Ambivalence? Moses' Bridges, Winner's Bridges and Other Urban Legends in S&TS," *Social Studies of Science* 29(3): 433 – 449.

Wyatt, Sally (1998) *Technology's Arrow: Developing Information Networks for Public Administration in Britain and the United States*. Doctoral dissertation. University of Maastricht.

Wyatt, Sally (2000) "ICT Innovation in Central Government: Learning from the Past," *International Journal of Innovation Management* 4(4): 391 – 416.

Wyatt, Sally (2001) "Growing up in the Belly of the Beast," in F. Henwood, H. Kennedy, & N. Miller (eds), *Cyborg Lives? Women's Technobiographies* (York: Raw Nerve): 77 – 90.

8.
프라무댜의 닭: 탈식민주의 테크노사이언스 연구*

워윅 앤더슨, 빈칸 애덤스

지난 20년 동안 과학기술학 학자들은 문화 내지 사회세계를 가로질러 서로 다른 장소들 사이에서 지식과 실천의 결합을 묘사하는 언어를 개발하려 애써왔다. 우리는 이제 표준화된 꾸러미, 경계물, 불변의 동체(그리고 좀 더 최근에는 가변의 동체), 심지어 무언의 크리올어와 피진어까지도 알아볼 수 있다. 과학자들은 상징적 내지 문화적 자본을 축적하고 투자할 수

* 이 논문은 Warwick Anderson (2002) "Postcolonial technoscience," *Social Studies of Science* 32: 643-658을 발전시킨(그리고 거기서 몇몇 구절들을 가져온) 것이다. 이 논문의 초고들에 대해 광범위한 논평을 해준 에이델 클라크에게 특히 감사를 드린다. 데이비드 아널드, 마이클 피셔, 조앤 후지무라, 샌드라 하딩, 실라 재서노프, 마이클 린치, 아미트 프라사드, 크리스 셰퍼드, 그리고 두 익명의 검토위원들도 도움이 되는 조언을 제공해주었다. 워윅 앤더슨은 벨라지오에 있는 록펠러 연구회의센터(Rockefeller Study and Conference Center)와 프린스턴에 있는 고등연구원(Institute for Advanced Study)에 있을 때 이 논문의 초고를 작성했다. *Science as Culture*(2005, 14[2])의 "탈식민주의 테크노사이언스 (Postcolonial Technoscience)" 특집호는 이 논문이 완성된 이후에 나왔다.

있고, 선물 교환에 참여한다.(이는 때로 도덕경제로 체계화된다.) 아니면 번역과 역할 부여를 통해 그들의 실험실과 현장연구 장소(field site)를 의무통과점으로 만들기도 한다. 한동안 그들은 혼종적 엔지니어이기도 했다. 특정한 지식생산 및 실천의 장소들을 연결하려는 이 모든 다양하고 용맹스러운 노력들―상징적 상호작용론에서 행위자 연결망 이론까지―은 오랜 질문들에 답하는 동시에 새로운 질문들을 제기했다. 그러한 분석틀은 도움이 되긴 하지만, 아직 테크노사이언스의 생산과 동원에서 일어나는 물질거래, 번역, 변화의 전체 범위를 포착하지는 못했다. 과학기술이 이동할 때에는 그것을 추적하기 위해 우리가 기울인 최선의 노력을 계속해서 피해가고 있다. 우리는 무엇이 그것을 떠나게 만드는지, 그것이 도착하면 어떤 일이 생기는지에 대해 아직도 충분히 알지 못하며, 그것의 여정―험난한지 순탄한지―에 대해서는 그보다도 더 아는 것이 적다. 아래에서 우리는 전 지구화된 과학의 시대에 이러한 이동 현상에 접근하는 분석적 길잡이를 제공하면서, 그러한 이동을 가능케 하는 역사와 정치적 관계에 더 많은 연결이 필요함을 지적할 것이다. 우리의 노력은 설득력 있는 접근을 가리키는 자료들로부터 뽑아낸 것에 의도적으로 초점을 맞추고 있으며, 문헌의 포괄적 검토나 잘못된 전환 내지 막다른 골목에 대한 비판으로 의도된 것은 아니다.[1]

과거에는 테크노사이언스의 이동을 설명하는 것이 사실 문제가 아니었다. 과학지식은 방법 혹은 규범의 결과로 자연과 부합한다고 증명할 수 있는 경우 실험실을 넘어 확산되는 것처럼 보였다. 기법과 기계들은 단지 그

---

1) 특히 이것이 과학의 인류학에 대한 개관으로 오독될 위험이 있다. 그러한 개관으로는 Franklin, 1995; Martin, 1998; Fischer, 2003, 2005를 보라.

것이 유용하고 효율적이기 때문에 이동했다. 그들은 스스로 이동하는 것처럼 보였다. 그러나 과학지식을 연구하는 학자들은 보편적 타당성에 대한 그러한 주장들의 상황적 성격을 되풀이해서 보여주었다. 과학은 많은 점에서 본질적으로 사회적·국지적이며, 항상 특정하고 정치적이라는 것이었다.[2] 다른 학자들은 기술혁신을 특정한 사회기술적 관계들의 안정화 내지 블랙박스화로 형상화했다.(Latour, 1987)

그렇다면 이러한 지식의 확산과 분포, 풍부 내지 부재를 사회적·정치적으로 어떻게 설명할 수 있는가? 국지적으로 우연적인 과학기술 실천들은 어떻게 동원되고 확장되는가? 그것들은 서로 다른 장소에서 무슨 일을 하는가? 어떻게 표준화되거나 변화되는가? 바꿔 말해 우리는 수많은 국지적 사례연구들을 연결하는 복잡한 공간성을 어떻게 인식하는가? 브뤼노 라투르(Latour, 1988: 227)가 질문했듯이, 왜 뉴턴의 물리학 법칙은 영국에서뿐 아니라 가봉에서도 작동하는가? 스티븐 섀핀(Shapin, 1998: 6-7)이 지적한 것처럼, "우리는 지식이 특정한 장소에서 어떻게 만들어지는가뿐 아니라 장소들 간의 거래가 어떻게 일어나는지도 이해할 필요가 있다."[3] 존재하지 않는 곳으로부터의 관점(view from nowhere)을 상정한 상태에서, 어떻게 그곳에서 다른 어떤 곳으로 갈 수 있는가? "지식이 국지적이고 구체적인 것이 될수록 그것이 어떻게 이동하는지를 이해하기는 어려워진다."라

---

2) "상황적 지식"에 관해서는 Haraway, 1988을 보라. 물론 해러웨이는 지리적 위치가 아니라 입장에 관한 주장을 하고 있지만 말이다.

3) 이미 1991년에 아디 오피르와 섀핀은 이런 질문을 던졌다. "만약 지식이 진정으로 국지적이라면, 그것의 특정한 형태가 응용의 영역에서 전 지구적인 것처럼 보이는 것은 어찌된 영문인가? … 만약 어떤 지식은 하나의 맥락에서 수많은 맥락으로 확산되는 것이 사실이라면, 그러한 확산은 어떻게 성취되며 그것이 이동하는 원인은 무엇인가?"(Ophir & Shapin, 1991: 16) 아울러 Shapin, 1995; Livingstone, 2005도 보라.

고 제임스 시코드(Secord, 2004: 660)는 적고 있다.[4] "만약 사실이 국지적 특징들에 … 그토록 많이 의존한다면, 다른 곳에서는 어떻게 작동하는가?" 하고 사이먼 섀퍼(Schaffer, 1992: 23)는 묻는다. 여기서의 도전은 어떤 의미에서 형식주의의 확대를 비형식주의적 용어로 설명하고 과거에 국지성을 지우는 일을 해온 기술과 제도들을 찾아내는 것이다. 여기에 더해 스티븐 J. 해리스(Harris, 1998: 271)가 지적한 것처럼, 우리는 "과학이 이동하는 방식이 과학을 이동하게 만드는 문제뿐 아니라 과학의 생산에서 이동의 문제와도 관련이 있다."는 것을 인식해야 한다.

만약 해리스의 정식화에서 과학 대신 "의학"이나 "기술", 심지어 "근대성"을 넣는다면, 최근 인류학 연구와의 유사성이 분명해진다. 많은 인류학자들은 오래전에 문화교류에 눈을 돌려, 상품, 실천, 아이디어들이 변화하는 사회적 경계를 가로질러 순환하고, 교환되는 것을 추적해왔다. 의료인류학자들은 널리 흩어져 있는 장소들에서 생의학과 다른 건강 믿음들이 상호작용하는 것을 탐구하면서 새로운 의학지식과 실천의 발전을 그려왔다.[5] 기술인류학자들은 자신들의 분야를 개관하면서 대부분의 사례연구들이 서유럽이나 북아메리카 바깥에 위치해 있는 것을 알게 되었다. 예를 들어 브라이언 파펜버거(Pfaffenberger, 1992: 505; 1988)는 사물들의 비교문화적 연구를 "기술 드라마(technological drama)"로 묘사했다. 여기서는 사회기술 시스템의 건설이 새로운 내지 도입된 기술의 국지적 규칙화, 조정, 재구성을 통해 정체(政體) 건설과정이 된다. 발전체제에 대한 인류학적 연구

---

4) 시코드(Secord, 2004: 655)는 과학사의 "핵심 질문"이 "지식은 어떻게, 왜 순환하는가?"라고 주장한다.

5) 예를 들어 Hughes & Hunter, 1970; Good, 1994; Nichter & Nichter, 1996; Kaufert & O'Neill, 1990; Langford, 2002를 보라.

도 마찬가지로 "근대성"의 동역학이 만들어지는 과정을 인식한다. 이는 매우 다양한 테크노사이언스의 노력에 의해 성취된다. 심지어 실패한 "발전"도 일종의 테크노사이언스의 성취가 될 수 있다.(Ferguson, 1994) 최근 들어 식민지 의학과 기술을 연구하는 많은 역사가들은 인류학자들을 좇아 "근대"와 맺는 독특하고 복잡한 일단의 관계들을 그려냈다.(Vaughan, 1991; Arnold, 1993; Hunt, 1999; Anderson, 2003) 그러나 그 "기원"에서 탈물신화된 실험실 과학은 그것의 사회적 관계가 편리하게 지워진 채로 여전히 지구 주위를 물신으로서 이동하고 있다. 이는 "마치 배처럼" 자본주의와 함께 도착한 후 마술과도 같이 다른 곳에 도달하는 것처럼 보인다. 똑같이 강력한 모습으로, 꾸러미로 만들어져, 온전한 채로 말이다.[6] 우리는 과학적 이동의 "메리 실레스트(Marie Celeste, 1872년 탑승자가 모두 사라진 상태로 바다 한가운데에서 발견된 배의 이름에서 유래한 표현으로, 어느 장소에 있어야 할 사람들이 모두 불가사의하게 사라져버린 현상을 가리킨다―옮긴이)" 모델에 여전히 붙박혀 있다.

인류학자들은 수많은 장소들에서 대안적 근대성, 새로운 근대성, 토착적 근대성을 찾아냈다.(Appadurai, 1991; Strathern, 1999; Sahlins, 1999) 테크노사이언스가 그 분명한 일부를 이루는 근대성은 복잡하게 잡종적이며 널리 분산된 모습으로 등장했고, 과학학은 이러한 방식들을 이제 막 다루기 시작했다. 이는 맥락의 증식이나 연결망 내지 영역의 창출을 훨씬 넘어서는 것이며, 표준화나 역할 부여, 지배나 종속을 넘어서는 것이다. 확산되

---

6) 마치 배처럼 도착한 자본주의에 관해서는 Ortner, 1984를 보라. 우리가 테크노사이언스라는 용어를 선택한 이유 중 하나는 과학학을 다른 서구 기술 및 의학의 이동에 대한 탐구와 연결시키려는 것이었다. 이 용어에 대한 정당화는 Latour, 1987: 175를 보라.

는 근대성들 내지 "발전"에 대한 탈식민주의 연구는 과학기술학 학자들에게 일정한 지침을 제공해줄 수 있지만, 이는 대체로 무시되고 있다.[7] 라투르는 "우리"가 결코 근대인이었던 적이 없다고 주장하면서, 우리가 비유적으로 이중의 "과학"을 분석하는 동시에 사회적인 것을 분석할 필요를 상기시켰다.(Latour, 1993) 그러나 그러한 분석적 구분을 진정시키면서 그는 진정한 행동을 놓쳤는지도 모른다. 파리 바깥에 있는 우리들은 한번도 근대인이 되는 그토록 많은 방식을, 과학적이 되는 그토록 많은 다른 방식들을 가져본 적이 없다는 사실 말이다![8]

앞 단락에서 탈식민주의(postcolonial)라는 용어가 마치 소이탄처럼 불쑥 내던져졌기에, 그것의 사용을 정당화하려 애써보거나 아니면 그것의 뇌관을 제거하거나 둘 중 하나를 해야 할 것 같다. 에드워드 사이드(Said, 1983: 241)에게 "이동하는 이론(traveling theory)"—아주 멋진 용어—은 이론이 아니라 "비판적 의식"이었고, 일종의 공간 감각이자 상황들 간의 차이에 대한 의식이며 저항에 대한 공감이기도 했다. 뭔가가 새로운 환경 속으로 이동하면 어떤 일이 생기는가? 일견 간단해 보이는 이 질문이 근대성의 인류학에 영향을 미친 탈식민주의 비판을 낳았다. 사이드는 하나의 기원점, "다양한 맥락들의 압력을 지나는 통로"(1983: 227), 이식된 아이디어나 실천이 통과해야 하는 일군의 조건들, 새로운 사용을 통한 변화를 파악해냈다. 그는 이러한 이전을 단지 "맹목적 베끼기"나 "창조적 오독"으로

---

7) Biagioli, 1999에서는 전혀 찾아볼 수 없다. 예를 들어 Escobar, 1995; Apffel-Marglin & Marglin, 1996; Gupta, 1998; Moon, 1998; Thompson, 2002를 보라. 유익한 제도주의적 개관은 Shrum & Shenhav, 1995를 보라.
8) 라투르(Latour, 1993: 122, 100)는 "괴팍한 주변부 취향"을 비판하면서 인류학이 "열대 지방에서 귀환할" 것을 촉구하고 있다.

여기는 사람들을 비판했다.(1983: 236) 그의 지향은 주로 서구의 문화적 형태들이 지닌 지리적 속성의 폭로와 그렇지 않은 경우 숨겨져 있는 영역들에 대한 이론적 지도 작성을 줄곧 고수했다는 의미에서 탈식민주의적이다. 제국주의 모델―사이드가 보기에 오늘날의 미국도 포함되는―이 해체되면서 "그것이 지닌 결합화, 보편화, 총합화의 규약은 효과가 없고 적용할 수 없는 것으로 간주되고 있다." 다시 말해 그는 우리가 서구의 문화적 형태들을 그 "자율적인 울타리"에서 제거하고, 식민주의에 내재한 이종어(異種語)를 인식하기 위해 문화적 기록 보관소를 "하나의 뜻을 가진 것으로"가 아니라 "대위법적으로" 보기를 원했다.(Said, 1994: 29, 28, 29) 스튜어트 홀(Hall, 1996)이 주장했듯이, 탈식민주의의 "탈(post)"은 사실상 "삭제되어" 식민주의를 오늘날의 분석대상으로 만들어주고 있다. 그는 탈식민주의 연구가 "예전 국민국가 중심의 제국 거대서사를 탈중심적이고 디아스포라적 내지 '전 지구적'으로 고쳐 쓰는 것"―바꿔 말해 "세계화의 틀 내에서 대문자 근대성을 바꿔 말하는 것"(1996: 250)―을 가능하게 한다고 믿는다.(1996: 247) 우리에게 이 프로젝트는 세계화의 틀 내에서 테크노사이언스를 바꿔 말하는 것이 되며, 이는 식민주의 시대에 적합했던 분석적 동역학을 그러한 관계맺음의 정치적 틀이 다른 외양, 다른 이름하에 계속 남아 있는 시대에 폭넓게 활용할 수 있게 해준다.

여기서 우리가 가장 관심을 가진 것은 탈식민주의를 비판적 의식으로, 복잡하고 현실적인 공간성―정체성 정치, 담론구성체, 물질적 실천, 재현과 기술적 가능성으로 형상화된―에 대한 강제된(그리고 종종 저항을 받는) 인식으로 보는 사이드의 관념이다. 우리는 과학기술학에서 탈식민주의 시각―어딘가 다른 곳으로부터의 관점(view from elsewhere)―의 가치를 주장하는 것이지, 어떤 초월적 탈식민주의 이론을 주장하는 것이 아니다.[9]

이에 따라 테크노사이언스의 장소들은 더 늘어날 것이고, 숨겨진 지리적 표기법과 권력관계를 드러내고 인정하면서 장소들 간의 이동 메커니즘과 형태를 추가로 연구하는 것이 요구된다. 이는 우리가 탈구, 변화, 저항에, 부분적으로 정화된 잡종 형태 및 정체성들의 증식에, 경계에 대한 논쟁과 재협상에, 과학의 실천은 항상 복수의 장소에서 일어난다는 인식에 민감할 필요가 있음을 의미한다.(Marcus, 1998) 기안 프라카시(Prakash, 1994: 3)는 서구의 범주들이 식민주의 이동에서 혼란에 빠졌음을 우리에게 상기시킨다. "합리성과 질서의 명령은 항상 식민지에서의 거부에 의해 겹쳐 씌어졌고, 진보의 경건성은 항상 실천 속에서 불손하게 위반됐으며, 서구적 이상의 보편성에 대한 단언에는 항상 극단적인 단서조항이 붙었다." 이는 탈식민주의 분석이 마다가스카르와 필리핀에서뿐 아니라 서유럽과 미국에서도 유용할 것임을 시사한다. 다시 말해 이는 온갖 종류의 접촉지대들을 이해하는 데, 그러니까 서로 다른 문화와 사회적 위치들 사이에—서유럽과 북아메리카 내에 있는 서로 다른 실험실과 분야들 사이도 포함해서—발생하는 불평등하고 지저분한 번역과 거래들을 추적하는 데 유연하면서도 우연적인 틀을 제공한다.

우리는 그러한 상호작용들을 다른 렌즈를 통해 볼 수 있을 것이다. 그러나 탈식민주의 시각은 역사적·지리적 복잡성과 정치적 현실주의라는 장점을 갖추고 있다. 때로 우리는 과학학 학자들로부터 탈식민주의 시각은

9)　과학학과 관련해 탈식민주의 이론에 대한 광범위한 개관(파농, 사이드, 바바, 스피박, 그 외 많은 사람들을 포함하는)은 Anderson, 2002를 보라. 보통 하는 것처럼 이론들을 열거하는 대신, 우리는 여기서 사이드의 덜 알려진 저작 중 일부에 대해 좀 더 미묘한 재독해를 시도했다. 탈식민주의 연구에 대한 개관을 원하는 사람들에게는 Young, 1990; Thomas, 1994; Williams & Chrisman, 1994; Barker et al., 1994; Moore-Gilbert, 1997; Loomba, 1998; Gandhi, 1998; Loomba et al., 2005를 추천한다.

자신들의 작업과 무관하다는 말을 듣는다. 그들은 시간적으로 탈식민주의적 장소에 있는 과학을 탐구하는 것이 아니라는 이유에서이다. (아마도 특히) 미국에서 과학에 관한 연구를 하는 학자들로부터도 이런 얘기를 들었다! 그러나 이는 자신들이 **실패한** 과학을 연구하지 않기 때문에 사회학은 자신들의 작업과 무관하다고 주장했던 예전 세대 학자들의 단언을 반향하는 것처럼 보인다. 흔히 말하듯, 이처럼 중대한 저항들은 모두 반드시 돌파되어야 한다.

이 논문의 남은 부분에서 우리는 먼저 팽창하고 있는 테크노사이언스의 지형도를 살펴보고 형식주의가 다른 장소로 확장했을 때 어떤 일이 생기는지 생각해본 후, 테크노사이언스는 어떻게 이동하는지, "상황적" 지식이 어떻게 이동성을 갖게 되는지를 들여다볼 것이다. 결론에서 우리는 탈식민주의의 재활성화를 시도할 것이다. 이것이 과학기술학에 어떤 새로운 지평을 열어주고, 참신한 경로와 흐름을 가능케 할 거라는 희망에서이다.

테크노사이언스의 지형도

과학의 장소가 모든 사회생활 영역에서 한층 더 중요해졌다는 말은 사회를 연구하는 학자들에게 진부한 경구이다. 공식적으로 "과학"을 구성하는 것이 무엇인가에 관한 논쟁이 오늘날 인식론의 문제뿐 아니라 지리학에도 초점을 맞춘다는 점에서 그렇다. 유럽-아메리카의 연구소들은 더 이상 과학의 연구에서 가장 중요한 장소들이 아니다.[10] 역사가들은 테크노

---

10) 여기서 "유럽-아메리카"는 유럽 혈통으로 서유럽, 북아메리카, 오스트레일리아에 거주하는 사람들에 대한 약칭으로 사용한 것이며, 어떤 유형학적 "인종" 의미로 사용한 것은 아니다.

사이언스 생산에서 현장연구 장소의 중요성을 오랫동안 지적해왔고, 이를 "실험실"과의 관계 속에서 개념화하는 능력은 전적으로 새로운 것이 아니다.(Kuklick & Kohler, 1996; Kohler, 2002; Mitman, 1992) 이와 동시에 테크노사이언스 탐구의 다른 장소들과 대상에 개입하는 도구들을 여전히 공급하고 있는 실험실 사이의 연계를 설명하려는 노력은 거의 이뤄지지 않았다. 예컨대 교실, 병원, 외래진료 클리닉, 경기장(Owens, 1985), 회사(Harris, 1998), 재단(Cueto, 1997), 쌍무개발기구와 비정부조직(Escobar, 1995; Pigg, 1997; Gupta, 1998; Shrum, 2000; Shepherd, 2004)은 "지리학"의 문제가 인식론의 문제보다 위에 놓일 때 테크노사이언스 연구의 적절한 장소가 될 수 있다. 이를 위해 식민주의 역사가들과 그 비판자들, 초기에 발전을 비판했던 의료인류학자들, 혹은 과학이 진리를 생산할 수 있기 전에 그것의 용어를 가르칠 필요를 고려했던 교육사가와 교육사회학자들로부터 많은 것을 얻을 수 있다.(Pauly, 2000; Prescott, 2002)

데이비드 N. 리빙스턴(Livingstone, 2005: 100; 2004)이 주장했듯이, 과학의 공간은 그저 국지적인 것이 아니다. 이는 "분산돼 있고 관계적"이기도 하다. 서유럽과 북아메리카 너머에 있는 과학의 장소에 대한 연구들이 지난 20여 년 동안 등장하기 시작했다. 이는 유럽의 "지방화(provincializing)"에 기여했고(Chakrabarty, 2000), 이를 테크노사이언스의 수많은 동등하고 관련된 지역들 중 하나로 다시 사고하게 했다. 역사가들은 과학 원정의 경로를 추적하면서 제국주의 생의학 및 환경과학이 지역과 연루되어 재형성되는 과정을 묘사했다. 인류학자들은 생물탐사, 유전체학, 환경과학 및 농업과학을 둘러싸고 널리 퍼져 있는 협상과 논쟁을 분석해왔다. 이러한 설명들에서는 국가와 NGO가 특히 두드러졌는데, 아마도 유럽-아메리카 과학에 대한 연구에서보다 더 그러했다. 데이비드 아널드(Arnold, 2005a: 86)

는 "몸과 토지"가 "식민주의와 탈식민주의 기술을 이해하는 데 훌륭한 장소"가 되었다고 썼다.[11]

우리는 이제 오늘날의 테크노사이언스가 전 지구적으로 분포되고 뒤얽히는 방식에 대한 수많은 사례들을 갖고 있다.[12] 이티 에이브러햄 (Abraham, 2000: 67; 1998)은 인도에서 핵물리학과 국민국가의 상호작용과 공동구성을 연구해 "서구 과학이 파고들어 점령한 국제적 회로"를 드러냄으로써 서구 과학을 다르게 볼 수 있게 해주었다. 샤론 트래윅(Traweek, 1992: 105; 1988)은 일본의 고에너지물리학에 대한 연구에서 "과학에서의 식민주의 담론"의 지역적 예시를 탐구했다. 조앤 H. 후지무라(Fujimura, 2000)는 초국적 유전체학 연구에서 과학과 문화, 서양과 동양의 재설정을 그려냈다. 『열대의 공간』에서 피터 레드필드(Redfield, 2000; 아울러 2002)는 기아나에서 진행되는 프랑스 우주 프로그램을 다루면서, 이를 특정한 지리 및 식민주의 역사와 얽혀 있는 것으로 제시했다. 가브리엘 헥트 (Hecht, 2002)에게 오늘날의 핵 지도는 가봉이나 마다가스카르 같은 장소들을 포함시키지 않고서는 불완전하다. 이곳에서는 우라늄 채굴이 핵성

11) 아울러 Headrick, 1981; Reingold & Rothenberg, 1987; Crawford, 1990; Krige, 1990; Home & Kohlstedt, 1991; Petitjean et al., 1992; Crawford et al., 1993; Drayton, 1995; Selin, 1997; Adas, 1997; Kubicek, 1999; McClellan & Dorn, 1999도 보라. 유용한 재수록 논문집은 Storey, 1996을 보라. 우리는 한 나라를 경계로 하는 탁월한 식민주의 과학사 중 많은 것을 생략했는데, 이 중 대다수는 오스트레일리아, 남아프리카, 인도, 카리브해 지역에 관한 것이다. 식민지 식물학, 임학, 지질학을 다룬 가장 매력적인 연구로는 Brockway, 1979; Stafford, 1989; Grove, 1995; Gascoigne, 1998; Drayton, 2000; Schiebinger, 2004; Arnold 2005b 등이 있다.
12) 여기서 다른 전통들에 속한 과학을 찾아내고 정당화하려는 시도를 해온 과학사가들에 빚진 바도 언급해두어야 할 것이다. 예를 들어 중국의 과학과 의학에 관한 연구는 명시적으로 탈식민주의라는 틀에 넣어 제시되진 않았지만 그러한 재해석의 기회를 제공해주고 있다. 예를 들어 Needham, 1954; Bray, 1997; Farquhar, 1996을 보라.

(nuclearity), 탈식민화, "근대적" 주체의 형성과 결합돼 있다. 카우식 순더 라잔(Rajan, 2005)은 미국에서 제약 유전체학의 상품화가 동일한 과학적 언어와 실천을 통해 인도에서 인간 피험자의 상품화를 위한 본보기를 제공함을 보여준다. 킴 포툰(Fortun, 2001)에 따르면 인도 보팔의 유니언 카바이드 참사를 고립된 사건으로 읽어내려는 노력은 복수의 장소에서 일어나며 "세계화된" 과학정책 결정의 성격을 더 잘 보이게 만들어줄 뿐이다.

그러나 몇 년 전에 루이스 파이엔슨(Pyenson, 1985; 1989; 1990)이 독일, 네덜란드, 프랑스 제국에서의 물리학과 천문학을 개관했을 때, 그는 "정밀"과학이 어떤 식민주의적 오염을 피했음을 보여주는 데 공을 들였다. 이러한 유럽 문명의 현상들은 대양을 가로질러 확산되었고, 지역적 환경과의 접촉에서 영향을 받지 않고 오염이나 혼교(混交)에 노출되지도 않았다고 했다. 이러한 과학들이 단순한 제국주의의 상부구조가 되지 않았기 때문에, 파이엔슨은 식민주의와의 연루나 재형성이 전혀 일어나지 않았다고 가정했다. 그러나 파올로 팔라디노와 마이클 워보이스(Palladino and Worboys, 1993: 99; 아울러 Pyenson, 1993도 보라.)는 그러한 "서구의 방법과 지식이 수동적으로 받아들여진 것이 아니라 기존의 자연지식 및 종교적 전통과의 관계하에서 적응되고 선별적으로 흡수됐다."고 반박했다. 테크노사이언스는 지역적 만남과 거래의 산물이라는 것이다. 뿐만 아니라 팔라디노와 워보이스는 "인류 대부분에게 과학과 제국주의의 역사는 **곧** 과학의 역사"임을 독자들에게 상기시켰다.(1993: 102, 강조는 원문)

라투르(Latour, 1988: 140)는 이렇게 조언한다. "'과학'에 의한 사회의 변화를 추적하기 위해 우리는 모국이 아닌 식민지를 들여다봐야 한다." 세균학 실험실은 아무런 방해도 받지 않고 식민지 사회의 질서를 다시 세웠다고 그는 말한다. "파스퇴르화된 의학과 사회가 어떤 것인지 가장 잘 상상할 수 있는 곳은 바로 열대이다."(1988: 141) 따라서 라투르에게 식민주의 관계는 여전히 지배와 종속의 측면에서, 유럽 과학의 독립적 연결망이 확장된 것으로 제시될 수 있다. 『판도라의 희망』(Latour, 1999a: 24)에서 그는 "그리 많은 사전 지식을 필요로 하지 않을" 아마존에서의 현지 조사 여행에 우리를 데려간다. 탈식민주의 환경은 몇 가지 흥분되는 은유를 제공해주는 정도를 넘지 않는다. 라투르는 자신이 "과학적 실천의 정글"에 질서를 가져다준다고 보고, "'현지인'이 되는 것"에 관해 쓰고 있다.(1999a: 47) 그는 "식민주의 상황과 관련된 현지 조사 여행의 많은 측면들을 생략"할 거라고 선언한다.(1999a: 27)[13] 대신 그는 주민이 없는 정글에 과학자들이 어떻게 원실험실(proto-laboratory)을 발전시키면서 현상들의 변형과 번역을 통제해 이것이 불변으로—다시 말해 불변의 유럽적인 것으로—보이도록 만드는지를 생생하게 설명한다. 이는 탈식민주의 분석이라기보다 식민지의 자존심에 가깝다. 불변의 테크노사이언스 객체가 가역적인 변형의 사슬을 따라 움직이는 것에 대한 라투르의 탁월한 설명은 과학자들이 세상을 동원할 수 있으며, 자신이 처한 맥락을 만들어낼 수 있음을 보여준다. 그들이 유럽의 동료들과 깊은 대화를 유지하는 한에서 말이다. 그러나 사람들은 이러한 이른바 처녀지에서 "현지인" 행위자나 중개인들에게 어떤 일이 생겼는지 궁금해할 것이다.

이와 대조적으로 기안 프라카시(Prakash, 1999: 7)에게 식민주의 과학은 힌두 민족주의자들에 의해 번역되고 전유되어 "인도 근대성의 신호"가 되었다. 헤게모니를 장악하기 위해 지배적 담론은 왜곡되어야 했지만 여전히

---

13) 책의 뒷부분에서 라투르(Latour, 1999a: 104)는 "과학자들 자신이 이 분야를 맥락 속에 위치시키는" 모습을 그려낸다. Raffles, 2002와 비교해보라.

과학적임을 알아볼 수 있다. 뿐만 아니라 국민국가의 기법들은 "현지화" 내지 "열대화된 과학"의 기법들과 분리할 수 없게 되었다. 라투르에게─그리고 분명 파이엔슨에게도(그 이유나 결과는 다를지라도)─테크노사이언스는 "불변의 동체"를 만들어내지만, 프라카시 같은 탈식민주의 학자는 양가성과 잡종성을 포착해낸다. 이는 오염이나 모방의 과정이 아니라 과학이 식민주의 맥락 속에서 작동하게 하면서 그것의 계보를 정화하려는 노력에 저항하는 문제이다. 테크노사이언스는 식민주의 드라마에 또 하나의 무대를 제공한다.

프라카시가 식민주의 테크노사이언스를 특정 장소에서 잡종적 내지 대안적 근대성의 협상에 기여하는 것으로 보는 반면, 다른 학자들은 전 지구화된 다문화주의 과학을 상상해왔다. 예를 들어 샌드라 하딩은 지식의 비교문화연구의 전통을 활용해 인식론적 다원주의의 진전을 이루려 애써왔다. 하딩(Harding, 1998: 8)에게 있어 탈식민주의적 설명은 "좀 더 정확하고 포괄적인 과학기술적 사고의 자원"을 제공한다. 그녀는 이렇게 쓰고 있다. "우리는 탈식민주의의 범주를, 그것이 없었다면 가려져 있을 현상을 찾아내는 수단 내지 방법의 일종으로 전략적으로 이용할 수 있다."(1998: 16)[14] "쿤 이후의 과학학"과 페미니스트 입장이론의 영향을 받은 하딩은 국지적 지식의 중요성을 강조해왔고 좀 더 역동적이고 포괄적인 전 지구적 역사를 요청해왔다. 그러나 그녀의 주된 목표는 근대적인 과학적 객관성을 강화하고 "기능이 마비된 보편성 주장"을 바로잡아 더 나은 대문자 근대성을 성취하는 데 있다.(1998: 33) 어떤 의미에서 보면, 그녀는 대문자 근대성의

---

14) 아울러 Hess, 1995; Figueroa & Harding, 2003을 보라. 좀 더 명시적으로 뽑아내는 모델은 Goonatilake, 1998을 보라.

범위를 넓히기 위해 역시 근대의 한 형태로 "비근대(nonmodern)"에 가치를 부여하려 애쓰고 있다고 할 수 있다.

로렌스 코언(Cohen, 1994: 345)은 하딩이 "담론장의 복수화"를 원하는 반면, 대다수의 탈식민주의 지식인들은 "전복적 포기"를 갈망한다고 주장했다. 코언에 따르면 **다문화주의** 과학학의 위험은 그것이 "차이를 그 밑에 깔린 헤게모니 위에 그려내는" 데 있다. 이와 대조적으로 탈식민주의 학자들은 테크노사이언스의 혼종성과 어지러움을 드러내려 애써왔고, 이는 그것에 수반되는 대문자 근대성의 단수성과 권위를 약화시킨다. 예를 들어 J. P. S. 우버로이(Uberoi, 1984; 2002)는 괴테의 색채 이론이 또 다른 비이분법적 근대성의 기반을 표현할 수 있는 비뉴턴주의적 지식체계에 해당한다고 주장한다. 아시스 낸디(Nandy, 1995; 1998)는 토머스 쿤의 패러다임 개념을 창의적으로 활용해 "근대적" 과학자는 복수의 주체성과 감수성을 가질 수 있으며, 종교적 내지 문화적 소속이 대안적 근대성의 가능성들을 제공해준다고 주장한다. 시브 비스바나탄(Visvanathan, 1997)은 일부 근대과학의 생체해부와 폭력을 개탄하면서 과학의 좀 더 온화하고 관찰적인 측면들을 대안적 과학과 근대성을 위한 기반으로 극찬한다.[15] 그러나 이러한 학자들의 강조점은 인식론적 갱신이 아니라 정치적 관여에 좀 더 맞춰져 있다.

이동하는 지식 실천들의 접촉지대에 대해 좀 더 짙은 묘사를 추구한 몇몇 사례연구들은 오늘날 과학자들과 토착민들의 상호작용에 초점을 맞춰왔다. 헬렌 베런, 데이비드 턴벌, 그리고 그 학생들의 작업은 특히 영향력이 컸고, 탈식민주의 과학학의 "멜버른-디킨학파"를 이루고 있다고 할 수 있다. 그들은 민족사학(ethno history)에 대한 지역적 열정에 의해 형성되었

---

15) 이 문단에 기여한 아미트 프라사드에게 감사를 드린다.

고, 과학기술 연구에 대한 구성주의와 페미니스트 접근에 입각해 연구를 해왔다.(Watson-Verran & Turnbull, 1995) 베런은 안헴 랜드의 요룽우 부족을 대상으로 국지적 지식 실천들—하나는 "전통적"이고 다른 하나는 "과학적"인—의 상호작용을 연구하면서 "존재/지식의 신념을 놓고 벌어지는 정치"를 묘사해왔다. 그녀의 목표는 단지 서구적 합리성의 분열과 모순을 이용하는 것이 아니다. 그녀는 "자신들이 상상력을 공유하고 있음을 받아들이고 그러한 상상력을 우리가 사는 세상을 구성하는 수없이 많은 잡종적 결합체들을 인식하는 것의 일부로 표현하는" 공동체를 목표로 하고 있다.(Verran, 1998: 238) 베런은 현재 진행 중인 연구 프로젝트에서 기술(記述)을 넘어서 서로 다른 지식 실천들의 어지러움, 우연성, 근절할 수 없는 혼종성 내부와 그 사이에서 훌륭한 일—토지 사용을 협상하는 것 같은—을 할 수 있는 방법을 찾으려 한다.(Verran, 2002)[16] 마찬가지로 턴벌(Turnbull, 2000: 4)은 "공간과 지식의 상호적이고 우연한 결합체"를 다양한 환경에서 연구해왔다. 그는 이렇게 주장한다. "모든 지식 전통—서구의 테크노사이언스를 포함해서—은 국지적 지식의 형태로 비교할 수 있고, 그럼으로써 그것의 차등적 권력 효과를 그중 어느 것에 인식론적으로 특권을 부여하지는 않으면서 비교할 수 있다."(Turnbull, 1998: 6) 다시 말해 심지어 가장 일반적인 테크노사이언스조차도 다른 모든 실천과 마찬가지로 항상 국지적 역사와 국지적 정치를 갖는다는 것이다. 설사 관련된 행위자들이 "전 지구적 활동"을 표방한다고 해도 말이다.

---

16) 베런은 이것이 반드시 정화, 절충, 종합, 전향을 의미하는 것이 아님을 강조한다. 아울러 Agrawal, 1995; Grove, 1996; Nader, 1996; Smith, 1999; Bauschpies, 2000; Hayden, 2003을 보라. 스미스의 주장을 탐구한 논문 모음은 Mutua & Swadener, 2004를 보라.

탈식민주의 시각은 과학의 승인과정뿐 아니라 그것이 지나간 자리에 여전히 일어나는 폭력—종종 신체적 손상뿐 아니라 말소와 권리 박탈을 통해 나타나는—에 관한 논쟁을 전면에 내세울 수 있다.(Nandy, 1988; Visvanathan, 1997; Apffel-Marglin, 1990) 코리 헤이든(Hayden, 2003)은 국제적 제약산업과 민족식물학(ethnobotany) 산업 내에 있는 미묘한 제도적 유대를 파악해낸다. 이는 토착민들의 참여라는 관념을 끌어들이지만, 동시에 지역의 참여자들에게 공로, 수익, 책임성은 허락하지 않는다. 마찬가지로 빈칸 애덤스(Adams, 2002)는 국제적 제약산업이 전통적인 "과학적" 의료의 활용을 협상하는 장이 평평하지 않으며, 보편적 과학의 용어들이 지적재산에 대한 지역의 주장을 협상에서 물리치는 데 쓰일 수 있다고 지적한다. 결국에 가면 지역의 의료인들은 전통적 지식과 실천에 대해 불확실성을 발전시키기 시작하는데, 그 이유는 그들이 하는 일이 효과가 없다는 경험적 증거를 받아들여서가 아니라 생의학적 효능을 떠받치는 전문용어들이 그들이 가진 지식의 유효성을 부인하기 때문이다.

과학학에서 탈식민주의 이론을 통해 사고하기 위해서는 지리, 인종, 계급뿐 아니라 젠더 위계가 이동하는 과학의 관계들을 통해 (재)구성되는 방식에 대해 좀 더 민감해져야 한다. 탈식민주의 과학학은 과학이 젠더화된 사회질서에 연루되는 방식의 일단을 보여준다. 예를 들어 애덤스와 스테이시 리 피그(Adams & Pigg, 2005)는 발전 프로그램들이 여성들에게 가족계획, 안전한 성관계, 성적 정체성을 통해 자신의 생물학적 삶을 재개념화하도록 요구하면서 과학을 가족, 학교, NGO 체제, 농업 및 가사노동, 심지어 언론 캠페인에 제도화된 젠더 위계의 대변자로(때로는 반대자로) 만들고 있음을 보여준다. 성적 정체성은 자아와 개인에 대한 "생물학적"이고 과학적인 관념을 전달해주는, 그리고 동시에 전통적인 젠더 차별 체제가 테크노사이언스 발전 프로그램의 논리를 통해 재구성되는 새로운 형태의 주체성으로 제시될 수 있다. 심지어 페미니스트 시각에 의해 영향을 받을 때에도 테크노사이언스의 개입은 암암리에, 또 인식론적으로 불평등을 강화하는 사회질서의 재생산에 깊숙이 관여하게 될 수 있다. 종종 아무런 도전도 받지 않는 테크노사이언스 진리의 신식민주의 체제를 형성하면서 말이다.

이들은 새로 등장하고 있는 탈식민주의 테크노사이언스 생태학에서 그것이 위치한 다양한 적소들의 증식을 보여주는 증거로 뽑은 몇 개의 사례에 불과하다. 그러한 연구들은 단순한 기원과 재생산 이야기에서 국지적 지식 실천의 고고학적 재구성으로 향하는 과학학의 계보학적 추론에서 한 발짝 벗어나 있다. "전 지구적" 테크노사이언스는 분석적으로 해체되고 있고, 일단의 다양한 "전 지구적 프로젝트들"—여기서 세계화는 필수요소일 수도, 우발적 계기일 수도, 다른 것 대신일 수도 있다—에 더 가깝게 보인다. 파펜버거에 따르면 "모든 사회기술 시스템은 원칙적으로 새로운 구성물이다."(Pfaffenberger, 1992: 500, 511) "사람들은 인공물에 대해 적극적인 기술적 정교화, 전유, 변경에 관여한다. 그들 자신을 알게 되는 수단으로서, 생활을 유지하기 위해 노동을 조율하는 방법으로서 말이다." 이제 우리는 유럽과 북아메리카 바깥에서 테크노사이언스의 복잡한 장소들을 인지하게 되었다. 그렇다면 이러한 장소들 간의 이동에 대해 우리는 무엇을 알고 있는가? 유럽의 팽창이라는 낡은 이야기가 자동으로 나오는 것을 어떻게 피할 것이며, 그 대신 테크노사이언스의 다양한 매개체들을 어떻게 알아볼 수 있는가?

이동이 정신을 넓히다

1960년에 W. W. 로스토는 근대화 이론의 고전인 자신의 "비공산주의 선언(non-communist manifesto)"에서 경제성장의 단계들을 그려냈다. 로스토는 전통사회로부터 "도약"을 이뤄내는 데 있어 과학기술의 중요성을 강조했다. 실로 자극제가 되는 것은 "주로 (이것만은 아니지만) 기술적인 것이었다."(Rostow, 1960: 8) 과학은 유럽으로부터 확산되어 그것을 받아들일 토양이 마련된 곳에 모이는 것처럼 보였다. 몇 년 후 조지 바살라는 이러한 확산론 가설을 더 자세하게 서술해 과학이 중심에서 주변부로 퍼져 나가는 단계들을 구체적으로 제시했다. 바살라(Basalla, 1967)에 따르면 1단계에서는 주변부로의 원정이 유럽 과학에 단지 원재료를 제공하는 데 그쳤다. 2단계에서는 파생적이고 의존적인 식민지 과학의 제도들이 등장했고, 이후 때때로 3단계에서는 독립적인 국가별 과학이 발전했다.[17] 1990년대에 토머스 쇼트(Schott, 1991: 440)도 지구 전체에 걸쳐 "과학활동이 퍼져 나가 확립되는 것을 촉진하는 조건은 무엇인가?" 하는 질문을 던졌다. 그는 조지프 벤-데이비드(Ben-David, 1971)와 바살라를 좇아 과학적 아이디어와 제도적 방식은 중심에서 주변부로 확산된다고 주장했다. 쇼트는 과학의 성공을 폭넓게 공유된 인지규범, 세계주의, 협력관계의 제도화 덕분으로 돌렸다. "자연의 불변성과 장소들을 가로지르는 지식의 진실성에 대한 신뢰가 참여자들의 세계주의적 지향과 함께 유럽의 전통이 비서구문명들

---

17) 아울러 Raina, 1999를 보라. 에이더스(Adas, 1989)는 식민주의 체제가 기술적 성취를 문명의 척도로 활용한 방식을 보여주면서 기술이전을 "문명화 사명"의 일부로 보았다.

에서 수용될 수 있는 잠재력을 만들어냈다."(Schott, 1993: 198)[18]

과학발전에 대한 단순한 진화적·기능주의적 모델은 광범한 비판을 불러왔다. 처음에는 인류학에서 "실패한" 근대화를 통해 문화적 형태의 강화와 기존의 교환 노동관계에 주목했고(Geertz, 1963; Meillassoux, 1981), 1980년대와 1990년대에는 과학학에서 비판이 이어졌다. 비판적 반응은 근대화와 발전의 낡은 확산론 모델에 대해 종속이론과 세계체제 이론이 좀 더 일반적인 도전을 제기한 데서 부분적으로 영감을 얻었다.(Frank, 1969; Wallerstein, 1974)[19] 예를 들어 로이 매클로드는 확산론 논증의 선형적이고 동질적인 성격을 거부했고, 과학의 복잡한 정치적 차원들에 대한 주목이 결여돼 있음을 지적했다. 대신 그는 중심과 주변부라는 안정된 이분법이 아니라 좀 더 역동적인 제국주의 과학의 개념—"움직이는 대도시"를 제국의 기능으로 인정하는—을 요청했다.(MacLeod, 1987)[20] 데이비드 웨이드 체임버스도 바살라의 확산론을 거부했고 비서구 환경에서의 과학에 대한 더 많은 사례연구와 과학발전의 상호적 모델을 요청했다. 그러나 체임버스는 "좀 더 일반적인 개념틀이 없다면 우리는 국지적 역사의 바다 속으로 침몰할" 거라고 경고하기도 했다. 그는 "식민주의"가 두각을 나타내는 이유에 대해 궁금해했지만, 당시에는 그것의 설명력에 의심을 품었다.(Chambers, 1987: 314; 1993)[21]

---

18) 아울러 Schott, 1994; Ben-David, 1971; Shils, 1991도 보라. 그러한 "제도주의적" 연구의 훌륭한 최근 사례로는 Drori et al., 2003; Schofer, 2004가 있다.
19) 이러한 비판 중 많은 것들은 중심과 주변부의 암묵적 구획과 확산론 모델의 경제주의를 그대로 유지하고 있었다. Joseph, 1998을 보라.
20) "기술이전" 이론과 기술 수용자의 수동적 역할 가정에 대한 비판은 MacLeod & Kumar, 1995; Raina, 1996을 보라.
21) 좀 더 최근에 체임버스와 길리스피(Chambers & Gillispie, 2000: 231)는 "지역의 테크노

테크노사이언스의 이동성에 대해 가장 영향력 있는 오늘날의 분석은 아마도 행위자 연결망 이론(ANT)에서 나왔을 것이다. 존 로는 1986년에 이런 질문을 던졌다. 포르투갈의 배들은 어떻게 리스본에서 제국의 먼 지역까지 항해하면서 그 형태를 유지했을까? 다시 말해 과학적 사실 내지 실천들, 그리고 기술적 질서들은 어떻게 서로 다른 장소들에서 안정화되는가? 초기에 행위자 연결망 이론은 이러한 "불변의 동체"의 생산에 대한 설명을 제공하고자 했고, 연결망을 가로지르는 일련의 변형과 번역이 테크노사이언스를 서로 다른 환경들에서 변치 않게 유지해줄 수 있다고 주장했다.(Callon, 1986; Latour, 1987) 이에 따라 인간 및 비인간 행위자들과 더 많은 접합점이 생겨날수록 대상은 좀 더 안정되고 견고해졌다. 사회, 자연, 지리는 이러한 동원, 번역, 역할 부여의 결과이다. 선진 공동체는 "원시적" 공동체와 대조적으로 "더 섬세하게 조직된 사회구조와 더 긴밀하게 연결된 더 많은 요소들을 번역하고, 가로지르고, 역할 부여하고, 동원한다."—바꿔 말해 이는 더 많은 동맹을 만든다.(Latour, 1999b: 195) 그래서 "사실"은 "순환하는 존재"이다. "그것은 복잡한 연결망 속을 흐르는 유체와 같다."(Latour, 2000: 365)[22] 따라서 ANT의 초점은 움직임에 있지만, 라투르가 우리에게 상기시켜주듯, "심지어 더 긴 연결망도 모든 지점에서 국지적인 것으로 남아 있다."(Latour, 1993: 117) 어떤 의미에서 연결망은 국지적으로 판단되며, 따라서 국지적 규모와 전 지구적 규모 사이를 급히 메울 필요는 없다.

ANT에서 요구되는 게슈탈트 전환이 과학학에 자극이 되었고 생산적이

사이언스 하부구조를 형성하는 결합체의 복합 매개체"에 대한 탐구를 권고했다.

22) Latour, 1999b도 보라. 스트래턴(Strathern, 1999: 122)이 제시한 것처럼, 물어야 할 질문은 문화의 유계성이 아니라 "연결망의 길이"에 관한 것이다.

었음에는 거의 의문의 여지가 없다. 그러나 일종의 기호학적 형식주의가 국지적 장소의 분석에 종종 뒤따르는 듯 보인다. "국지적"이 너무 추상적이고, 역사적·사회적 구체성이 떨어지는 것처럼 보일 수 있기 때문이다. 연결망의 구조적 특징들은 분명해지지만, 종종 그것을 통해 생겨나는 관계와 정치를 식별해내기가 어렵다. 로(Law, 1999: 6)는 ANT가 "분포의 위계를 무시하는 경향이 있다. 과도하게 전략적이며, 타자를 … 식민화한다."는 반성의 목소리를 내었다. 섀핀(Shapin, 1998: 7)은 "라투르의 연구에 너무나 두드러진 특징인 군국주의적·제국주의적 언어"를 비판한다. 그래서 일부 학자들은 "연결망 공간"을 부드럽게 식민화하지 않는 좀 더 "복잡한" 공간성을 요청해왔다.[23)]

ANT의 이후 형태들은 좀 더 다양한 영역을 강조했고, 사물과 실천이 이동할 때 겪는 적응과 재설정을 묘사했다. 안네마리 몰과 로(Mol & Law, 1994: 643)는 사회적인 것이 "서로 다른 활동들이 일어나는 여러 **종류의 공간**을 상연한다."고 주장한다. 그들은 지역, 연결망, 유동적 위상관계를 묘사하는데, 이 중 마지막 것에서는 "경계들이 명멸하고, 누출이나 소멸을 모두 허용하며, 그러는 동안 관계들은 균열 없이 스스로 변형된다." 빈혈을 연구하는 네덜란드의 열대 의사를 인터뷰한 몰과 로는 위상관계의 다양성을 인식했다. 여기서 헤모글로빈 측정의 연결망(그것이 이동할 때 안정적으로 유지되는 불변의 동체를 가진)은 임상진단에서 "불변의 변형"(1994: 658)을 가능케 하는 유동성과 뒤섞인다. "유동적 공간에서는 정체성을 깔

---

23) 예를 들어 Mol & Law, 1994. 럭스와 쿡(Lux & Cook, 1998)은 17세기 말의 국제적 과학 교환에 대한 연구에서 약한 연계의 강도에 대한 사회학적 이론을 ANT와 통합시키려 시도했다.

끔하게 잘 영구적으로 정의하는 것이 불가능하다 … 정체성은 다양한 그
늘과 색깔을 지닌 것으로 다가온다."(1996: 660) 나중에 짐바브웨의 부시
펌프를 연구한 마리안 드 래트와 몰(Laet & Mol, 2000)은 사물이 어떻게 한
마을에서 이웃 마을로 갈 때 형태를 바꾸고 관계를 다시 형성하면서도 여
전히 짐바브웨 부시 펌프로 인식될 수 있는지를 설명한다. 결국 몰과 동료
들은 테크노사이언스가 이동할 때 생기는 전위(displacement), 변형 및 논
쟁, 잡종성의 증식, 그리고 접촉 때문에 일어나는 장소와 정체성의 개조를
인식할 수 있다. 그들은 탈식민주의 공간성에 다가가고 있는 듯 보인다.
그들이 이를 인정하기를 꺼림으로써 분석의 깊이와 범위에, 그러니까 ANT
를 탈식민화하(고 탈남성화하)는 능력에 제약을 받을 수 있지만 말이다. 예
를 들어 열대 빈혈에 관한 논문은 독자들에게 "우리가 아프리카로 갈 생각
은 조금도 없다."고 장담하지만, 저자들은 두 번이나 "아프리카에서는 다
르다."는 표현을 쓴다.(Mol & Law, 1994: 643, 650, 656)[24] 만약 ANT가 그것
의 탈식민주의적 조건을 포용할 수만 있다면, 우리는 이처럼 저항을 받는
차이들—아프리카뿐 아니라 네덜란드에서도—에 대해 더 많은 것을 알
수 있을 것이다.

과학의 실천은 헤게모니를 가지며 그것을 가시화하는 사회적 실천에 외
재적인—과학적 아이디어가 단독으로 존재하는 관념이라고 주장하는 사
람은 거의 없지만—것으로 등장한다. 테크노사이언스를 단지 "지식"이 아
닌 주체성의 논쟁적 실천으로 읽어낼 가능성을 진지하게 받아들이는 연구

---

24) 그들이 인터뷰한 모든 의사는 네덜란드인이었고 아프리카어를 말하지 못했다는 사실은
   지나가는 말로만 언급되고 있고, 그들이 진료했던 공간에 대해서는 아무것도 알 수 없다.
   이와 상반된 사례로는 Verran, 2001을 보라.

자들은 드물다. 이러한 시각이 탈식민주의 해석학보다 먼저 나타났는데도 말이다. 이에 반해 피그(Pigg, 2001)는 이러한 관심을 구체적으로 파고들어, 네팔의 마을 주민이 에이즈나 HIV의 개념을 사용하는 것이 어떤 의미인지 묻는다. 그러한 용어들을 이해할 수 있는 기반이나 모종의 이해를 가능케 해줄 그에 수반된 "과학"도 없는 언어 속에서 말이다. 니콜러스 로즈(Rose, 1999)는 적어도 어떤 맥락에서는 정치적 근대성의 필수조건이 되는 이러한 일단의 주체 협상에 구체적으로 초점을 맞춘다. 아드리아나 페트리나(Petryna, 2002)는 시민들의 생물학적 삶을 통해 통치의 가능성을 표현하는 것을 학습한 근대 국가에서 과학적 주체가 어떻게 생산되는지를 설명한다.[25] 페트리나가 하고 있는 것처럼, 체르노빌 사고 이후 과학의 장치들이 우크라이나에서 국가와 주체(국민)를 매개하는 방식을 탐구하는 것은 탈식민주의 해석학에서 암암리에 영향을 받은 민족지 접근을 보여준다. 테크노사이언스는 정체성 정치의 일부이자 국가와 주체(국민)를 동일한 분석적 틀 내에서 묶어줄 것을 요구하는 일단의 문제들이 되었다. 그러한 접근이 오래된 변증법적 유물론의 전통에서 유래했을 수도 있지만, 탈식민주의 분석은 근대성과 권력의 새로운(혹은 이전까지 감춰져 있던) 전개를 인지한다. 탈식민주의 정체성 정치는 종종 새로운 종류의 정치적 관여의 공간을 만들어내는 테크노사이언스의 상상력 내에서 그것을 통해 협상된다.(Cohen, 2005; Nguyen, 2005)

확산과 연결망 건설에 대한 논의는 점차 접촉지대에 관한 대화에 자리를 내주었다. 이는 수많은 국지적 과학 실천들로 이뤄진 흐릿한 영역에서

---

25) 생의학적 "시민권"에 대한 다른 설명은 Anderson, 2006; Briggs with Mantini-Briggs, 2003을 보라.

등장한 복잡한 정치의 민족지 증거에서 부분적으로 도움을 얻은 결과였다.(Pratt, 1992) 최근에 매클로드(MacLeod, 2000: 6)는 중심-주변부 모델을 버릴 것을 다시금 촉구하면서, 대신 아이디어와 제도의 이동에 관한 연구, "접촉의 복잡성에 의해 다채로워진 시각들"을 활용한 상호성의 인식을 제안했다. 시코드(Secord, 2004: 669)는 과학사가 ANT를 넘어서 "중심과 주변부의 분할이 새로운 상호의존성의 패턴으로 대체된 완전한 역사적 이해(종종 인류학적 시각에서 영향을 받은)"로 나아갈 것을 요청했다. 접촉지대에 대한 그러한 탈식민주의적 감수성은 서로 다른 사회세계를 가로지르는 작업의 조율과 관리에 대한 기존의 분석들에 기반을 둘 수 있다. 이는 복수의 장소들에서 사실을 안정화시키는 데 쓰이는 물질적·문학적·사회적 기술들—"표준화된 꾸러미"이든, 분류와 표준화의 하부구조이든, "혼종적 엔지니어링"이든 간에(Fujimura, 1992; Bowker & Star, 2000; Law, 1986)—을 포함할 것이다.[26] 그러나 아울러 이는 테크노사이언스의 분산, 지리멸렬과 파편화의 생성을 설명할 필요가 있을 것이다. 이를 시스템의 가장자리에 나타나는 단순한 "잡음"으로 무시할 수는 없다.(Jordan & Lynch, 1992) 뿐만 아니라 탈식민주의 잡종성과 관련해 경계물, 하부구조, 연루된 행위자들에 대해 다시 생각해보면 사회세계 분석의 정치적 짜임새를 두텁게 할 수 있고, 그것의 "위상관계"를 좀 더 섬세하게 다룰 수 있다.(Star & Griesemer, 1989; Löwy, 1992; Clarke, 2005)

과학학의 일부 학자들은 이미 탈식민주의 인류학에 근거해 접촉지대에서 일어나는 상호작용과 변화들을 설명하기 시작했다. 현대물리학에서 실

---

26) 섀퍼는 기상학에 관한 자신의 논문(Schaffer, 1992: 24)에서, 빅토리아 시대 영국의 물리학 연구소들은 "제국 통신 프로젝트의 일부"였다고 주장한다.

험, 기구화, 이론의 실천을 연구한 피터 갤리슨(Galison, 1997: 51, 52)은 과학의 "하위문화들" 간의 "교역지대(trading zone)"에 대한 분석의 필요성을 지적했다. 그는 물리학자들의 활동을 태평양의 사회언어학과 민족사학에서 끌어온 용어들의 틀에 집어넣는다. 과학문화들을 가로지르는 물질적 교환을 추적하고, "무언의 피진어"와 "무언의 크리올어"의 해석을 관찰할 때 그렇다. 이에 따라 식민주의 접촉의 언어들은 오늘날 유럽-미국의 물리학자들 간에 일어나는 상호작용 패턴을 설명하는 데 도움을 준다. 워윅 앤더슨(Anderson, 2000)은 물질적 교환에 대한 인류학 연구를 활용해, 뉴기니 고지대의 포레 부족을 괴롭혔던 질병인 쿠루(kuru)의 연구에서 정체성의 확립과 과학적 가치의 생성을 탐구한다. 그는 뉴기니 지역의 경제적 거래에 대한 연구들을 이용해 과학자들끼리의 상호작용과 그들이 포레 부족의 물건과 신체 일부를 테크노사이언스로 동원하는 방법을 설명한다. 과학자, 인류학자, 순회 관리, 포레 부족은 자신들이 양도가능성, 상호성, 가치부여, 신념, 정체성 형성의 드라마를 상연하고 있음을 알게 되었다. 앤더슨은 최초의 인간 "슬로 바이러스(slow virus)"의 발견에 대한 자신의 설명이 "전 지구적" 테크노사이언스를 일련의 국지적인 경제적 성취들—하나하나가 모두 혼란스럽고 논쟁적인—로 이해하도록 요구하고 있다고 주장한다. 그는 이렇게 결론을 맺는다.(2000: 736)

우리는 복수의 장소에서 일어나는 과학사를 필요로 한다. 지식생산의 장소들에 대한 경계설정, 그러한 경계들 내에서의 가치 생성, 다른 지역의 사회적 상황과의 관계, 이러한 장소들 사이에서, 또 그 안팎으로 사물과 경력의 이동 등을 연구하는 과학사 말이다. 그러한 역사들은 우리가 과학자들이 처한 상황성과 이동성을 이해하고, "과학적" 거래의 불안정한 경제를 인식하는 데 도움을 줄 것이다. 우리가 특히 운이 좋다면, 이러한 역사들은 중심과 주변부, 근대와 전통, 지배와 종속, 문명과 원시, 지구 전체와 지역 사이의 통상적인 구분을 창의적으로 복잡하게 만들 것이다.

결론: 프라무댜의 닭 잡기

탈식민주의 테크노사이언스 연구는 "분석의 국지적 프레임과 전 지구적 프레임의 접촉면"을 이론화할 때 최근 인류학의 노력에서 도움을 얻을 수 있다. 예를 들어 안나 L. 칭(Tsing, 1994: 279, 280)은 "초자연적 마술"을 마음속에 떠올리며 "전 지구적인 것 한복판에 있는 국지적인 것"을 상상해보라고 촉구한다. 우리는 세계를 만드는 흐름을 단지 상호연결 내지 연결망으로서가 아니라 "경로를 애써 다시 만들고 지리의 가능성을 다시 그리는" 것으로 사고할 필요가 있다.(Tsing, 2002: 453) 이는 "규모 만들기(scale-making)"의 문화와 정치에, 또 "전 지구적 프로젝트"에서 새롭게 등장하는 형태의 주체성과 행위능력에 좀 더 민감해지는 것을 의미한다. 칭(Tsing, 2002: 463, 강조는 원문)은 순환 모델이 너무나 자주 "순환이 일어나는 **영역**과 특정 부류 행위자들의 특권화를 둘러싼 투쟁에 주목하지 않음"을 알게 되었다. 그녀는 우리가 순환의 지형도를 흐름과 함께 연구하면서 사람, 문화, 사물들이 이동을 통해 어떻게 변모하는지 알아내야 한다고 주장한다. "지구 차원의 상호연결을 이해하는 과제는 전 지구적 프로젝트와 꿈들을 찾아내 구체적으로 명시할 것을 요구한다. 그것의 카리스마적 논리뿐 아니라 모순된 논리까지, 효과적인 조우와 번역뿐 아니라 어지러운 조우와 번역까지 포함해서 말이다."(2002: 456) 과학기술학 학자들은 이런 식으로 그들 자신의 주제에서 전 지구적 꿈을 찾아내 구체적으로 명시할 준비가 그 어느 때보다도 잘 되어 있는 게 분명하다. 다시 말해 테크노사이언스를 서로 다른 전 지구적(혹은 적어도 복수의 장소에서 일어나는) 상상력 속에 탈식민주의 시각을 활용해 위치시키는 것이다.

루돌프 므라젝(Mrázek, 2002: 197)은 네덜란드령 동인도 제도의 기술 근대성에 대한 당혹스러운 연구에서 프라무댜 아난타 투르의 얘기를 들려주고 있다. 그는 예전에 정치범이자 설득력 있는 소설가였고 "근대적이고 우려에 찬" 인도네시아 사람이었다. 므라젝은 그를 단단하고 끈적거리는 기술들로 에워싼다. 라디오, 무기, 배, 도로, 의약품, 의복, 변기, 사진, 타자기, 콘크리트, 담배 라이터, 축음기, 전기, 손목시계, 자전거, 그리고 더 많은 라디오까지. 프라무댜는 식민주의와 민족주의 스포츠맨, 멋쟁이, 농담꾼, 엔지니어들을 만난다. 그는 라디오 학교의 수업을 들었던 것을 기억한다. "기술 도면 작성에서 내게 주어진 과제는 텔레비전을 스케치하는 거였어요. 당시에는 텔레비전에 대해 잘 아는 사람이 별로 없었고, 나는 시험 결과에 대해 크게 걱정하지 않았죠."(프라무댜의 말을 Mrázek, 2002: 209에서 재인용) 모든 것의 스위치가 켜지고, 공기는 지속적인 웅웅거림으로 가득 찬다. 인도네시아는 근대적 기술 프로젝트가 되었다. 므라젝에 따르면 프라무댜는 "자신이 기술 속에 살았다고 회고한다. 타이핑의 리듬과 타자기의 원리는 그 시기에 대한 프라무댜의 회상에 질서를 부여하는 듯 보인다."(2002: 210-211)

한 무리의 학자들이 그에게 교도소에 있을 때 어떻게 종이를 얻었냐고 묻자 귀가 어두운 프라무댜는 "내겐 닭이 여덟 마리 있었어요." 하고 답했다. 실수였을까? 묘한 표현 방식이었을까? 농담이었을까? 저항의 모습이었을까? 아니면 다른 방식으로 숨겨진 교환을 암시하는 거였을까? 닭의 불투명성과 교란성—그것이 테크노사이언스에 드리우는 그림자—은 므라젝의 텍스트에 탈식민주의적 현기증을, 상상된 서구적 담론의 불안정성과 위태로움의 감각을 만들어낸다. 우리가 아는 것은 얼마나 적은가? 우리가 가정할 수 있는 것은 얼마나 적은가? 일단 프라무댜의 근대주의적 닭이 모습을 드러낸 후에 말이다.

프라무댜가 부루섬에서 10년을 복역한 후 석방되자 방문객들이 자카르타에 있는 그의 집으로 꾸준히 찾아온다. "공기 중에는 한층 고조된 부드러움이 있다."라고 므라젝은 예의 암시적인 방식으로 쓰고 있다. "우리가 점잖게 할 수 있는 일이 무엇이 있겠는가?"라고 그는 말을 잇는다. "가느다란 물줄기에, 이제는 시냇물에 합류해서, 인내심을 발휘하며, 우리가 그를 방문했을 때 이 모든 것에 대해 어떻게 생각하는지 묻고는, 그가 새로 장만한 일제 보청기를 잠시 끄고 우리 질문에 가장 현명한 미소와 함께 답해주기를—'내겐 닭이 여덟 마리 있었어요.'—기대하는 것 외에 말이다."(2002: 233)

분명 프라무댜의 닭(Pramoedya's chicken)은 붙잡기 어렵고 질길 테지만, 그것이 낡은 인식론적 겁쟁이 놀이(epistemological chicken, Collins & Yearley, 1992)보다 더 맛있을 것임은 확신할 수 있다.

참고문헌

Abraham, Itty (1998) *The Making of the Indian Atomic Bomb: Science, Secrecy and the Postcolonial State* (London: Zed Books).

Abraham, Itty (2000) "Postcolonial Science, Big Science, and Landscape," in Roddey Reid & Sharon Traweek (eds), *Doing Science + Culture* (New York: Routledge): 49-70.

Adams, Vincanne (2002) "Randomized Controlled Crime: Postcolonial Sciences in Alternative Medicine Research," *Social Studies of Science* 32: 659-690.

Adams, Vincanne & Stacy Leigh Pigg (eds) (2005) *Sex in Development: Science, Sexuality and Morality in Global Perspective* (Durham, NC: Duke University Press).

Adas, Michael (1989) *Machines as the Measure of Men: Science, Technology, and Ideologies of Western Dominance* (Ithaca, NY: Cornell University Press).

Adas, Michael (1997) "A Field Matures: Technology, Science, and Western Colonialism," *Technology and Culture* 38: 478-487.

Agrawal, Arun (1995) "Dismantling the Divide Between Indigenous and Scientific Knowledge," *Development and Change* 26: 413-439.

Anderson, Warwick (2000) "The Possession of Kuru: Medical Science and Biocolonial Exchange," *Comparative Studies in Society and History* 42: 713-744.

Anderson, Warwick (2002) "Postcolonial Technoscience," *Social Studies of Science* 32: 643-658.

Anderson, Warwick (2003) *The Cultivation of Whiteness: Science, Health and Racial Destiny in Australia* (New York: Basic Books).

Anderson, Warwick (2006) *Colonial Pathologies: American Tropical Medicine and Race Hygiene in the Philippines* (Durham, NC: Duke University Press).

Apffel-Marglin, Frédérique (1990) "Smallpox in Two Systems of Knowledge," in Frédérique Apffel-Marglin & Stephen A. Marglin (eds), *Dominating Knowledge: Development, Culture and Resistance* (Oxford: Clarendon Press).

Apffel-Marglin, Frédérique & Stephen A. Marglin (eds) (1996) *Decolonizing Knowledge: From Development to Dialogue* (Oxford: Clarendon Press).

Appadurai, Arjun (1991) "Global Ethnoscapes: Notes and Queries for a Transnational Anthropology," in Richard G. Fox (ed), *Recapturing Anthropology: Working in the*

Present (Santa Fe, NM: School of American Research Press): 191 – 210.

Arnold, David (1993) *Colonizing the Body: State Medicine and Epidemic Disease in Nineteenth-Century India* (Berkeley: University of California Press).

Arnold, David (2005a) "Europe, Technology, and Colonialism in the Twentieth Century," *History and Technology* 21: 85 – 106.

Arnold, David (2005b) *The Tropics and the Traveling Gaze: India, Landscape, and Science 1800–1856* (Delhi: Permanent Black).

Barker, F., M. Hulme, & N. Iversen (eds) (1994) *Colonial Discourse/Postcolonial Theory* (Manchester, U.K.: Manchester University Press).

Basalla, George (1967) "The Spread of Western Science," *Science* 156 (5 May): 611 – 622.

Bauschpies, Wenda K. (2000) "Images of Mathematics in Togo, West Africa," *Social Epistemology* 14: 43 – 54.

Ben-David, Joseph (1971) *The Scientist's Role in Society: A Comparative Study* (Chicago: University of Chicago Press).

Biagioli, Mario (ed) (1999) *The Science Studies Reader* (New York: Routledge).

Bowker, Geoffrey C. & Susan Leigh Star (2000) *Sorting Things Out: Classification and its Consequences* (Cambridge, MA: MIT Press).

Bray, Francesca (1997) *Technology and Gender: Fabrics of Power in Late Imperial China* (Berkeley: University of California Press).

Briggs, Charles L. with Clara Mantini-Briggs (2003) *Stories in a Time of Cholera: Racial Profiling During a Medical Nightmare* (Berkeley: University of California Press).

Brockway, Lucile H. (1979) *Science and Colonial Expansion: The Role of the British Botanical Gardens* (New York: Academic Press).

Callon, Michel (1986) "Some Elements of a Sociology of Translation: Domestication of the Scallops and the Fishermen of St Brieuc Bay," in John Law (ed), *Power, Action and Belief: A New Sociology of Knowledge?* (London: Routledge & Kegan Paul): 196 – 229.

Chakrabarty, Dipesh (2000) *Provinicializing Europe: Postcolonial Thought and Historical Difference* (Princeton, NJ: Princeton University Press).

Chambers, David Wade (1987) "Period and Process in Colonial and National Science," in Nathan Reingold & Marc Rothenberg (eds), *Scientific Colonialism: A Cross-*

Cultural Comparison (Washington DC: Smithsonian Institution Press): 297–321.

Chambers, David Wade (1993) "Locality and Science: Myths of Centre and Periphery," in Antonio Lafuente, Alberto Elena, & Maria Luisa Ortega (eds), *Mundialización de la ciencia y cultural nacional* (Madrid: Doce Calles): 605–618.

Chambers, David Wade & Richard Gillespie (2000) "Locality in the History of Science: Colonial Science, Technoscience, and Indigenous Knowledge," in Roy MacLeod (ed), *Nature and Empire: Science and the Colonial Enterprise* (*Osiris* 2nd series, vol. 15; Chicago: University of Chicago Press, 2001): 221–240.

Clarke, Adele E. (2005) *Situational Analysis: Grounded Theory after the Postmodern Turn* (Thousand Oaks, CA: Sage).

Cohen, Lawrence (1994) "Whodunit?—Violence and the myth of fingerprints: Comment on Harding," *Configurations* 2: 343–347.

Cohen, Lawrence (2005) "The Kothi Wars: AIDS Cosmopolitanism and the Morality of Classification," in Vincanne Adams & Stacy Leigh Pigg (eds) *Sex in Development: Science, Sexuality and Morality in Global Perspective* (Durham, NC: Duke University Press): 269–303.

Collins, Harry & Steven Yearley (1992) "Epistemological Chicken," in Andrew Pickering (ed), *Science as Practice and Culture* (Chicago: University of Chicago Press): 301–326.

Crawford, Elisabeth (1990) "The Universe of International Science, 1880–1939," in Tore Frängsmyr (ed), *Solomon's House Revisited: The Organization and Institutionalization of Science* (Canton, MA: Science History Publications): 251–269.

Crawford, Elisabeth, Terry Shin, & Sverker Sörlin (eds) (1993) *Denationalizing Science: The Contexts of International Scientific Practice* (Dordrecht, The Netherlands: Kluwer).

Cueto, Marcos (1997) "Science under Adversity: Latin American Medical Research and American Private Philanthropy, 1920–1960," *Minerva* 35: 233–245.

de Laet, Marianne & Annemarie Mol (2000) "The Zimbabwean Bush Pump: Mechanics of a Fluid Technology," *Social Studies of Science* 30: 225–263.

Drayton, Richard (1995) "Science and the European Empires," *Journal of Imperial and Commonwealth History* 23: 503–510.

Drayton, Richard (2000) *Nature's Government: Science, Imperial Britain, and the*

Improvement of the World (New Haven, CT: Yale University Press).

Drori, Gili S., John W. Meyer, Francisco O. Ramirez, & Evan Schofer (eds) (2003) *Science in the Modern World Polity* (Stanford, CA: Stanford University Press).

Escobar, Arturo (1995) *Encountering Development: The Making and Unmaking of the Third World* (Princeton, NJ: Princeton University Press).

Farquhar, Judith (1996) *Knowing Practice: The Clinical Encounter of Chinese Medicine* (Boulder, CO: Westview Press).

Ferguson, James (1994) *The "Anti-Politics" Machine: "Development," Depoliticization and Bureaucratic Power in Lesotho* (Minneapolis: University of Minnesota Press).

Figueroa, Robert & Sandra Harding (eds) (2003) *Science and Other Cultures: Issues in Philosophies and Science and Technologies* (New York: Routledge).

Fischer, Michael M. J. (2003) *Emergent Forms of Life and the Anthropological Voice* (Durham, NC: Duke University Press).

Fischer, Michael M. J. (2005) "Technoscientific Infrastructures and Emergent Forms of Life: A Commentary," *American Anthropologist* 107: 55 – 61.

Fortun, Kim (2001) *Advocacy After Bhopal: Environmentalism, Disaster, New Global Orders* (Chicago: University of Chicago Press).

Frank, André Gunder (1969) *Capitalism and Underdevelopment in Latin America* (New York: Monthly Review Press).

Franklin, Sarah (1995) "Science as Culture, Cultures of Science," *Annual Review of Anthropology* 24: 163 – 184.

Fujimura, Joan H. (1992) "Crafting Science: Standardized Packages, Boundary Objects, and 'Translation,'" in Andrew Pickering (ed), *Science as Practice and Culture* (Chicago: University of Chicago Press): 168 – 211.

Fujimura, Joan H. (2000) "Transnational Genomics: Transgressing the Boundary Between the 'Modern/West' and the 'Premodern/East,'" in Roddey Reid & Sharon Traweek (eds), *Doing Science + Culture* (New York: Routledge): 71 – 92.

Galison, Peter (1997) *Image and Logic: A Material Culture of Microphysics* (Chicago: University of Chicago Press).

Gandhi, Leela (1998) *Postcolonial Theory: A Critical Introduction* (St Leonards, NSW: Allen and Unwin).

Gascoigne, John (1998) *Science in the Service of Empire: Joseph Banks, the British State, and the Uses of Science in the Age of Revolution* (New York: Cambridge

University Press).

Geertz, Clifford (1963) *Agricultural Involution: The Processes of Ecological Change in Indonesia* (Berkeley: University of California Press).

Good, Byron (1994) *Medicine, Rationality and Experience: An Anthropological Perspective* (Cambridge: Cambridge University Press).

Goonatilake, Susantha (1998) *Toward Global Science: Mining Civilizational Knowledge* (Bloomington: Indiana University Press).

Grove, Richard (1995) *Green Imperialism: Colonial Expansion, Tropical Island Edens and the Origins of Environmentalism, 1600–1860* (Cambridge: Cambridge University Press).

Grove, Richard (1996) "Indigenous Knowledge and the Significance of South-West India for Portuguese and Dutch Constructions of Tropical Nature," *Modern Asian Studies* 30: 121–143.

Gupta, Akhil (1998) *Postcolonial Developments: Agriculture in the Making of Modern India* (Durham, NC: Duke University Press).

Hall, Stuart (1996) "When was 'the Post-colonial'? Thinking at the Limit," in Iain Chambers & Lidia Curti (eds), *The Post-Colonial Question: Common Skies, Divided Horizons* (London: Routledge): 242–260.

Haraway, Donna (1988) "Situated Knowledge: The Science Question in Feminism as a Site of Discourse on the Privilege of a Partial Perspective," *Feminist Studies* 14: 575–599.

Harding, Sandra (1998) *Is Science Multicultural? Postcolonialisms, Feminisms, and Epistemologies* (Bloomington: Indiana University Press).

Harris, Steven J. (1998) "Long-distance Corporations, Big Sciences, and the Geography of Knowledge," *Configurations* 6: 269–304.

Hayden, Cori (2003) *When Nature Goes Public: The Making and Unmaking of Bioprospecting in Mexico* (Princeton, NJ: Princeton University Press).

Headrick, Daniel (1981) *The Tools of Empire: Technology and European Imperialism in the Nineteenth Century* (New York: Oxford University Press).

Hecht, Gabrielle (2002) "Rupture Talk in the Nuclear Age: Conjugating Colonial Power in Africa," *Social Studies of Science* 32: 691–727.

Hess, David J. (1995) *Science and Technology in a Multicultural World: The Cultural Politics of Facts and Artifacts* (New York: Columbia University Press).

Home, R. W. & Sally Gregory Kohlstedt (eds) (1991) *International Science and National Scientific Identity: Australia between Britain and America* (Dordrecht, The Netherlands: Kluwer).

Hughes, C. C. & J. M. Hunter (1970) "Disease and 'Development' in Tropical Africa," *Social Science and Medicine* 3: 443–493.

Hunt, Nancy Rose (1999) *A Colonial Lexicon of Birth Ritual, Medicalization, and Mobility in the Congo* (Durham, NC: Duke University Press).

Jordan, Kathleen & Michael Lynch (1992) "The Sociology of a Genetic Engineering Technique: Ritual and Rationality in the Performance of the 'Plasmid Prep,' " in Adele E. Clarke & Joan H. Fujimura (eds), *The Right Tools for the Job: At Work in Twentieth-Century Life Sciences* (Princeton, NJ: Princeton University Press): 77–114.

Joseph, Gilbert M. (1998) "Close Encounters: Toward a New Cultural History of U.S.-Latin American Relations," in Gilbert M. Joseph, Catherine C. LeGrand, & Ricardo Salvatore (eds), *Close Encounters of Empire: Writing the Cultural History of U.S.-Latin American Relations* (Durham, NC, and London: Duke University Press): 3–46.

Kaufert, Patricia & John O'Neill (1990) "Cooptation and Control: The Construction of Inuit Birth," *Medical Anthropology Quarterly* 4: 427–442.

Kohler, Robert (2002) *Landscapes and Labscapes: Exploring the Lab-Field Border in Biology* (Chicago: University of Chicago Press).

Krige, John (1990) "The Internationalization of Scientific Work," in Susan Cozzens, Peter Healey, Arie Rip, & John Ziman (eds), *The Research System in Transition* (Dordrecht, The Netherlands: Kluwer): 179–197.

Kubicek, Robert (1999) "British Expansion, Empire, and Technological Change," in Andrew Porter (ed), *The Oxford History of the British Empire,* vol. 3: *The Nineteenth Century* (Oxford: Oxford University Press): 247–269.

Kuklick, Henrika & Robert Kohler (eds) (1996) "Science in the Field," *Osiris* 2nd series, vol. 11 [special issue].

Langford, Jean (2002) *Fluent Bodies: Ayurvedic Remedies for Postcolonial Imbalance* (Durham, NC: Duke University Press).

Latour, Bruno (1987) *Science in Action: How to Follow Scientists and Engineers Through Society* (Milton Keynes, U.K.: Open University Press).

Latour, Bruno (1988) *The Pasteurization of France*, trans. Alan Sheridan & John Law (Cambridge, MA: Harvard University Press).

Latour, Bruno (1993) *We Have Never Been Modern*, trans. Catherine Porter (Cambridge, MA: Harvard University Press).

Latour, Bruno (1999a) *Pandora's Hope: Essays on the Reality of Science Studies* (Cambridge MA: Harvard University Press).

Latour, Bruno (1999b) "On recalling ANT," in John Law & John Hassard (eds), *Actor-Network Theory and After* (Oxford: Blackwell): 15 – 25.

Latour, Bruno (2000) "A Well-articulated Primatology: Reflections of a Fellow-traveler," in Shirley C. Strum & Linda M. Fedigan (eds), *Primate Encounters: Models of Science, Gender, and Society* (Chicago: University of Chicago Press): 358 – 381.

Law, John (1986) "On Methods of Long Distance Control: Vessels, Navigation and the Portuguese Route to India," in John Law (ed), *Power, Action and Belief: A New Sociology of Knowledge?* (London: Routledge & Kegan Paul): 234 – 263.

Law, John (1999) "After ANT: Complexity, Naming and Topology," in John Law & John Hassard (eds), *Actor-Network Theory and After* (Oxford: Blackwell): 1 – 14.

Livingstone, David N. (2004) *Putting Science in its Place: Geographies of Scientific Knowledge* (Chicago: University of Chicago Press).

Livingstone, David N. (2005) "Text, Talk, and Testimony: Geographical Reflections on Scientific Habits," *British Journal for the History of Science* 38: 93 – 100.

Loomba, Ania (1998) *Colonialism/Postcolonialism* (London: Routledge).

Loomba, Ania, Suvir Kaul, Matti Bunzl, Antoinette Burton, & Jed Esty (eds) (2005) *Postcolonial Studies and Beyond* (Durham, NC: Duke University Press).

Löwy, Ilana (1992) "The Strength of Loose Concepts—Boundary Concepts, Federative Experimental Strategies and Disciplinary Growth: The Case of Immunology," *History of Science* 30: 371 – 396.

Lux, David S., & Harold J. Cook (1998) "Closed Circles or Open Networks: Communicating at a Distance during the Scientific Revolution," *History of Science* 36: 179 – 211.

MacLeod, Roy (1987) "On Visiting the 'Moving Metropolis': Reflections on the Architecture of Imperial Science," in Nathan Reingold & Marc Rothenberg (eds), *Scientific Colonialism: A Cross-Cultural Comparison* (Washington DC: Smithsonian

Institution Press): 217–249.

MacLeod, Roy (2000) "Introduction," in Roy MacLeod (ed), *Nature and Empire: Science and the Colonial Enterprise* (*Osiris* 2nd series, vol. 15; Chicago: University of Chicago Press, 2001): 1–13.

MacLeod, Roy, & Deepak Kumar (eds) (1995) *Technology and the Raj: Western Technology and Technical Transfers to India, 1700–1947* (New Delhi: Oxford University Press).

Marcus, George E. (1998) *Ethnography Through Thick and Thin* (Princeton, NJ: Princeton University Press).

Martin, Emily (1998) "Anthropology and the Cultural Study of Science: Citadels, Rhizomes and String Figures," *Science, Technology & Human Values* 23: 24–44.

McClellan, James & Harold Dorn (1999) *Science and Technology in World History: An Introduction* (Baltimore, MD: Johns Hopkins University Press).

Meillassoux, Claude (1981) *Maidens, Meal and Money: Capitalism and the Domestic Community* (Cambridge: Cambridge University Press).

Mitman, Gregg (1992) *State of Nature: Ecology, Community, and American Social Thought, 1900–1950* (Chicago: University of Chicago Press).

Mol, Annemarie & John Law (1994) "Regions, Networks and Fluids: Anaemia and Social Topology," *Social Studies of Science* 24: 641–671.

Moon, Suzanne M. (1998) "Takeoff or Self-sufficiency? Ideologies of Development in Indonesia, 1957–1961," *Technology and Culture* 39: 187–212.

Moore-Gilbert, Bart (1997) *Postcolonial Theory: Contexts, Practices, Politics* (London: Verso).

Mrázek, Rudolf (2002) *Engineers of Happy Land: Technology and Nationalism in a Colony* (Princeton, NJ: Princeton University Press).

Mutua, Kagendo & Beth Blue Swadener (eds) (2004) *Decolonizing Research in Cross-Cultural Contexts: Critical Personal Narratives* (Albany: State University of New York Press).

Nader, Laura (ed) (1996) *Naked Science: Anthropological Inquiry into Boundaries, Power and Knowledge* (New York: Routledge).

Nandy, Ashis (1995) *Alternative Sciences: Creativity and Authenticity in Two Indian Scientists* (Delhi: Oxford University Press).

Nandy, Ashis (ed) (1988) *Science, Hegemony and Violence: A Requiem for Modernity*

(New Delhi: Oxford University Press).

Needham, Joseph (1954) *Science and Civilization in China* (Cambridge: Cambridge University Press).

Nguyen, Vinh-Kim (2005) "Uses and Pleasures: Sexual Modernity, HIV/AIDS, and Confessional Technologies in a West African Metropolis," in Vincanne Adams & Stacy Leigh Pigg (eds), *Sex in Development: Science, Sexuality and Morality in Global Perspective* (Durham, NC: Duke University Press): 245 – 268.

Nichter, Mark & Mimi Nichter (1996) *Anthropology and International Health: Asian Case Studies* (Amsterdam: Gordon and Breach).

Ophir, Adi & Steven Shapin (1991) "The Place of Knowledge: a Methodological Survey," *Science in Context* 4: 3 – 21.

Ortner, Sherry B. (1984) "Theory in Anthropology Since the Sixties," *Comparative Studies in Society and History* 26: 126 – 166.

Owens, Larry (1985) "Pure and Sound Government: Laboratories, Playing Fields, and Gymnasia in the Nineteenth-century Search for Order," *Isis* 76: 182 – 194.

Palladino, Paolo & Michael Worboys (1993) "Science and Imperialism," *Isis* 84: 91 – 102.

Pauly, Philip J. (2000) *Biologists and the Promise of American Life: From Meriwether Lewis to Alfred Kinsey* (Princeton, NJ: Princeton University Press).

Petitjean, Patrick, Catherine Jami, & Anne Marie Moulin (eds) (1992) *Science and Empires: Historical Studies about Scientific Development and European Expansion* (Dordrecht, The Netherlands: Kluwer).

Petryna, Adriana (2002) *Life Exposed: Biological Citizens After Chernobyl* (Princeton, NJ: Princeton University Press).

Pfaffenberger, Bryan (1988) "Fetishized Objects and Humanized Nature: Towards an Anthropology of Technology," *Man* 23(2): 236 – 252.

Pfaffenberger, Bryan (1992) "Social Anthropology of Technology," *Annual Review of Anthropology* 21: 491 – 516.

Pigg, Stacy Leigh (1997) "'Found in Most Traditional Societies': Traditional Medical Practitioners Between Culture and Development," in Frederick Cooper & Randall Packard (eds), *International Development and the Social Sciences* (Berkeley: University of California Press): 259 – 290.

Pigg, Stacy Leigh (2001) "Languages of Sex and AIDS in Nepal: Notes on the Social

Production of Commensurability," *Cultural Anthropology* 16: 481–541.

Prakash, Gyan (1994) "Introduction: After Colonialism," in Gyan Prakash (ed), *After Colonialism: Imperial Histories and Postcolonial Displacements* (Princeton, NJ: Princeton University Press): 3–17.

Prakash, Gyan (1999) *Another Reason: Science and the Imagination of Colonial India* (Princeton, NJ: Princeton University Press).

Pratt, Mary Louise (1992) *Imperial Eyes: Travel Writing and Transculturation* (New York: Routledge).

Prescott, Heather Munro (2002) "Using the Student Body: College and University Students as Research Subjects in the United States during the Twentieth Century," *Journal of the History of Medicine and Allied Sciences* 57: 3–38.

Pyenson, Lewis (1985) *Cultural Imperialism and Exact Sciences: German Expansion Overseas, 1900–1930* (New York: Peter Lang Publishing).

Pyenson, Lewis (1989) *Empire of Reason: Exact Sciences in Indonesia, 1840–1940* (Leiden, The Netherlands: Brill Academic Publishers).

Pyenson, Lewis (1990) "Habits of Mind: Geophysics at Shanghai and Algiers, 1920–1940," *Historical Studies in the Physical and Biological Sciences* 21: 161–196.

Pyenson, Lewis (1993) "Cultural Imperialism and the Exact Sciences Revisited," *Isis* 84: 103–108.

Raffles, Hugh (2002) *In Amazonia: A Natural History* (Princeton, NJ: Princeton University Press).

Raina, Dhruv (1996) "Reconfiguring the Center: the Structure of Scientific Exchanges Between Colonial India and Europe," *Minerva* 34: 161–176.

Raina, Dhruv (1999) "From West to Non-West? Basalla's Three Stage Model Revisited," *Science as Culture* 8: 497–516.

Redfield, Peter (2000) *Space in the Tropics: From Convicts to Rockets in French Guiana* (Berkeley: University of California Press).

Redfield, Peter (2002) "The Half-life of Empire in Outer Space," *Social Studies of Science* 32: 791–825.

Reingold, Nathan & Marc Rothenberg (eds) (1987) *Scientific Colonialism: A Cross-Cultural Comparison* (Washington DC: Smithsonian Institution Press).

Rose, Nikolas (1999) *Governing the Soul: The Shaping of the Private Self* (London: Free Association Books).

Rostow, W. W. (1960) *The Stages of Economic Growth: A Non-Communist Manifesto* (Cambridge: Cambridge University Press).

Sahlins, Marshall (1999) "What Is Anthropological Enlightenment? Some Lessons of the Twentieth Century," *Annual Review of Anthropology* 28: i - xxiii.

Said, Edward W. (1983) "Traveling Theory," in *The Word, the Text, and the Critic* (Cambridge, MA: Harvard University Press): 226 - 247.

Said, Edward W. (1994) "Secular Interpretation, the Geographical Element, and the Methodology of Imperialism," in Gyan Prakash (ed), *After Colonialism: Imperial Histories and Postcolonial Displacements* (Princeton, NJ: Princeton University Press): 21 - 39.

Schaffer, Simon (1992) "Late Victorian Metrology and Its Instrumentation: A Manufactory of Ohms," in Robert Bud & Susan E. Cozzens (eds), *Invisible Connections: Instruments, Institutions and Science* (Bellingham, WA: SPIE Optical Engineering Press, 1992): 23 - 56.

Schiebinger, Londa (2004) *Plants and Empire: Colonial Bioprospecting in the Atlantic World* (Cambridge, MA: Harvard University Press).

Schofer, Evan (2004) "Cross-national Differences in the Expansion of Science, 1870 - 1990," *Social Forces* 83: 215 - 248.

Schott, Thomas (1991) "The World Scientific Community: Globality and Globalization," *Minerva* 29: 440 - 462.

Schott, Thomas (1993) "World Science: Globalization of Institutions and Participation," *Science, Technology & Human Values* 18: 196 - 208.

Schott, Thomas (1994) "Collaboration in the Invention of Technology: Globalization, Regions, and Centers," *Social Science Research* 23: 23 - 56.

Secord, James A. (2004) "Knowledge in Transit," *Isis* 95: 654 - 672.

Selin, Helaine (ed) (1997) *Encyclopedia of the History of Science, Technology and Medicine in Non-Western Countries* (Dordrecht, The Netherlands: Kluwer)

Shapin, Steven (1995) "Here and Everywhere: The Sociology of Scientific Knowledge," *Annual Review of Sociology* 21: 289 - 321.

Shapin, Steven (1998) "Placing the View from Nowhere: Historical and Sociological Problems in the Location of Science," *Transactions of the Institute of British Geographers* 23(1): 5 - 12.

Shepherd, Chris J. (2004) "Agricultural Hybridity and the 'Pathology' of Traditional

Ways: The Translation of Desire and Need in Postcolonial Development," *Journal of Latin American Anthropology* 9: 235 – 266.

Shils, Edward (1991) "Reflections on Tradition, Center and Periphery, and the Universal Validity of Science: The Significance of the Life of S. Ramanujan," *Minerva* 29: 393 – 419.

Shrum, Wesley (2000) "Science and Story in Development: The Emergence of Non-governmental Organizations in Agricultural Research," *Social Studies of Science* 30: 95 – 124.

Shrum, Wesley & Yehouda Shenhav (1995) "Science and Technology in Less-developed Counties," in Sheila Jasanoff, Gerald Markel, James Peterson, & Trevor Pinch (eds), *Handbook of Science and Technology Studies* (Thousand Oaks, CA: Sage): 627 – 651.

Smith, Linda Tuhiwari (1999) *Decolonizing Methodologies: Research and Indigenous Peoples* (Dunedin, NZ: University of Otago Press).

Stafford, Robert A. (1989) *Scientist of Empire: Sir Roderick Murchison, Scientific Exploration, and Victorian Imperialism* (New York: Cambridge University Press).

Star, Susan Leigh & James R. Griesemer (1989) "Institutional Ecology, 'Translations,' and Boundary Objects: Amateurs and Professionals in Berkeley's Museum of Vertebrate Zoology, 1907 – 39," *Social Studies of Science* 19: 387 – 420.

Storey, William K. (ed) (1996) *Scientific Aspects of European Expansion* (Aldershot: Variorum).

Strathern, Marilyn (1999) "The New Modernities," in *Property, Substance and Effect: Anthropological Essays on Persons and Things* (London and New Brunswick, NJ: Athlone Press): 117 – 135.

Sunder Rajan, Kaushik (2005) "Subjects of Speculation: Emergent Life Sciences and Market Logics in the United States and India," *American Anthropologist* 107: 19 – 30.

Thomas, Nicholas (1994) *Colonialism's Culture: Anthropology, Travel, and Government* (Princeton, NJ: Princeton University Press).

Thompson, Charis (2002) "Ranchers, Scientists, and Grass-roots Development in the United States and Kenya," *Environmental Values* 11: 303 – 326.

Traweek, Sharon (1988) *Beamtimes and Lifetimes: The World of High-Energy Physicists* (Cambridge, MA: Harvard University Press).

Traweek, Sharon (1992) "Big Science and Colonialist Discourse: Building High-energy

Physics in Japan," in Peter Galison & Bruce Hevly (eds), *Big Science: The Growth of Large Scale Research* (Stanford, CA: Stanford University Press, 1992): 100 – 128.

Tsing, Anna Loewenhaupt (1994) "From the Margins," *Cultural Anthropology* 9: 279 – 297.

Tsing, Anna (2002) "The Global Situation," in Jonathan Xavier Inda & Renato Rosaldo (eds), *The Anthropology of Globalization: A Reader* (Oxford: Blackwell): 453 – 486.

Turnbull, David (2000) *Masons, Tricksters and Cartographers: Comparative Studies in the Sociology of Scientific and Indigenous Knowledge* (Amsterdam: Harwood Academic).

Uberoi, J. P. S. (1984) *The Other Mind of Europe* (Delhi: Oxford University Press).

Uberoi, J. P. S. (2002) *The European Modernity: Science, Truth and Method* (Delhi: Oxford University Press).

Vaughan, Megan (1991) *Curing Their Ills: Colonial Power and African Illness* (Stanford: Stanford University Press).

Verran, Helen (1998) "Re-imagining land ownership in Australia," *Postcolonial Studies* 1: 237 – 254.

Verran, Helen (2001) *Science and an African Logic* (Chicago: University of Chicago Press).

Verran, Helen (2002) "A Postcolonial Moment in Science Studies: Alternative Firing Regimes of Environmental Scientists and Aboriginal Landowners," *Social Studies of Science* 32: 729 – 762.

Visvanathan, Shiv (1997) *Carnival for Science: Essays on Science, Technology and Development* (New York: Oxford University Press).

Wallerstein, Immanuel (1974) *The Modern World System* (New York: Academic Press)

Watson-Verran, Helen & David Turnbull (1995) "Science and Other Indigenous Knowledge Systems," in Sheila Jasanoff, Gerald Markel, James Peterson, & Trevor Pinch (eds), *Handbook of Science and Technology Studies* (Thousand Oaks, CA: Sage): 115 – 139.

Williams, P. & Laura Chrisman (eds) (1994) *Colonial Discourse and Postcolonial Theory* (New York: Columbia University Press).

Young, Robert (1990) *White Mythologies: Writing History and the West* (London: Routledge).

:: **엮은이**

에드워드 J. 해킷 ehackett@brandeis.edu
브랜다이스대학교의 헬러 사회정책 및 경영대학 교수이자 연구부(副)처
장을 맡고 있다. 1997년부터 2015년까지 애리조나주립대학교의 인간진
화 및 사회변화대학 교수를 지냈고, 1984년 렌셀리어공과대학 과학기술학
과가 설립될 때 창립 멤버이기도 했다. 연구주제는 과학의 사회조직과 동
역학, 동료심사, 환경정의 등이다. 저서로 *Peerless Science: Peer Review
and U.S. Science Policy*(1990, 공저)가 있고, 2012년부터 학술지 *Science,
Technology, and Human Values*의 편집인을 맡고 있다.

올가 암스테르담스카
암스테르담대학교의 사회학과, 인류학과 겸임교수로서 과학과 의학에 대
한 사회적 연구를 강의했다. 생의학의 발전, 역학의 역사, 20세기 의학에
서 실험실, 병원, 공중보건의 상호작용 등에 관심을 가지고 연구를 했다. 저
서로 *Schools of Thought: The Development of Linguistics from Bopp
to Saussure*(1987)가 있고, 학술지 *Science, Technology, and Human
Values*의 편집인을 역임했다. 2009년 희귀 심장병으로 세상을 떠났다.

마이클 린치 mel27@cornell.edu
코넬대학교 과학기술학과 교수이며, 연구주제는 실험실, 형사법정, 그 외
제도적 환경에서의 실천적 행동과 사회적 상호작용에 맞춰져 있다. 저서
로 *Art and Artifact in Laboratory Science*(1985), *Scientific Practice
and Ordinary Action: Ethnomethodology and Social Studies of
Science*(1993, 국역:『과학적 실천과 일상적 행위』), *Truth Machine: The
Contentious History of DNA Fingerprinting*(2008, 공저) 등이 있고, 2002
년부터 2012년까지 학술지 *Social Studies of Science*의 편집인을 지냈다.

주디 와츠먼 j.wajcman@lse.ac.uk
런던정경대학의 앤서니 기든스 사회학 교수이며, 그 전에는 오스트레일리
아국립대학교 사회학과 교수를 지냈다. 노동과 고용의 사회학, 과학기술학,
젠더 이론, 조직분석 등에 학문적 관심을 가지고 있고, 현재는 디지털 기술
이 시간 빈곤에 미치는 영향과 일상생활의 가속화에 관한 이론적 작업을 하
고 있다. 저서로 *Feminism Confronts Technology*(1991, 국역:『페미니즘
과 기술』), *TechnoFeminism*(2004, 국역:『테크노페미니즘』), *Pressed for
Time: The Acceleration of Life in Digital Capitalism*(2015) 등이 있다.

:: 1권 필자 (수록순)

세르지오 시스몬도 sismondo@queensu.ca

캐나다 퀸스대학교 철학과 교수이며, 철학과 과학사회학의 접점에서 과학기술학 연구를 해왔다. 최근에는 지식의 정치경제학을 다루는 프로젝트의 일환으로 제약 연구의 성격과 분포에 관한 연구를 진행하고 있다. 저서로 *The Art of Science*(2003, 공저, 국역:『과학은 예술이다』), *An Introduction to Science and Technology Studies*, 2nd ed.(2010, 국역: 『융합시대, 사회로 나온 과학기술』) 등이 있다.

스티븐 터너 turner@usf.edu

사우스플로리다대학교 철학과 석좌교수로서 사회과학과 통계학의 역사와 철학에 관해 폭넓은 저술을 해왔고, 미국 사회학의 역사를 서술한 *The Impossible Science: An Institutional Analysis of American Sociology*(1990)와 *American Sociology: From Pre-Disciplinary to Post-Normal*(2014)의 저자이기도 하다. 과학학 분야에도 많은 관심을 기울여 *Brains/Practices/Relativism: Social Theory after Cognitive Science*(2002), *Liberal Democracy 3.0: Civil Society in an Age of Experts*(2003) 등을 저술했다.

찰스 소프 cthorpe@ucsd.edu

캘리포니아대학교 샌디에이고 캠퍼스의 사회학과 교수이며, 동 대학 과학학 프로그램의 겸무교수직도 맡고 있다. 과학기술사회학, 사회이론, 지식인의 사회학, 마르크스주의, 생태학과 사회, 문화사회학 등에 관심을 갖고 연구를 하고 있다. 저서로 *Oppenheimer: The Tragic Intellect*(2006), *Necroculture*(2016)가 있다.

브뤼노 라투르 bruno.latour@sciencespo.fr

파리정치대학의 명예교수이며, 동 대학의 미디어랩과 정치예술학교 프로그램에 관여하고 있다. 1982년부터 2006년까지는 파리국립고등광업학교의 사회학혁신센터 교수를 지냈다. 과학기술학 분야에 폭넓은 저술을 남겼고, 실험실연구와 행위자연결망 이론의 선구자로 널리 알려져 있다. 저서로 *Laboratory Life*, 2nd ed.(1986, 국역:『실험실 생활』), *Science in Action*(1987, 국역:『젊은 과학의 전선』), *We Have Never Been Modern*(1991, 국역:『우리는 결코 근대인이었던 적이 없다』), *Pandora's Hope*(1999, 국역:『판도라의 희망』), *Politics of Nature*(2004), *Reassembling the Social*(2005), *An Inquiry into Modes of Existence*(2013) 등이 있다.

에이델 클라크 Adele.Clarke@ucsf.edu

캘리포니아대학교 샌프란시스코 캠퍼스 사회행동과학과의 사회학 명예교수 겸 보건과학의 역사 명예교수이다. 과학, 기술, 의학에 대한 사회적·문화적·정치적 연구를 해왔고, 최근에는 생의료화와 피임법, 자궁경부암 검사처럼 흔히 쓰이는 의료기술에 대한 연구를 하고 있다. 저서로 *Disciplining Reproduction: American Life Scientists and the 'Problem of Sex'*(1998), *Situational Analysis: Grounded Theory After the Interpretive Turn*, 2nd ed. (2018, 공저) 등이 있다.

수전 리 스타

피츠버그대학교 정보과학대학의 도서관 및 정보과학 도린 E. 보이스 석좌교수였다. 연구주제는 컴퓨터 과학의 혼종적 지식, 정보 시스템, 자연사, 페미니즘, 뇌 연구 등이었다. 저서로 *Regions of the Mind: Brain Research and the Quest for Scientific Certainty*(1989), *Sorting Things Out: Classification and Its Consequences*(2000, 공저, 국역: 『사물의 분류』)가 있다. 2010년 돌연 세상을 떠났고, 사후에 추모 논문집 *Boundary Objects and Beyond: Working with Leigh Star*(2016)가 나왔다.

루시 서치먼 l.suchman@lancaster.ac.uk

랭카스터대학교 사회학과의 과학기술인류학 교수이며, 이곳으로 오기 전에 제록스 팔로알토연구소(PARC)에서 연구자로 20년을 보냈다. 연구주제는 페미니스트 과학기술학 분야에서 기술적 상상력과 기술 설계의 물질적 실천에 초점을 맞추고 있으며, 현재는 인간-컴퓨터 상호작용에 대한 오랜 관심을 원격조종 무기 시스템을 포함한 오늘날의 전투로 확장하고 있다. 저서로 *Human-Machine Reconfigurations*(2007) 등이 있다.

샐리 와이어트 sally.wyatt@maastrichtuniversity.nl

마스트리흐트대학교 기술과 사회연구학과의 디지털 문화 교수이다. 디지털 기술의 사회적 측면에 대해 오랫동안 연구를 해왔고, 특히 인터넷과 사회적 배제, 그리고 사람들이 건강 정보를 찾기 위해 인터넷을 활용하는 방식에 관심을 갖고 있다. 저서로 *CyberGenetics: Health Genetics and New Media*(2016, 공저)가 있다.

워윅 앤더슨 warwick.anderson@sydney.edu.au

시드니대학교 역사학과의 재닛 도라 하인 교수이며, 동 대학 의학전문대학원의 찰스 퍼킨스 센터에서 정치, 거버넌스, 윤리 주제의 책임을 맡고 있다. 과학, 의학, 공중보건의 역사에 관심을 가지고 오스트레일리아, 태평양, 동남아시아, 미국에 초점을 맞춰 연구를 하고 있다. 저서로 *Colonial*

Pathologies: American Tropical Medicine, Race, and Hygiene in the Philippines(2006), *The Collectors of Lost Souls: Turning Kuru Scientists into Whitemen*(2008), *Intolerant Bodies: A Short History of Autoimmunity*(2014, 공저) 등이 있다.

빈칸 애덤스 Vincanne.Adams@ucsf.edu
캘리포니아대학교 샌프란시스코 캠퍼스 인류학·역사학·사회의학과의 의료인류학 교수이다. 발전, 의학, 여성보건이라는 맥락에서 아시아 지역에서의 과학 번역에 관해 폭넓게 저술을 해왔고, 최근에는 전 지구적 보건, 재난 복구 등에도 관심을 갖고 있다. 저서로는 *Tigers of the Snow and Other Virtual Sherpas: An Ethnography of Himalayan Encounters*(1996), *Doctors for Democracy: Health Professionals in the Nepal Revolution*(1998), *Markets of Sorrow, Labors of Faith: New Orleans in the Wake of Katrina*(2013) 등이 있으며, 현재 학술지 *Medical Anthropology Quarterly*의 편집인을 맡고 있다.

옮긴이

:: 김명진

서울대학교 대학원 과학사 및 과학철학 협동과정에서 미국 기술사를 공부
했고, 현재는 동국대학교와 서울대학교에서 강의하면서 번역과 집필 활동
을 하고 있다. 원래 전공인 과학기술사 외에 과학논쟁, 대중의 과학이해, 약
과 질병의 역사, 과학자들의 사회운동 등에 관심이 많으며, 최근에는 냉전
시기와 '68 이후의 과학기술에 관해 공부하고 있다. 저서로『야누스의 과
학』,『할리우드 사이언스』,『20세기 기술의 문화사』, 역서로『시민과학』(공
역),『과학 기술 민주주의』(공역),『과학의 새로운 정치사회학을 향하여』(공
역),『과학학이란 무엇인가』등이 있다.

한국연구재단총서 학술명저번역 서양편 **619**

과학기술학 편람 1

1판 1쇄 찍음 | 2019년 12월 2일
1판 1쇄 펴냄 | 2019년 12월 18일

엮은이 | 에드워드 J. 해킷 외
옮긴이 | 김명진
펴낸이 | 김정호
펴낸곳 | 아카넷

출판등록 2000년 1월 24일(제406-2000-000012호)
10881 경기도 파주시 회동길 445-3
전화 | 031-955-9510(편집)·031-955-9514(주문)
팩시밀리 | 031-955-9519
책임편집 | 이하심
www.acanet.co.kr

ⓒ 한국연구재단, 2019

Printed in Seoul, Korea.

ISBN 978-89-5733-652-6 94400
ISBN 978-89-5733-214-6 (세트)

이 도서의 국립중앙도서관 출판시도서목록(CIP)은
서지정보유통지원시스템 홈페이지(http://seoji.nl.go.kr)와
국가자료공공목록시스템(http://www.nl.go.kr/kolisnet)에서 이용하실 수 있습니다.
(CIP 제어번호: 2019043979)